全国高等职业教育资源开发类专业“十三五”规划教材
高等职业教育应用型人才培养规划教材

矿物岩石学基础

主　编　谷　松　王艳娟
副主编　崔潇妹　谢力分　武　珺
主　审　徐耀鉴

黄河水利出版社
·郑州·

内 容 提 要

本书介绍了矿物学、岩石学的基础理论以及典型矿物、岩石类型的特征。全书共分理论知识和实训内容两部分,第一部分包括晶体的基础知识、矿物通论、矿物各论、岩浆岩总论、岩浆岩各论、沉积岩总论、沉积岩各论、变质岩总论、变质岩各论等内容,第二部分为实训内容。本书在注重加强矿物、岩石学基本知识介绍的同时,又强调学生在矿物、岩石肉眼鉴定和描述等方面的基本技能训练。

本书可用作高、中职教育的地质工程、水文地质、环境地质、地球物理勘探等专业的实用教材,同时也可作为地质工作人员的实用参考书。

图书在版编目(CIP)数据

矿物岩石学基础/谷松,王艳娟主编. —郑州:黄河水利出版社,2016.6

全国高等职业教育资源开发类专业“十三五”规划教材　高等职业教育应用型人才培养规划教材

ISBN 978 -7 -5509 -1338 -7

Ⅰ.①矿…　Ⅱ.①谷…　②王…　Ⅲ.①矿物学 - 岩石学 - 高等职业教育 - 教材　Ⅳ.①P57②P58

中国版本图书馆 CIP 数据核字(2015)第 314255 号

策划编辑:陶金志　电话:0371 -66025273　E-mail:838739632@qq.com

出 版 社:黄河水利出版社

地址:河南省郑州市顺河路黄委会综合楼 14 层　邮政编码:450003

发行单位:黄河水利出版社

发行部电话:0371 -66026940、66020550、66028024、66022620(传真)

E-mail:hhslcbs@126.com

承印单位:河南省瑞光印务股份有限公司

开本:787 mm×1 092 mm　1/16

印张:19.25

字数:470 千字　印数:1—3 000

版次:2016 年 6 月第 1 版　印次:2016 年 6 月第 1 次印刷

定价:45.00 元

全国高等职业教育资源开发类专业“十三五”规划教材
高等职业教育应用型人才培养规划教材

编审委员会

参与院校

（排名不分先后）

辽宁地质工程职业学院
江西应用技术职业学院
湖南工程职业技术学院
重庆工程职业技术学院
湖北国土资源职业学院
福建水利电力职业技术学院
河北工程技术高等专科学校
湖南安全技术职业学院
黄河水利职业技术学院
广东水利电力职业技术学院
河南工业和信息化职业学院
辽源职业技术学院
长江工程职业技术学院
内蒙古工程学校
陕西能源职业技术学院
石家庄经济学院
山西水利职业技术学院
郑州工业贸易学校
山西工程技术学院
安徽矿业职业技术学院
云南国土资源职业学院
兰州资源环境职业技术学院
甘肃工业职业技术学院
昆明冶金高等专科学校
河北地质职工大学
安徽工业经济职业技术学院
湖北水利水电职业技术学院
湖南有色金属职业技术学院
晋城职业技术学院
杨凌职业技术学院
河南建筑职业技术学院
江苏省南京工程高等职业学校
安徽水利水电职业技术学院
山西煤炭职业技术学院
昆明理工大学
河南水利与环境职业学院
云南能源职业技术学院
河南工程学院
吉林大学应用技术学院

出版说明

为更好地贯彻执行教育部《关于加强高职高专教育人才培养工作的意见》，切实做好高职高专教育教材的建设规划，我社以探索出版内容丰富实用、形式新颖活泼、符合高职高专教学特色的专业教材为己任，在充分吸收既有教材建设成果的基础上，通过大胆改革、积极创新，出版了一批特色鲜明的高职高专教材，得到了广大使用院校的一致好评。我们在走访高校过程中发现，有不少教师反映资源开发类专业教材相对缺乏，应广大师生要求，我社于2012年开始着手该系列教材的前期调研工作。在这个过程中，我们深入走访全国50多座城市的近百所开设相关专业的高职院校，与近百位一线任课教师进行交谈，获得了大量的第一手资料，并最终确定了第一批拟编写的教材名称。当我们发出教材编写邀请函之后，得到了相关院校的积极响应，共有200多位老师提交了编写意愿。介于首批拟编写教材数量所限，此次我们只能邀请部分教师参与。在此，特向所有提交编写意愿的老师们表示深深的感谢，希望您们继续关心和支持我们的工作，争取在下一批教材出版中，能把更多专家和老师纳入我们的编写队伍中来。

经过前期的充分调研，2014年7月，我社组织召开了全国高等职业教育资源开发类与基础工程技术专业"十三五"规划教材大纲研讨会，共有30多所高职高专院校老师及相关专家100余人参加会议。为确保教材的编写质量，参会老师分组对每种教材的编写大纲逐一进行了充分的研讨，有些讨论甚至持续到深夜还在进行，这种敬业精神深深地激励着我们，也为教材的高质量出版提供了保障。

本套教材适合高、中等职业教育资源开发类专业教学使用。在形式上，采用项目化教学模式组织编写，突出实用性与新颖性。在内容上，尤其注重将新技术及新方法融入其中，使学生在课堂上就能接触到较前沿的信息，在保证学习理论知识的同时，提高实际动手能力和操作技能。

本套教材的出版，得到了很多相关院校领导及专家的支持和帮助。为确保教材的编写质量，成立了由相关院校校级领导任主任委员的编审委员会。得益于各位委员大力支持，以及各位审稿专家不辞辛劳、认真细致地审稿，本教材才得以顺利出版。在此，我们再次向所有给予我们指导和帮助的各位领导和专家表示感谢！

尽管我们付出了百分之百的努力，但受条件所限，教材在编写及出版过程中难免还会存在一些问题和不足，恳请广大读者批评指正，以便教材再版时完善。

本套教材均附带教学课件，任课老师如有需要，请联系黄河水利出版社陶金志（电话：0371－66025273；邮箱：838739632@qq.com）。本套教材建有学术交流群，内有相关资料及信息以供分享，欢迎各位老师积极加入，QQ交流群号：8690768。

黄河水利出版社

2015年10月

前　言

矿物岩石学基础是地质学科一门重要的专业基础课程，是构造地质学、水文地质学、矿床学等后续课程的基础。无论从事地球科学基础理论研究，还是找矿、开发利用地下资源或解决工程地质问题，都需要矿物学和岩石学的知识。

本教材以培养高职学生实践能力为出发点，将不同知识点体现在项目教学中，既有职业教育的基础知识内涵，又兼顾了职业技能培养的要求，充分体现了理论与实践相结合、职业技能与实践能力相融合的特点。本教材编写过程中，参考了前人大量研究成果和现行相关教材中的内容，书中数百张精美的矿物晶体、岩石结构构造和典型岩石类型图片来自于网络、课件及相关教材。本教材通过这些清晰而真实的图片来表述各种地质现象和概念，使学生对基础理论知识的理解变得更加形象、直观、易懂。在此向相关文献资料的作者表示衷心感谢！

本书由辽宁地质工程职业学院谷松、兰州资源环境职业技术学院王艳娟、重庆工程职业技术学院崔潇妹、长江工程职业技术学院谢力分、安徽工业经济职业技术学院武珺、辽宁地质工程职业学院张欣欣编写。编写工作的具体分工如下：谷松编写理论知识的绪论和项目一、二、三，王艳娟编写理论知识的项目四、八、九，崔潇妹编写理论知识的项目五，张欣欣编写理论知识的项目六，谢力分编写理论知识的项目七，武珺编写实训一至十七。全书由谷松、王艳娟担任主编，并由谷松统稿；由崔潇妹、谢力分、武珺担任副主编；由湖南工程职业技术学院徐耀鉴担任主审。

由于编者水平有限，书中还难免会存在错误和不妥之处，恳切期望专家、读者和同行老师们的批评指正。

编　者

2015 年 9 月

目 录

第二部分 实训内容

第一部分　理论知识

绪　论

一、矿物、岩石及矿物岩石学

（一）矿物、岩石的概念

古代，人们将由矿山采掘出来且未经提炼加工的金属或非金属的天然石块统称为矿物。随着人类社会实践活动和科学技术的发展，人们对天然石块有了进一步的认识，并逐渐将矿物、岩石和矿石这些既有联系又有区别的物质区分开来，建立起比较科学的矿物和岩石概念。

矿物是地壳中各种地质作用形成的天然单质和化合物，有一定的化学成分、外部形态、物理化学性质和晶体结构，是组成矿石和岩石的基本单位。地壳中的矿物绝大多数呈固态，因其具有比较固定的化学成分和内部结构，在适宜条件下生长时，均能自发地形成规则的几何多面体的外形。没有确定的晶体结构，具有相对固定的化学成分的固体，则称为准矿物，如蛋白石等。准矿物也是矿物学研究的对象。

矿物形成后，也不是一成不变的。当其所处的地质条件改变到一定程度时，原有矿物就要发生变化，并改组成为在新条件下稳定的另一种矿物，如黄铁矿与水和空气接触而形成褐铁矿。因此，从这个意义上来说，矿物又可被看作地壳在演化过程中元素运动和存在的一种形式。

岩石是天然产出的具有一定结构、构造的矿物集合体。不同的矿物组合形成不同的岩石。地球上的岩石，绝大多数是由一种或几种造岩矿物组成的，极少数是由天然玻璃、胶体或生物遗骸组成的，如石灰岩由矿物方解石组成，花岗岩主要由长石、石英、黑云母等矿物组成。

组成地壳的岩石有岩浆岩（火成岩）、沉积岩、变质岩三大类，它们的形成条件各不相同。岩浆岩一般是由岩浆在地下或喷出地表后冷凝形成的岩石，如辉长岩、玄武岩等。沉积岩是在地表由风化、搬运、剥蚀、沉积和成岩作用形成的，如砂岩、石灰岩等。变质岩是原先存在的岩石，由于温度、压力的改变，使原来岩石的矿物成分、结构构造等被改造所形成的新岩石，如千枚岩、碎裂岩等。三大岩类在地壳中的分布极不平衡，出露地壳表层最多的是沉积岩，占陆地表面积的74%，其余的25%为岩浆岩和变质岩。

(二)矿物岩石学

研究矿物和岩石的科学称矿物岩石学,即是研究地壳物质组成及其特征的科学。矿物岩石学最初是一门学科,随着研究的不断深入,岩石学渐渐从矿物岩石学中分离出来形成独立的学科,而后又相继形成岩浆岩石学、沉积岩石学、变质岩石学三个分支。矿物学和岩石学及三大岩石学之间既相互依存又有独立的研究,并且各自又分别派生出一些分支。

矿物学分出:①矿物形态学,研究矿物的发生、晶体形态、生长和变化;②成因矿物学,研究晶体的形成和起源;③实验矿物学,研究在各种不同的物理、化学条件下模拟和探索矿物的形成过程,进而研究人工合成矿物。

由于研究内容、深度和侧重等方面存在差异,岩石学出现一系列不同的分支。如侧重岩石分类和描述的岩类学或岩相学;研究岩石形成条件和成因机制的成因岩石学或理论岩石学;以高温高压实验和近代测试技术为基础,对岩浆作用和变质作用过程和产物进行模拟和测试的实验岩石学;还有地幔岩石学、化学岩石学等。

二、矿物岩石学与其他学科的关系

在地质学中,矿物岩石学是一门重要的学科,它和其他的地质学科、自然科学都有着密切的关系,是其他地质学科的基础。

矿物是地球和宇宙天体物质演化过程中化学元素存在、富集和迁移的重要载体,矿物学是地球化学研究的基础;各地质年代的构造形态、痕迹、古生物化石都保存在岩石之中,岩石承载着地壳活动、地质年代各种演化的历史记录,因而岩石学亦是构造地质学、地史学的基础;各种成因的矿产,不论是金属矿床还是非金属矿床,各种有用的矿物或矿石、各种能源原料无不存在于与其相关的岩石之中,矿床学的研究离不开矿物和岩石的知识,因此矿物岩石学与矿床学密不可分;此外,矿物、岩石的研究成果广泛应用于水文地质、工程地质、石油地质、煤田地质和地球物理勘探等学科。

随着现代矿物学、岩石学研究的发展,数学、物理化学、流体力学、计算数学等自然科学领域的基础知识得到普遍应用,使得矿物岩石学的研究内容不断地丰富和深入。

三、矿物岩石学的研究方法

矿物岩石学的研究方法有野外的宏观鉴定与室内的微观分析。

(一)野外的宏观鉴定

岩石是地质工作者野外观察和研究最基本的地质体。在进行岩石研究之前,矿物的准确鉴定是基础。通过对矿物物理性质和形态特征的掌握,尤其是抓住相似矿物的共性和特性,用肉眼并借助小刀、放大镜等简单工具,反复实践、反复运用,逐步地熟练而准确鉴定矿物。之后再运用所学的理论知识,进而达到对岩石的鉴定。此外,必须要广泛地使用野外地质学的方法,如地质制图、剖面测量、采集各种类型的岩石标本及样品等,还需对岩层或岩体的产状、分布、组合、时代、期次、组成、岩体构造与成矿作用的关系,矿产以及重点露头等多方面进行细致的观察和详细描述记录,以期对研究范围内的矿物、岩石、岩层、岩体、矿体有一个较全面的了解和认识。

(二)室内的微观分析

室内微观分析有不同的测试方法,需根据不同的研究目的,不同的矿物、岩石样品采取不同的分析方法。偏光显微镜薄片法，是对各类矿物、岩石研究的最基本、最常用的方法。此外，还有碎屑岩的粒度分析，重矿物分析，碳酸盐岩的残渣分析，染色分析，碳、氧、硫同位素分析，黏土岩的电子显微镜分析、差热分析，红外吸收光谱分析等。此外，还有 X 射线衍射分析、电子探针分析、阴极发光显微镜分析、图像分析仪分析，以及应用各种高温、高压或常温、常压设备进行的各种模拟实验等。随着科学技术的不断发展，磁法、电法及遥感技术已广泛应用到地质工作中，通过利用野外采集的照片来判别现代各种沉积环境，推断埋藏于地下深处的岩体和矿体的延伸方向。

总之，矿物岩石学的研究方法是野外观察是基础，室内分析是关键，宏观与微观相结合，理论与实践相结合。

在野外宏观鉴定和室内微观分析的基础上，通过对野外的资料进行归纳、对比、综合分析、判断推理，也可进行反演和模拟，以此得到最终的、准确的结论。

项目一 晶体的基础知识

学习目标

自然界产出的各种矿物大多都具有晶体所共有的特性。对矿物的学习,要掌握晶体的概念,了解晶体的基本性质,理解晶体对称的概念,了解晶体对称与其他物体对称的异同。对晶体的理想形态和各晶系常见的单形特征要做到印象深刻,掌握单形相聚的原则。掌握双晶及平行连生,了解双晶要素。熟练掌握矿物的不同形态特征。

【项目导入】

自然界的冰、雪花都是无色透明的,晶莹纯洁,人们就称它为"晶体"。既然是晶体,它具有什么样的外表形态?又有何特征?我们在自然界中常看到天然形成的美丽宝石,它们是否也为晶体呢?

单元一 晶体与非晶体

一、基本概念

(一)晶体

晶体在自然界中广泛存在。自然界中的冰、雪以及组成地壳中各种岩石的不同矿物,还有我们日常生活中食用的冰糖、味精和使用的各种金属器皿、陶瓷制品,甚至到组成生命有机体的蛋白质都是晶体。我们就是生活在一个晶体的世界中。

那么,什么是晶体?起初人类对晶体的认识和研究是基于对晶体外观形态的观察与描述。比如无色透明,晶莹纯洁,就称它为晶体。随着对晶体外部形态观察的不断深入,把具有规则的几何多面体外形的固体称为晶体,如方解石、水晶等(见图1-1-1)。但自然界中以规则的几何多面体外形出现的固体,却不是晶体,如玻璃、松香等;相反,将外形呈不规则粒状的石英颗粒放入过饱和SiO_2溶液中,让其自由生长,最终能够长成与水晶一样的规则几何多面体形态。由此可见,是否具有规则的几何多面体外形并不是晶体的本质,它只是晶体在一定条件下的外在表现,所以必须从内部结构去寻找晶体的本质。

1912年,用X射线对晶体结构进行研究后,才揭示了晶体的本质。一切晶体不论其外形是否规则,它的内部质点(离子、原子或分子)都在三维空间呈周期性的排列,形成晶体的格子构造,这就是一切晶体的基本属性。所以,晶体的正确定义是:内部质点在三维空间以周期性平移重复的规律而做有序排列的固体物质;或者说,晶体是具有格子构造的固态物质。正是由于晶体内部质点是规则排列的,才能在一定的条件下,

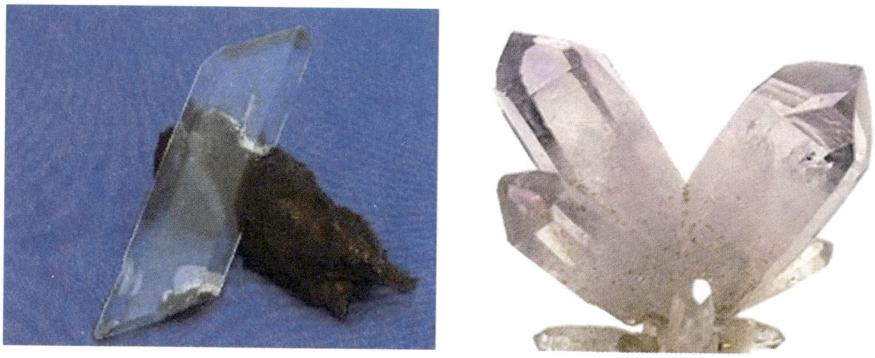

(a) 方解石　　(b) 水晶

图 1-1-1　晶体

自发形成几何多面体的外形。

(二)非晶质体

与晶体相反,有些外观状似固体的物质,其内部质点在三维空间上不呈周期性重复排列,或者不具格子构造,就称为非晶质或非晶质体。非晶质体的种类远不如晶体那么繁多。常见的非晶质体有水、空气、蛋白石、沥青、琥珀、松香、玻璃等(见图 1-1-2)。

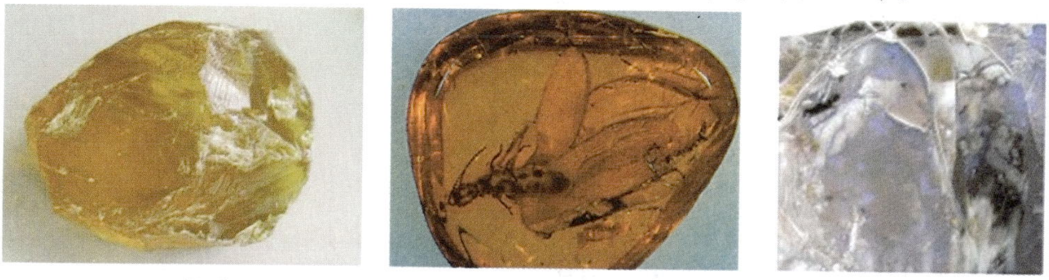

(a) 松香　　(b) 琥珀　　(c) 蛋白石

图 1-1-2　非晶质体

二、晶体的格子构造

晶体的本质是晶体内部的格子构造。对于任何晶体,无论其具有何种化学组成,其外形是否规则,组成它们的内部质点总是做有规律的排列。

在图 1-1-3(a)所示的石盐晶体结构中,每个 Cl^- 的上下、左右和前后都是 Na^+;每个 Na^+ 的上下、左右和前后都是 Cl^-。由此看出,所有 Cl^- 周围的环境、性质、方位都是相同的,所有 Na^+ 的周围也是如此。将 Na^+、Cl^- 称为等同点(或相当点)——结点。不论是 Na^+ 还是 Cl^-,它们各自都是按在三维空间的重复规律来进行排列的。用不表示质点性质的几何点来代替等同点在空间的位置,从而具体的晶体结构按等同点就抽象出来的一个纯粹的立体几何图形,称之为空间格子(见图 1-1-3(b))。空间格子就是表示晶体内部质点重复规律的几何图形。由图 1-1-3 可以看出,对于任何一个空间格子来说,都可认为是由无数个形状、大小完全相同的平行六面体在三维空间平行、无间隙地重复堆砌而成的。这样的平行六面体是空间格子的最小单位,即为晶胞。晶胞本身的特征,与对应晶格中三组交棱上的 a、b、c 及棱间的夹角 α、β、γ 密切相关,合称为晶胞参数或晶体参数。依据晶胞参数的特征,空间格子划分为 7 种不同的形式(见图 1-1-4)。同一晶体由相同的晶胞组成,但就不同种类的晶体而言,各自晶胞所含原子或离子的种类、数目、大小和形状都可能不尽相同,表现出了每种晶体各自的个性特点，由此就形成了千姿百态、性质各异的天然晶体世界。

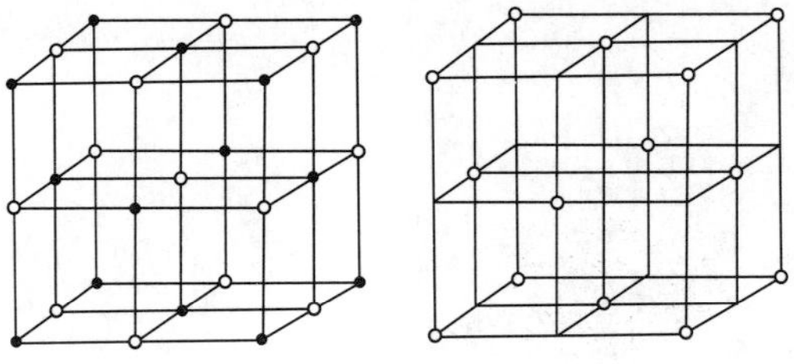

图 1-1-3　石盐的晶体结构及空间格子

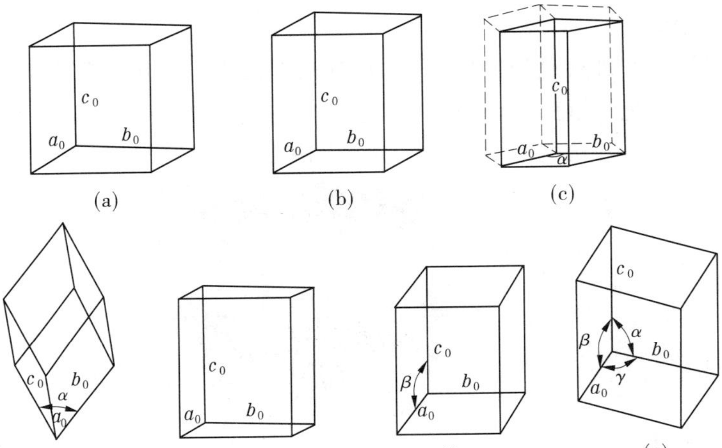

(a)立方格子：$a_0=b_0=c_0$，$\alpha=\beta=\gamma=90°$；(b)四方格子：$a_0=b_0\neq c_0$，$\alpha=\beta=\gamma=90°$；(c)六方格子：$a_0=b_0\neq c_0$，$\alpha=\beta=90°$，$\gamma=120°$；(d)菱面格子：$a_0=b_0=c_0$，$\alpha=\beta=\gamma\neq 60°\neq 90°\neq 109°28'16''$；(e)斜方格子：$a_0\neq b_0\neq c_0$，$\alpha=\beta=\gamma=90°$；(f)单斜格子：$a_0\neq b_0\neq c_0$，$\alpha=\gamma=90°$，$\beta>90°$；(g)三斜格子：$a_0\neq b_0\neq c_0$，$\alpha\neq\beta\neq\gamma\neq 90°$

图 1-1-4　各晶系平行六面体的形状

三、晶体的基本性质

由于晶体的本质就是具有格子构造，这就决定了晶体具有以下基本性质。

（一）自限性

自限性是指晶体在适当的条件下可以自发地形成几何多面体的性质。例如，石盐晶体在理想条件下，能生长成规则的立方体形状。晶体的几何多面体外形，是内部质点规则排列的外在表现。它是由平的晶面、直的晶棱、尖的角顶构成的。应当指出的是，在自然界的实际晶体中，具有规则几何多面体的理想晶体并不常见，常见的是不规则形态的歪晶（形态不规则的晶体）。这是由于晶体生长时受到外界条件限制的结果。但只要条件允许，晶体最终会长成规则的几何多面体。

（二）均一性

晶体是具有格子构造的固体，在同一晶体的不同部分，质点的分布是相同的，所以晶体各个部分的物理、化学性质也是相同的。如同一晶体不同部分的成分、密度、比重、导热、膨胀等性质都是相同的，这就是晶体的均一性。

（三）各向异性（异向性）

在晶体格子构造中，除对称原因外，在不同方向上内部质点排列是不一样的，因此晶体的性质也会随方向的不同而有所差异，这就是晶体的各向异性。矿物晶体的硬度和解理差异等都是晶体各向异性的最好表现，如蓝晶石（见图 1-1-5），其硬度在不同方向上有明显的差异。

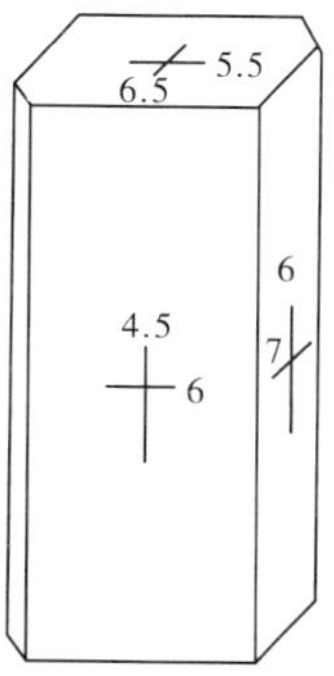

图 1-1-5　蓝晶石的各向异性

（四）对称性

在晶体的外部形态上，常有相等的晶面、晶棱和角顶重复出现。这种相同的性质在不同的方向或位置上做有规律的重复，就是对称性。晶体的对称性不仅表现在外部形态上，还体现在晶体的内部结构及其物理性质、化学性质上。

（五）最小内能与稳定性

最小内能与稳定性指在相同的热力学条件下，晶体与同种成分物质的非晶质体、液体、气体相比较，其内能最小。实验证明，物体由非晶质体、液体、气体向晶体转化时，都有热量的放出，这就说明晶体的内能最小。其内能最小的原因在于组成它的质点做规则的排列后，质点相互间的吸引和排斥完全达到平衡状态，因而使晶体具有这一性质。

晶体的稳定性是晶体具有最小内能的必然结果。

【小贴士】

晶体与非晶质体在一定的条件下是可以相互转化的，晶体向非晶质体转化称为非晶化或玻化，如晶体矿物锆石、褐帘石因含放射性元素蜕变为非晶质锆石、褐帘石等；非晶质体转化为晶体称为晶化或脱玻化，如非晶质体的蛋白石转化为玉髓或石英，以及玻璃、塑料的老化。

【知识链接】

晶体与非晶质体内部结构的质点排列如图 1-1-6 所示。

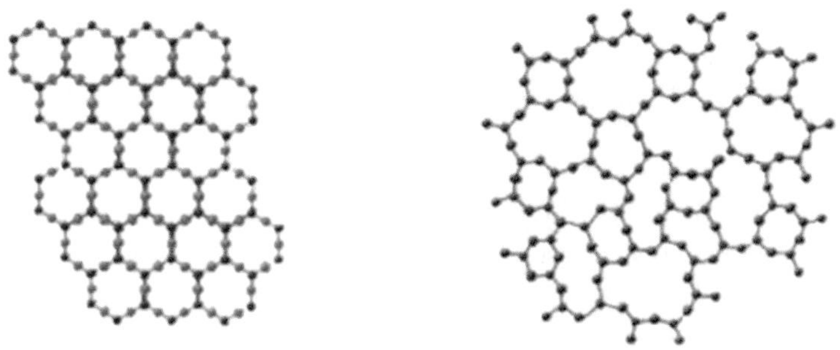

(a) 晶体内部结构　　(b) 非晶质体内部结构

图 1-1-6　晶体与非晶质体内部结构示意图

从图 1-1-6 看出，晶体内部结构质点的排列是在三维空间上有规律地重复出现的。非晶质体内部结构质点的排列在很小范围内具有某些有序性（如 1 个小红点硅离子周围分布着 3 个小蓝点氧离子），这种有序性称为近程规律；而在整个结构范围的有序称为远程规律。显然，晶体既有近程规律也有远程规律，非晶质体则只有近程规律。

单元二　晶体的对称

一、对称的概念及晶体的对称特点

在自然界和日常生活中，对称现象十分常见，如蝴蝶、花瓣、建筑和各种工艺品等（见图 1-1-7），它们外形大都是对称的。蝴蝶左右两个同形等大的部分，可以通过一个垂直平分它的镜面反映，使其彼此重合；花瓣通过围绕一条通过它中心的直线旋转，就可以使花瓣重复多次出现；建筑和各种工艺品的对称是人为设计而成的，主要是稳定平衡和美观。

图 1-1-7　蝴蝶与建筑对称性

（一）对称

对称是指物体或图形中相同部分有规律地重复。满足对称的两个条件：一是物体必须可以分为若干彼此相同的部分；二是这些相同部分之间可以通过某些操作而发生有规律的重复。

（二）晶体的对称特点

晶体的对称除在微观上内部结构的对称外，在宏观上的表现也有其自身特点。具体如下：

（1）凡晶体皆具有对称性。这是由于晶体内部质点在三维空间周期性重复所表现的结果。

（2）晶体对称在宏观上的有限性。晶体外形上的对称既充分体现出内部格子构造的规律性，同时也受到格子构造的制约。因此，晶体在宏观上对称的类型和数目是有限制的，而非任意对称。

（3）晶体对称的彻底性。晶体对称性既表现在晶面与晶面、晶棱与晶棱、晶面夹角与晶面夹角之间外部几何形态上有规律的重复，同时也体现在其物理化学性质上，如力学、光学和电学性质等。

二、晶体的对称操作与对称要素

（一）对称操作

使晶体或对称物体中相同部分有规律地重复出现而进行的操作称为对称操作。

（二）对称要素

进行对称操作所借助的几何要素（点、线、面）称为对称要素。一般，对称要素包括对称面、对称中心、对称轴和旋转反伸轴等。

1. 对称面(P)

对称面是一假想的平面,它将图形平分为互为镜像的两个相等部分,如图 1-1-8 中的 P_1、P_2 就是假想的平面。

与之相应的对称操作是对此平面的反映。只有物体(或图形)等两相同部分上所有对应点的连线均与对称面垂直等距即为镜像反映。晶体中可以没有对称面,也可以有一个或同时存在若干个对称面,但对称面最多不超过 9 个。晶体中有对称面存在时,对称面必通过晶体的中心。描述时,一般把对称面的数目写在符号 P 的前面,如立方体有 9 个对称面,记作 $9P$。

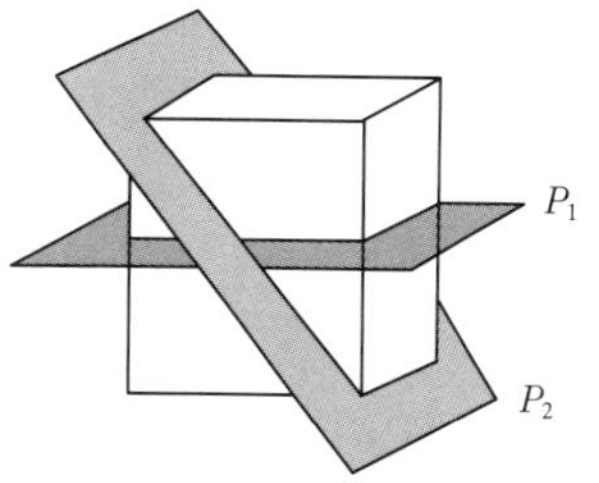

图 1-1-8 晶体的对称面

2. 对称中心(C)

对称中心是一在晶体中假想的点,与之相应的对称操作是对此点的反伸。通过该点的任意直线,在距对称中心等距离处必定会找到对应点(见图 1-1-9)。晶体可以没有或只能有一个对称中心。对称中心用符号 C 表示。

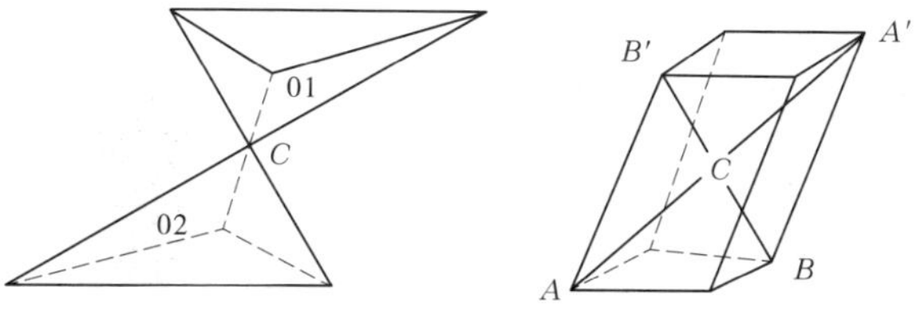

图 1-1-9 晶体的对称中心

寻找晶体对称中心的依据是:晶体上所有的晶面都要求同形等大,两两平行,且位向相反。

3. 对称轴(L^n)

对称轴是一假想的直线,与之相应的对称操作是绕此直线的旋转。当晶体围绕此直线旋转一定角度后,可使晶体上的相同部分重复出现(见图 1-1-10)。对称轴必过晶体中心,以符号 L^n 表示。

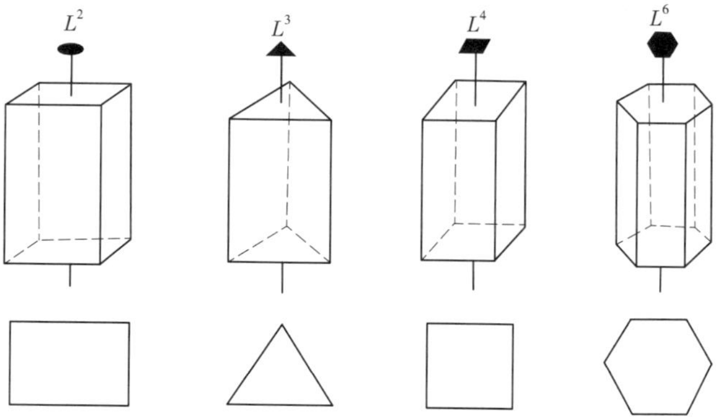

图 1-1-10 晶体中 L^2、L^3、L^4、L^6 对称轴

晶体旋转一周，相同部分出现重复的次数，称为轴次(n)。重复时所旋转的最小角度称为基转角(α)，基转角和轴次之间的关系是：$n = 360°/\alpha$ 或 $\alpha = 360°/n$。

晶体中出现的对称轴只能是 L^1、L^2、L^3、L^4、L^6，不可能存在 5 次轴及高于 6 次的对称轴。轴次大于 2 的对称轴称高次对称轴，即 L^3、L^4、L^6。由于任何晶体旋转一周后都可恢复原状，故 1 次对称轴(L^1)无实际意义。

在一个晶体中，可以无对称轴，也可以有一种或几种对称轴，而每一种对称轴可以有一个或多个。在描述时，对称轴的数目应写在相应对称轴符号的前面，如 $4L^3$、$6L^2$、$3L^4$ 等。

4. 旋转反伸轴(L_i^n)

旋转反伸轴是通过晶体中心的一条假想的直线，沿此直线旋转一定角度后，再对此直线上的中心点进行反伸，可使晶体上相同部分重合。与之相应的对称操作是围绕一条直线的旋转和对此直线上一个点反伸的复合操作。旋转反伸轴用符号 L_i^n 表示，其中 i 表示反伸，n 表示轴次。

图 1-1-11 为具有 4 次旋转反伸轴(L_i^4)四方四面体，即为围绕该旋转反伸轴旋转 90°和对其上一个定点进行反伸的复合操作。图 1-1-11(a)表示晶体的起始位置，旋转 90°后图的位像见图 1-1-11(b)(此时晶体形态未复原)，接着再对中心点反伸四方四面体复原一次(见图 1-1-11(c))，旋转 360°并反伸 4 次，相同部分就可以复原 4 次。

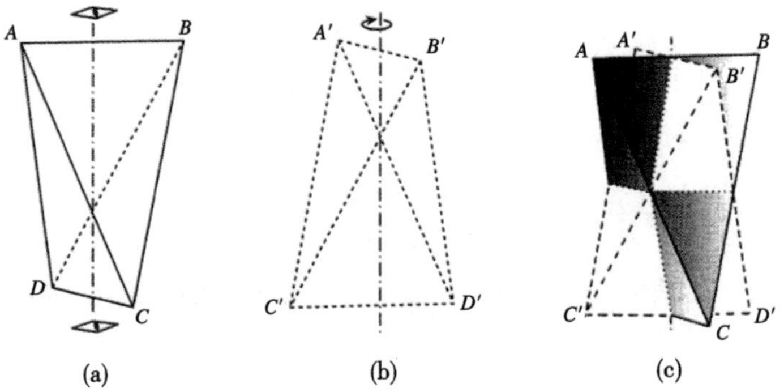

图 1-1-11 四次旋转反伸轴的对称操作

旋转反伸轴仅可能有 L_i^1、L_i^2、L_i^3、L_i^4、L_i^6 5 种，但有实际意义的只有两种，即 L_i^4、L_i^6。

三、对称型和晶体的对称分类

(一)对称型

一个晶体中全部对称要素的总和，称为该晶体的对称型。

不同晶体中存在的对称要素种类及各种对称要素的数目是不尽相同的。在晶体中可以只有单独的一个对称要素，也可以若干个对称要素共存，即对称型的表现是不同的。对称型的书写规则为：①按高次轴、低次轴、对称面、对称中心的顺序依次书写；②若晶体中存在多个同轴次对称轴或多个对称面，其个数写在相应对称要素的前面。如萤石的立方体晶体对称型为 $3L^4 4L^3 6L^2 9PC$ 。

(二)晶体的对称分类

根据晶体对称的特点，以对称型作为晶体分类的基本单元，将晶体进行合理的科学分类。首先将属于同一对称型的晶体归为一类，称为晶类，与对称型相对应的晶类有 32 种；其次依据高次对称轴的有无和高次对称轴数目，将 32 种晶类划分为 7 个晶系；最后根据晶系的各自特征分别归纳为低级、中级和高级 3 个晶族，即高次轴多于一个的属高级晶族，只有一个高次轴者为中级晶族，无高次轴者属低级晶族（见表 1-1-1）。

表 1-1-1　晶体的对称分类

晶族	晶系	对称特点			对称型	晶体实例
					对称要素总和	
低级	三斜	无高次轴	无 L^2 和 P	所有的对称要素必定相互垂直或平行	L^1	高岭石
					* C	钙长石
	单斜		L^2 和 P 均不多于一个		L^2	镁铅矾
					P	斜晶石
					* L^2PC	石膏
	斜方		L^2 和 P 的总数不少于三个		$3L^2$	泻利盐
					$L^2 2P$	异极矿
					* $3L^2 3PC$	重晶石
中级	三方	必定有且只有一个高次轴	唯一的高次轴为三次轴	除高次轴外，如有其他对称要素存在，它们必定与唯一的高次轴垂直或平行	L^3	细硫砷铅矿
					* L^3C	白云石
					* $L^3 3L^2$	α - 石英
					$L^3 3P$	电气石
					* $L^3 3L^2 3PC$	方解石
	四方		唯一的高次轴为四次轴		L^4	彩钼铅矿
					L_i^4	砷硼钙石
					* L^4PC	白钨矿
					$L^4 4L^2$	镍矾
					$L^4 4P$	羟铜铅矿
					$L_i^4 2L^2 2P$	黄铜矿
					* $L^4 4L^2 5PC$	锆石
	六方		唯一的高次轴为六次轴		L^6	霞石
					L_i^6	磷酸氢二银
					* L^6PC	磷灰石
					$L^6 6L^2$	β - 石英
					$L^6 6P$	红锌矿
					$L_i^6 3L^2 3P$	蓝锥矿
					* $L^6 6L^2 7PC$	绿柱石
高级	等轴	高次轴多于一个	必定有四个 L^3	除 $4L^3$ 外，必定还有三个相互垂直的二次轴或四次轴，它们与每一个 L^3 均以等角度相交	$3L^2 4L^3$	香花石
					* $3L^2 4L^3 3PC$	黄铁矿
					$3L^4 4L^3 6L^2$	赤铜矿
					* $3L^4 4L^3 6P$	黝铜矿
					* $3L^4 4L^3 6L^2 9PC$	方铅矿

注：* 为较常见的对称型。

【小贴士】

晶体的对称面常出现的位置有:

(1)垂直等分某些晶面或晶棱的平面处。

(2)包含某些晶棱并等分晶面的夹角处。

晶体的对称轴可能出露的位置有:

(1)过晶体的几何中心并且为某两个相互平行晶面中心的连线。

(2)两个相对晶棱中点的连线,或晶棱中点与晶面中心的连线。

(3)相对的两个晶体角顶间的连线,以及一个晶体角顶和与之相对的一个晶面中心或晶棱的中点的连线。另外,对称程度低的某些晶体中可以没有对称轴(除 L^1 外)。

【知识链接】

在晶体中为什么没有5次对称轴及高于6次的对称轴?

这是由于它们不符合空间格子构造规律。由5次、7次、8次对称轴所决定的正五边形、正七边形和正八边形等(见图1-1-12(e)、(f)、(g)),单一种网孔图形都不能无间隙地布满整个二维平面,这均不符合空间格子构造规律。所以,在晶体中不可能存在5次对称轴及高于6次的对称轴。而 L^2、L^3、L^4、L^6 所决定的多边形网孔均能无间隙地布满整个二维平面,符合空间格子中质点平移重复排布的规律。

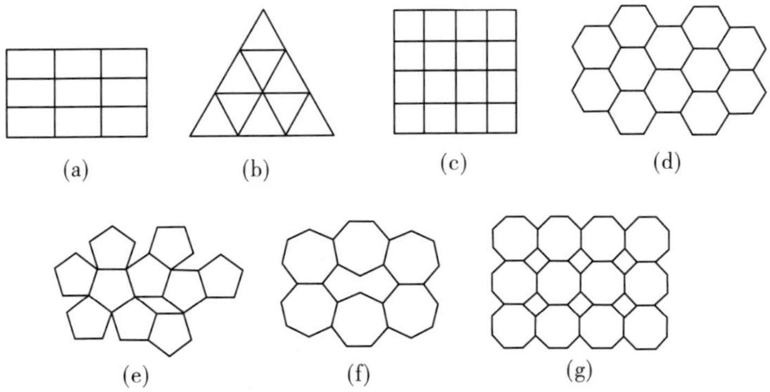

图 1-1-12　垂直各种对称轴的面网网孔形状

单元三　晶体的理想形态

矿物的晶体形态受内部因素和外部生长环境控制。自然界中,具有不同对称型的矿物晶体其外表形态不同,同一对称型的矿物晶体也因生长环境不同而表现出多样形态。如萤石,其对称型为 $3L^4 4L^3 6L^2 9PC$,若其在碱性、中性和酸性溶液不同的环境下结晶,分别形成立方体、八面体、菱形十二面体等形态,有时也可以出现由八面体和立方体聚合而成的各种形态。因此,矿物的晶体形态对于鉴定矿物及研究矿物的成因都具有重要意义。

晶体的理想形态可分为两类:一类为单形,另一类为聚形。

一、单形

单形是由对称要素联系起来的一组同形等大晶面的总和。换言之,单形是借助于自身对称型中全部对称要素的作用使它们彼此相互重合的一组晶面。因此，晶体在理想发育条件下，单形所有晶面彼此都是同形等大且性质相同的。

二、47种几何单形的特征

如果只研究单形的晶面数目、各晶面的几何关系以及单形的几何形态等，而不考虑它代表的对称意义，那么几何外形不同的单形只有如下47种。

（一）低级晶族的单形

低级晶族的单形共7种。因对称性较差，其种类少、几何形态相对简单（见图1-1-13），主要有：

单面　单个晶面，无任何对称要素同另一个晶面相重合。

平行双面（板面）　由两个彼此平行、性质相同的晶面所组成。

轴双面或反映双面　由两个相同晶面相交而成，二者可通过L^2或对称面相重合。

斜方柱（菱方柱）　由4个两两相互平行的晶面所组成，横切面为菱形，借此可与其他柱状单形相区别。

斜方四面体（菱方四面体）　由4个互不平行的不等边三角形所组成，横切面为菱形，每个晶棱中点均为L^2对称轴出露点，该单形仅见于$3L^2$对称型中。

斜方单锥（菱方锥）　由4个不等边的三角形组成，横切面为菱形，仅见于L^22P对称型中。

斜方双锥（菱方双锥）　由8个不等边、成对平行的三角形组成，犹如由上下两个互成镜像关系的菱方锥组合而成，横切面为菱形，相邻4个晶面的公共交点均为结晶轴出露处，仅见于$3L^23PC$对称型中。

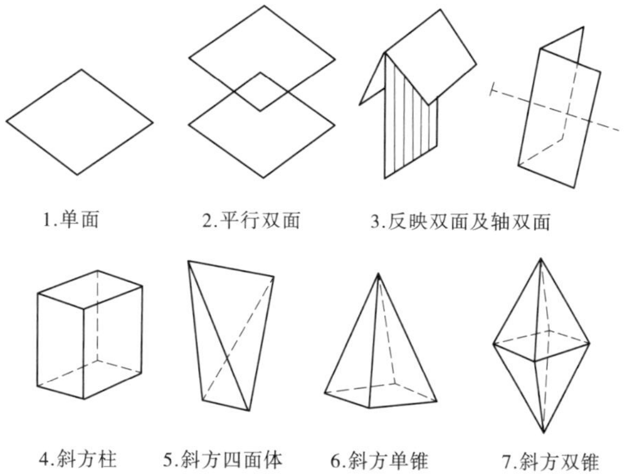

图1-1-13　低级晶族的单形

（二）中级晶族的单形

中级晶族的单形有25种，单形数目多、几何形态特征较为复杂（见图1-1-14）。根据晶面特征分为柱类、单锥类、双锥类、四方四面体类、偏方面体类和菱面体类等，归纳如下。

1. 柱类

所有晶棱与晶体中唯一的最高次对称轴相平行，除三方柱和复三方柱外，晶面均成对平

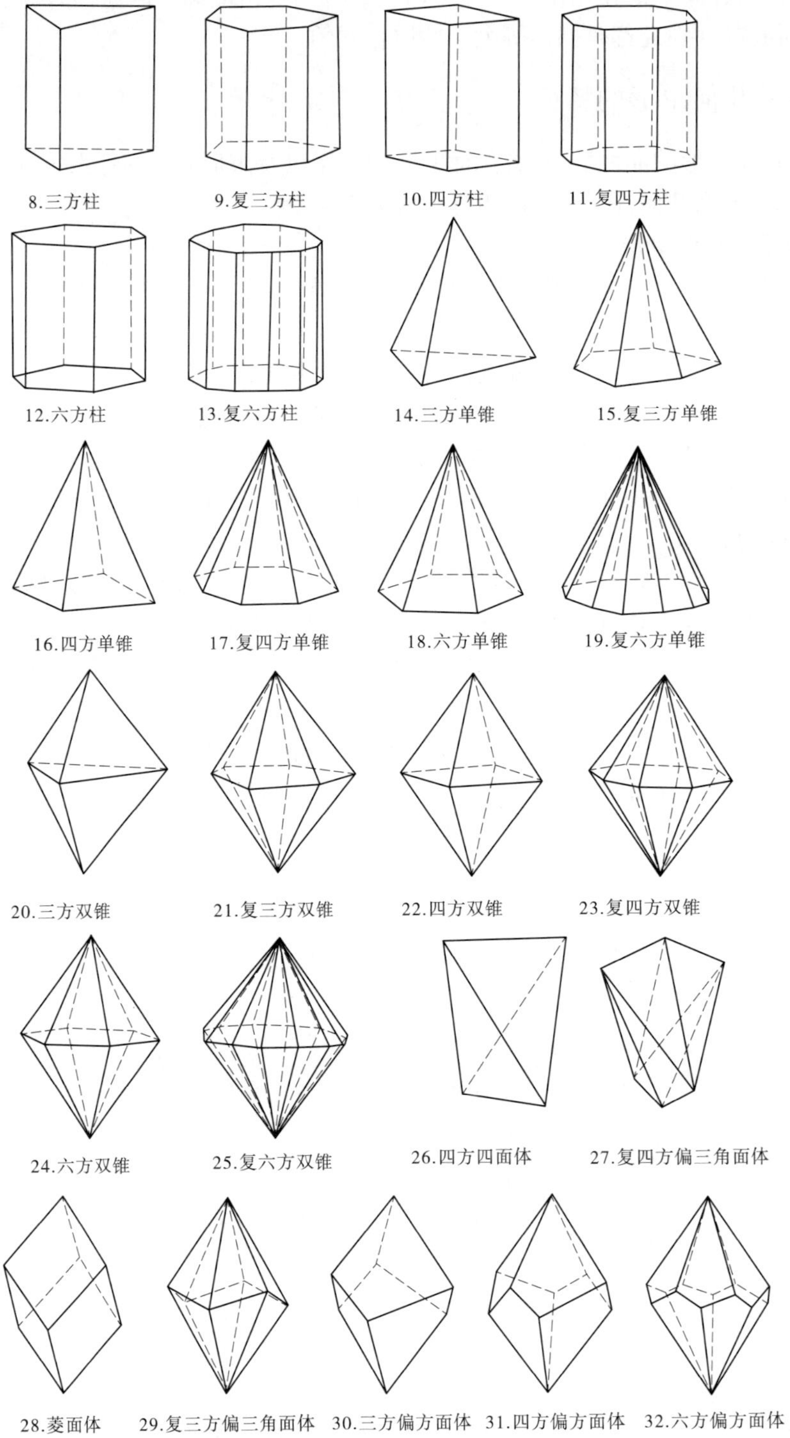

图 1-1-14　中级晶族的单形

行，根据单形横切面的形状和晶面数目可分为以下几种：

三方柱　由 3 个平行于 L^3 的晶面所围成，横切面为等边三角形。

四方柱　由 4 个平行于 L^4 或 L_i^4 的晶面所围成，横切面为正方形。

六方柱　由 6 个平行于 L^6 或 L_i^6 的晶面所围成，横切面为正六边形。

复三方柱　由两组三方柱面组合而成，晶棱与 L^3 平行，横切面的 6 个内角中，邻角不等，隔角相等。

复四方柱　由两组四方柱面组合而成，晶棱与 L^4 平行，横切面的 8 个内角中，邻角不等，隔角相等。

复六方柱　由两组六方柱面组合而成，晶棱与 L^6 平行，横切面的 12 个内角中，邻角不等，隔角相等。

2. 单锥类

该类单形包括三方单锥、四方单锥、六方单锥、复三方单锥、复四方单锥和复六方单锥。单锥的顶点均相交于晶体中唯一的最高次对称轴，其横切面形状和晶面数目均与相应的柱类单形相同。

3. 双锥类

该类单形包括三方双锥、四方双锥、六方双锥、复三方双锥、复四方双锥和复六方双锥。它们的形状犹如两个单锥以底结合而成，双锥的两尖端均相交于晶体中唯一最高次对称轴的上、下两端，上下两晶面恰好两两相对应，呈镜像反应。

4. 四方四面体类和复四方偏三角面体类

四方四面体　由 4 个等腰三角形组成的，上部两个晶面和下部的两个晶面恰好错开 90°，垂直于 L^4，横截面为正四方形。

复四方偏三角面体　由 8 个偏三角形晶面所组成的，横截面为一相邻内角不相等的非正八边形。

5. 菱面体和复三方偏三角面体类

菱面体　是由两两平行的 6 个菱形的相同晶面所组成的斜平行六面体，恰似由立方体沿其中一条体对角线的方向（3 次对称轴 L^3 的方向）拉长或压扁而成，各相邻晶面均斜交；其上部与下部的晶面彼此间绕 L^3 以 60°错开排布。

复三方偏三角面体　是将菱面体的每一个晶面沿菱形的长对角线突起平分为两个互为镜像的不等边三角形，从而形成的由上下 12 个晶面所组成的几何体。

6. 偏方面体类

该单形包括三方偏方面体、四方偏方面体和六方偏方面体。该类单形特殊之处是每个晶面均由偏四边形组成，位于晶体腰部的两条边长短不等，且上下晶面间并不呈两两对应关系；由于晶体上下晶面错开的角度不等，使之具有左、右形之分（见图 1-1-15）。

（三）高级晶族的单形

属于高级晶族的单形共有 15 种（见图 1-1-16），按名称和特征可分为四面体类、八面体类、立方体类。

1. 四面体类

四面体　由 4 个等边三角形晶面所组成。每个晶面都与 L^3 垂直。晶棱的中心为 L_i^4 和 L^2 的出露点。

三角三四面体　设想四面体的每一个晶面突起分为三个等腰三角形晶面，便构成了三角三四面体。

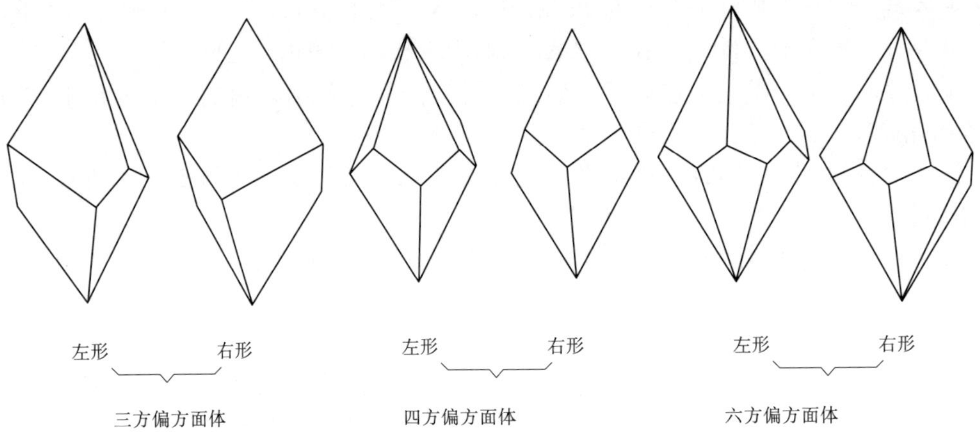

图 1-1-15　偏方面体类的左、右形

四角三四面体　设想四面体的每一个晶面突起分为三个四边形晶面，便构成了四角三四面体。

五角三四面体　设想四面体的每个晶面突起分为三个偏五边形晶面，便构成五角三四面体。

六四面体　设想四面体的每个晶面突起分为六个不等边三角形晶面，便构成六四面体。

2. 八面体类

八面体　由 8 个等边三角形晶面组成。每个晶面都垂直于 L^3，而且与 L^4 等角度相交。

设想在八面体的每一个晶面上沿着中心位置突起，形成 3 个共顶点的晶面。根据每个晶面的不同形状，分别形成三角三八面体、四角三八面体、五角三八面体。

六八面体　犹如每个八面体晶面上沿中心突起，呈现出 6 个共顶点相同的不等边三角形，晶面数目为八面体的 6 倍，有 48 个晶面。

3. 立方体类

立方体　由两两相互平行的 6 个正方形晶面组成。每个晶面都垂直于 L^4，相邻晶面均以直角相交。

四六面体　设想立方体的每个晶面中心突起，平分为 4 个共顶点的等腰三角形晶面而成。

菱形十二面体　由两两相互平行的 12 个相同菱形晶面组成，相邻晶面间的夹角为 120°；每个晶面都垂直于 L^2，并与 L^4 以等角相交。

五角十二面体　设想立方体的每个晶面突起平分为两个具四个等边的五角形晶面而成。

偏方复十二面体　设想五角十二面体的每个晶面再突起平分为两个其两邻边相等、另两边不等的偏四边形晶面而组成。

在上述 47 种几何学单形中，由于单面、双面、平行双面，以及各种柱、单锥等 17 种单形，其本身的全部晶面是不能围成封闭空间的，故称之为开形；而其余 30 种单形本身的所有晶面能围成闭合的凸多面体的单形，称之为闭形。闭形既可在晶体上单独存在，也可以与其他单形相聚合，例如立方体、菱面体等。

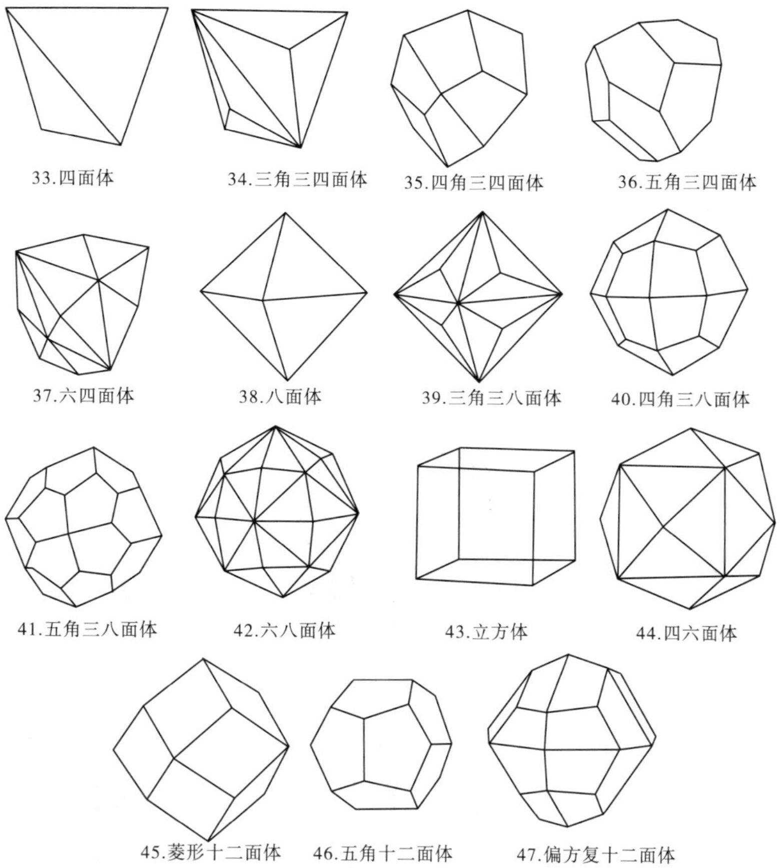

图 1-1-16　高级晶族的单形

三、聚形

聚形是指由两个或两个以上的单形相聚合而成的晶形（见图 1-1-17）。自然界中的矿物晶体，大多数不是单体形态，而为聚形产出。聚形中由于单形间的相互切割，使其聚形晶面数目较多，且其晶面形状也与单形单独存在时形状截然不同。判别一个聚形由何种单形聚合有一定难度，但总体上的原则就是必须是属于同一对称型的单形才能聚合。

四、晶面条纹

晶面条纹是晶面上由一系列邻接面交替发育而形成的直线状平行条纹，是晶体在生长过程中受各种因素影响而形成的，也称其为生长条纹或聚形条纹。例如，石英晶体柱面上的横纹，就是六方柱与菱面体晶面交替发育的结果（见图 1-1-18（a））。电气石晶体柱面上的纵纹，是平行于 C 轴的晶带由窄细的晶面组成所致（见图 1-1-18（b））。这些窄细的晶面从一个晶面过渡到另一个晶面只有微小的倾斜，这些晶面称为邻接面。正是由于这些邻接面的出现，使电气石垂直 C 轴的横切面呈现球面三角形。黄铁矿晶面上三对相互垂直的条纹，则是由立方体与五角十二面体两种单形的晶面交替发育形成的（见图 1-1-18（c））。晶面条纹是聚形的一种特殊形式。

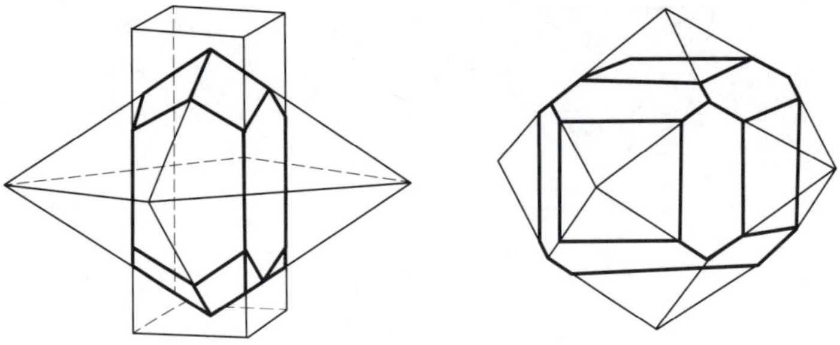

(a)锆石(四方柱和四方双锥的聚形)　(b)萤石(立方体和菱形十二面体的聚形)

图 1-1-17　聚形

(引自潘兆橹等,1993)

(a) 石英晶体柱面上的横纹　(b) 电气石晶体柱面上的纵纹　(c) 黄铁矿晶面上相互垂直的条纹

图 1-1-18　晶面条纹

单元四　晶体定向和晶体符号

一、晶体定向

(一) 晶轴和晶体常数

晶体定向就是在晶体中选定一个坐标系统,来表示晶体的空间方位。是人为地在晶体中选出 3 根(4 根)坐标轴并确定坐标轴上的长度单位。所选定的坐标轴称为晶轴,分别以 X、Y、Z(X、Y、Z、U)标记。晶轴之间的交角为轴角,各晶轴正端之间的轴角为 $\alpha = Y \wedge Z$、$\beta = Z \wedge X$、$\gamma = X \wedge Y$,它们之间不一定是直角。各晶轴上的度量单位称轴单位(结点间距),分别以 a_0、b_0 和 c_0 表示。

由于轴单位极小(以 nm 计),需借助 X 射线分析才能测定,所以我们根据几何结晶学的方法可以确定出它们之间的比率 $a:b:c$,这一比率称为轴率。轴率 $a:b:c$ 和轴角 α、β、γ 合称为晶体常数。

(二) 晶轴选定原则

晶轴的选择通常是晶体中对称轴、旋转反伸轴、对称面的法线以及晶棱的方向,其中,优先选择对称轴，其次为对称面的法线方向。若前两者都没有，则可选择实际晶棱或可能晶棱的方向；在上述条件下，应尽可能使晶轴相互垂直或接近垂直，并使轴单位尽可能相等。

通常将选定的 X、Y、Z 三个晶轴的交点位于晶体中心，若选取晶棱方向为晶轴，可设想将晶棱平移至中心。三晶轴的安置是：Z 轴，任何情况下都是上下直立，正端朝上；Y 轴，左右水平，正端朝右；X 轴，前后方向，正端朝前。

（三）各晶系晶体定向

对于不同晶系的晶体，等轴、四方、斜方、单斜、三斜晶系中，晶体定向采用三轴定向；而三方晶系和六方晶系采用四轴定向，具体见图 1-1-19。

二、晶面符号

晶体定向后，晶面在空间的相对方位即已确定。通常用一组简单的数字形式来表示，称为晶面符号，也称米氏符号，是由英国学者米勒尔（W. H. Miller）于 1839 年创立的。这种符号是由连写在一起的三个或四个（三方和六方）互质的小整数加小括弧后构成的。其一般形式为(hkl)或$(hkil)$。h、k、i、l 称为晶面指数。它们分别与 X、Y、Z 或 X、Y、U、Z 晶轴的顺序相对应。其确定方法为：

（1）取晶面在各晶轴上的截距系数的倒数比，即 $1/p:1/q:1/r$。

（2）乘以分母的最小公倍数，把倒数比化成简单的整数比，$h:k:l$。

（3）去掉比例号，加上小括号，就是米氏符号即(hkl)。

现举例说明如下：

如图 1-1-20 所示的晶面 ABC，在三个晶轴上的截距依次为 $2a_0$、$3b_0$、$6c_0$，截距系数为 2、3、6。其米氏符号的求法是：

（1）取截距系数的倒数比 1/2∶1/3∶1/6。

（2）乘分母的最小公倍数 6，把倒数比化简，即 3∶2∶1。

（3）去掉比例号，加上小括号就是晶面符号，写作（321）。读成三、二、一，不能读成三百二十一。3、2、1 是一组互质整数。

晶面符号是描述晶体形态和指示某一晶面或晶棱在晶体上所处空间方位的一种最简练的符号，当我们看到一个晶面符号后，能明白它的含义并能想象出它在晶体上的方位。

另外，在晶体定向中，常用轴率 $a:b:c$ 来确定晶面符号。其方法是选择一个晶面（与三晶轴相交且截距系数都相等）做单位面，则单位面的晶面符号为（111），它在三晶轴上的截距系数之比就等于 $a:b:c$。再以此单位面在晶轴上的截距之比（即轴率）与其他晶面在晶轴上的截距之比相比，就可以求出其他晶面的晶面符号。

三、单形符号

属于同一单形的各个晶面与晶轴的相对位置是一致的，只是排列顺序和正负号有区别。因此，我们可以把一个单形中按照一定的原则选择一个晶面，用该晶面的晶面指数加上“{}”括起来，这样就构成了单形符号。

选择代表晶面的一般原则是选择正指数最多的晶面，并在满足该条件的前提下，尽可能选取各指数绝对值依次降序排列的。例如，在等轴晶系中立方体单形由（100）（010）（001）$(\bar{1}00)$$(0\bar{1}0)$$(00\bar{1})$六个晶面组成，根据原则就应该选择（100）晶面的指数作为其单形符号

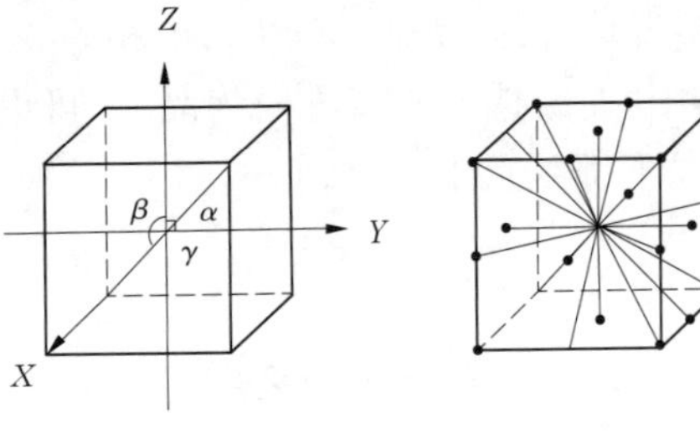

(a)等轴晶系晶体定向

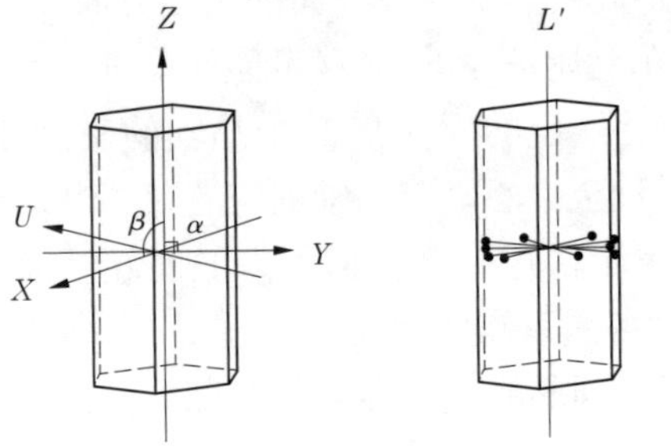

(b)六方晶系晶体定向

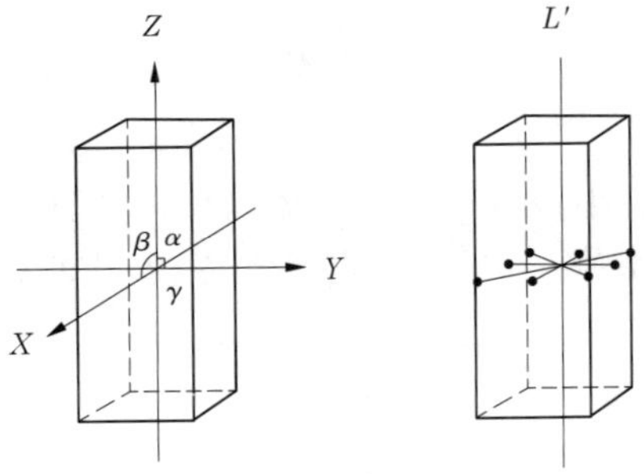

(c)四方晶系晶体定向

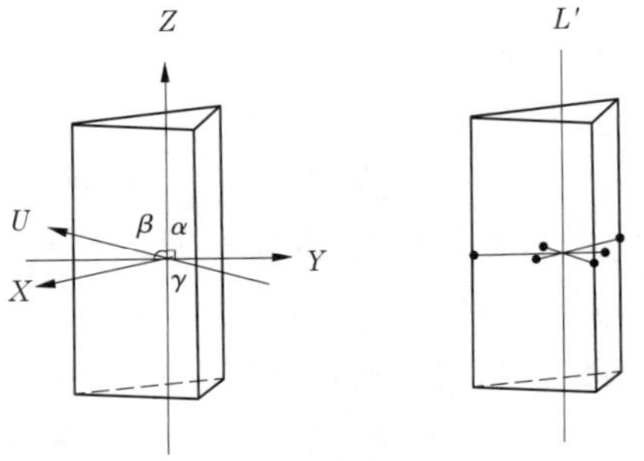

(d)三方晶系晶体定向

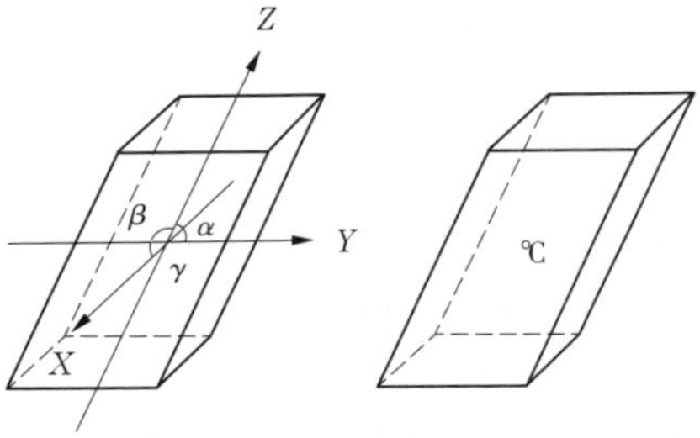

(e)三斜晶系晶体定向

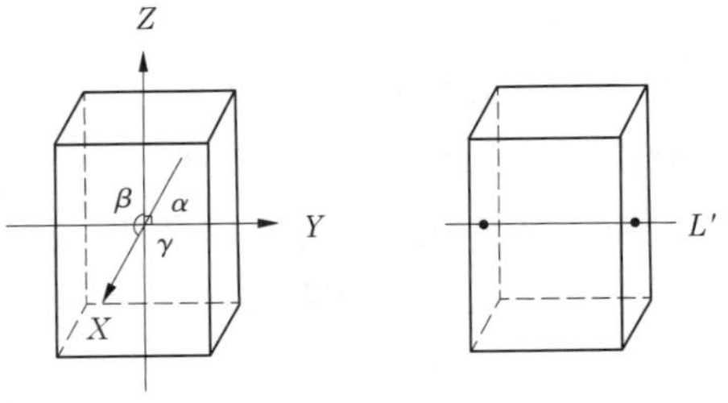

(f)单斜晶系晶体定向

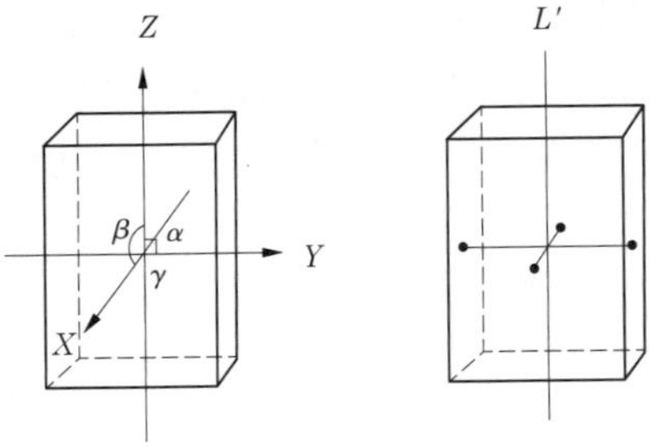

(g)斜方晶系晶体定向

图 1-1-19 各晶系的晶体定向

的指数,即立方体的单形符号为{100}(见图 1-1-21)。该符号就代表了由对称要素联系着的六个晶面。

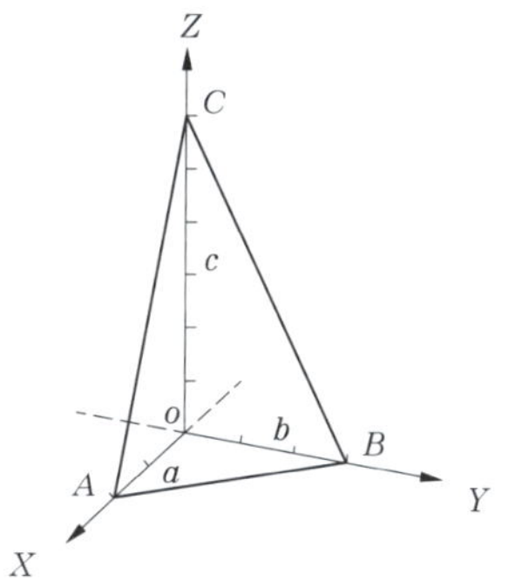

图 1-1-20 求晶面符号的图解

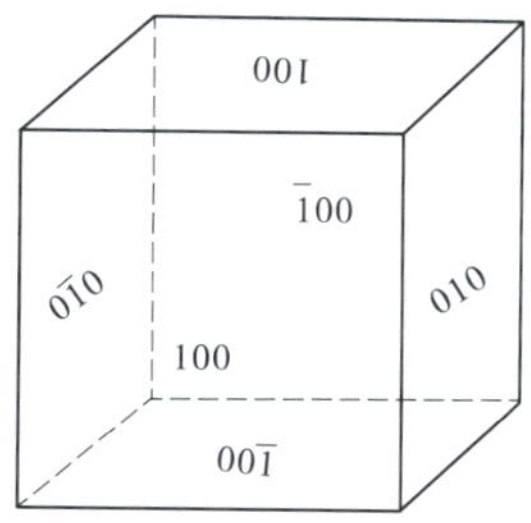

图 1-1-21 立方体单形符号图解

单元五 矿物形态

矿物的形态是指矿物的外貌特征。自然界中矿物所呈现的形态多种多样,大体将其分为矿物的单体形态、矿物的连生体形态及同种矿物的集合体形态。

一、矿物的单体形态

矿物晶体在一定生长条件下,趋向于形成某种特定形态特征的习惯表现,称为晶体习性。矿物的单体形态常以结晶习性或晶体习性来描述。主要包括两方面的含义:一是同种晶体所常见的单形;二是晶体在三维空间延伸的比例。这种延伸情况大致有下列三种类型:

一向延长型 单体在三维空间只有一个方向特别发育,其形态称为柱状,如绿柱石(见图 1-1-22(a))、电气石、辉锑矿、金红石、红柱石等矿物的单体。当矿物柱体更加细长或长而弯曲时,还可应用更加形象化的术语,如针状、毛发状等。

二向延展型 单体在三维空间中有两个方向特别发育,另一方向发育较差,呈板状、片状、叶片状、鳞片状等,如云母(见图 1-1-22(b))、重晶石、方解石等。

三向等长 单体在三维空间的发育程度基本相同,呈粒状或等轴状,如黄铁矿、方铅矿、石榴子石、萤石(见图 1-1-22(c))等。

(a) 绿柱石(柱状) (b) 云母(片状) (c) 萤石(粒状)

图 1-1-22 矿物晶体习性

除上述三种类型情况外,晶体习性还有一些过渡类型。如在粒状与柱状间有短柱状,在柱状与板状间有板条状(刀片状)等。

不同的矿物通常形态不同，相同的矿物若生长环境不同，也可有不同的晶体习性。如石英晶体具有较弱的一向延长倾向，只有任其自由生长（在晶洞中）才能长成柱状晶体，在其他情况下则多形成不规则的粒状单体。矿物结晶习性既是其成分与结构的宏观反映，也是其生长环境条件的反映。因此，矿物结晶习性是鉴别矿物的重要标志之一。

二、矿物的连生体形态

天然矿物晶体除少数以单体存在外，大多数是呈两个或两个以上的晶体自然生长、聚集在一起，形成各种所谓的连生体形态。根据连生的特点，可分为不规则连生和规则连生。不规则连生的晶体相互处于偶然的位置，彼此间没有严格的规律而构成一般的集合体，例如水晶晶族等；规则连生的晶体在外形上表现出个体之间有规律的连接，以双晶和平行连生最为常见。

（一）双晶

双晶是两个或两个以上的同种晶体，按一定对称规律形成的规则连生晶体。相邻的两个单体借助于反映、旋转或反伸等对称操作，使两个单体彼此重合或平行。外观上双晶表现为两个单体间部分对应的晶面、晶棱彼此平行，但其结晶方向相反。双晶的规律可借助双晶要素来分析。

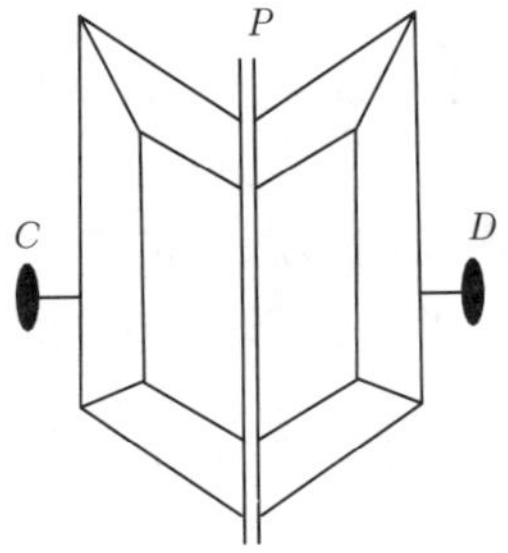

图1-1-23　双晶要素

1. 双晶要素

对称操作时所借助的辅助几何要素称为双晶要素（见图1-1-23），包括双晶面、双晶轴。

双晶面　为一假想的平面，可使构成双晶的两个单体中的一个通过该平面反映后与另一个单体重合或平行。

双晶轴　为一假想直线，双晶中一单体围绕该直线旋转180°，可与另一单体重合或平行。

2. 双晶类型

根据双晶个体连生的方式，可将双晶分为以下几种类型：

接触双晶　由两个单体组成，彼此以简单的平面相互结合的双晶。如方解石双晶、尖晶石双晶（见图1-1-24）。

聚片双晶　即一系列接触双晶，由多个单体以同一双晶律结合而成，且接合面相互平行。如斜长石的钠长石律聚片双晶（见图1-1-25）。

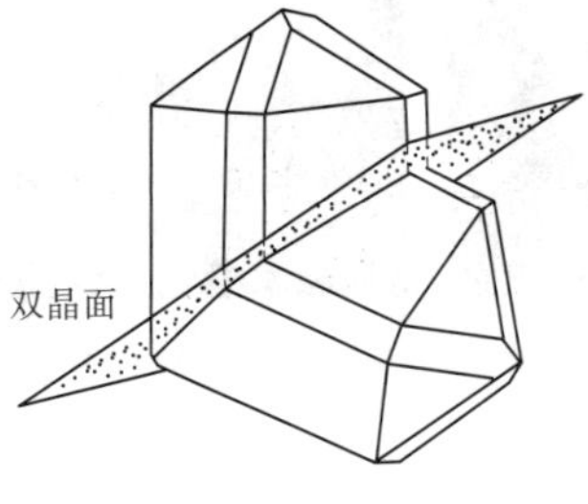

图1-1-24　尖晶石接触双晶

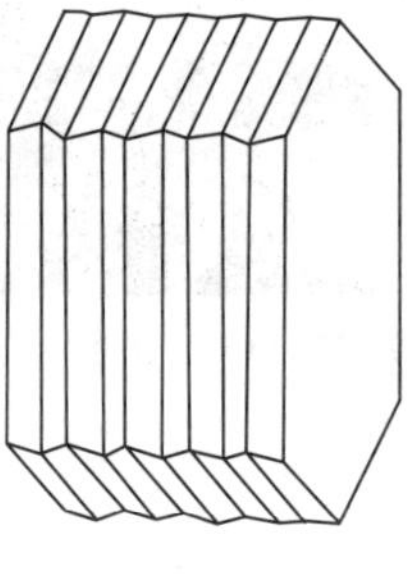

图1-1-25　钠长石律聚片双晶

穿插双晶（贯穿双晶）　由两个单体相互穿插而形成，如正长石的卡斯巴律穿插双晶和萤石的立方体穿插双晶（见图 1-1-26）。穿插双晶的接合面往往不是一个连续的平面。

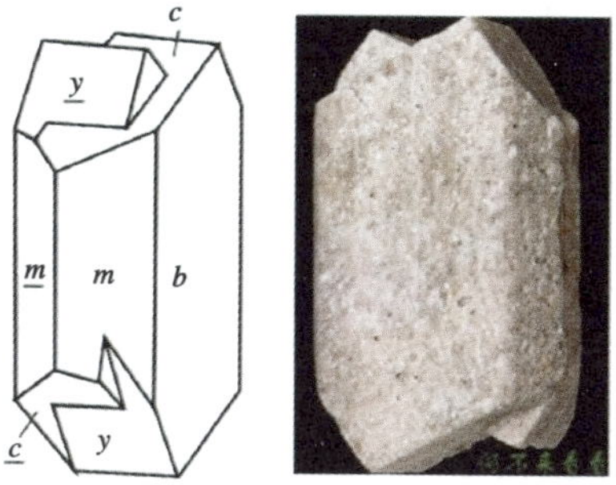

(a) 正长石的卡斯巴律穿插双晶

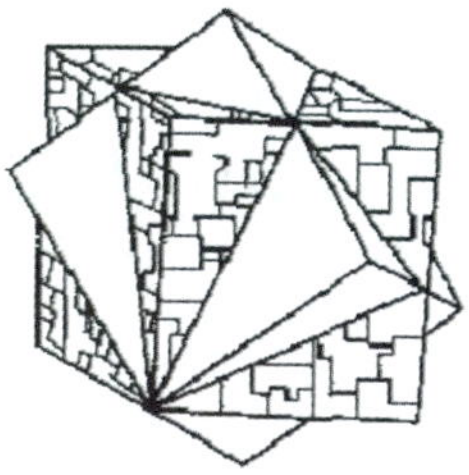

(b) 萤石的立方体穿插双晶

图 1-1-26　穿插双晶

轮式双晶　由两个以上的单体，按同一双晶律组成。表现为若干组接触双晶或穿插双晶的组合，各接合面互不平行而依次呈等角度相交。双晶总体呈环状或辐射状，按其单体的个数可分别称为三连晶、四连晶、六连晶等。如金绿宝石的假六方三连晶、金红石的环状六连晶（见图 1-1-27）。

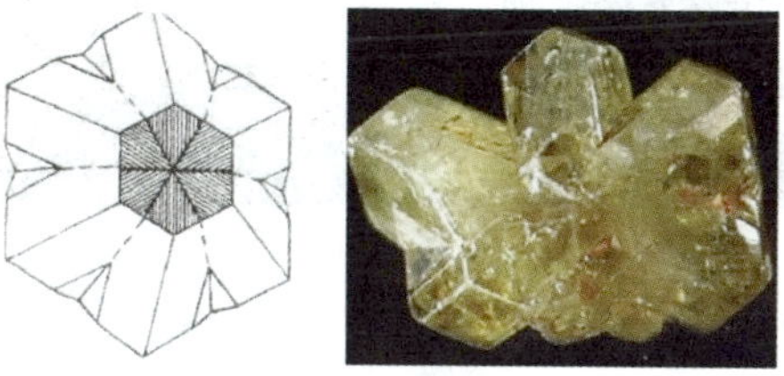

(a) 金绿宝石的假六方三连晶

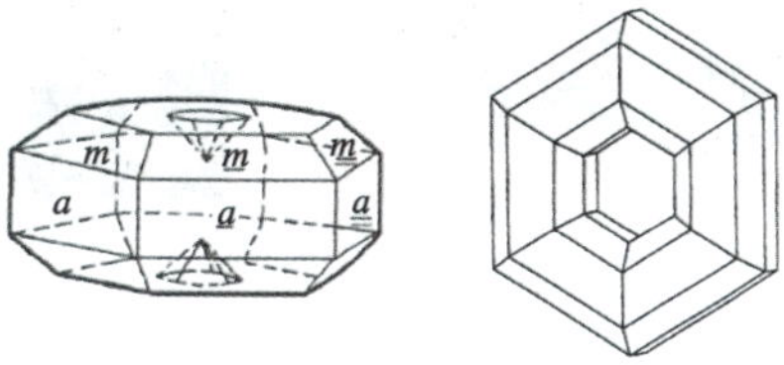

(b) 金红石的环状六连晶

图 1-1-27　轮式双晶

（二）平行连生

平行连生指同种晶体的个体彼此紧密相邻无间隔地连生在一起。连生体中的每一小晶体的晶面、晶棱及对称要素均是彼此平行的（见图 1-1-28）。由平行连生而形成的晶体称平行连晶。平行连晶从外形来看是多晶体的连生，但它们内部的格子构造都是平行而连续的。

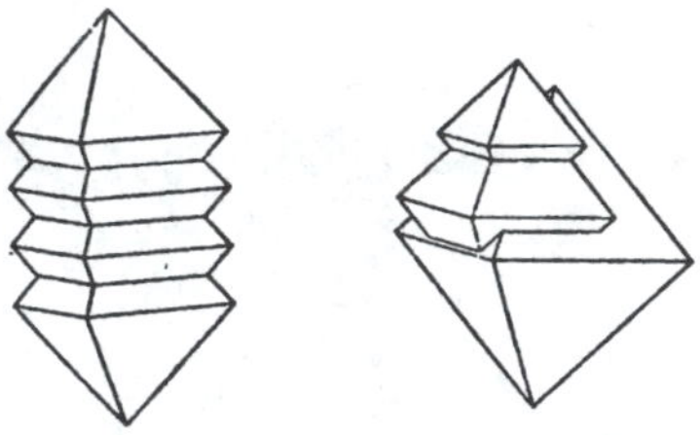

(a) 明矾石八面体晶体的平行连生

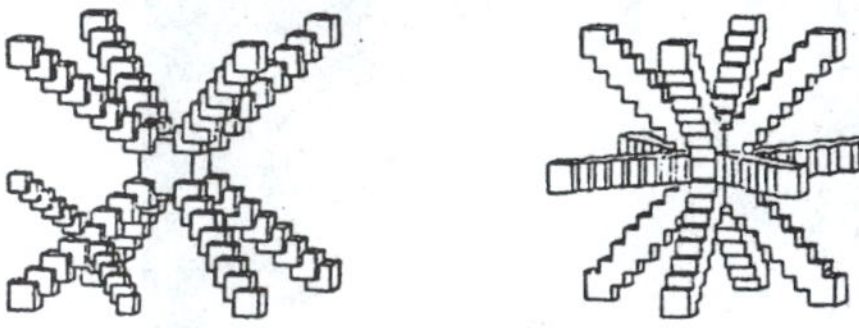

(b) 自然铜的树枝状平行连生

图 1-1-28　平行连生

三、矿物的集合体形态

矿物的集合体形态在自然界中较为常见。同种矿物多个单体聚集在一起的集合体形态也是千姿百态。其形态取决于单体的形态和它们的集合方式。

根据集合体中矿物颗粒大小(或可辨度),矿物的集合体可分为以下三种:肉眼可以辨认单体大小的集合体为显晶质集合体;显微镜下才能辨认单体大小的集合体为隐晶质集合体;在显微镜下也不能辨认单体大小的集合体为胶态集合体。

(一)显晶质集合体形态

粒状集合体　由许多粒状呈三向等长的单体任意集合而成。按其颗粒大小通常有粗粒集合体(见图1-1-29)(粒径>5 mm)、中粒集合体(粒径为1~5 mm,肉眼易辨别)及细粒集合体(粒径<1 mm),有颗粒感,借助放大镜可以辨别等。

片状、鳞片状、板状集合体　由结晶习性为二向延展的单体任意集合而成(见图1-1-30、图1-1-31)。

图1-1-29　石榴子石粒状集合体

图1-1-30　云母片状集合体

图1-1-31　蔷薇辉石板状集合体

柱状、针状、毛发状、束状、放射状集合体　由一向延长的单体呈不规则排列集合成柱状集合体形态、针状集合体形态(见图1-1-32)、放射状集合体形态。若细长矿物呈规则的平行排列称为纤维状集合体(见图1-1-33);如一端略有收敛,另一端略有散开的或两端均有散开的称为束禾状集合体(见图1-1-34);如果单体围绕某些中心向外呈放射状排列称为放射状集合体(见图1-1-35)。

图1-1-32　针状集合体形态(孔雀石)

图1-1-33　纤维状集合体形态(直闪石石棉)

图 1-1-34　束禾状集合体形态（辉沸石）

图 1-1-35　放射状集合体形态（红柱石）

晶簇状　在岩石的孔洞和裂隙中，丛生在同一基底上，一端朝向自由空间的一群晶体。

（二）隐晶质集合体形态及胶态集合体形态

隐晶质集合体可由溶液直接凝结或由胶体矿物老化而成。胶体矿物是由胶体凝聚而成的。下面描述几种常见的隐晶质集合体、胶态集合体的形态。

1. 钟乳状集合体

由同一基底向外逐层生长而形成的、呈圆锥或圆柱等形状的矿物集合体（见图 1-1-36）。通常是由胶体或真溶液，在开敞空隙中慢慢地凝聚或蒸发而成的。其表面都比较光滑，形状呈圆锥形或圆柱形（如石灰岩洞中的钟乳石）。附着于洞穴顶部自上而下垂者称石钟乳，溶液下滴至洞穴底部而凝固，逐渐向上生长者称石笋，石钟乳与石笋上下相连即成石柱，这些形态在石灰岩溶洞中构成奇观。

钟乳状集合体常据其外部形状给予不同名称，如呈许多半球状聚在一起，形态犹如一串葡萄形的称葡萄状集合体（见图 1-1-37）；形态如肾状大小的称肾状集合体，也称“玻璃头”（见图 1-1-38），如褐铁矿的褐色玻璃头、赤铁矿的红色玻璃头、硬锰矿的黑色玻璃头等。

图 1-1-36　钟乳状集合体（菱锌矿）

图 1-1-37　葡萄状集合体（葡萄石）

图 1-1-38　肾状赤铁矿

2. 结核状集合体

结核状集合体是矿物包绕某种物质颗粒（如砂粒、生物或岩石碎片等）凝聚，自内向外生长形成的矿物集合体，其生长方式见图 1-1-39。组成结核体的物质为隐晶质或胶体非晶质，其内部构造可以是放射状、同心层状或致密块状，有的结核中心部分是空的，可以被其他物质所充填。集合体形状多样，有球形、卵形、瘤状形态或不规则状等，大小极不一致，其直径可以从几毫米到几米,甚至更大。例如,大小如鱼子状的鲕状集合体(见图 1-1-40)等,大小犹如豌豆状的豆状集合体(见图 1-1-41)。个体较大,零星或密集分布者称为结核。如含煤地层中经常分布的菱铁矿结核和黄铁矿结核及黄土中的方解石结核(钙质结核)等。

3. 分泌体

分泌体是在形状不规则的或球状的空洞中由胶体或隐晶质自洞壁逐渐向中心沉积(充填)而成的,其生长方式见图 1-1-42。分泌体的特点是多数具有由外向内的同心层状构造,各层在成分和颜色上往往有所差别而构成条带状色环(见图 1-1-43),空洞常未填满,中心部分往往是空的,周壁常见晶簇或钟乳状体嵌布。

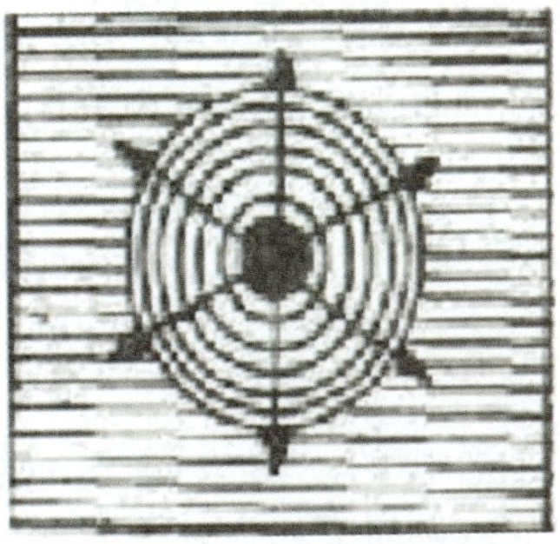

图 1-1-39　结核状集合体的生长方式

图 1-1-40　鲕状赤铁矿

图 1-1-41　豆状赤铁矿

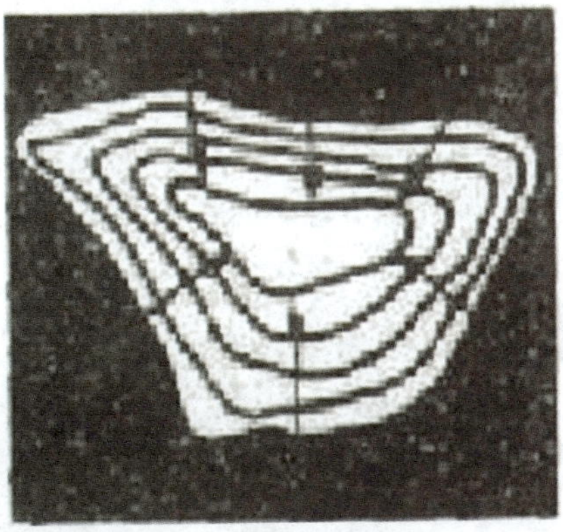

图 1-1-42　分泌体的生长方式

图 1-1-43　玛瑙

分泌体平均直径大于 1 cm 者称为晶腺,平均直径小于 1 cm 者称为杏仁状体。杏仁状体没有沟通外界的通道。它不是晶腺,但常常与晶腺一起被称为“分泌体”。

此外,矿物集合体还有一些不很常见,但对某些矿物来说其形态又是比较有特点的,例如:

肉冻状集合体(水胶凝体矿物常具有的特征)　如蛋白石等。

粉末状集合体　矿物呈粉末状分散附在其他矿物或岩石的表面。

土状集合体　矿物呈细粉末状较疏松地聚集成块。

被膜状集合体　矿物成薄层覆盖于其他矿物或岩石的表面(见图 1-1-44)。

树枝状集合体　单体按双晶或平行连生的规律在某些方向迅速生长所成的枝叉状集合体。可看成是矿物规则连生的一种特殊形态。

盐华状集合体　由可溶性盐类所组成的被膜，如干旱地区在地面上形成的硝石。

皮壳状集合体　矿物成较厚的层覆盖于其他矿物或岩石表面上（见图 1-1-45）。

块状集合体　为肉眼看不到单体界限的致密块状体，如块状黄铜矿、高岭石等。

图 1-1-44　蓝铜矿（被膜状）

图 1-1-45　绿松石（皮壳状）

项目小结

1. 晶体是内部质点（原子、离子或分子）在三维空间以周期性平移重复有序排列的固体物质，即晶体是具有格子状构造的固态物质。

2. 对称性是晶体的重要特性。

3. 对称型是晶体分类的基础，根据对称型的特点可将晶体划分 3 个晶族和 7 个晶系。

4. 单形是指由对称要素相互联系起来的一组晶面。同一单形的晶面都应同形等大。

5. 聚形是由属于同一对称型的若干个单形组合在一起的。

6. 晶体在生长过程中受各种因素的影响，常在晶面上形成一系列直线状平行条纹，即晶面条纹。

7. 自然界中的矿物晶体可分为不规则连生和规则连生。

8. 矿物的形态大体分为矿物的单体形态、矿物的连生体形态及同种矿物的集合体形态。

9. 双晶是两个或两个以上的同种晶体，按一定的对称规律形成的规则连生晶体。

10. 矿物晶体在一定生长条件下，趋向于形成某种特定形态特征的习惯表现，称为晶体习性。最常见的晶体习性有针状、柱状、粒状、板状、片状等。

技能训练

1. 晶体和非晶体在内部结构和基本性质上的根本区别是什么？

2. 下列生活中常见的物质哪些是晶体？哪些是非晶质体？

琥珀、玻璃、食盐、冰糖、雪花、合成金刚石、水晶、水、冰、沥青、天然气

3. 简述对称的概念。晶体的对称与其他物体的对称有何本质区别？

4. 什么是对称面、对称中心、对称轴及旋转反伸轴？

5. 如何区别八面体、四方双锥、斜方双锥？

6. 在 47 种几何单形中，下列单形能否相聚？

八面体与四方柱；六方柱与菱面体；三方双锥与六方柱；斜方柱与四方柱

7. 简述双晶与平行连生的区别。

8. 矿物的集合体形态有哪些？

9. 分泌体和结核体有何不同？

项目二 矿物通论

学习目标

了解地壳中的各种化学元素组成，了解各种不同的矿物；矿物化学成分的变化又会引起类质同象以及胶体、胶体矿物的形成；着重理解矿物中水的性质；掌握肉眼鉴定矿物的常见物理性质；了解矿物晶体形态的变化与组成矿物的成分、结构和周围的生长条件相关；熟悉常见矿物晶体形态特征；了解形成矿物的地质作用；理解矿物的分类和一般的矿物命名原则。

【项目导入】

地壳中的化学元素是组成各种矿物的物质基础。因此，矿物的化学成分是决定各项性质的最基本因素之一。同时，矿物又是组成岩石的基本单位，它的化学性质在一定程度上常是控制岩石强度及其抗风化能力等的重要因素，所以它也是对各种工程建筑发生影响的一个不可忽视的条件。要想真正了解和掌握矿物，必须掌握矿物的化学成分及其成分的变化、矿物的各项性质、形成矿物的地质作用特征等。

单元一 矿物的化学组成

一、地壳的化学成分

元素周期表中的绝大多数化学元素都存在于地壳中。自然界中各种矿物的形成都与地壳中元素及元素的丰度有着紧密的联系。但在地壳中各种化学元素分布极不均匀，其含量存在很大的差异，元素含量最多的与元素含量最少的可相差 10^{18} 倍。其中，氧、硅、铝、铁、钙、钠、钾、镁等元素占地壳质量的 99% 以上，其中地壳总质量中氧(47%)几乎占 1/2，硅(28%)约占 1/4(见图 1-2-1)；上述元素极易与氧结合形成氧化物或含氧盐组成大部分造岩矿物，将这几种元素称为造岩元素。其中形成的硅酸盐矿物，约占矿物种总数的 24%，占地壳总质量的 75%，分布最广；而氧化物约占矿物种总数的 14%，占地壳总质量的 17%。

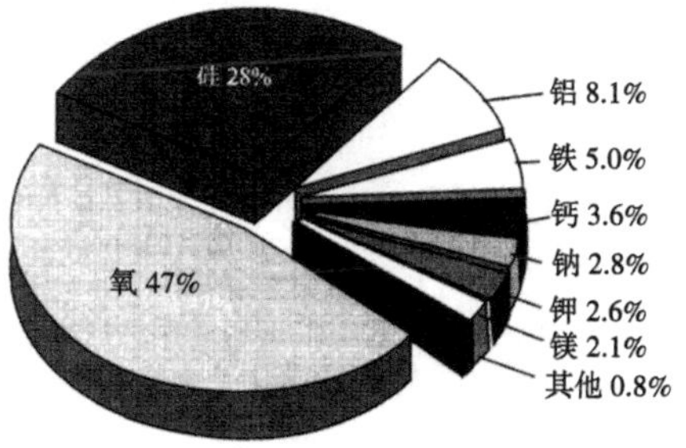

图 1-2-1 地壳中主要元素的质量百分比
(据 Earth Geology，2006)

地壳中各种化学元素的不断分散、聚集、迁移、运动最终形成矿物。不过，地壳中元素的含量及其分布情况不同,元素结合形成的独立矿物或其聚集成矿床的可能性并不与它们的原子克拉克值成严格的正比关系。往往那些原子克拉克值极低的元素(如铜、铅)可以形成独立的矿物,并且可以富集为矿床。

二、矿物的化学组成类型

自然界中的矿物可以由一种元素组成,也可以由几种元素组成。根据化学成分可分为单质和化合物两种类型。

(一)单质

单质是由同种元素自相结合而成的矿物,如自然金(Au)、自然硫(S)、自然铜(Cu)等。

(二)化合物

由两种或两种以上不同化学元素化合而成的叫作化合物。化合物按其组成又可分为简单化合物、络合物及复化合物。

1. 简单化合物

简单化合物是由一种阳离子和一种阴离子化合而成的化合物。阳离子一般为金属元素,如方铅矿 PbS,是由阳离子 Pb^{2+} 和阴离子 S^{2-} 化合而成的。

2. 络合物

络合物是指由阳离子和一种络阴离子组成的化合物。这种组分的矿物为数最多。各种含氧盐矿物均为络合物。如正长石 $K[AlSi_3O_8]$,由阳离子 K^+ 与络阴离子 $[AlSi_3O_8]^-$ 化合而成;硬石膏 $Ca[SO_4]$,由阳离子 Ca^{2+} 与络阴离子 $[SO_4]^{2-}$ 化合而成。

3. 复化合物

复化合物指由两种或两种以上的阳离子与一种阴离子或络阴离子化合而成的化合物。如白云石 $CaMg[CO_3]_2$,是由 Ca^{2+} 和 Mg^{2+} 两种阳离子与络阴离子 $[CO_3]^{2-}$ 化合而成的;又如黄铜矿 $CuFeS_2$,是由 Cu^{2+} 和 Fe^{2+} 两种阳离子与 S^{2-} 阴离子化合而成的。

三、矿物的化学成分变化

自然界中的矿物不论是单质还是化合物,虽都有一定的化学成分,但其成分并非绝对固定不变,通常可以在一定范围内有所变化。引起化学成分变化的原因,对晶体矿物而言,主要是元素的类质同象代替;对胶体矿物来说,则主要是胶体的吸附作用。通常说某种矿物成分中含有的某些混入物,除因类质同象代替和吸附而存在的成分外,还包括一些以显微(及超显微)包裹体形式存在的机械混入物。

(一)类质同象

类质同象指物质结晶时,晶体结构中的部分质点(原子、离子、络阴离子或分子)被其他性质相似的质点所替换,替换前后只引起晶格参数的微小变化及物理化学性质的规律性变化,而晶体结构和键性保持不变的现象。

例如,菱镁矿 $Mg[CO_3]$ 和菱铁矿 $Fe[CO_3]$ 之间,由于 Fe^{2+} 和 Mg^{2+} 具有相似的性质,彼此可以完全相互替换,从而形成一系列 Mg、Fe 含量不同的混合晶体。在这一系列矿物里,它们具有相同的晶体构造类型,只是晶格参数略有变化。

$Mg[CO_3] \rightarrow (Mg,Fe)[CO_3] \rightarrow (Fe,Mg)[CO_3] \rightarrow Fe[CO_3]$

菱镁矿　　铁菱镁矿　　镁菱铁矿　　菱铁矿

又如闪锌矿 ZnS 中的 Fe^{2+} 可以替代部分 Zn^{2+}，但替代的量不能超过 43%。超过这一限度后，Fe^{2+} 就不能再进入闪锌矿 ZnS 的晶格中。

由此可见，类质同象替代并不是任意的，它受一定的内部因素和外部因素制约。只有相互替代的离子或原子半径相近、离子类型和键性相似、相互替代离子的总电价相等、一定的温度、一定的组分浓度和一定的压力条件才能形成类质同象。

另外，地壳中的一些难以形成独立矿物的稀有元素，多以类质同象混入物的形式赋存在一定矿物晶格之中，如镉(Cd)、铟(In)、镓(Ga)等常赋存于闪锌矿中；铼(Re)元素主要存在于辉钼矿中等。因此，对类质同象规律的研究，有助于稀有分散元素的寻找及某些特殊矿种和各种矿产资源的综合应用。

(二)胶体和胶体矿物

胶体是一种物质的微粒(粒径一般介于 1.0～100 nm)分散在另一种物质之中所形成的不均匀的细分散系。前者称为分散相(或分散质)，后者称为分散媒(或分散介质)。无论是固体、液体还是气体，都既可以是分散相，也可以作为分散媒。按分散系统中分散相与分散媒的量比关系，将胶体作如下划分：

胶溶体　分散相的量远少于分散媒的胶体系统，分散相的质点呈悬浮状态存在于分散媒中。

胶凝体　分散相的量远多于分散媒的胶体系统，整个胶体呈凝固状。

通常矿物学上所指的胶体矿物是水胶凝体矿物。水胶凝体是由水胶溶体凝结而成的，其分散媒是水，分散相是固态的微粒，如蛋白石($SiO_2 \cdot nH_2O$)和许多黏土矿物。胶体质点很小，但具有很大的比表面积。其内部电价处于中和状态，表面的离子具有未饱和的电价，会吸附一定的离子而带电。

自然界中，胶体矿物除少数形成于热液作用及火山作用外，绝大部分都形成于表生作用中，其大体上经历了两个阶段：

(1)出露地表的矿物或矿物集合体，在风化作用中由于机械破碎和磨蚀而形成难溶胶体微粒大小的质点(主要是结晶质的)，它们分散于水中即成为胶体溶液。

(2)胶体溶液在迁移过程中汇聚于水盆地后，或因水分蒸发而凝聚，或因胶体质点带有电荷，与异性电荷质点中和而沉淀，从而形成各种胶体矿物。

滨海地带常形成赤铁矿、硬锰矿、胶磷矿、燧石等胶体矿物。岩石风化壳中的铝土矿、褐铁矿、孔雀石、硅孔雀石以及氧化带潜水面以下形成的辉铜矿和铀黑等也都是胶体作用的产物，有时还形成大规模的矿床。

胶体矿物由于物质周期性的沉淀，在形态上常具有同心状、钟乳状、皮壳状、被膜状等特征。随着时间的推移或温度压力等的改变，已经形成的胶体矿物，胶粒会自发地凝聚，并进一步发生脱水作用，颗粒逐渐增大而成为隐晶质，最终可转变为显晶质矿物，这种自发转变过程称为胶体的陈化作用。由胶体陈化作用形成的矿物称为变胶体矿物。例如蛋白石变为石燧、石英。变胶体矿物往往可以保留原胶体矿物的外貌类质同象。人们通常根据外貌类质同象，来推测它原先的胶体矿物。

(三)矿物中的水

在很多矿物中,水是很重要的化学组成之一,它对矿物的性质有着极其重要的影响。根据水在矿物中的存在形式及其与晶体结构的关系,可将矿物中的"水"分为两类:一类是不参加晶格,与矿物晶体结构无关的,统称为吸附水;另一类是参加晶格或与矿物晶体结构密切相关的,包括结晶水、沸石水、层间水和结构水。其中,沸石水、层间水是介于吸附水与结晶水之间的过渡类型。

1. 吸附水与胶体水

纯粹是由表面能且吸附存在于矿物表面或缝隙中的普通水,称为吸附水,它以中性水分子(H_2O)状态存在于矿物中。其中附着于矿物颗粒表面的水称为薄膜水;充填在矿物个体或集合体间细微裂隙中的水称为毛细管水;在矿物中,吸附体与矿物的晶体结构没有关系,仅以微弱的力与矿物联系。常压下,吸附水的含量一般随温度的不同而变化,当温度加热到100 ~ 110 ℃时,吸附水可全部从矿物表面逸出。

作为分散媒吸附在胶粒表面上的水称为胶体水。胶体水是水胶溶体矿物本身的固有特性,是吸附水的一种特殊类型。常压下,若使胶体水从矿物中完全逸出,一般需要较高的温度(100 ~ 250 ℃)。

2. 结晶水

结晶水是以中性水分子(H_2O)形式存在于矿物晶体结构中的水。水分子的数量与矿物中其他成分之间有确定的比例关系。

结晶水受晶格的约束力比吸附水要大得多。欲使这样的水从晶格中释放出来,就需要有比较高的温度,一般都在 200 ~ 500 ℃,如芒硝 $Na_2[SO_4] \cdot 10H_2O$,个别矿物(如透视石)甚至可高达 600 ℃。伴随着结晶水的脱失,原矿物的晶体结构要发生破坏或被改造,从而重建新的晶格成为新矿物。

3. 结构水

结构水也称化合水,是以 OH^-、$(H_3O)^+$ 离子的形式存在于矿物晶格中的"水",其中尤以 OH^- 最为常见,如高岭石 $Al_4[Si_4O_{10}](OH)_8$、水云母 $(K,H_3O)\{Al_2[AlSi_3O_{10}](OH)_2\}$ 等中的"水"。结构水在晶格中占据严格的位置并有确定的含量比,与其他离子的联结也相当牢固(但 $(H_3O)^+$ 离子除外)。因此,只有在高温(一般为 600 ~ 1 000 ℃)作用下,结构遭到破坏,结构水才会从晶格中逸出。

4. 层间水

层间水是以中性水分子形式存在于某些具有层状结构的硅酸盐矿物中的水。水分子呈层状分布在矿物晶体的结构层之间,并参与矿物晶格的构成,其数量变动范围较大。层间水的含量随外界温度、湿度的变化而变化,水可以被吸入或排出,因而表现出吸水膨胀的特性。

层间水的脱水温度一般为 100 ~ 250 ℃。层间水脱失后,矿物固有的层状结构并不受到破坏,只会使它的层间距离缩小,相应地表现出矿物比重和折射率增高。

5. 沸石水

以中性水分子形式存在于沸石族矿物晶格中大小不等的孔道中的水,称为沸石水。沸石晶格中的各种孔道都是与外界相通的,因此当外界温度和湿度发生改变时,水可以通过孔道逸出或进入,使沸石水的含量在一定范围内变化。

沸石族矿物一般从 80 ℃开始失水,至 400 ℃时水全部析出。其析出过程是连续的。失水后原矿物的晶格不发生变化,只是它的一些物理性质——透明度、折光率和比重随失水量的增加而降低。失水后的沸石仍能重新吸水,并恢复到原来的含水限度,从而再现矿物原来的物理性质。

综上所述,除吸附水外,其他形式的水都是矿物的重要组成,并随其在矿物中的存在形式和性质不同,对矿物的晶体结构和物理性质产生不同的影响。含层间水及沸石水矿物的阳离子交换性质又是引起此类矿物化学成分变化的重要原因,并从而具有某种实用价值,所以掌握上述各种水的特性将对水文及工程地质、石油地质和环境科学具有重要的实际意义。

四、同质多象

同质多象是指化学成分相同的物质,在不同的物理化学条件(温度、压力、介质性质等)下,形成不同晶体结构的现象。例如,碳(C),在不同的压力条件下,可结晶成属于等轴晶系的金刚石和属于六方晶系的石墨(一部分属于三方晶系),两者成分相同,但结构各异。像这样化学成分相同而结构不同的晶体称同质多象变体。若一种物质成分以两种变体出现,称为同质二象,如金刚石和石墨就是碳的同质二象变体。以三种变体出现,就称为同质三象,如金红石、锐钛矿和板钛矿就是 TiO_2 的同质三象变体。同质多象的各变体是在外界条件改变到一定程度时,为达到在新条件下的平衡而发生的结构上的转变。

同一物质成分的每个变体因都有自己的内部结构、形态、物理性质以及热力学稳定范围,故在矿物学中,把同质多象的每个变体都看作一个独立的矿物种,并给予不同的矿物名称,或在名称之前标以希腊字母作前缀以示区别,如金刚石和石墨;α－石英和 β－石英等。

五、矿物的化学式及其表示方法

为了表示组成矿物的各种成分的数量比以及它们在晶格中的赋存状态、相互关系和晶体结构特征等,都需要有一个合理的明确表示矿物组成的化学式。

将矿物的化学组成用元素符号按一定原则表示出来,就构成了矿物的化学式。通常表示方法有两种,即实验式和结构式(又称晶体化学式)。

(一)实验式

只表示矿物中各组分数量比的化学式,称为实验式,如 $CuFeS_2$(黄铜矿)和 $Be_3Al_2Si_6O_{18}$(绿柱石)等。以实验式表示的矿物化学式,其形式简洁,故在配平化学反应方程式时经常使用。其缺点是实验式易于忽略矿物中的次要成分,未能反映出矿物中各组分之间的相互结合关系。

(二)结构式及其书写原则

结构式既能反映矿物中各组分的种类和比例,又能反映组分之间的结合关系。目前,在矿物学中使用较为普遍。

结构式的书写原则如下:

(1)对于由单质元素构成的矿物:只写元素符号予以表示,如自然金——Au,金刚石——C 等。若其中有类质同象代替的元素存在,则按数量的前少后多依次排列,中间用逗点隔开,并用圆括号括起来,如银金矿——(Au,Ag)。

(2)对于金属互化物:按金属性递减的顺序从左至右排列,如碲银矿——AgTe,砷铂矿——PtAs 等。

(3)对于离子化合物:按阳离子在前、阴离子在后的书写原则表示。

具体的书写原则和代表的意义如下:

(1)阳离子写在化学式的最前面。当存在两种以上的阳离子时,要按碱性由强到弱的顺序排列,如白云石 $CaMg[CO_3]_2$;当阳离子为同一种元素而具有不同价态或具有不同配位体时,要将低价离子置于高价离子之前,前者如磁铁矿 $FeFe_2O_4(Fe^{2+}Fe_2^{3+}O_4)$,后者如孔雀石 $CuCu[CO_3](OH)_2$。

(2)阴离子或络阴离子写在阳离子之后,络阴离子要用方括号括起来,如透辉石 $CaMg[Si_2O_6]$等。

(3)若有附加阴离子,将它写在主要阴离子或络阴离子的后面,如磷灰石 $Ca_5[PO_4]_3(F,Cl)$。

(4)互为类质同象的离子用圆括号括起来,并按其含量由多到少的顺序排列,中间用逗点分开,如铁闪锌矿(Zn,Fe)S。但像镁铝榴石 $Mg_3Al_2[SiO_4]_3$,就不可以写成 $(Mg,Al)_5[SiO_4]_3$,因为这两种阳离子不属于类质同象替代,它们有确定的比例。

对于类质同象系列矿物,可写出它的两个端员组分,如镁橄榄石—铁橄榄石系列可写 $Mg_2[SiO_4]$—$Fe_2[SiO_4]$。

(5)矿物成分中的"水",其书写如下:

①吸附水不属于矿物本身的化学组成,在化学式中一般都不予表示。但胶体水是胶体矿物固有的特征,因此应该予以反映。由于其含量不定,故以 nH_2O 或 aq 表示之,写在化学式最后,也用圆点分开,如蛋白石 $SiO_2 \cdot nH_2O$ 或 $SiO_2 \cdot aq$。

②结构水写在化学式的最后,如高岭石 $Al_4[Si_4O_{10}](OH)_8$。

③结晶水用圆括号括起来,写在与它相联系的阳离子后面,如 $Ni(H_2O)[SO_4]$。

④沸石水写在化学式的最后,但需用圆点分开,其含量以上限为准,如钠沸石 $Na_2[Al_2Si_3O_{10}] \cdot 2H_2O$。

⑤层间水也用圆括号括起来,写在可交换阳离子的后面,如钠蒙脱石 $Na_{0.33}(H_2O)_4\{(Al_{1.67}Mg_{0.33})[Si_4O_{10}](OH)_2\}$。

此外,对于含有附加阴离子的层状硅酸盐矿物,属于结构单位层的部分要用大括号括起来,如上述钠蒙脱石的化学式等。

单元二　矿物的物理性质

自然界中每种矿物都有各自特定的物理性质。这主要取决于矿物本身的化学成分和内部结构。矿物的物理性质常作为鉴定矿物的主要依据。

一、矿物的光学性质

(一)矿物的颜色

矿物的颜色是指矿物对入射可见光中不同波长的光线选择吸收后,透射和反射的各种波长可见光的混合色。自然光呈白色，它是由红、橙、黄、绿、蓝、青、紫7种颜色的可见光波组成的。不同颜色之间存在的互补关系，如图1-2-2所示，对角扇形区为互补的颜色。如果矿物对白光中各种不同波长的光线普遍均匀地吸收，则随吸收的多少而呈现黑、深灰、灰、浅灰、白等色。如果是均匀地全部吸收，矿物即呈黑色；若基本上不吸收，则为无色或白色；如果矿物只是选择性地吸收某种波长的色光，则矿物呈现出被吸收的色光的补色，如当照射到矿物上的白光中的橙光被吸收时，矿物即呈现橙色的互补色——蓝色。

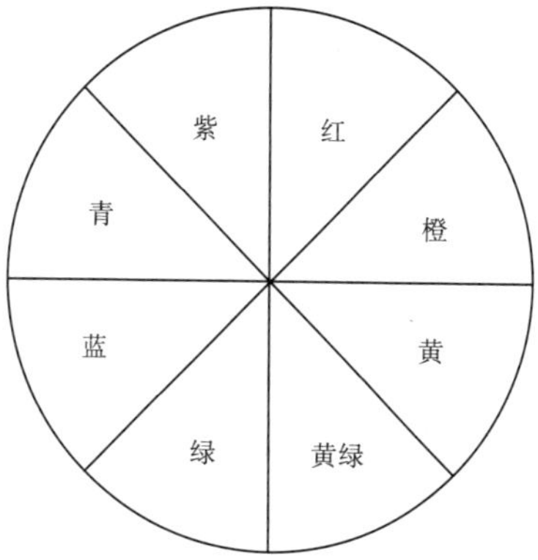

图1-2-2　颜色的互补关系

根据矿物颜色产生的原因不同，可将矿物颜色分为自色、他色和假色三种类型。在自色和他色矿物中，致色元素主要为钛、钒、铬、锰、铁、钴、镍、铜八个过渡金属元素，它们的离子可导致矿物呈色，所以称它们为色素离子。

自色　即为矿物自身所固有的颜色，是由矿物本身化学成分和晶体结构所决定的。如橄榄石的橄榄绿色、蓝铜矿的蓝色、辰砂的朱红色、黄铜矿的铜黄色等。对同种矿物来说，自色一般比较固定。

他色　即由矿物自身非固有的其他因素所引起的颜色。包括由类质同象替代而进入晶格的微量杂质元素所产生的，如 Cr^{3+} 替代刚玉（Al_2O_3）中 Al^{3+} 成为红色的红宝石；或因矿物中含有带颜色的包裹体或有色细微机械混入物及由矿物晶格中的晶格缺陷（色心）时引起他色，如烟水晶的烟灰色、墨晶的黑色等。

他色与矿物本身的成分结构无关，且他色常有变化，无鉴定意义。

假色　是矿物因内部裂隙或细小平行排列的包裹体及表面氧化薄膜引起光的干涉、衍色、散色等所呈现的颜色。常见的假色有晕色和锖色。

（1）晕色：无色透明矿物内部的一系列解理面或裂隙因光的干涉作用而产生的彩色，如冰洲石、白云母。

（2）锖色：是某些不透明矿物表面因风化产生氧化薄膜，引起反射光的干涉作用而产生的彩色，如斑铜矿具有独特的、色彩斑驳的蓝靛紫色。假色对个别矿物有一定的鉴定意义。

（二）矿物的条痕

矿物的条痕是矿物粉末的颜色。一般是将矿物在白色无釉瓷板（条痕板）上刻划后留下的颜色。矿物的条痕可以消除假色的干扰，减弱他色的影响，充分突显出矿物的自色。它比矿物的颜色更为稳定可靠，更具鉴定意义。例如，不同形态的赤铁矿可分别呈铁黑（板状晶体）、钢灰（鳞片状集合体）、褐红（鲕状集合体）等颜色，但其条痕色均为樱红色。条痕常用于鉴定不透明矿物和色彩鲜艳的透明、半透明矿物（如角闪石、黑钨矿、磁铁矿都呈黑色，但条痕色分别为白色或略带绿色、褐色、黑色，区别极大）。但对于无色、白色或浅色的透明矿物来说，因其条痕色都呈白色或近于白色，所以条痕色无鉴定矿物的意义。

（三）矿物的透明度

矿物的透明度是指矿物允许可见光透过的程度，主要取决于矿物对光的吸收程度。肉眼观察矿物的透明度时,为避免矿物厚度影响,常隔着矿物薄片或碎块的刃边观察光亮处的近物,并根据所见物体的清晰程度将其粗略分为透明、半透明和不透明三种。

透明　透明矿物允许绝大部分可见光透过,隔着其薄片或碎块刃边,可清晰地看到物体轮廓的细节,如透石膏、冰洲石、白云母、石英、长石、水晶等。

不透明　不透明矿物基本上不允许可见光透过,隔着其薄片或碎块刃边观察时,完全见不到其后面的物体,如石墨、铁闪锌矿、磁铁矿、黄铁矿、赤铁矿等。

半透明　半透明矿物能容许部分光透过。隔着其薄片或碎块刃边观察其后面的物体时,仅能见到物体轮廓的阴影,如浅色闪锌矿、辰砂、雄黄等。

上述这种划分是很粗略的,相互都有过渡,也没有明确定量的划分标志。值得注意的是,许多矿物在手标本上看来是不透明的,但实际上都是透明矿物。

(四)矿物的光泽

矿物的光泽是指矿物表面对可见光的反射能力。矿物反光的强弱主要取决于它对可见光的反射或吸收程度的大小。反射程度越强,矿物反光能力便越大,光泽也就越强;反之,则光泽弱。在矿物的肉眼鉴定中,根据矿物新鲜平滑的晶面、解理面或磨光面上反光能力的强弱,将光泽自强而弱大致分为以下四个等级。

1. 金属光泽

金属光泽指反射光的能力很强,呈如同经过抛光的平滑金属表面那样的反光(见图1-2-3),如自然铜、自然金、黄铁矿、方铅矿等。

2. 半金属光泽

半金属光泽指反射光的能力强,但没有金属光泽那样光亮,呈如同一般未经抛光的金属表面那样反光(见图1-2-4),如黑钨矿、磁铁矿、赤铁矿等。

3. 金刚光泽

金刚光泽指反射能力较强,光泽灿烂,像钻石表面一样耀眼的反光(见图1-2-5),如金刚石、金红石、辰砂、锆石、锡石、闪锌矿晶面的光泽。

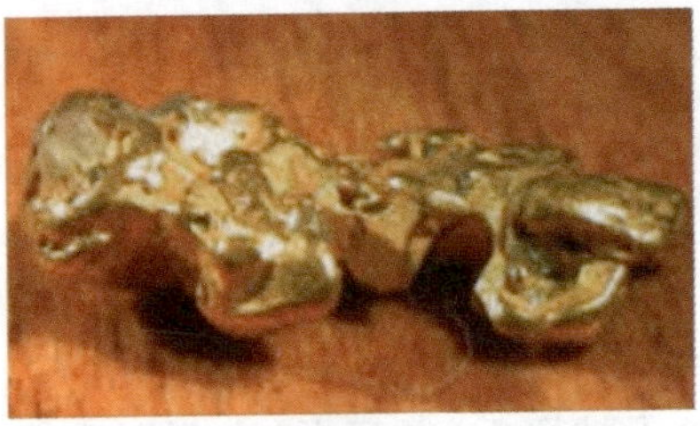

图1-2-3　金属光泽(自然金)

图1-2-4　半金属光泽(针铁矿)

图1-2-5　金刚光泽(金刚石)

4. 玻璃光泽

玻璃光泽指反射能力相对较弱,类似平板玻璃表面光亮的光泽,如萤石、红宝石、蓝宝石、水晶、尖晶石、橄榄石、石榴子石等。

金刚光泽和玻璃光泽是一种不具金属感的光泽,属于非金属光泽。

光泽是矿物表面对光的反射能力。矿物表面的性质、解理发育情况、集合体形态及其坚实或松散的程度均会影响到反射光的强度,从而使矿物表面产生一些特殊的变异光泽,主要有:

油脂光泽　又称“脂肪光泽”，解理不发育的透明矿物在不平坦的断口上表现出像涂了一层油脂状的光泽。如昆山玉（和田玉）中的羊脂玉（见图1-2-6），以及青金石、白钨矿、磷灰石、水晶或石英、石榴子石等矿物的断口均具有这种光泽。

丝绢光泽　具有平行纤维状矿物，在集合体上呈现丝绢状光泽，如石棉（见图1-2-7）。

图1-2-6　油脂光泽（羊脂玉）

图1-2-7　丝绢光泽（石棉）

珍珠光泽　浅色透明矿物极完全解理面上呈现出如同珍珠表面或蚌壳内壁那种柔和而多彩的反光似的光泽，如白云石（见图1-2-8）等。

蜡状光泽　某些隐晶质致密块状集合体、胶状矿物或非晶质矿物的集合体呈现蜡状光泽，如叶蜡石（见图1-2-9）等。其表面不甚光滑而使光线反射时发生散射，且散射的那部分光线比呈油脂光泽者更多一些，由此而呈现出像涂了一层蜡似的光泽，比油脂光泽略暗。

图1-2-8　珍珠光泽（白云石）

图1-2-9　蜡状光泽（叶蜡石）

土状光泽　粉末或土状、疏松多孔状矿物集合体表面暗淡无光为土状光泽。高岭石的集合体（高岭土）（见图1-2-10）等，因细分散多孔隙的黏土矿物对光的散射而呈现暗淡土状光泽。

树脂光泽　又称“松脂光泽”，指某些呈黄、棕或褐等较深颜色的晶体或非晶质体的表面由于不平滑，致使光线反射时发生散射而呈现出的如同树脂或松脂一样的光泽，如闪锌矿（见图1-2-11）、独居石等。

此外，在某些矿物中还有一类特殊的反光现象，其反光呈一条亮带，且随入射光方向的改变而会发生侧向游动，状如正午时的猫眼，故称为猫眼光。它是由在单晶体中存在的一系列垂直于光带方向延长而平行密集分布的丝状包裹体所致。如果此种包裹体同时沿几个方向对称分布，则可形成呈四射、六射等形式的星状光芒，称为星光。在宝石中，具有猫眼光或星光者可使身价倍增，典型的如金绿宝石猫眼、星光蓝宝石等。光泽是矿物鉴定标志之一。

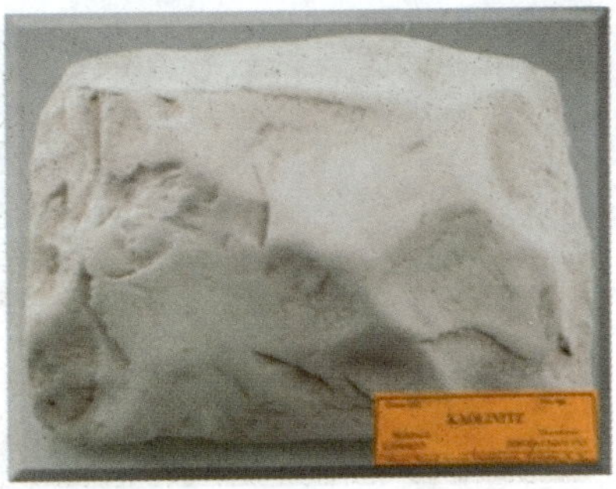

图 1-2-10　土状光泽（高岭土）

图 1-2-11　树脂光泽（闪锌矿）

矿物的颜色、条痕色、光泽、透明度、反射率之间有内在的联系，如表 1-2-1 所示。一般而言，呈金属色的矿物，其条痕色为深色，具金属或半金属光泽、不透明；呈非金属色的矿物，其条痕色为浅色，具金刚光泽、玻璃光泽等，透明度较高。

表 1-2-1　矿物的光学性质相互关系

颜色	非金属色（透射色为主）		金属色（反射色为主）	
透明度	透明	透明－半透明	微透明	不透明
条痕色	白色	白－彩色	深彩色	黑色
光泽	玻璃	金刚	半金属	金属
反射率（%）	2～10	20～29	9～20	20～95

（五）发光性

矿物的发光性是指某些矿物受到外界能量的激发，能发出可见光的性质。激发矿物发光的方式有很多，如加热、摩擦及阴极射线、紫外线、X 射线等，都可使某些矿物发出一定颜色的可见光。例如，萤石、磷灰石等矿物在加热时，即可出现热发光现象。

按发光的性质不同，发光性有如下分类：

荧光　矿物在受外界能量激发时发光，激发源撤除后发光立即停止的称荧光。如白钨矿在紫外线下总是发鲜明的浅蓝色荧光，金刚石在 X 射线下则发天蓝色荧光，钙铀云母发黄绿色荧光等。

磷光　矿物在受外界能量激发时发光，激发源撤除后仍能继续发光一段时间的称磷光，如磷灰石的热发光等。许多钟表指针上的发光物质，在日光或灯光照射后，移到暗处仍能发光，即属磷光。能持续长时间发出磷光的钻石珠宝，即夜明珠。

矿物的发光性，有的矿物比较固定，但有的则不固定。例如，同一种矿物的不同产地有的发光，有的就不发光；发光的颜色也不尽相同，甚至同一标本上，不同部位的发光性也存在差异。

二、矿物的力学性质

矿物的力学性质是指矿物在外力(如敲打、挤压、拉引和刻划等)作用下所表现出来的性质。

(一)矿物的硬度

矿物的硬度是指矿物抵抗外力机械作用(如刻划、压入或研磨等)的能力大小。在矿物的肉眼鉴定工作中,被测矿物硬度的鉴定常采用刻划的方法。度量时,根据摩氏硬度等级来测定矿物的硬度。摩氏硬度计主要以10种不同硬度等级的矿物作为标准。硬度从低到高依次为:①滑石;②石膏;③方解石;④萤石;⑤磷灰石;⑥正长石;⑦石英;⑧黄玉;⑨刚玉;⑩金刚石。利用摩氏硬度计或辅助代用工具,与待鉴定的矿物相互刻划,相比较来判断并确定矿物的摩氏硬度。例如黄铁矿,它能轻微刻伤正长石,但不能刻伤石英,而本身却能被石英所刻伤,因此黄铁矿的摩氏硬度为6~6.5。

在野外工作中,使用摩氏硬度计中的矿物作为比较标准有时不够方便,因此常借用手指甲(2.5)、小刀(5~6)、铜针(3)、瓷器碎片(6~6.5)、石英(7)等代替标准硬度的矿物来帮助测定被鉴定矿物的硬度。

(二)矿物的解理

矿物的解理是指矿物晶体受力作用后沿一定方向裂开成一系列光滑平面的性质。裂成的光滑平面称为解理面(见图1-2-12)。

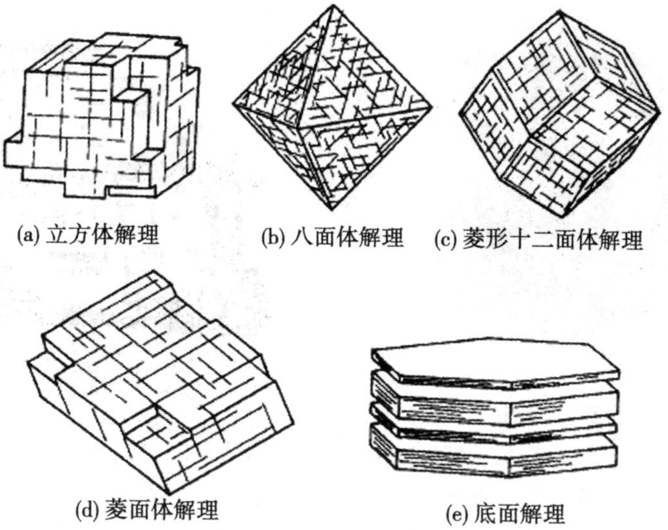

图1-2-12 解理的方向与组数 (引自潘兆橹,1993)

根据发生解理的难易、解理片的厚薄、解理面的大小及平整光滑程度,将解理分成五级:

极完全解理 矿物在外力作用下极易产生解理,解理片极薄,解理面大而平坦光滑,如白云母{001}、石墨的{0001}底面解理和透石膏的{010}解理等。

完全解理 矿物在外力作用下,容易产生解理,并形成规则的解理块,解理面较大,且光滑而平坦,如方解石的{$10\bar{1}1$}菱面体解理、萤石的{111}八面体解理等。

中等解理 矿物在外力作用下,较易产生解理,解理面清楚但不大,平坦和光滑程度也较差,碎块上既有解理面又有断口,如金红石的{110}柱面解理、普通辉石的{110}等矿物的解理。

不完全解理　矿物在外力作用下,较难产生解理,解理面小而不平整,且平坦光滑程度差,碎块上以断口为主,如磷灰石的{0001}底面解理、橄榄石{100}解理等。

极不完全解理(或称无解理,断口)　矿物受外力作用后,极难出现解理,肉眼见不到解理面,碎块上只发育断口。例如石英没有解理,只有贝壳状断口。

(三)矿物的断口

矿物在外力作用下,沿不定方向发生破裂,而形成凹凸不平的断裂面称为断口。它与解理是互为消长关系。矿物的解理愈完全,断口愈少见;反之,断口就愈发育。具有极不完全解理的矿物,尤其是没有解理晶质和非晶质矿物,它们受外力打击后,都会产生无一定方向的破裂面,只形成断口;有较好解理的矿物在不发育解理的方向破裂后,亦可形成断口。

根据断口的形状特征,可将其分为:

贝壳状断口　断口呈贝壳形的曲面,面上有不规则的同心纹,形似贝壳状。石英及其他致密坚硬的块状矿物,常具有这种断口(见图1-2-13)。

参差状断口　与平坦断口相反,断口面粗糙起伏,呈参差不平的形状。大多数脆性矿物以及呈块状或粒状的集合体矿物具此种断口,如磷灰石、石榴子石、橄榄石等。

锯齿状断口　断口面呈尖锐的锯齿形态,自然铜、自然金等延展性很强的矿物具有此种断口(见图1-2-14)。

图1-2-13　石英的贝壳状断口

图1-2-14　锯齿状断口
(引自陈世悦,2002年)

土状断口　断面粗糙,呈细粉状,见于块状矿物,如块状高岭石。

纤维状和多片状断口　断口呈纤维状或错综细片状,如软玉、翡翠和蛇纹石等。

(四)矿物的裂开

矿物的裂开是指矿物晶体在受外力作用后,沿双晶接合面或包裹体分布面等方向裂开成光滑平面的性质。裂开的平面称裂理面。

从外表看,它同解理很相似,但二者成因不同。裂开可能是沿着双晶接合面特别是聚片双晶的接合面发生或沿某一种面网存在有他种成分的细微包裹体发生的。例如,有些磁铁矿具有八面体裂开,将其磨成光片在显微镜下检查,可以清楚地看到沿八面体晶面的方向分布有钛铁矿晶片,裂开就是沿这些杂质分布的面发生的。

(五)矿物的弹性、挠性、脆性和延展性

1. *矿物的弹性*

矿物的弹性是矿物受外力作用发生弯曲形变,但当外力作用取消后,则能使弯曲形变恢复原状的性质,如云母、石棉等。

2. *矿物的挠性*

与弹性相反,受力变形后,当外力作用取消后,弯曲了的形变不能恢复原状的性质称为矿物的挠性,如滑石、绿泥石、蛭石、辉锑矿等。

3. *矿物的脆性*

矿物脆性是指矿物受外力作用时易发生碎裂的性质。如镜铁矿的硬度虽大于小刀,但由于它具有明显的脆性,因此可被小刀压碎出现小粒或粉末,这与矿物的硬度无关。自然界绝大多数非金属晶格矿物都具有脆性,如自然硫、萤石、黄铁矿、石榴子石和金刚石等。

4. *矿物的延展性*

矿物的延展性是指矿物在锤击、碾压或拉引下,容易形成薄片和细丝的性质。物体的延性和展性往往同时并存,故一般统称为延展性,它是矿物受外力作用发生晶格滑移形变的一种表现。通常温度升高,延展性增强。自然金属矿物,如自然金、自然银、自然铜等均具有良好的延展性。一些硫化物矿物如辉铜矿也具有一定程度的延展性。

三、矿物的其他物理性质

(一)比重

矿物的比重是指纯净矿物在空气中的重量与4 ℃同体积纯水重量之比。

在肉眼鉴定中,一般按比重将矿物分为三级:

轻矿物　比重在2.5以下,如石膏(2.32)、石墨(2.09~2.23)等。

中等比重矿物　比重为2.5~4,大多数矿物具有中等比重,如石英(2.65)、方解石(2.715)、斜长石(2.6~2.8)等。

重矿物　比重大于4,如重晶石(4.5)、方铅矿(7.5)、黄铁矿(4.9~5.2)和自然金(15.6~19.3)等。

决定矿物比重大小的主要因素有两个:首先是决定组成矿物元素的原子量;其次是晶体结构中原子或离子的紧密堆积程度,对矿物的比重起着重要作用。

(二)矿物的磁性

矿物的磁性是指矿物受外磁场吸引或排斥的性质。在一般情况下,矿物受磁场排斥的力量非常微弱。因此,在鉴定、分选和一般研究矿物时所指的磁性,主要指矿物受外磁场吸引的性质。含V^{3+}、Cr^{3+}、Fe^{2+}、Fe^{3+}、Mn^{2+}及Cu^{2+}等离子的矿物常具有磁性。

根据磁性的强弱,可将矿物分为三类:

强磁性矿物　矿物块体或较大的颗粒能被永久磁铁(如马蹄形磁铁、磁化小刀等)吸引,如磁铁矿(大块)和磁黄铁矿(碎屑)。

弱磁性矿物　矿物不能被普通磁铁吸起,但能被强电磁铁吸起,如赤铁矿、普通角闪石、黄铜矿等。

无磁性矿物　强大的电磁场亦不能吸引的矿物,如石英、方解石、黄铁矿等。

在矿物的手标本鉴定中,通常根据矿物粉末能否被普通磁铁吸引,将其分为磁性矿物

（能被吸引）和无磁性矿物（不能被吸引）两种类型。

矿物磁性的强弱取决于具体矿物所含金属元素的多少。大多数矿物应具有磁性，一些比较强的（如磁铁矿和赤铁矿）完全可以用磁性对此进行鉴定。一些较弱的，目前无鉴定意义。

（三）矿物的导电性

矿物的导电性是指矿物对电流的传导能力。其大小主要取决于化学键类型，并与原子或离子化学键的空间分布有关。

良导体　具有金属键的自然元素矿物和某些金属硫化物极易导电，如自然铜、石墨、辉铜矿等。

绝缘体　有些矿物几乎完全不导电，如石英、长石、方解石、白云母等。

半导体　某些矿物，主要是大部分深色硫化物、硫盐和氧化物，当温度升高时，导电性增强，温度降低时则不导电，即导电性介于良导体与绝缘体之间，如闪锌矿、黄铁矿等。

矿物的其他物理性质，还有导热性、热膨胀性、熔点、易燃性、挥发性、可塑性等，它们在矿物鉴定、工业应用及找矿上常具有重要的意义。

【小贴士】

（1）在测矿物硬度时，注意选择在纯净、致密而新鲜的单个矿物晶体（晶粒）上进行。呈土状或松散粒状集合体及受风化破坏影响的矿物，它们的实际硬度往往偏低。刻划时，用力要缓而均匀，不可敲打。如有打滑感，表明被刻矿物的硬度大；若有阻涩感，表明被刻矿物的硬度小。

（2）观察矿物的解理面时要注意，解理面是存在于一个单晶内的平面，而不是切穿一块岩石的平面。在隐晶质集合体上找解理面不仅是徒劳的，而且是错误的。

（3）矿物的延展性与脆性的区别：当用小刀刻划具有延展性的矿物时，矿物表面被刻之处即留下光亮的沟痕，而不出现粉末或碎粒。

（4）在鉴定矿物时注意比重的概念。比重所依据的矿物体积，是排除一切空隙后的净体积。认为多孔状矿物拿起来轻，其比重就小是不正确的。绝大多数矿物都具有中等比重，但有些矿物的比重比较大，如方铅矿（7.4～7.6）、锡石（6.8～7.0）等，所以矿物的比重是矿物鉴定的重要特征。

（5）人类感觉器官对某些矿物鉴别也有一定的作用。比如，嗅觉：矿物因受打击、灼热及润湿等物理作用时而发生的臭气味，毒砂受打击时的大蒜味，高岭石水湿之后的土气味等；味觉：矿物溶于水中或唾液中所显示的特殊的味道，如石盐的咸味；触觉：以手抚摩矿物时，所得冷、粗糙、细腻、滑的感觉，如自然铜、自然银等的冷感，硅藻土、沸石等的粗糙感，石墨、滑石、辉钼矿等的滑感。

【知识链接】

（1）矿物的硬度也体现出各向异性。即同一矿物晶体的不同方向上，因晶体结构的不同而硬度有所差异的现象。如蓝晶石在平行晶体延长方向上硬度为4.5，而在垂直晶体延长方向上硬度为7.0。又如金刚石，它在所有物质中硬度是最大的，但在琢磨金刚石时，采用的研磨材料是硬度与之相同的金刚石粉末，人们就是利用金刚石的硬度具有各向异性这一特性。

（2）吸水性。某些矿物能吸收水分的能力称吸水性。有的矿物具有较强的吸水性，如高岭石会吸水粘舌头。

(3)挥发性。矿物在燃烧、加热的过程中,某些化学成分易于挥发的性能,称为挥发性,如雄黄、雌黄等。

单元三　矿物形成的地质作用

矿物是地质作用的产物,它的形成必然受一定地质作用过程所处的物理化学条件控制。根据地质作用的性质和能量来源的不同,一般可分为内生作用、外生作用和变质作用。

一、内生作用

内生作用一般是指与地壳深部岩浆活动有关的全部作用过程。形成矿物的物质和能量主要来源于地球内部。物质来自于地壳和地幔,能量来源于放射性元素的蜕变能,地球的重力能、地幔及岩浆的热能等地球的内能。

内生作用包括岩浆作用、伟晶作用、热液作用及火山作用等各种复杂的作用过程,除火山作用可达到地表外,其他各种作用都是在地壳内部,即在较高的温度和压力下发生并进行的。

(一)岩浆作用

岩浆作用是指从岩浆熔融体中结晶而形成矿物的作用。通常认为岩浆是成分极为复杂的高温的硅酸盐熔融体。它主要由 O、Si、Fe、C、Mg、Na 、K 等造岩元素组成,其中还含有少量的挥发分和重金属元素。

一般认为伴随着地壳运动的发生,上地幔和地壳硅铝层原来所处的平衡条件受到破坏,局部地方转变为熔融状态,形成岩浆,并沿地壳深部的断裂向上入侵。在入侵过程中,由于温度和压力的降低,岩浆中首先结晶出熔点高的矿物。由于部分物质的晶出,岩浆中各种组分的相对浓度也就发生了变化。随着温度、压力及各种组分相对浓度的不断改变,从而就陆续结晶出各种不同的矿物。由于作用是在地壳深处进行的,温度降低很慢,结晶时间长,因此形成的矿物结晶颗粒较粗,常形成各种显晶质的粒状集合体。

岩浆作用中元素析出的顺序,主要受质量作用定律和能量状态的支配,一般按 Mg—Fe—Ca—Na—K 的顺序析出。因此,先形成的矿物为铁镁矿物(橄榄石、斜方辉石等),中期形成的为含钙矿物(基性斜长石、单斜辉石、角闪石等),晚期形成的则主要是含钾和钠的矿物(酸性斜长石、钾长石、白云母等),最后过剩的 SiO_2形成石英。

(二)伟晶作用

伟晶作用形成的温度一般为 700 ~400 ℃,压力介于 1×10^8 ~ 3×10^8 Pa,深度一般在地面以下 3 ~8 km 处。

伟晶作用中形成的矿物最明显的特点是:结晶粗大、富含挥发分的矿物(如黄玉、电气石等)和稀有元素的矿物(如绿柱石、锂辉石等)显著富集,常可形成稀有元素、放射性元素的矿床和白云母等非金属矿床。

伟晶岩常呈脉状并成群产出,是大晶体和稀有金属的宝库。

(三)热液作用

热液作用是指从气水溶液到热水溶液过程中形成矿物的作用。热液按其来源有岩浆期后热液、变质热液和地下水热液。岩浆期后热液是在岩浆侵入并冷却的过程中分泌出的以H_2O为主的挥发性组分，随着温度的下降，从气水溶液转变成热水溶液；变质热液主要来自变质作用过程中所释放出来的沉积岩中的孔隙水，以及矿物中的吸附水、结晶水和化合水；地下水热液是地表下渗水渗透到地壳深部，与保存在沉积岩中的各种水汇合在一起，受地热等影响而形成的热液。除岩浆期后热液中有一部分成矿物质直接来自岩浆外，各种来源的热液在其沿裂隙向围岩运移过程中均可淋滤和溶解围岩中部分成矿物质，并在一定物理化学条件下，所携带的金属元素等成矿物质发生沉淀而生成矿物。

热液作用所形成的矿物以硫化物、氧化物等为主，与岩浆作用、伟晶作用相比，硅酸盐矿物只具有次要意义，且其中绝大部分硅酸盐矿物往往以围岩蚀变的产物出现。热液活动的深度变化很大，可从中深(可达5~8 km)至浅深，直到地表，温度范围为400~50 ℃，因为纯水的临界温度是374 ℃。如果为气化－高温热液，其起始温度甚至可以高于400 ℃。常见的热泉，可说是温度、压力最低和出露地表的热液。

(四)火山作用

火山作用是岩浆作用的一种特殊形式，它总括了地下岩浆通过火山管道喷出地表的全过程。地下岩浆侵入到地壳的最表层和突破岩层向地表喷溢，由于外部压力骤然下降，火山岩浆迅速冷却固结，所形成的矿物除斑晶外，一般结晶细小，呈隐晶质，甚至形成非晶质的火山玻璃。这种作用的产物为各种类型的火山岩(包括熔岩和火山碎屑岩)。

火山岩中由于挥发分逸出所造成的气孔，常被火山后期热液作用形成的一系列矿物(如沸石、方解石、蛋白石等)所充填，在火山口附近则常有经凝华作用形成的自然硫、雄黄、石盐等。与火山作用有关的重要矿产有铁、铜等。在个别情况下，火山作用还可以喷溢矿浆，例如智利的拉科铁矿，就认为是由贯入和溢出地表的铁矿浆结晶而成的。

二、外生作用

外生作用是指于地壳的表层，在较低的温度与压力下，主要在太阳能、H_2O、CO_2、O_2和有机体等因素的影响下，形成矿物的各种地质作用。按其性质的不同，外生作用可分为风化作用和沉积作用。

(一)风化作用

风化作用是指出露于地表或近地表的矿物和岩石，在大气、水、生物等营力的影响下，所发生的化学分解和机械破碎作用的总称。它包括物理风化、化学风化和生物风化三种主要的作用过程。在风化作用过程中，可形成一系列稳定于地表条件的表生矿物。

地壳表层的物理化学特点是低温、低压，富含水、氧和二氧化碳，且生物活动强烈。在地壳深部形成的矿物和岩石一旦进入这种环境，由于物理化学条件的巨大变化，就要发生分解和破碎。其中，一部分物质被地表水及地下水带走，成为沉积物的主要来源；另一部分则留在原地，或被搬运到距离不远的适当地方形成表生矿物堆积，其结果就导致了风化壳的形成。

在风化作用中，生物的活动对原生矿物的破坏和次生矿物的形成具有重要的影响。生物的作用实质上是一种由生物引起的化学风化作用。

自然界中，物理风化、化学风化和生物风化三种作用不是彼此孤立的，而是相互联系、相互促进、相互影响的。单纯的物理风化，只能使矿物发生机械破碎而变成碎屑，不能导致新矿物的形成。而表生新矿物的形成则主要依赖于风化(包括生物化学风化)作用的进行。

(二)沉积作用

矿物和岩石在风化作用过程中遭受机械破碎和化学分解所产生的风化产物,除少部分残留在原地外,大部分都要被搬运到适当的地方沉积下来,形成另一种矿物或矿物组合,称为沉积作用。如果沉积物来源于火山喷发的产物,则称为火山沉积作用。

沉积作用主要发生在河流、湖泊及海洋中。根据沉积方式的不同,沉积作用分为机械沉积、化学沉积和生物、生物化学沉积。

1. 机械沉积

在风化条件下,物理和化学性质稳定的矿物,遭受机械破碎后所形成的碎屑,除残留原地的外,主要被流水、风等外营力搬运。由于水流速度或风速的降低,矿物按颗粒大小、比重高低发生分选沉积,在适宜的场所造成有用矿物的集中,形成各种砂矿,如砂金、金刚石、锡石、独居石等,在一般情况下则形成各种砂岩或砾岩。显然,在机械沉积作用过程中,一般不形成新的矿物,主要是矿物的再沉积。

2. 化学沉积

在风化作用中被分解的矿物,其成分中的可溶组分溶解于水成为真溶液。当它们进入内陆湖泊、封闭或半封闭的潟湖或海湾以后,如果处于干热的气候条件,水分将不断蒸发,溶液浓度不断提高,当达到过饱和程度时,就发生结晶作用,形成卤化物、硫酸盐、硝酸盐、硼酸盐等一系列易溶盐类矿物,它们往往构成巨大的非金属矿床。

另一些低溶解度的金属氧化物和氢氧化物,常可成为胶体溶液。当它们被搬运到湖泊及海盆内时,受到电解质的作用而发生凝聚、沉淀,形成铁、锰、铝、硅等胶体成因的氧化物或氢氧化物矿物。

3. 生物、生物化学沉积

某些生物在其生活的过程中,可从周围介质中吸收有关元素和物质,组成它们的有机体和骨骼,当这些生物死亡后,其遗体可直接堆积起来形成矿物,如硅藻土、方解石(生物灰岩的主要矿物成分)等。此外,在生物的生理活动过程中,能产生大量的 CO_2、H_2S、NH_3 等气体,可影响沉积介质的酸碱度及氧化还原条件,并对有机体进行分解和合成作用,从而形成某些有机矿物和无机矿物。前者如琥珀、草酸钙石等,后者如磷灰石(磷块岩的主要矿物成分)等。另外,煤、石油、天然气的形成也直接与生物、生物化学沉积作用密切相关。

三、变质作用

变质作用是指在地表以下的一定深度内,早先形成的岩石,由于地壳变动和岩浆活动的影响,物理化学条件发生了变化,造成岩石结构、构造改变或组分改变并形成一系列变质矿物的总称。它与内生作用类似,能量与物质均来自地壳内部,其中最大区别在于变质矿物及变质岩基本是在固体状态下形成的。

变质作用依据变质因素及变质作用类型的不同,常可分为接触变质作用、区域变质作用、气液变质作用等类型。各种变质作用的详细内容在后面相关的项目单元里讨论。

四、矿物的共生组合及伴生组合

在自然界中,常常看到同一空间里有几种矿物生长在一起,我们将这种现象称作矿物的共生。彼此共生的矿物称为矿物共生。共生的矿物或者是同时生成,或者由同一次来源的成矿溶液依次析出。将具有相同的成因或成矿阶段的几种矿物的组合称为矿物的共生组合。如含金刚石的金伯利岩中,金刚石、橄榄石、金云母、铬透辉石及少量镁铝榴石的组合,为一组矿物共生组合。应该注意的是,在研究共生矿物时,决不能将它与伴生矿物混为一谈。矿物的伴生组合是具有不同的成因或在不同成矿阶段形成的几种矿物组合,如找矿中的铁帽,原生的黄铁矿与次生的褐铁矿、孔雀石、蓝铜矿之间就是一种伴生关系。

矿物共生组合与伴生组合对研究矿物成因都能够提供直接或间接依据,且在指导找矿勘探上同样具有重要意义。此外,在矿物鉴定上也很需要矿物共生组合的知识。

单元四　矿物的分类和命名

一、矿物分类

目前,世界上已发现的矿物达 4 100 余种。为了系统研究矿物之间的相互联系及其内在的规律性,掌握各种矿物的共性和个性,就必须对数以千计的矿物进行科学合理的分类。通常在矿物学中广泛采用的是以矿物化学成分和晶体结构为依据的晶体化学分类。本书即采用这一分类方法,如表 1-2-2 所示。

表 1-2-2　矿物的晶体化学分类

矿物类别		阴离子或络阴离子的基本形式	矿物举例
含氧盐	硅酸盐	$[SiO_4]^{4-}$	橄榄石、石榴子石
	碳酸盐	$[CO_3]^{2-}$	方解石、白云石
	硫酸盐	$[SO_4]^{2-}$	重金石
	其他含氧盐(磷酸盐)	$[PO_4]^{3-}$	磷灰石
卤化物		Cl^-、F^-、Br^-、I^-	萤石、石盐
氧化物和氢氧化物		O^{2-}、OH^-	刚玉、石英
硫化物		S^{2-}	斑铜矿、毒砂、闪锌矿
自然元素		单质元素	自然银、自然金

矿物晶体化学分类的基本单位是“矿物种”。矿物种是指具有一定晶体结构和相对固定化学成分的矿物。人们给予每一种矿物的名称,一般就是矿物的种名。如金刚石、闪锌矿、磁铁矿、方解石、正长石等都是矿物的种名。

在同一矿物种中,由于矿物在次要化学成分或物理性质、形态上呈现出较明显的差异,故称之为亚种(亦称变种或异种)。例如,铁闪锌矿(Zn,Fe)S 是闪锌矿富铁的变种,紫水晶是石英呈紫色的变种,镜铁矿是赤铁矿呈片状或鳞片状、具金属光泽的变种。

此外,在矿物学中,还有许多名称,如长石、云母、角闪石等,它们并不是矿物种的名称,而是包括了若干个类似的矿物种的统称,称为族名(或亚族名)。因此,在了解矿物种或亚种的时候,一定要注意它们之间的区别。

二、矿物命名

为了区别和认识不同的矿物，人们对每个矿物种都给予各自独立的固定名称。但目前在矿物学中所用的大量中文矿物名称，其来源不一。归纳矿物命名方法有如下几种：

(1)以化学成分命名的：如自然金、硼砂。

(2)以物理性质命名的：如橄榄石得名于该矿物的橄榄绿色，电气石得名于其具有显著的热电性，金刚石的含义是该矿物有特有的光泽及无坚不摧的刚硬。

(3)结合两种特点命名的：如方铅矿，既表明其常呈立方体的形态并具有立方体解理，又表明以铅为其主要成分。

(4)以形态特点命名的：如方柱石、石榴子石、芒硝。方柱石的晶形常呈四方柱状，石榴子石常呈四角三八面体或菱形十二面体的粒状集合体而状如一团石榴籽，芒硝晶体呈麦芒状。

(5)以矿物解理块的形态命名的：方解石的名称与该矿物被敲击后“块块方解”有关；长石的名称与该矿物具有长方体解理块有关。

(6)以地名命名的：如香花石是以该矿物的发现地点湖南省香花岭而命名的，辰砂在历史上的主要产地为湖南辰州，高岭石的典型产地为江西景德镇附近的高岭。

(7)以人名命名的：如章氏硼镁石，是纪念其发现者、我国地质学前辈章鸿钊而命名的。

(8)以历代传说命名。

例如，云母一名的起源，李时珍引自《荆南志》：“华容方台山出云母，土人候云所出之处，于下掘取，无不大获……则此石乃云之根”，故得云母之名。也有人认为云母得名于其片状形态和五彩斑斓的颜色，与“云华(花)”的形状和颜色类似。

另外，有些矿物仍沿用我国古代的矿物名称以及传统的命名习惯：

(1)呈金属光泽或主要用于提炼金属的矿物称为××矿，如菱铁矿等。

(2)具非金属光泽者称为××石，如孔雀石等。

(3)宝玉石类矿物常称为××玉，如刚玉、黄玉、硬玉等。

(4)呈透明晶体者称××晶，如水晶、黄晶等。

(5)常以细小颗粒产出的矿物称××砂，如辰砂、毒砂等。

(6)地表次生并呈松散状的矿物称××华，如钴华、钼华等。

(7)易溶于水的硫酸盐矿物常称为××矾，如胆矾、黄钾铁矾等。

项目小结

1. 矿物的化学成分是组成矿物的物质基础，是决定矿物各项物理性质的最本质因素。自然界中的矿物可以由一种元素组成，也可以由几种元素组成，形成各种不同的单质或化合物。

2. 矿物虽都有一定的化学成分，但其成分并非绝对固定不变。大多数矿物可以在一定范围内有所变化。引起矿物化学成分变化的原因：类质同象、胶体矿物和含层间水或沸石水的矿物。

3. 同质多象是指一种物质(单质或化合物)在不同的热力学条件下，能结晶成若干种不同晶体结构的现象。

4. 对同种矿物来说，自色一般比较固定，是矿物的鉴定特征之一；他色不是矿物固有的颜色，因而在矿物中不具鉴定意义。

5. 矿物的条痕是矿物粉末的颜色，可以消除假色的干扰，减弱他色的影响，充分突显出矿物的自色。条痕对于无色、白色或浅色的透明矿物来说，因其条痕色都呈白色或近于白色，所以无鉴定意义。

6. 矿物的透明度是指矿物允许可见光透过的程度，大致分为透明、半透明、不透明三个等级。

7. 矿物光泽是指矿物表面对可见光的反射能力，自强而弱大致分为金属光泽、半金属光泽、金刚光泽、玻璃光泽四个等级，此外还有油脂光泽、树脂（松脂）光泽、蜡状光泽、丝绢光泽、珍珠光泽、土状光泽等特殊光泽。

8. 以摩氏硬度计的10种矿物是滑石、石膏、方解石、萤石、磷灰石、正长石、石英、托帕石（黄玉）、刚玉、金刚石。

9. 矿物解理是指矿物晶体受力作用后，沿一定方向裂开成一系列光滑平面的性质，通常将其分为极完全解理、完全解理、中等解理、不完全解理和极不完全解理五个等级。

10. 断口是指矿物在外力作用下，沿不定方向发生破裂，而形成凹凸不平的断裂面。它与解理是互为消长关系。矿物的解理愈完全，断口愈少见；反之，断口就愈发育。根据断口的形状特征，可将其分为贝壳状断口、参差状断口、锯齿状断口、土状断口、纤维状和多片状断口等。

11. 矿物的比重分为三级：轻矿物，比重在2.5以下；中等比重矿物，比重为2.5～4；重矿物，比重大于4。

12. 在肉眼鉴定矿物过程中，矿物的弹性、挠性、脆性、延展性、磁性和导电性等，是矿物典型的物理特征，对区别相似矿物有着重要意义。

13. 一般根据形成矿物的地质作用，可把矿物分为内生矿物（岩浆作用形成的矿物）、外生矿物（地表地质作用形成的矿物）和变质矿物（变质作用形成的矿物）。

14. 按矿物晶体化学特征可将矿物分为含氧盐（硅酸盐、碳酸盐、硫酸盐等）矿物、氧化物和氢氧化物矿物、硫化物矿物、卤化物矿物和自然元素矿物。

技能训练

1. 试述地壳中化学元素的丰度特点及其意义。
2. 胶体矿物的主要特点是什么？表生作用下的胶体矿物是如何形成的？
3. 水在矿物中是以何种形式存在的？在晶体化学式中如何表示？
4. 何谓同质多象？萤石晶形有时呈立方体，有时呈八面体，这是同质多象吗？
5. 试说明矿物的颜色、条痕、透明度和光泽之间的相互关系。
6. 宝石加工时，应以何种材料来切磨金刚石？为什么？
7. 解理与断口有何异同？在一个矿物晶体上如有解理就不会出现断口，此说法对吗？
8. 简述矿物形成的主要地质作用及影响因素。
9. 简述矿物的命名原则。矿物名称中词尾为××矿、××石、××玉、××华和××砂分别具有什么意义？

项目三 矿物各论

学习目标

准确认识和鉴别矿物是地质专业的基本功。掌握五大类矿物中常见矿物的化学成分、晶体形态、物理特性，了解矿物的成因产状、共生组合、它们的表面次生变化和用途。熟练掌握造岩矿物的主要鉴定特征。特别对相似的矿物，能根据矿物的简单特征迅速而正确地将相似矿物鉴定出来。

【项目导入】

通过对前面知识的学习，对矿物的基本理论知识有了一定的了解。这些基础知识是对大量矿物的研究基础上总结和概括出来的。因此，认识和掌握每一种矿物种的形态和物理性质特征，即达到对前面所学知识的深入理解，又能够使我们准确鉴别矿物。

单元一 硅酸盐矿物

硅酸盐矿物是指一系列金属阳离子与硅酸根络阴离子相化合而形成的含氧盐类矿物。其种类繁多，约占已有矿物种总数的1/4，分布广泛，是组成岩浆岩、沉积岩和变质岩主要的造岩矿物。同时，硅酸盐矿物是极为重要的金属、非金属和稀有金属矿产来源，如云母、石棉、高岭石等是稀有金属的重要矿物原料。此外，还有不少硅酸盐矿物是珍贵的宝玉石矿物材料，如刚玉(红宝石)、电气石(碧玺)等。

硅酸盐矿物结构的基本构造单元是硅酸根离子$[SiO_4]^{4-}$。它在结构中可以孤立地存在，也可以通过其四面体角顶上共用氧离子的方式相互连接，从而形成多种复杂的络阴离子。根据硅氧四面体在晶体结构中的连接方式，可以有下列五种络阴离子类型：

岛状络阴离子　单个硅氧四面体$[SiO_4]^{4-}$或是两个四面体以一个公共角顶相连组成双四面体$[Si_2O_7]^{6-}$在结构中孤立存在，它们彼此间靠其他金属阳离子来连接(见图1-3-1)，如镁橄榄石$Mg_2[SiO_4]$。

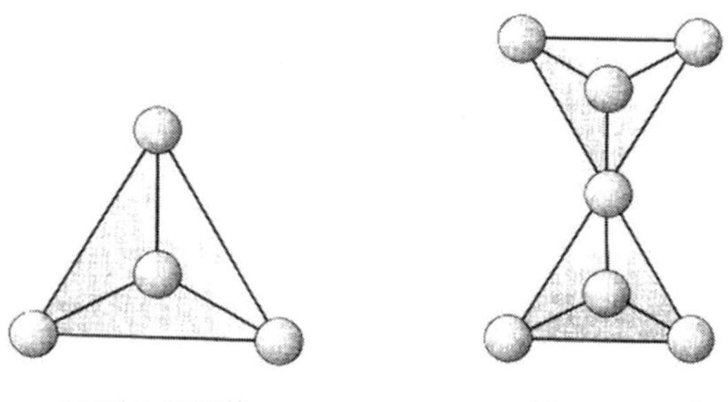

(a) 孤立四面体　　(b) 孤立双四面体

图1-3-1　岛状络阴离子

链状络阴离子　硅氧四面体以角顶连接沿一个方向无限延伸的链。常见的有单链或双链两种形式。例如，辉石中的单链，其络阴离子可以用$[Si_2O_6]_n^{4n-}$表示（见图1-3-2(a)）。双链相当于两个单链组合而成，例如角闪石中的双链，其络阴离子可以用$[Si_4O_{11}]_n^{6n-}$表示（见图1-3-2(b)）。无论是单链还是双链，链与链之间都通过其他链间的金属阳离子而相互联系。

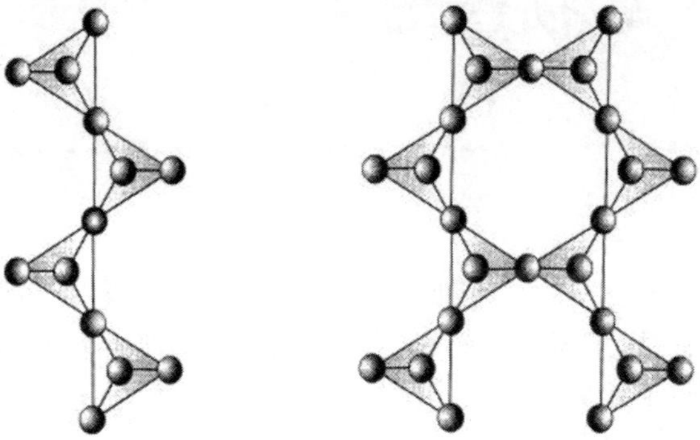

(a) 单链 $[Si_2O_6]_n^{4n-}$　　(b) 双链 $[Si_4O_{11}]_n^{6n-}$

图1-3-2　链状络阴离子

环状络阴离子　由三个、四个或六个硅氧四面体角顶相连所组成的封闭环状，按环中四面体的数目及所连成的形状，可分别称为三方环$[Si_3O_9]^{6-}$、四方环$[Si_4O_{12}]^{8-}$和六方环$[Si_6O_{18}]^{12-}$（见图1-3-3）等。环与环之间则依靠其他金属阳离子来连接。

层状络阴离子　硅氧四面体以角顶相连，形成二维空间上无限延伸的层（见图1-3-4）。在层中每一硅氧四面体均以三个角顶与相邻的三个硅氧四面体相连接。如滑石$Mg_3[Si_4O_{10}](OH)_2$，其络阴离子可以用$[Si_4O_{10}]_n^{4n-}$来表示。

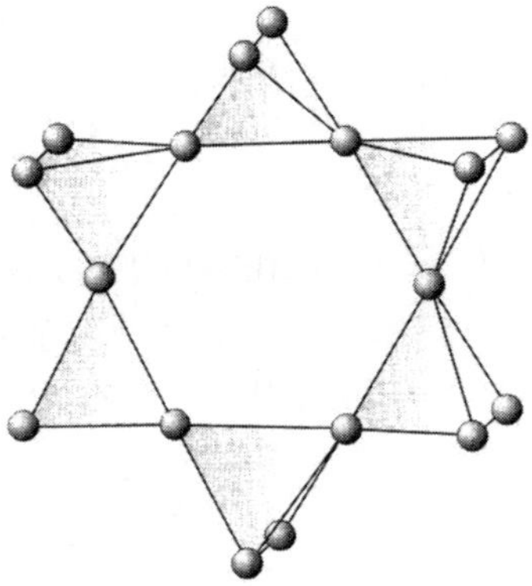

图1-3-3　六方环$[Si_6O_{18}]^{12-}$环状络阴离子

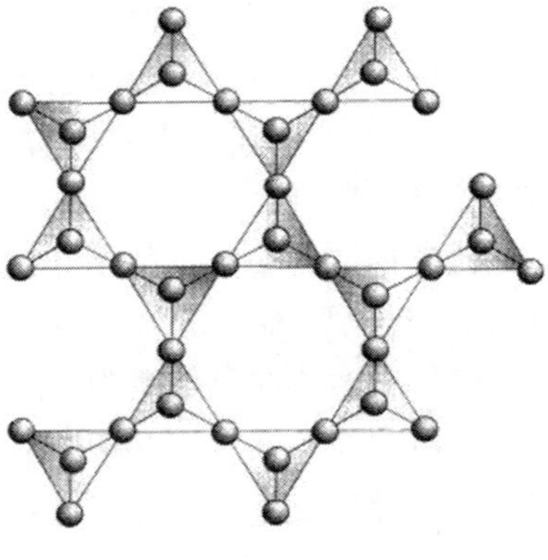

图1-3-4　层状络阴离子滑石结构中的硅氧四面体层$[Si_4O_{10}]_n^{4n-}$

架状络阴离子　每一硅氧四面体均以其全部四个角顶与相邻的四面体连接，组成在三维空间中无限扩展的骨架（见图1-3-5）。此时，其中的每个氧离子都为相邻的两个四面体所共有，Si^{4+}和O^{2-}电荷已达到平衡，即形成石英的架状结构。但在硅酸盐中，这种骨架有一部分的硅氧四面体被铝氧四面体$[AlO_4]^{5-}$所代替，会出现过剩的负电荷，这种络阴离子可以用$[(Al_xSi_{n-x})O_{2n}]^{x-}$来表示。结构中的剩余负电荷由一定的阳离子进入晶格使其得到平衡，如钙长石 $Ca[Al_2Si_2O_8]$ 等。

硅酸盐矿物因具有不同的晶体结构和化学组成，故在晶体形态上以及物理性质方面的特性也各不相同。一般来说，在形态上，岛状结构的硅酸盐常为三向等长的粒状，如石榴子石、橄榄石等。若不同方向上出现键力的差异，则可以表现为非粒状，如蓝晶石呈柱片状。具有链状结构的辉石族或角闪石族，都呈柱状，也可呈纤维状，如角闪石石棉。具有环状结构的硅酸盐中，由于垂直方向上环与环之间的联结力一般较强，故呈柱状形态，如绿柱石、电气石等。具有层状结构的云母、绿泥石平行于其结构层而呈片状形态，少数层状结构硅酸盐为纤维状，是由结构层卷曲所致。架状结构硅酸盐比较复杂，主要取决于 $[SiO_4]^{4-}$ 和 $[AlO_4]^{5-}$ 骨架内部的连接形式，例如沸石族矿物中晶形有粒状（方沸石）、片状（片沸石）、柱状（钠沸石）、纤维状（钙沸石）。

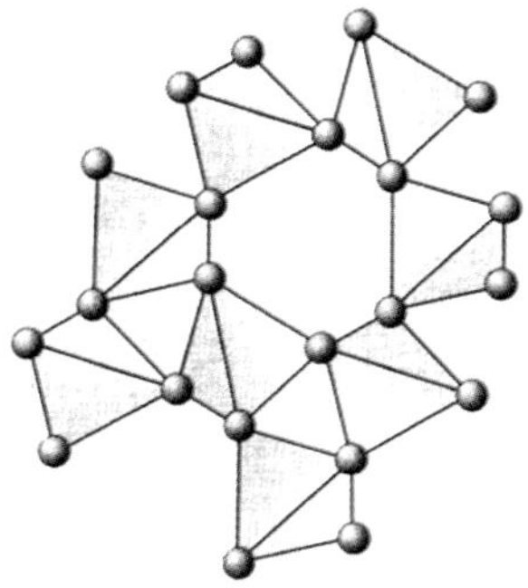

图 1-3-5 架状络阴离子

α－石英结构中的硅氧四面体骨架 $[SiO_2]$

硅酸盐矿物的解理性质与结构类型有关。具有岛状和环状结构的硅酸盐一般无完全解理，如环状者有解理则平行于柱状或平行于底轴面的解理。链状者多为平行于链的柱状解理。层状硅酸盐几乎都具有完全的底面解理。架状硅酸盐，解理取决于格架中化学键的分布，其完全程度也视键力情况而不同。

硅酸盐矿物的比重大小与结构紧密程度和主要阳离子原子序数的大小有关。架状硅酸盐结构疏松、空隙大、比重小，如长石、沸石的比重不超过 2.8（钡长石除外）；而岛状硅酸盐结构紧密，比重大，一般在 3.5 左右或以上，如锆石等的比重可大于 4。至于链状、层状或环状硅酸盐，其比重为 3 ~ 3.5 。

硅酸盐矿物的光泽、颜色、条痕色、透明度等有关光学性质也与其结构以及所含原子的种别有密切关系。硅酸盐矿物在薄片中都是透明矿物，玻璃光泽较多，但较少数岛状结构硅酸盐矿物常具有较强的金刚光泽，如锆石。至于颜色主要矿物取决于所含色素离子。一般来说，含铁族元素的岛状、层状、链状和环状结构硅酸盐中，深色的多；架状者含色素离子量较少，多呈浅色。硅酸盐矿物的条痕色都很浅，呈白色或灰白色。

硅酸盐矿物的硬度一般均较高（除层状硅酸盐外）。岛状和环状结构硅酸盐硬度最高，可达 6 ~ 8；链状结构者稍低，为 5 ~ 6；而在架状结构硅酸盐中，结构虽疏松，可是 $[SiO_4]$ 四面体连接都很牢固，故硬度并不低，仍为 5 ~ 6。只有层状结构硅酸盐矿物，硬度降低很多，最低者如滑石、高岭石等，仅 1 左右；云母族矿物升高到 2.5 左右。值得指出的是，当架状结构硅酸盐晶格中存在水分子时，硬度普遍下降，比重变小，并相应地会引起结构中某些方向的解理发生。

一、岛状结构硅酸盐亚类矿物

（一）橄榄石族

橄榄石（Olivine）$(Mg, Fe)_2[SiO_4]$

结晶形态：斜方晶系；单晶体常呈厚板状或短柱状（见图 1-3-6），但少见，通常呈粒状集合体。

图 1-3-6　橄榄石的单晶体与集合体形态

物理性质：橄榄绿色或黄绿色，随 Fe^{2+} 含量的增加，颜色加深为黄绿色至深绿色；玻璃光泽，断口油脂光泽；解理{010}、{100}不完全，贝壳状断口；硬度 6.5 ~ 7；比重 3.2 ~ 4.4；性脆。

成因产状：橄榄石主要产于超基性和基性岩浆岩中，它是地幔岩的主要组成矿物，与斜方辉石、铬铁矿共生。橄榄石极易蚀变，常见的产物为蛇纹石、菱镁矿、滑石、伊丁石等。

鉴定特征：以其粒状、特有的绿色及黄绿色、贝壳状断口为特征。

主要用途：透明绿色粗粒的橄榄石是宝石矿物，贫铁富镁的橄榄岩可用作耐火材料。

（二）锆石族

锆石（Zircon）$Zr[SiO_4]$

结晶形态：四方晶系。单晶体常以四方柱和四方双锥组成聚形（见图 1-3-7），当柱面不发育时呈带双锥的柱状。晶体内部常现环带构造。

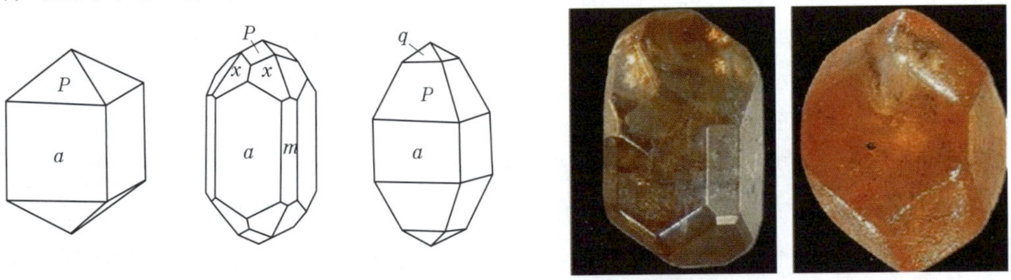

图 1-3-7　锆石的晶形及单晶体形态

物理性质：颜色呈无色、淡黄色、黄褐色、紫红色、蓝色、绿色、烟灰色等，其中烟灰色、绿色和无色少见。金刚光泽，有时现油脂光泽；透明至半透明；{110}解理不完全，断口不平坦或贝壳状；硬度 7.5；比重 4.6 ~ 4.7。当锆石含有较高量的 Th、U 等放射性元素时，具有放射性，并常引起非晶质化。熔点在 3 000 ℃以上，属难熔物质。

成因产状：锆石主要作为副矿物产于岩浆岩中，在酸性和碱性岩中分布最广。在碱性岩和碱性伟晶岩中有时可富集。锆石的比重大，抵抗风化能力也强，是沉积岩中的常见副矿物之一，常富集于砂矿中。

鉴定特征：常以其呈四方柱及四方双锥的聚形及硬度高、金刚光泽为特征。

主要用途：锆石是提炼锆和铪的主要原料。此外，常用于地质体的地质年龄测定以及岩体和地层对比。色泽美丽而透明无暇者可作为宝石。

(三)石榴子石族

石榴子石(Garnet)是石榴子石族矿物的统称,因形似石榴而得名。由于该族矿物的类质同象置换现象普遍,因此每一种石榴子石的化学成分亦有较大变化。通常将石榴子石族矿物分为如下两个系列:

铝系 包括铁铝榴石 $Fe_3Al_2[SiO_4]_3$、镁铝榴石 $Mg_3Al_2[SiO_4]_3$、锰铝榴石 $Mn_3Al_2[SiO_4]_3$。

钙系 包括钙铁榴石 $Ca_3Fe_2[SiO_4]_3$、钙铝榴石 $Ca_3Al_2[SiO_4]_3$、钙铬榴石 $Ca_3Cr_2[SiO_4]_3$。

石榴子石 $A_3B_2[SiO_4]_3$

结晶形态:等轴晶系。单晶体常见为菱形十二面体、四角三八面体或二者的聚形。集合体呈粒状或致密块状(见图1-3-8)。

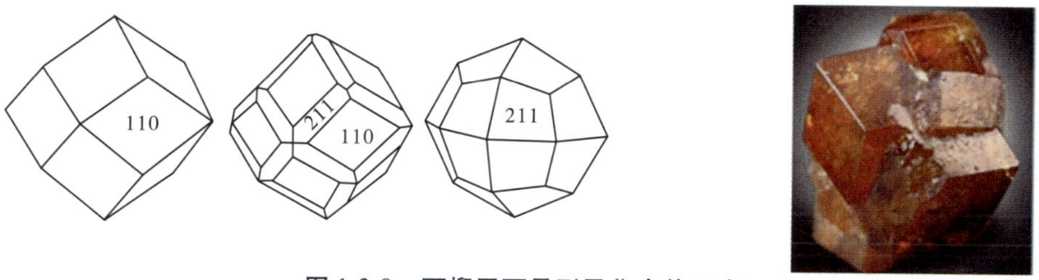

图1-3-8 石榴子石晶形及集合体形态

物理性质:颜色受成分影响而各异,通常呈黄、红、绿等色,也有呈黑色者;透明至半透明;玻璃光泽,断口油脂光泽;无解理,次贝壳状或参差状断口;硬度6.5~7.5;比重3.5~4.3,一般铁、锰、钛含量增加,比重增大;有脆性。石榴子石的主要物理性质见表1-3-1。

表1-3-1 石榴子石的主要物理性质

矿物名称		颜色	硬度	比重
铝系	铁铝榴石	褐色、深红色至黑色	7	4.318
	镁铝榴石	粉红色、血红色至暗红色	7	3.582
	锰铝榴石	暗红色至黑色	7	4.190
钙系	钙铁榴石	黄色、褐色、褐黑色至黑色	7	3.859
	钙铝榴石	黄白色、绿色或红褐色	6	3.594
	钙铬榴石	翠绿色至墨绿色	6.5~7.5	3.900

注:部分数据引自潘兆橹等,1993。

成因产状:石榴子石在自然界分布广泛,主要由区域变质作用和接触交代变质作用形成,可在某些变质岩中大量出现。在岩浆岩中常为副矿物。石榴子石因化学性质稳定,可见于砂矿。

鉴定特征:以其晶形、颜色、高硬度、断口油脂光泽为特征。

主要用途:作研磨材料。色泽鲜艳透明者可作宝石。

（四）蓝晶石族

蓝晶石（Kyanite）$Al_2[SiO_4]O$

结晶形态：三斜晶系；单晶体常呈平行的长板状或刀片状（见图 1-3-9）；双晶常见；集合体呈叶片状或放射状。

图 1-3-9　蓝晶石

物理性质：通常呈蓝色，也可呈白、灰、黄、浅绿等色；玻璃光泽，解理面上有时呈现珍珠光泽；透明至半透明；{010}解理中等到完全，平行{001}有裂开；硬度具有显著的异向性，在{100}晶面上，平行晶体延长方向的硬度为4.5，垂直晶体延长方向为6.5，故蓝晶石又名二硬石；比重3.56～3.68；性脆。

成因产状：蓝晶石是典型区域变质矿物之一，多由泥质岩或碎屑岩变质而成。常与十字石、石榴子石、石英等矿物共生。此外，蓝晶石还可见于伟晶岩或石英脉中。

鉴定特征：具有长板状或刀片状晶体形态、蓝色及硬度的各向异性，较易识别。

主要用途：蓝晶石具强耐火性，是高级耐火材料。色丽透明晶体可作宝石，以深蓝色为佳。

红柱石（Andalusite）$Al_2[SiO_4]O$

结晶形态：斜方晶系；单晶体呈四方柱状，横断面近于正方形；某些红柱石在生长过程中所捕获的碳质和黏土物质常呈定向排列，致使其在横断面上呈黑十字形，这种红柱石称空晶石（见图 1-3-10）；集合体形态呈柱状、粒状、放射状；具放射状者又称菊花石。

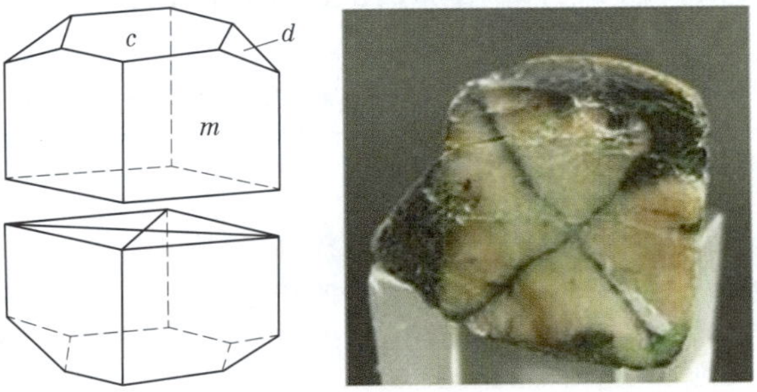

图 1-3-10　红柱石单晶体形态

物理性质：新鲜面呈浅红色，风化后呈白色和灰白色；玻璃光泽；透明至半透明；{110}解理中等，两组解理夹角90°48′，{100}解理不完全；硬度6.5～7.5；比重3.16～3.20。

成因产状：红柱石与蓝晶石、矽线石是Al_2SiO_5的三个同质多象变体，常形成于温度和压力都较低的热变质和区域变质作用中。多产于泥质岩石与花岗岩侵入体的接触变质带。

鉴定特征：以近于四方柱状的晶形、横断面近于正方形，新鲜面呈浅红色以及解理夹角近于垂直为特征。碳质包裹体呈黑十字形排列亦可作为鉴定特征。

主要用途：是优质的耐火材料。色彩艳丽、晶体粗大者可作宝石及装饰品。

二、环状结构硅酸盐亚类矿物

(一)绿柱石族

图 1-3-11 绿柱石单晶体形态

绿柱石 (Beryl) $Be_3Al_2[Si_6O_{18}]$

结晶形态:六方晶系;单晶体多呈柱状,通常发育完整(见图 1-3-11),柱面上常有平行 C 轴的纵纹;集合体形态呈柱状、针状、散染状或晶簇状。

物理性质:常呈不同色调的绿色,也有白色、浅蓝色、玫瑰色和无色透明,呈翠绿色的亚种称祖母绿,透明呈蔚蓝色的亚种称海蓝宝石,呈玫瑰色的亚种称绿宝石;玻璃光泽;$\{10\bar{1}0\}$和{0001}解理不完全;硬度 7.5 ~8;比重 2.65 ~2.8。

成因产状:绿柱石主要产于花岗伟晶岩,与钠长石、白云母、石英、锂辉石等矿物共生;在与气化 - 热液作用的云英岩和高温热液矿脉中,与铁锂云母、黄玉、锡石、电气石等共生。

鉴定特征:以柱状晶形和柱面有纵纹及其特有的绿色为特征。

主要用途:是提炼铍的最重要的矿物原料。色泽美丽无暇者可作高级宝石原料,以祖母绿和海蓝宝石为最佳。

(二)电气石族

电气石 (Tourmaline) $(Na,Ca)(Mg,Fe,Li,Al)_3Al_6[Si_6O_{18}](BO_3)_3(OH,F)_4$

电气石是化学成分比较复杂的矿物,类质同象替代较普遍。常见的端员矿物有三种:

锂电气石 $Na(Li,Al)_3Al_6[Si_6O_{18}](BO_3)_3(OH,F)_4$

黑电气石 $NaFe_3Al_6[Si_6O_{18}](BO_3)_3(OH,F)_4$

镁电气石 $NaMg_3Al_6[Si_6O_{18}](BO_3)_3(OH,F)_4$

结晶形态:三方晶系;单晶体呈短柱状、长柱状甚至针状,柱面上常有纵条纹(见图 1-1-18(b)),横断面呈球面三角形;集合体常呈放射状、束状、棒状及致密块状、粒状等。

物理性质:锂电气石常呈玫瑰色、蓝色或绿色,镁电气石呈黄色或褐色,黑电气石呈黑色;玻璃光泽;无解理,断口呈参差状;硬度 7 ~7.5;比重 3.03 ~3.25;有压电性和热电性。

成因产状:电气石成分中富含挥发分 B 和 H_2O,其形成多与气成热液作用有关。多产于花岗伟晶岩、气化高温热液矿脉和围岩蚀变中。

鉴定特征:以其晶体形态、柱面上有纵纹、横断面呈球面三角形、无解理和高硬度为特征。

主要用途:压电性良好的晶体可用于电子工业。色泽鲜艳透明者可作宝石。

三、链状结构硅酸盐亚类矿物

链状结构硅酸盐主要有单链和双链。无论是单链还是双链,链间均由金属阳离子连接。

(一)辉石族

辉石族矿物是单链结构的典型代表,链与链之间借 Mg、Fe、Ca、Al 等金属阳离子相连接。辉石族的链状结构决定了其柱状晶体形态,且发育平行于延伸方向的{210}(斜方辉石)或{110}(单斜辉石)柱状解理。横截面呈假正方形或八边形(见图 1-3-12),解理夹角为 87°和 93°。辉石族矿物可划分为斜方辉石亚族和单斜辉石亚族。

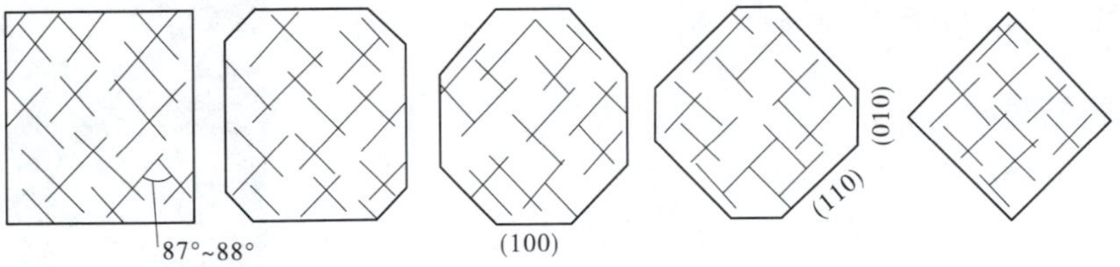

图 1-3-12　辉石族矿物的横截面形态及解理夹角

1. 斜方辉石亚族

斜方辉石亚族矿物是由顽火辉石 $Mg_2[Si_2O_6]$ 和斜方铁辉石 $Fe_2[Si_2O_6]$ 两个端员组分构成的完全类质同象系列,其中间成员为古铜辉石和紫苏辉石。

顽火辉石 (Enstatite) $Mg_2[Si_2O_6]$

古铜辉石 (Bronzite) $(Mg_{90-70},Fe_{10-30})_2[Si_2O_6]$

紫苏辉石 (Hyperthene) $(Mg_{70-50},Fe_{30-50})_2[Si_2O_6]$

结晶形态:斜方晶系。单晶体通常呈短柱状。集合体形态呈不规则的粒状、块状和放射状。

物理性质:颜色随 Fe^{2+} 含量的增高而加深;顽火辉石为无色或带浅绿的灰色,也有褐绿色或褐黄色;紫苏辉石呈绿黑色或褐黑色;古铜辉石则呈具有特征性的古铜色而得名;玻璃光泽;解理平行{210}完全,解理夹角约 87°;硬度 5~6;比重 3.15~3.9(随含铁量的增高而增大)。

成因产状:顽火辉石、紫苏辉石是超基性岩和基性岩的主要造岩矿物。它们既可是岩浆结晶作用的产物,也可是变质作用的产物。在热液作用下,顽火辉石和紫苏辉石均可蚀变为蛇纹石或纤闪石。

鉴定特征:短柱状形态和两组近于正交的柱面解理可作为鉴别标志。顽火辉石和紫苏辉石以及与其他辉石的区分,需借助偏光显微镜测定其光学常数。

2. 单斜辉石亚族

普通辉石 (Augite) $Ca(Mg,Fe^{2+},Fe^{3+},Al)[(Si,Al)_2O_6]$

结晶形态:单斜晶系。晶体呈短柱状或厚板状(见图 1-3-13),横断面近于正八边形,常依{100}形成接触双晶和聚片双晶。集合体呈粒状或块状。

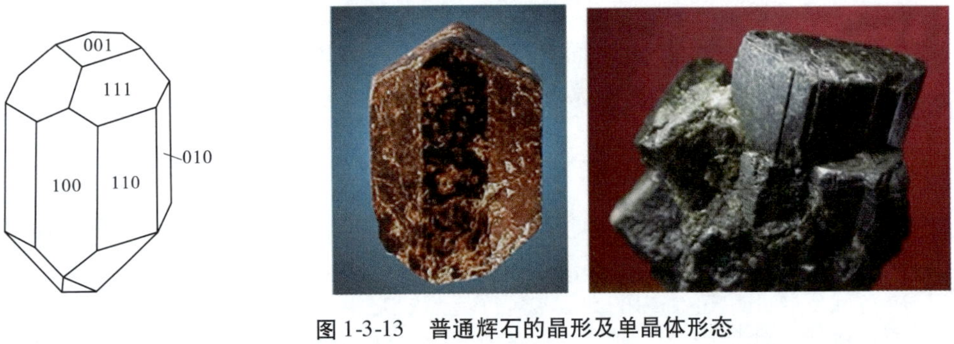

图 1-3-13　普通辉石的晶形及单晶体形态

物理性质:绿黑色或黑色,少数为褐黑色;玻璃光泽;{110}解理完全,解理夹角 87°,有时具{100}裂理;硬度 5.5~6;比重 3.23~3.52。

成因产状：普通辉石是基性岩和部分中性岩的主要造岩矿物之一，在某些变质岩中也可见。常蚀变为绿闪石和纤闪石。

鉴定特征：以短柱状晶形、横断面呈正八边形、解理夹角及绿黑色为特征。

霓石 (Aegirine) $NaFe[Si_2O_6]$

霓辉石(Aegirine - augite) $(Na, Ca)(Fe^{3+}, Fe^{2+}, Mg, Al)[Si_2O_6]$

霓石与透辉石、普通辉石之间可以形成类质同象，而霓辉石则是它们的中间产物，其化学成分复杂。

结晶形态：单斜晶系；单晶体呈长柱状或针状，柱面上经常发育有纵纹(见图 1-3-14)。双晶常见，霓辉石有时也呈短柱状或板状；集合体呈柱状、针状或放射状。

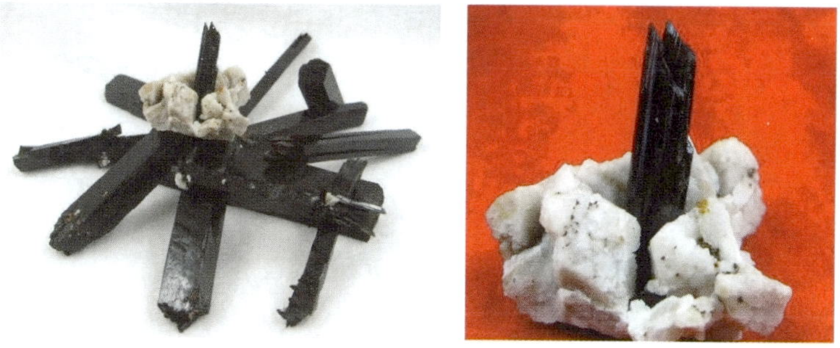

图 1-3-14 **霓石单晶体**

物理性质：暗绿色、墨绿色至黑色，有时带褐色。条痕色为白色或带浅绿色；玻璃光泽；{110}柱面解理中等至完全，两组解理夹角 87°及 93°；有时有(100)或(001)裂理；硬度 6；比重 3.40 ~ 3.60。

成因产状：是碱性岩浆岩的造岩矿物之一，常见于霞石正长岩、响岩等碱性岩及其伟晶岩中，与霞石、正长石等共生，也见于碱性变质岩中。

鉴定特征：以其暗绿色、长柱状晶形、解理及共生矿物及条痕色等为特征。霓石与霓辉石肉眼难以鉴别，需通过光性测定方可准确鉴定。

硬玉(翡翠) (Jadeite) $NaAl[Si_2O_6]$

结晶形态：单斜晶系。自形单晶体较少见。集合体常呈粒状、纤维状或致密块状(见图 1-3-15)。

图 1-3-15 **硬玉集合体形态**

物理性质：纯净者无色、白色，含不同色素离子则呈浅绿、翠绿、紫、黄褐等色；玻璃光泽；{110}完全解理，解理夹角 87°，断口不平坦，呈刺状；硬度 6.5 ~ 7；比重 3.24 ~ 3.43。

成因产状：主要产于碱性变质岩中，是一种典型的变质矿物，与碱性角闪石、钠长石、霞石、绿泥石等共生。

鉴定特征：以致密块状、高硬度及颜色为鉴定特征。

主要用途：硬玉的细粒状或纤维交织状集合体和一些长石类、辉石类矿物组成一种品质极佳的翡翠。

（二）角闪石族

角闪石族矿物属于典型的双链结构，矿物晶体沿硅氧四面体链延伸方向生长速度快，晶体呈平行链方向的长柱状，其横断面为菱形或近于菱形的六边形（见图 1-3-16）。角闪石族矿物既可以结晶成斜方晶系，也可以是单斜晶系。

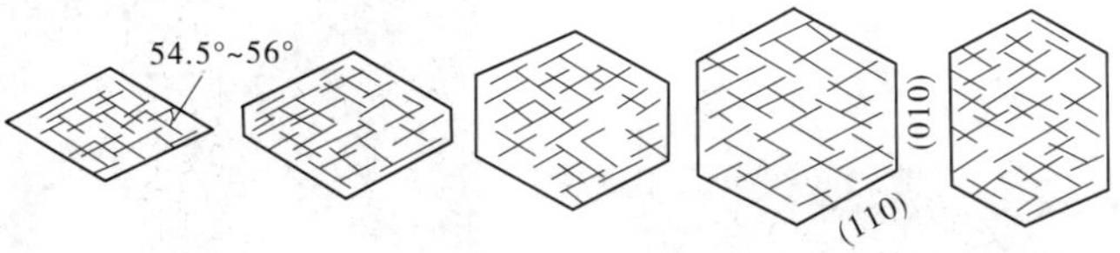

图 1-3-16　角闪石晶体横切面形态及解理夹角

1. 斜方角闪石亚族

直闪石（Anthophyllite）$(Mg,Fe)_7[Si_4O_{11}]_2(OH)_2$

结晶形态：斜方晶系；单晶体少见，通常呈柱状、板状；集合体通常呈放射状或纤维状及致密块状，呈纤维状者称为直闪石石棉。

物理性质：含铁低者呈白色、灰色、浅黄绿色及浅褐绿色，含铁高者则呈褐色；玻璃光泽，纤维状集合体呈丝绢光泽；硬度 5.5～6；解理平行{210}完全，解理夹角125°6′和 54°30′；比重 2.85～3.57。

成因产状：为典型的变质成因矿物。常与滑石、蛇纹石、阳起石、普通角闪石等富镁的矿物共生，主要产于蛇纹岩和角闪岩中。

鉴定特征：以其纤维状形态、解理夹角为特征。

主要用途：直闪石石棉是工业石棉原料之一。

2. 单斜角闪石亚族

透闪石（Tremolite）$Ca_2Mg_5[Si_4O_{11}]_2(OH)_2$

阳起石（Actinolite）$Ca_2(Mg,Fe)_5[Si_4O_{11}]_2(OH)_2$

在透闪石—阳起石中，Mg^{2+}、Fe^{2+}能进行完全类质同象替代。

结晶形态：单斜晶系；单晶体呈柱状、针状、纤维状。集合体常呈柱状、放射状、纤维状、块状或粒状。呈纤维状集合体且易劈裂为细丝状的称透闪石石棉或阳起石石棉，颜色灰白或带绿色。致密坚韧并具刺状断口的隐晶质块体的透闪石或阳起石称软玉。

物理性质：透闪石为白色或灰白色，阳起石为浅绿色至墨绿色；玻璃光泽；呈纤维状者为丝绢光泽；解理中等至完全，解理夹角 56°；硬度 5～6；比重随含 Fe^{2+} 量的增加而增大，一般为 3.02～3.44；性脆。

成因产状：接触变质矿物，经常发育于碳酸盐岩与岩浆岩的接触带中，是矽卡岩的常见矿物。也常见于区域变质作用的片麻岩、千枚岩，以及绿泥石、滑石、蛇纹石等绿色片岩中。

鉴定特征：以颜色、呈长柱状至纤维状和具有角闪石式的解理为主要鉴定特征。

主要用途：角闪石石棉可用于制作各种石棉复合材料制品。软玉可作玉雕材料和装饰品。

普通角闪石（Hornblende）$Na,Ca_2(Mg,Fe,Al)_5[(Si,Al)_4O_{11}]_2(OH)_2$

结晶形态：单斜晶系。单晶体常呈完好的长柱状（见图 1-3-17）。横切面呈假六边形，常依{110}形成接触双晶或聚片双晶。集合体常呈细柱状、纤维状或粒状等。

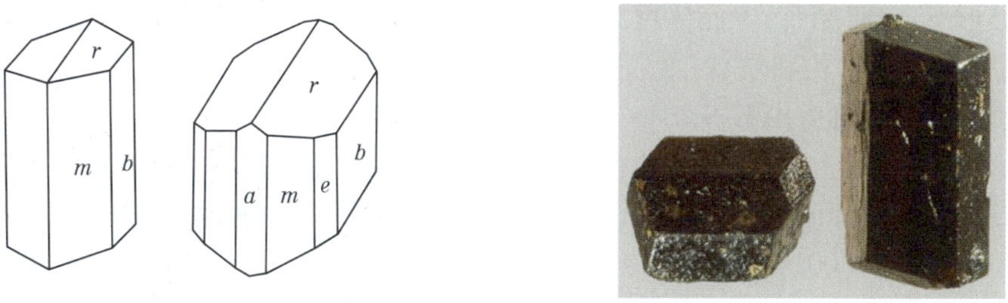

图 1-3-17　普通角闪石晶形及其单晶体形态

物理性质：颜色从浅绿色、深绿色、黑绿色至黑色；条痕色为微带绿的白色；玻璃光泽；{110}解理完全，解理夹角 124°或 56°；硬度 5～6；比重 3.1～3.45，含铁量越高比重越大。

成因产状：普通角闪石是一种重要而分布很广的造岩矿物，在岩浆岩和变质岩中分布广泛。普通角闪石经蚀变后形成绿泥石和黑云母等。

鉴定特征：以柱状晶形、横断面呈假六边形、解理夹角 56°为鉴定特征。

主要用途：主要造岩矿物。

四、层状结构硅酸盐亚类矿物

层状结构硅酸盐矿物在地壳中分布最广，尤其在黏土矿物中分布最多。黏土矿物是产于黏土和黏土质岩石中含水的层状硅酸盐矿物，以颗粒极微细（有些属于纳米级）、极大的比表面积和特殊的层状结构为特征，且具有膨胀性、离子吸附的可交换性、催化性和可塑性等特殊性能。这些性能在石油、工程地质、环境保护和材料科学等领域有着广泛的用途。

（一）滑石族

滑石（Talc）$Mg_3[Si_4O_{10}](OH)_2$

结晶形态：单斜晶系；单晶体少见；集合体通常呈鳞片状或致密块状（见图 1-3-18）。

图 1-3-18　滑石集合体形态

物理性质：质纯者为白色，含杂质为浅绿、浅黄、浅棕甚至浅红等色调；条痕色为白色；玻璃光泽，致密块状者称蜡状光泽，解理面上呈珍珠光泽；沿{001}具极完全解理，薄片能挠曲，但不具弹性；硬度 1；比重 2.58～2.83；手触之有滑感；能耐火，不溶于酸，滑石经高热后，硬度增高，约为 6。

成因产状：滑石是典型的热液蚀变和低温热变质作用形成的矿物，是富镁的超基性岩、白云岩、白云质灰岩在热液变质交代作用下形成的。

鉴定特征：以低硬度、有滑感、片状形态及薄片具挠性为鉴定特征。

主要用途：在造纸和橡胶工业中用作填充剂，纺织工业中用作漂白剂，冶金工业中用作耐火材料和润滑剂等。

（二）叶蜡石族

叶蜡石（Pyrophyllite）$Al_2[Si_4O_{10}](OH)_2$

结晶形态：单斜晶系；单晶体极为罕见；集合体通常呈片状、放射状和块状（见图1-3-19）；隐晶质致密块状体俗称寿山石等。

物理性质：纯者为白色，常呈黄色、浅蓝色或灰色；玻璃光泽，解理面上具珍珠光泽，致密块体呈蜡状光泽；平行{001}极完全解理，薄片能弯曲，但无弹性；硬度1～2；比重2.65～2.90；具滑腻感；绝缘性好；加水后不能水化，无膨胀性。

图1-3-19　叶蜡石集合体形态

成因产状：主要是富铝的中酸性火山岩、凝灰岩经热液蚀变而成的。在某些富含铝的结晶片岩中亦有产出。

鉴定特征：以硬度低、有滑感、颜色浅为鉴定特征。

主要用途：工业上可代替滑石的部分用途。致密块状者常作为雕刻的工艺材料。

（三）云母族

1. 黑云母亚族

黑云母（Biotite）$K(Mg,Fe)_3[AlSi_3O_{10}](OH,F)_2$

结晶形态：单斜晶系，单晶体呈假六方形的板状或短柱状，但较少见；集合体常呈鳞片状或片状（见图1-3-20）。

物理性质：一般呈绿黑色、深褐色或黑色；玻璃光泽，解理面呈珍珠光泽；平行{001}极完全解理，薄片具弹性；硬度2.5～3；比重3.02～3.12。

图1-3-20　黑云母集合体形态

成因产状：在云母族中分布最广。主要产于岩浆岩和变质岩中，是一些中酸性岩浆岩、片麻岩、片岩的主要造岩矿物。在风化条件下，黑云母易于形成水黑云母，并进一步风化形成蛭石和高岭石。

鉴定特征：以板状、片状形态、色深、一组极完全解理以及解理片具弹性为鉴定特征。与蛭石的区别为灼烧后不膨胀。

主要用途：鳞片状黑云母可作建筑材料的充填物。

2. 白云母亚族

白云母(Muscovite) $KAl_2[AlSi_3O_{10}](OH)_2$

结晶形态:单斜晶系。单晶体呈假六方柱状、板状或片状,横切面呈六方形或菱形。集合体呈鳞片状、片状(见图1-3-21)。极细小鳞片状集合体并具丝绢光泽者称绢云母。

图1-3-21 白云母集合体形态

物理性质:无色透明,因含杂质则呈浅黄、浅绿、浅红等色;玻璃光泽,解理面上显珍珠光泽;具{001}极完全解理,薄片具弹性;硬度2~3;比重2.77~3.00;绝缘性、隔热性极强。

成因产状:白云母作为内生和变质作用的产物,常出现在酸性岩浆岩、伟晶岩、云英岩、片岩及片麻岩中。在外生作用下,白云母化学性质稳定,常出现在漂砂及碎屑岩中。

鉴定特征:以其形态、极完全解理、薄片具弹性和浅色为鉴定特征。

主要用途:主要用于电气工业中的绝缘材料。边角废料和云母粉则用于建材、耐火材料、橡胶等工业中。

(四)蒙脱石族

蒙脱石(胶岭石,微晶高岭石)(Montmorillonite) $(Na,Ca)_{0.33}(Al,Mg,Fe)_2[(Si,Al)_4O_{10}](OH)_2 \cdot nH_2O$

结晶形态:单斜晶系;单晶体尚未发现;颗粒极细,属胶体微粒;在电子显微镜下呈绒毛状或极薄的板状;通常呈土状、块状集合体(见图1-3-22)。

图1-3-22 蒙脱石集合体形态

物理性质:白色或灰白色,因含杂质而染有黄、浅玫瑰红、蓝或浅绿等色;土状者光泽暗淡;硬度1~2;比重2~3;具有膨胀性和吸附性,吸水后膨胀,体积急剧增大成糊状(在水利工程中,要特别注意这一特性所造成的危害);在黏土岩中,蒙脱石与其他黏土矿物相比,具有很强的放射性。

成因产状:蒙脱石为基性火山岩、火山凝灰岩或火山灰在碱性环境中的风化产物。在低温热液蚀变过程中也能形成蒙脱石。

鉴定特征:以土状、吸水膨胀并分散成糊状可作为初步鉴定特征。

主要用途:用作脱色、漂白的原料,广泛地应用于陶瓷、染料、造纸、橡胶等工业部门,还广泛用于油脂或石油的净化工艺中。

（五）高岭石族

高岭石（Kaolinite）$Al_4[Si_4O_{10}](OH)_8$

结晶形态：三斜晶系，也有呈单斜晶系的；单晶体呈片状很罕见，且个体极小；在电子显微镜下，可以看到片状晶体，呈六方形、三角形或切角的三角形；集合体呈致密块状或土状。

物理性质：纯者色白，因含杂质而呈浅黄、浅灰、浅红、浅褐等色。致密块体呈蜡状或土状光泽，但细薄鳞片可以呈珍珠光泽；{001}解理完全，硬度1～3；比重2.61～2.68；有土臭味，土状块体具粗糙感，易被手捏成粉末，干燥时吸水，以舌舔之粘舌，掺水后具可塑性，但不膨胀。

成因产状：是黏土矿物中最常见的一种，由许多硅酸盐矿物如长石、霞石等经风化形成，也是低温热液蚀变产物。

鉴定特征：以致密土状、硬度低、具可塑性、粘舌等为鉴定特征。

主要用途：主要的工业原料，广泛应用于陶瓷、造纸、橡胶、玻璃、日用化工、农业及尖端工业。钻探时用作泥浆原料等。

（六）蛇纹石族

蛇纹石（Serpentine）$Mg_6[Si_4O_{10}](OH)_8$

结晶形态：单斜晶系；单晶体罕见；集合体呈显微叶片状、显微鳞片状和致密块状（见图1-3-23）；呈鳞片状者，多为叶蛇纹石；呈纤维状者称纤维蛇纹石，也叫蛇纹石石棉或温石棉（见图1-3-24）。

图1-3-23 蛇纹石集合体形态

图1-3-24 蛇纹石石棉

物理性质：颜色为各种绿色调（深绿、黑绿、黄绿），叶蛇纹石多为灰色，还常常微带淡蓝色；蛇纹石因呈青、绿斑驳如蛇皮而得名；油脂或蜡状光泽，纤维状者具丝绢光泽；解理仅在叶蛇纹石中发育，具{001}完全解理；薄片易碎裂，硬度2.5～3.5；比重2.2～3.6。

成因产状：蛇纹石主要是由超基性岩经热液蚀变作用形成的。富含镁矿物如橄榄石或白云石等经热液作用形成蛇纹石。在矽卡岩化作用的后期往往有蛇纹石生成。

鉴定特征：根据其不同色调的绿色、光泽、表面具有滑感、较低的硬度、纤维状或块状结晶形态等特征加以识别。蛇纹石常与橄榄石、斜方辉石等伴生。

主要用途：蛇纹石石棉可广泛地用于建筑、化工、医药、冶金等部门。非石棉状蛇纹石，也可利用其耐热、隔声、质轻等特点，制成不吸收水分、不燃烧、热绝缘性好、热容量大的高强特种材料。色泽鲜艳的致密块体称作岫玉，还可用于建筑石料及玉石雕刻的材料。1997年辽宁岫岩县发现了6万t的一块巨大岫玉。

（七）蛭石族

蛭石（Verminculite）$(Mg,Ca)_{0.3\sim0.45}(H_2O)_n\{(Mg,Fe^{3+},Al)_3[(Si,Al)_4O_{10}](OH)_2\}$

结晶形态：单斜晶系；单晶体呈片状或鳞片状，具金云母、黑云母假象；集合体（见图1-3-25）常与其他黏土矿物混在一起呈土状。

图1-3-25 蛭石集合体形态

物理性质：褐色、黄褐色、金黄色，有时带有绿色色调；光泽较黑云母弱，常呈油脂光泽或珍珠光泽；{001}解理完全，薄片无弹性而有挠性；硬度1～1.5；比重约2.3，因含水量不同而有变化；灼烧后，体积骤然膨胀并卷曲，形如水蛭状体，具银白或古铜色，似金属光泽，比重亦迅速下降到0.6～0.9，并可漂浮于水面上；焙烧过的蛭石，具有极高的绝热性和隔声性能。

成因产状：由云母经低温热液蚀变或风化作用形成，也可由基性岩受酸性岩浆的变质作用所形成。

鉴定特征：结晶粗大的蛭石形如云母，薄片无弹性。灼烧时，以能爆裂成水蛭虫状为鉴定特征。

主要用途：可用作耐火材料。焙烧以后的蛭石，用于绝热消声材料、造纸和涂料中。

（八）绿泥石族

绿泥石（Chlorite）$(Mg,Fe)_3[(Si,Al)_4O_{10}](OH)_2\cdot(Mg,Fe)_3(OH)_6$

结晶形态：单斜晶系；单晶体呈假六方片状或板状；集合体常为鳞片状、䲠状、土状或致密块状（见图1-3-26）。

图1-3-26 绿泥石集合体形态

物理性质：颜色随成分而变，富含镁的绿泥石为浅蓝绿色；铁含量增多时，则颜色加深，由深绿色到黑绿色；含锰的绿泥石呈橘红色到浅褐色；含铬的绿泥石呈浅紫到玫瑰色；条痕色为淡绿色至浅灰绿色；具玻璃光泽，解理面呈珍珠光泽；解理{001}完全，解理片具挠性；硬度2～3；比重2.6～3.4。

成因产状：绿泥石的形成与低温热液作用、浅成变质作用和沉积作用有关。富含镁的绿泥石（一般常见的绿泥石）产于低级区域变质岩，如绿泥石片岩及在低温热液蚀变围岩中（绿泥石化），或在岩石的裂隙中成绿泥石细脉；而富铁的绿泥石主要产于沉积铁矿中，与菱铁矿、黄铁矿、赤铁矿等共生。

鉴定特征：以颜色、形态、条痕色微绿、薄片具挠性和低硬度作为初步鉴定的特征。

主要用途：鲕绿泥石富集时可作铁矿开采。

五、架状结构硅酸盐亚类矿物

（一）长石族

长石族矿物是地壳中分布最广、最重要的一类造岩矿物。长石的种类和含量对许多岩石的分类与定名有着重要作用。该族矿物约占地壳总量的50%。岩浆岩中长石极为普遍，约占长石总量的60%，分布在变质岩的结晶片岩和片麻岩中有30%，其余的10%则分布在沉积岩的碎屑岩和泥质岩中。

长石族矿物的主要端员组分有钾长石 $K[AlSi_3O_8]$、钠长石 $Na[AlSi_3O_8]$ 和钙长石 $Ca[Al_2Si_2O_8]$ 三种（见图1-3-27）。自然界绝大多数的长石，均由上述三种端员组分以不同比例组合而成，形成的类质同象系列主要有碱性长石系列（$K[AlSi_3O_8]$—$Na[AlSi_3O_8]$）、斜长石系列（$Na[AlSi_3O_8]$—$Ca[Al_2Si_2O_8]$）。

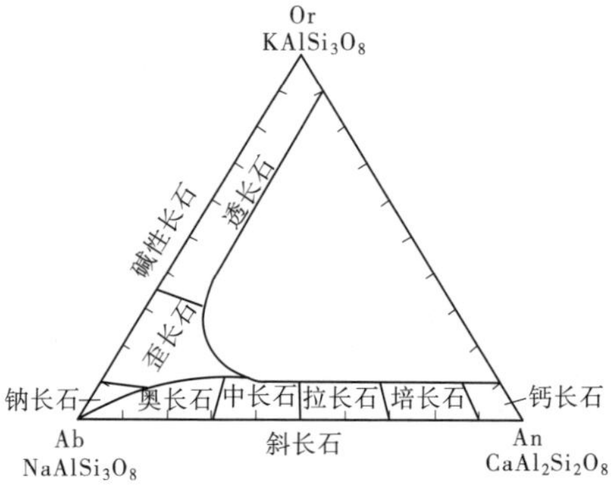

图1-3-27　斜长石和碱性长石系列矿物种的划分

（据 Deer 等，1963）

（1）碱性长石系列。在高温时钾长石（Or）和钠长石（Ab）可以任意比例混溶，也可在低温时以有限比例混溶形成所有长石。主要分为以钾长石成分为主的正长石、透长石和微斜长石，以钠成分为主的歪长石（含 $Na[AlSi_3O_8]$ 较高）、钠长石和以钾、钠长石分离成两相的条纹长石。

（2）斜长石系列。在高温条件下，钠长石（Ab）和钙长石（An）形成完全类质同象系列。根据斜长石中的 Ab、An 不同的比例，可分为钠长石、奥（更）长石、中长石、拉长石、培长石、钙长石。

长石族的矿物最显著特征是晶形和双晶发育完好。常见长石双晶有简单双晶、复合双晶、聚片双晶、接触双晶和贯穿双晶。因此，长石双晶是作为鉴别长石矿物种属的重要依据。

1. 碱性长石亚族

所有钾长石的组成成分中均含有一定数量的 Ab 分子和低于5% ~10%的 An 分子。碱性长石中的透长石、正长石、微斜长石是三种同质多象变体。它们之间的主要区别是形成温度不同而造成的晶体结构上的细微差别。其中透长石和正长石属单斜晶系，微斜长石属三斜晶系。

透长石 Sanidine K[$AlSi_3O_8$]

晶体形态：单斜晶系；单晶体呈厚板状或短柱状；卡斯巴律双晶最常见。

物理性质：多为无色透明，也可呈白色、灰白色，因含杂质而呈肉红色、浅黄色、棕色等；玻璃光泽；解理平行{001}和{010}完全，两组解理夹角90°；硬度6；比重2.54~2.57。

成因和产状：产于中酸性和碱性火山岩中，在粗面岩中最为常见。透长石易于风化成高岭石、绢云母等。作为高温变质矿物，也曾发现于接触变质带中。

鉴定特征：以板状形态、解理和卡斯巴律双晶为鉴定特征。

正长石 Orthoclase K[$AlSi_3O_8$]

结晶形态：单斜晶系；单晶体常呈短柱状、厚板状（见图1-3-28）；双晶以卡斯巴律双晶最为常见，其次是巴温诺律双晶和曼尼巴律双晶（见图1-3-29）；集合体呈块状和粒状。

物理性质：常呈肉红色、微带红色的灰白色或浅黄色，无色透明的正长石为冰长石。光泽、硬度、解理、比重等性质同透长石。

成因产状：是酸性、中性和碱性岩浆岩的主要造岩矿物之一。在变质岩中的片麻岩和沉积岩的长石砂岩中，常见到正长石。在热液或风化作用中，正长石很容易转变为白云母（绢云母）、高岭石等层状硅酸盐矿物。

图1-3-28 正长石单晶体形态

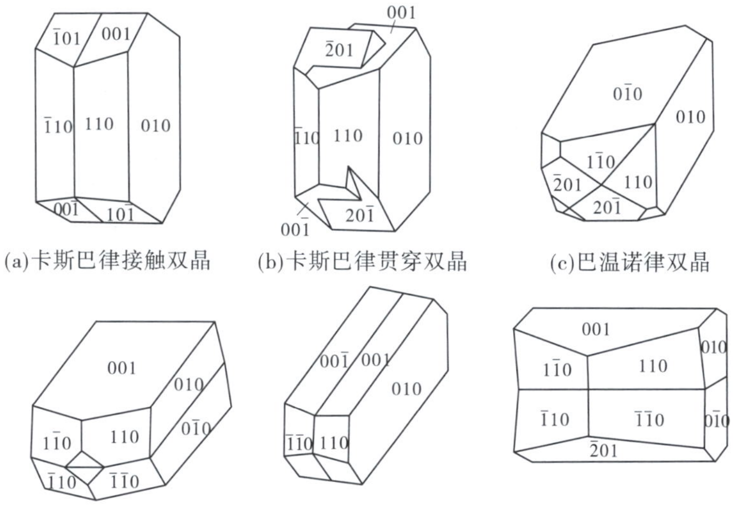

(a)卡斯巴律接触双晶 (b)卡斯巴律贯穿双晶 (c)巴温诺律双晶

(d)曼尼巴律双晶 (e)钠长石律双晶 (f)肖钠长石律双晶

图1-3-29 常见碱性长石的双晶类型

鉴定特征：根据肉红色、硬度、正交解理和双晶加以识别。

主要用途：用作陶瓷工业和制造钾肥的主要矿物原料。

2. 斜长石亚族（Na[$AlSi_3O_8$]—Ca[$Al_2Si_2O_8$]）

这个亚族中的长石统称斜长石，并根据An和Ab的相对含量，将斜长石划分成六个矿物亚种(见表1-3-2)。其中An的百分数常表示某一斜长石的成分,作为斜长石的牌号,如An_{10}代表成分为$Ab_{90}An_{10}$的斜长石。在岩浆岩的分类中,通常将An含量占0~30%、30%~60%、50%~100%的斜长石分别称为酸性斜长石、中性斜长石和基性斜长石。

表1-3-2 斜长石分类

斜长石名称	Ab分子含量(%)	An分子含量(%)	牌号
钠长石	100~90	0~10	0~10
奥(更)长石	90~70	10~30	10~30
中长石	70~50	30~50	30~50
拉长石	50~30	50~70	50~70
培长石	30~10	70~90	70~90
钙长石	10~0	90~100	90~100

表1-3-2中六种斜长石形态和物理性质都十分相似且连续变化,必须依据光学性质方可将其分辨。因此,手标本鉴别时,把它们笼统作为斜长石来描述。

结晶形态:三斜晶系。单晶体呈板状。集合体为粒状、块状(见图1-3-30)。呈叶片状产出的钠长石称叶钠长石。斜长石的双晶较常见且类型较多。其中以钠长石律聚片双晶(见图1-1-25)最为常见,卡斯巴律双晶颇普遍。

物理性质:白色或灰白色,若蚀变而呈淡灰绿色,有时也可呈粉红色;玻璃光泽,{001}及{010}解理完全,{110}解理不完全,两组解理不正交,其夹角为86°24′~85°50′;硬度6~6.5;比重2.61(钠长石)~2.76(钙长石)。

图1-3-30 斜长石集合体形态

成因和产状:是自然界分布很广的造岩矿物,是岩浆岩中的基性、中性和酸性岩的主要矿物组成;在区域变质作用形成的片麻岩、片岩等岩石中,斜长石也很常见;在沉积岩中,斜长石作为碎屑矿物常出现在砂岩中。斜长石受热液蚀变后,很容易变成绿帘石族矿物、绢云母和方解石等。在风化作用中亦容易变为蒙脱石、高岭石等黏土矿物。

鉴定特征:以板状晶形、白色至灰白色、具有两组近于垂直的完全解理及常见钠长石聚片双晶为鉴定特征。

主要用途:主要用于玻璃和陶瓷工业,色泽美丽者可作宝石。

(二)霞石族

霞石是似长石中最常见的矿物。所谓似长石(副长石),是指组分类似长石,其Si∶Al低于碱性长石中3∶1比值的无水架状结构硅酸盐矿物。换句话说,似长石SiO_2含量比长石少,比重较长石略低,主要产于富碱而贫硅的碱性岩浆岩中,不能与石英共生的矿物,如霞石、白榴石等。

霞石（Nepheline）$Na_3K[AlSiO_4]$**或** $Na[AlSiO_4]$

结晶形态：六方晶系；单晶体呈六方柱状、短柱状或厚板状；常以貌似单晶的双晶出现，集合体常呈粒状或致密块状（见图1-3-31）。

图1-3-31 霞石单晶体形态

物理性质：无色、灰白色或灰色，略带浅黄、浅蓝、浅褐、浅红等色调；呈玻璃光泽，断口呈油脂光泽，油脂光泽明显的块状霞石称为"脂光石"；解理不完全；贝壳状断口；硬度5.5～6；比重2.55～2.66；性脆。

成因、产状：是碱性岩中的典型矿物，主要见于与正长岩有关的侵入岩、火山岩及伟晶岩中。其共生矿物是富钠的碱性长石（钾微斜长石、钠长石）、碱性辉石、碱性角闪石和锆石、榍石、钛铁矿、黑云母、磷灰石等。受热液作用或风化作用可转变为沸石、高岭石、方解石等。

鉴定特征：断口呈油脂光泽，无完好的解理，硬度可与长石相区别。

主要用途：用作玻璃、陶瓷的工业原料及制造苏打和蓝色染料等。

（三）白榴石族

白榴石（Leucite）$K[AlSi_2O_6]$

结晶形态：四方晶系；通常所见的白榴石晶体保持着等轴晶系的外形，呈完好的四角三八面体（见图1-3-32）；集合体为粒状。

图1-3-32 白榴石单晶体形态

物理性质：常呈带有浅黄色的白色、灰色；晶面常暗淡无光泽，新鲜断口呈玻璃光泽或油脂光泽；无解理；硬度5.5～6；比重2.45～2.50。

成因和产状：产于某些富钾贫硅的喷出岩及浅成岩中，是白榴石响岩、白榴石玄武岩、白榴粗面岩、白榴斑岩和白榴岩等岩石中的主要造岩矿物。通常呈斑晶出现。白榴石常与碱性辉石、霞石共生。在正常情况下，不与石英共生，这是因为当它形成时，若有多余的 SiO_2 存在就将形成钾长石。白榴石受到后期热液作用后易变为正长石和绢云母，亦可被霞石和钠长石所交代，但它们仍保留白榴石的外形，称为"假白榴石"或"变白榴石"。白榴石易风化为高岭石等黏土矿物。由于富含钾，可使土壤肥沃。

鉴定特征：以其完好的四角三八面体晶形、颜色及其成因产状作为鉴定特征。

主要用途：可作为提取钾和铝的原料。

【知识链接】

拉长石（见图1-3-33）是斜长石中的一种，一般由30%～50%的钠长石和50%～70%的钙长石分子组成。由于拉长石常具聚片双晶或具有因固溶体析离形成的钠长石的微细交互层以及有平行{010}晶面的微细孔隙，致使其透明或半透明品种可具有一些特殊的光学效应。

图 1-3-33　拉长石

单元二　碳酸盐、硫酸盐和磷酸盐矿物

碳酸盐类矿物是金属阳离子和碳酸根$[CO_3]^{2-}$离子相化合而成的含氧盐类。目前碳酸盐矿物的种数在200种左右，其中自然界分布极广的是钙和镁的碳酸盐，如方解石、白云石。

碳酸盐矿物的主要物理性质是硬度不大，一般为3～5，最大的是稀土碳酸盐矿物的硬度，但也不超过4.5。非金属光泽。大多数为无色或白色，含铜者呈鲜绿或鲜蓝色，含锰者呈玫瑰红色，含稀土者或铁者呈褐色，含钴者呈淡红色，含铀者呈黄色。所有的碳酸盐矿物在盐酸或硝酸中都能不同程度地被溶解。

一、碳酸盐矿物

（一）方解石族

1. *方解石*（Calcite）$Ca[CO_3]$

结晶形态：三方晶系；常见完好晶体，形态多种多样，有菱面体板状、片状、六方柱状等（见图1-3-34）；常见以$\{01\bar{1}2\}$为双晶面的接触双晶和聚片双晶（见图1-3-35）；集合体形态常呈致密块状、晶簇状、片状、粒状、鲕状、纤维状、钟乳状（称钟乳石）、结核状、土状等。

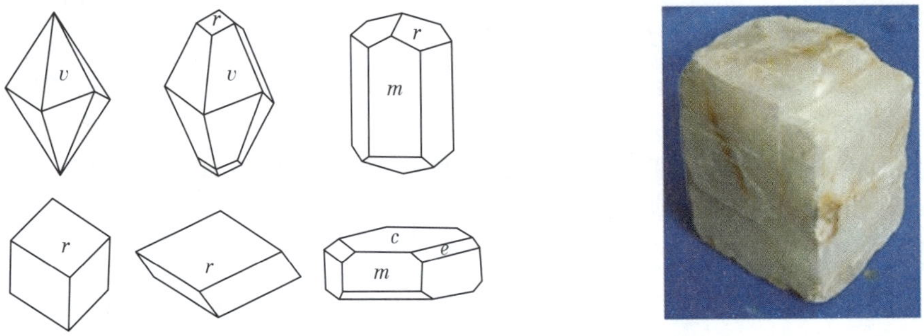

图 1-3-34　方解石的晶体形态

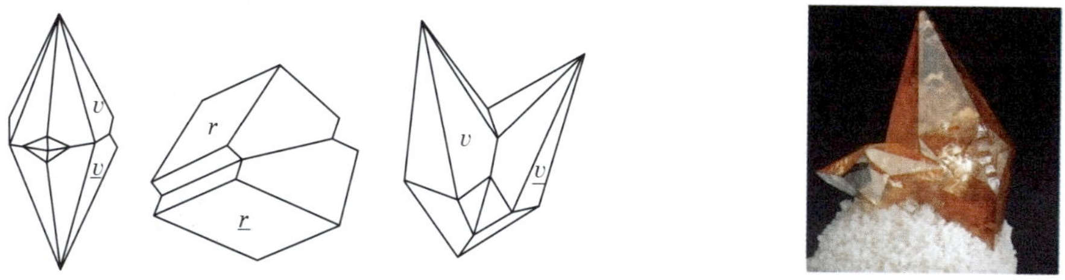

图 1-3-35　方解石的双晶

物理性质：无色或白色，常因含杂质呈不同的颜色，如灰、黄、浅红、绿、蓝等色；玻璃光泽；解理平行{10$\bar{1}$1}完全；硬度 3；比重 2.6～2.9；性脆；遇冷稀盐酸剧烈发生气泡；无色透明的方解石晶体称冰洲石；某些方解石具荧光性。

成因产状：方解石的成因类型较多。主要在沉积作用中形成，也见于热液矿脉及变质岩中，是组成石灰岩、大理岩的主要矿物成分。

鉴定特征：以其晶形、菱面体三组完全解理、硬度 3、与冷稀盐酸相遇剧烈起泡为主要鉴定特征。

主要用途：方解石是制造水泥和烧制石灰的原料，还可作冶金工业的熔剂及建筑石料等。冰洲石是制造光学棱镜的贵重材料。

2. 菱镁矿（Magnesite）Mg[CO_3]

图 1-3-36　菱镁矿

结晶形态：三方晶系；单晶体呈菱面体，或是菱面体与六方柱、复三方偏三角面体的聚形，晶形完好的比较罕见；集合体通常呈粒状、块状、土状，在风化壳中常呈隐晶质陶瓷状块体（见图 1-3-36）。

物理性质：白色或浅黄白色、灰白色，有时带淡红色调，含 Fe 者呈黄色至褐色、棕色；陶瓷状菱镁矿大都呈雪白色；玻璃光泽；解理平行{10$\bar{1}$0}完全，瓷状者具贝壳状断口；硬度 3.5～4.5；比重 2.9～3.1。

成因产状：主要是热液作用和沉积作用形成的产物，含镁或含碳酸热液交代白云岩、白云质石灰岩或与超基性岩形成菱镁矿。海相沉积物中形成的菱镁矿是硫酸镁与碳酸钠置换反应的产物，常与硬石膏、白云石等共生。

鉴定特征：以颜色、菱面体解理及聚片双晶为鉴定特征。与方解石的区别是粉末遇冷稀盐酸不起泡或作用极慢，加热后才剧烈产生气泡。

主要用途：用于提炼金属镁、制作耐火砖和用作防热、保温、隔声的建筑物材料。

3. 菱铁矿（Siderite）Fe[CO_3]

结晶形态：三方晶系。晶体常呈{10$\bar{1}$1}的菱面体、短柱状或复三方偏三角面体，菱面体晶面常弯曲成马鞍状。集合体通常呈致密块状、粒状或结核状（见图 1-3-37）。

物理性质：浅灰白、浅黄白色、浅褐色，常因部分氧化呈深褐色、棕红色至黑色；玻璃光泽，呈透明至半透明状；解理平行{10$\bar{1}$0}完全；硬度4；比重3.7～4.0；用火灼烧后的残渣具磁性。

成因产状：主要是热液和外生沉积作用形成的。在氧化带不稳定，易分解成水赤铁矿、褐铁矿而形成铁帽。

鉴定特征：以其菱面体的完全解理，遇热浓盐酸能起泡（与冷稀盐酸不起反应）等特征与闪锌矿等相似矿物相区别。与其他碳酸盐矿物的区别是菱铁矿呈浅褐色，比重稍大，灼烧后的残渣具有磁性且变为钢灰色。

主要用途：菱铁矿是炼铁的矿物原料。

图 1-3-37　菱铁矿集合体形态

4. 菱锰矿（Rhodochrosite）Mn[CO_3]

结晶形态：三方晶系。晶体呈菱面体状（见图1-3-38(a)），晶面弯曲，但不常见。集合体常呈粒状、致密块状、柱状、鲕状、肾状、土状等（见图1-3-38(b)）。

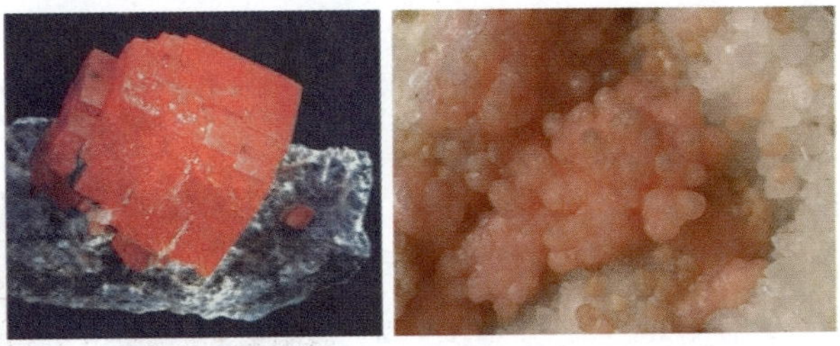

(a) 菱面体晶形　　(b) 粒状集合体形态

图 1-3-38　菱锰矿

物理性质：新鲜晶体呈粉红色、淡紫红色；致密块状体呈白、黄、灰白、褐黄等色，当有Fe代替Mn时，变为黄色或褐色；氧化后表面为褐黑色等；玻璃光泽；解理{10$\bar{1}$0}完全；硬度3.5～4.5；比重3.60～3.70。

成因产状：沉积作用中可形成大规模的菱锰矿沉积层。在内生条件下形成于热液作用中，与金属硫化物、菱铁矿、萤石、石英等共生。在风化作用中易氧化形成软锰矿、硬锰矿等锰的氧化物。

鉴定特征：以新鲜面为粉红色、风化后表面呈褐黑色、冷盐酸作用很缓慢、加热后加剧为鉴定特征。

主要用途：是提炼锰的重要矿物原料。

5. 白云石（Dolomite）CaMg[CO_3]$_2$

结晶形态：三方晶系。晶体呈菱面体状，晶面常弯曲成马鞍状（见图1-3-39），有时见柱状或板状晶体，双晶比较常见（见图1-3-40）。集合体常呈粒状、致密块状，有时呈多孔状、肾状等。

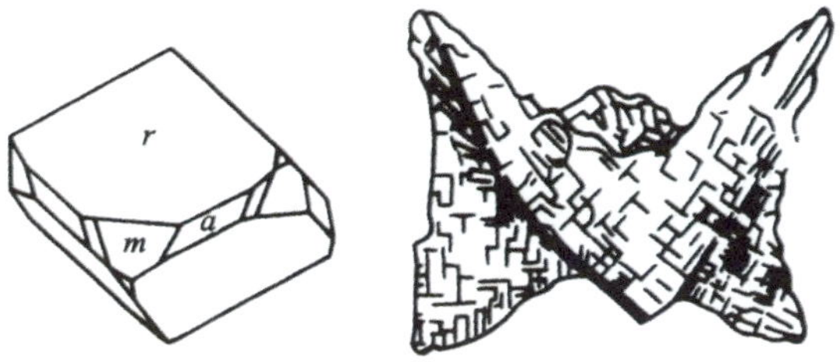

图 1-3-39　白云石晶形

图 1-3-40　白云石双晶

物理性质：纯者多为无色或白色，含铁者为灰色至暗褐色，含铁白云石风化后，表面变为褐色，含锰者略现淡红色；解理$\{10\bar{1}1\}$完全，解理面常呈弧形状；玻璃光泽；硬度 3.5 ~4；比重 2.36；性脆。

成因产状：白云石是沉积岩中广泛分布的矿物之一。原生沉积的白云石是在盐度很高的海、湖盆地中直接形成的，可以形成巨厚的白云岩层，或与灰岩、菱铁矿等互层。但是大量的白云石是次生的，是石灰岩受到含镁热水溶液交代形成的，这种作用称为白云岩化作用。此外，在区域变质或接触变质作用中，含镁质或白云质的灰岩还可形成白云石大理岩。

鉴定特征：白云石可以借其马鞍形的晶体外形，遇冷稀盐酸反应微弱与方解石及菱镁矿相区别。

主要用途：用作耐火材料、熔剂和化工原料，同时也是硅酸盐工业常用的原料。

（二）文石族

文石（霰石）（Aragonite）Ca[CO_3]

与方解石呈同质二象。

结晶形态：斜方晶系。晶体常呈柱状或尖锥状。以（110）为双晶面的接触双晶较常见，并往往构成假六方柱形的贯穿三连晶（见图 1-3-41）。集合体常成柱状、针状、纤维状或晶簇，也有呈珊瑚状、钟乳状、豆状、鲕状者。文石集合体形态见图 1-3-42。

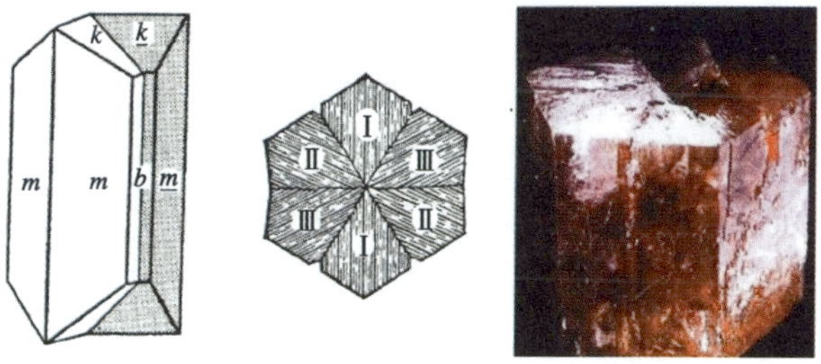

图 1-3-41　文石双晶及贯穿三连晶

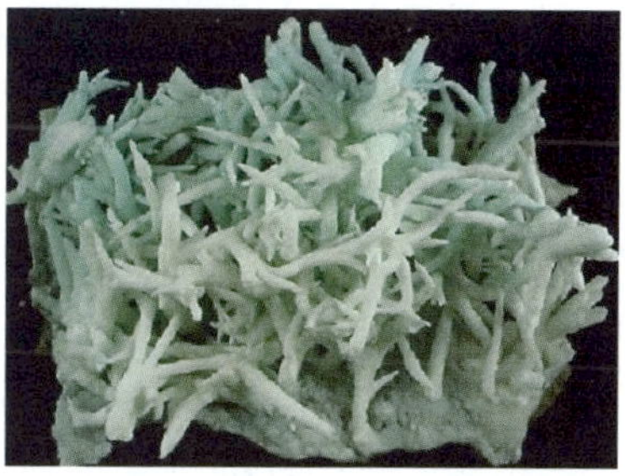

图 1-3-42　文石集合体形态

物理性质：通常为白色、黄白色，有时呈浅绿色、灰色等；玻璃光泽，断口呈油脂光泽；透明；有时见解理{010}不完全至中等解理；贝壳状断口；硬度 3.5 ~4.5；比重 2.94。

成因产状：在自然界，文石远比方解石少，主要见于贝壳、珍珠、现代海水沉积物和金属矿床氧化带中，温泉沉淀物中也有文石产出。内生成因的文石是热液作用最后阶段的低温矿物，见于玄武岩、安山岩的气孔或裂隙中。

鉴定特征：文石与方解石及白云石的区别是文石无解理，晶形呈柱状、矛状，方解石及白云石具{10$\bar{1}$0}菱面体解理完全。也可借比重不同区分，即将矿物颗粒置放于三溴甲烷中，文石下沉，白云石及方解石均漂浮。

（三）孔雀石族

1. 孔雀石（Malachite）$Cu_2[CO_3](OH)_2$

本族矿物包括孔雀石和蓝铜矿，它们常共生在一起，均是含铜硫化物矿床氧化带的风化产物。

结晶形态：单斜晶系。晶体呈柱状、针状或纤维状，但极少见。可以(100)呈燕尾双晶。集合体常呈钟乳状、结核状、晶簇状、肾状、葡萄状、皮壳状、粉末状、土状等（见图1-3-43）。其内部具有同心层状或放射纤维状的特征，由深浅不同的绿色至白色组成环带。土状者称为铜绿或石绿。

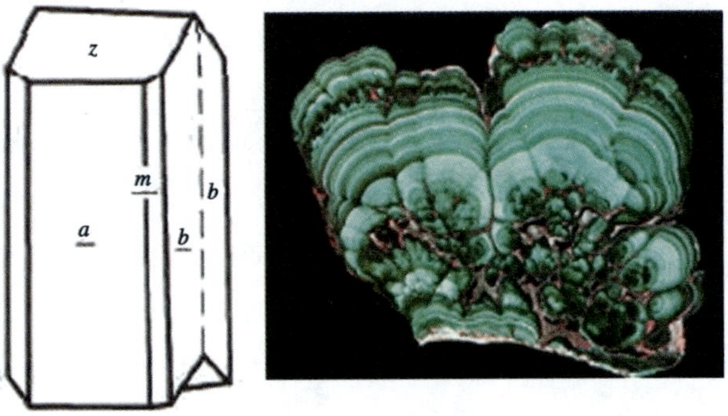

图1-3-43　孔雀石

物理性质：一般为绿色，但色调变化较大，从暗绿色至鲜绿色；条痕色为浅绿色；玻璃光泽至金刚光泽；纤维状者呈丝绢光泽，土状者光泽暗淡；半透明；解理平行{201}完全，平行{010}中等；硬度3.5～4；比重3.9～4.0；性脆。

成因产状：是含铜硫化物矿床氧化带中的次生矿物，常与蓝铜矿、赤铜矿等共生，是原生硫化物铜矿床的找矿标志。我国广东阳春石绿铜矿是一大型的孔雀石、蓝铜矿矿床。

鉴定特征：以其特有的绿色、淡绿色条痕、各种不同的集合体形态及遇稀盐酸剧烈起泡，反应之后溶液能把铁刀镀上一层铜红色的铜为鉴定特征。

主要用途：量多时可作为提炼铜的矿物原料，质纯色美者可作工艺石料，粉末可制作颜料。

2. 蓝铜矿（石青）（Azurite）$Cu_3[CO_3]_2(OH)_2$

结晶形态：单斜晶系。晶体常呈短柱状、柱状或厚板状。集合体呈土状、放射状、纤维状、钟乳状和晶簇状（见图1-3-44）。

物理性质：深蓝色，土状者呈浅蓝色；条痕色为浅蓝色；玻璃光泽，土状者呈土状光泽；透明至半透明；解理{011}、{100}完全或中等，贝壳状断口；硬度3.5～4；比重3.7～3.9；性脆。

图 1-3-44 蓝铜矿

成因产状：产于铜矿床氧化带、铁帽及近矿围岩的裂隙中，是一种次生矿物，常与孔雀石共生或伴生，其形成一般稍晚于孔雀石，有时也被孔雀石所交代。蓝铜矿因风化作用易转变为孔雀石，以至于孔雀石依蓝铜矿呈假像。因此，蓝铜矿的分布没有孔雀石广泛。

鉴定特征：以其特有的蓝色、浅蓝色条痕及遇盐酸起泡为鉴定特征。

主要用途：可作为提炼铜的矿物原料和颜料。

二、硫酸盐矿物

硫酸盐矿物是金属阳离子和硫酸根[SO_4]$^{2-}$相化合而成的化合物。目前，已知硫酸盐矿物种数约有 300 种，它们在地壳中分布不多，仅占地壳重量的 0.1% 左右。主要是表生作用的产物，其次是热液后期的产物。硫酸盐矿物中的石膏、硬石膏、重晶石、明矾石等均能富集成具有工业意义的矿床，成为重要的建材和化工等非金属矿物原料，其中部分硫酸盐矿物还是提取 Sr、Ba、Pb 等金属元素的重要矿物原料。

硫酸盐矿物的主要物理特征是晶体为板状和柱状，集合体常呈皮壳状、钟乳状、粉末状、块状等；颜色一般呈白色或无色，含铁者呈黄褐或蓝绿色，含铜者呈蓝绿色，含锰或钴者呈红色；透明至半透明，玻璃光泽，少数为金刚光泽；最突出的是硬度较低，小于 3.5，含结晶水时硬度更低，甚至降至 1 ~ 2；比重为 2 ~ 4，含钡和铅的硫酸盐矿物多在 4 以上，甚至可达6 ~ 7。

（一）石膏族

石膏（Gypsum）$Ca[SO_4]\cdot 2H_2O$

结晶形态：单斜晶系。单晶体常呈{010}板状。双晶以（100）为双晶面的燕尾双晶见图 1-3-45。集合体常为致密块状、纤维状、片状或粉末状。

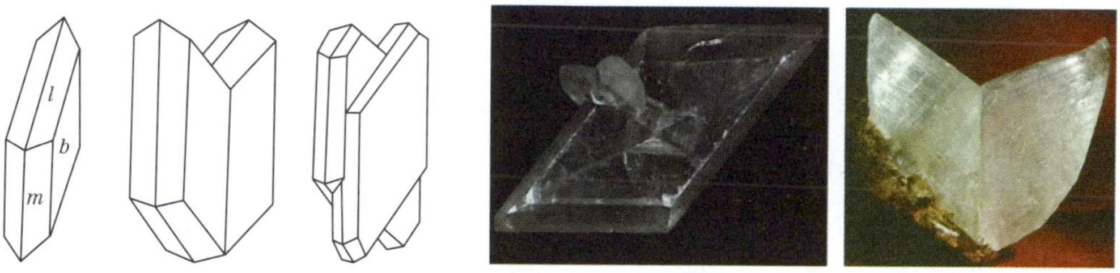

图 1-3-45 石膏单晶体及燕尾双晶

物理性质：通常为无色或白色，有时因含杂质而呈灰、浅黄、浅褐等色；玻璃光泽，解理面显珍珠光泽，纤维石膏呈丝绢光泽；解理平行{010}极完全，{100}和{011}中等，解理块上的{010}面呈菱形，解理薄片具有挠性；硬度2；比重2.30～2.37。

无色透明的晶体称透石膏，纤维状集合体称纤维石膏，白色细粒致密块状的石膏称雪花石膏。

成因产状：石膏广泛形成于化学沉积作用，在盐湖和闭塞海湾中，与石盐、钾盐等形成互层出现，并常形成巨大的矿层或透镜体存在于石灰岩、红色页岩、泥灰岩及黏土岩层之间。在风化过程中硫化物矿床氧化带中的硫酸水溶液在与石灰岩作用时也可形成石膏。热液成因的石膏比较少见，常见于某些低温热液矿床中，除雌黄、雄黄等外，很少与其他硫化物共生。

鉴定特征：以其硬度低和一组极完全解理为鉴定特征。与碳酸盐矿物的区别在于遇盐酸时不产生气泡。

主要用途：用途广泛，应用于医疗、生产水泥、造型和造纸等。

（二）硬石膏族

硬石膏（Anhydrite）Ca[SO_4]

结晶形态：斜方晶系。晶体呈等轴状或厚板状。集合体常呈块状或粒状，有时呈纤维状（见图1-3-46）。双晶依（011）呈接触双晶或聚片双晶。

物理性质：纯净者透明，无色或白色，常因含杂质而呈暗灰色，有时微带红色或蓝色；玻璃光泽，解理面呈珍珠光泽；解理平行{010}和{100}完全，平行{001}中等；三组解理面相互垂直，可裂成长方体状小块；硬度3～3.5；比重2.9～3.0。

图1-3-46 硬石膏晶体

成因产状：硬石膏主要产于蒸发作用所形成的盐湖沉积物中，与石膏共生。在地表或近地表条件下，硬石膏易发生水化作用转变为石膏。同时，也可因近地表的上覆压力降低转变成石膏，其体积可增大30%，此性质对地表工程设施具有较大的破坏作用。

鉴定特征：硬石膏以三组相互垂直解理为鉴定特征。与方解石等碳酸盐矿物的区别是解理的分布方向不同，且遇盐酸不产生气泡。与石膏的区别是硬度较大，指甲刻不动。

主要用途：天然硬石膏可作胶凝材料，还可用于造型塑像、医疗、造纸等方面，其中用量最大的是建筑施工。

（三）重晶石族

1.重晶石（Barite）Ba[SO_4]

结晶形态：斜方晶系；晶体常呈板状或厚板状，有时短柱状（见图1-3-47）；集合体常为板状晶簇、块状、粒状、结核状或具同心层状构造的钟乳体。

物理性质：纯者常为无色或白色，有时呈浅黄、灰、淡褐、淡红等色；玻璃光泽，解理面呈珍珠光泽；解理{001}完全，{210}中等，{010}不完全；硬度3～3.5；比重4.3～4.5；性脆。我国台湾省所产的一种含Pb和Ra的重晶石称北投石。

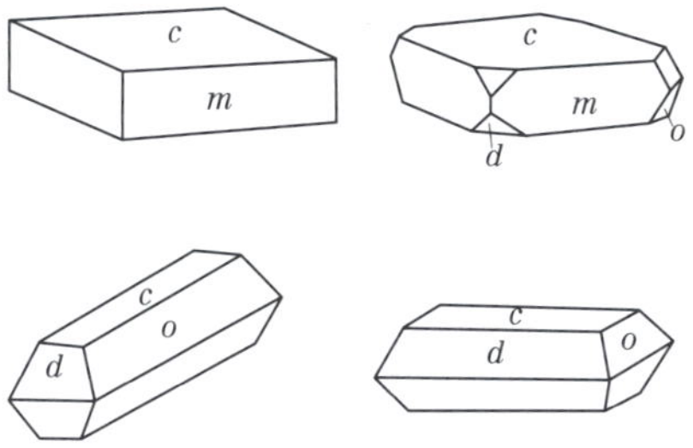

图 1-3-47 重晶石晶形和板状晶簇

成因产状:热液成因的重晶石见于中、低温热液金属矿脉中,与硫化物共生,或者以单一的重晶石脉出现。沉积成因的重晶石呈透镜体状和结核状,见于沉积锰矿床和浅海的泥质、砂质沉积岩中。在风化残余矿床的残积黏土覆盖层内,常呈结核状、块状。

鉴定特征:以其比重较大、三组完全解理和晶形为鉴定特征。萤石和菱镁矿等也具有完全解理,但重晶石解理的特点是(001)∧(210)=90°,(210)∧(2$\bar{1}$0)>90°(=101°40′)。

主要用途:可作为钻井的加重剂、X 射线防护剂,并用于化工、医药等工业上。透明无瑕者可加工成刻面。

2. 天青石 (Celestite) $Sr[SO_4]$

结晶形态:斜方晶系。晶体常呈厚板状或短柱状,但完好晶体少见,多为粒状、纤维状、结核状或钟乳状集合体(见图 1-3-48)。

物理性质:常呈浅蓝白色或天蓝色,故称天青石,有时无色透明;玻璃光泽,解理面呈珍珠光泽;解理{001}完全,{210}中等,{010}不完全;硬度 3~3.5;比重 3.94~4.0;紫外线照射下有时显荧光。

图 1-3-48 天青石晶簇

成因产状:以外生沉积成因为主,常见于白云岩、石灰岩、泥灰岩以及含石膏的黏土中。热液成因的天青石细脉常含硫化物矿物。

鉴定特征:在外表特征上,天青石与重晶石难以区别。但以矿物小片置火焰上烧灼,天青石的焰色呈深红色,而重晶石的焰色则呈黄绿色。

主要用途:提炼锶的主要矿物原料。

三、磷酸盐矿物

磷酸盐矿物是金属阳离子与磷酸根$[PO_4]^{3-}$相化合而成的化合物。已知的磷酸盐矿物有 200 余种,但除极少数矿物(如磷灰石)在自然界广泛分布外,大多数量极少。

磷灰石族:磷灰石 (Apatite) $Ca_5[PO_4]_3(F,Cl,OH)$

结晶形态:六方晶系。呈六方柱状、短柱状、厚板状或板状晶形(见图 1-3-49)。集合体常为致密块状、粒状、结核状等。

图 1-3-49　磷灰石晶体形态

物理性质：纯净者无色或白色，但较少见；一般呈浅绿、黄绿、绿黄、浅蓝和浅紫色等；因含有机质和泥质等杂质而呈黑色、灰色或褐色；玻璃光泽，断口面呈油脂光泽；解理{0001}和{10$\bar{1}$0}不完全，参差状或贝壳状断口；硬度 5；比重 3.18～3.21；具有受热后发出磷光的特性。

成因产状：磷灰石成因较多。内生作用中，磷灰石均作为副矿物散布在各种岩浆岩、伟晶岩和火山岩中；在热液作用和伟晶作用中形成的磷灰石常呈较大的六方柱状晶体；沉积作用中主要形成隐晶质的块状集合体，称磷块岩。此外，在海相沉积中主要形成胶磷石。

鉴定特征：磷灰石以其柱状晶形、光泽和硬度识别。但对于结核状磷灰石和胶磷石则不易识别，可用硝酸滴于其上，再加少许钼酸铵粉末，如粉末由白色变为黄色，则证明有磷存在。

主要用途：用于制造磷肥和其他化工产品的原料。在玻璃工业中用于制造乳白玻璃。

单元三　氧化物和氢氧化物矿物

氧化物和氢氧化物是一系列金属阳离子或非金属阳离子与 O^{2-} 或 $(OH)^-$ 相化合的化合物，其中包括含水的氧化物。自然界中已发现本类矿物的种数有 300 余种，其中氧化物 200 种以上，氢氧化物 80 种以上，仅次于含氧盐大类。

在本大类矿物的物理性质方面，晶形一般较好，氧化物往往呈粒状，氢氧化物多呈板状、细小鳞片状或针状，而它们的集合体为致密块状、土状、细分散胶态等；与氢氧化物相比，氧化物以较高的硬度为突出，一般均在 5.5 以上，如石英、尖晶石、刚玉依次为 7、8、9，达到了仅次于金刚石的各级硬度；氧化物仅少数发育解理，且一般解理为中等至不完全，氢氧化物往往发育一组完全到极完全解理；比重方面，氧化物由于化学组成中所含阳离子种类及其结构的紧密程度不同，其比重变化较大，氢氧化物的比重则较小；由镁、铝、硅等惰性气体型离子组成的氧化物和氢氧化物，通常呈浅色或无色，半透明至透明，以玻璃光泽为主；而由铁、锰、铬等过渡型离子组成的则呈深色或暗色，不透明至微透明，表现出半金属光泽或金属光泽，并且磁性增高。

一、氧化物矿物

（一）刚玉族

1. 刚玉（Corundum）Al_2O_3

结晶形态：三方晶系。一般呈近似腰鼓状、柱状及厚板状晶形，少数呈板状或片状。常依菱面体（$10\bar{1}1$）成聚片双晶，较少依（0001）成双晶，以致在晶面上常出现相交的双晶纹（见图 1-3-50）。集合体成粒状或致密块状。

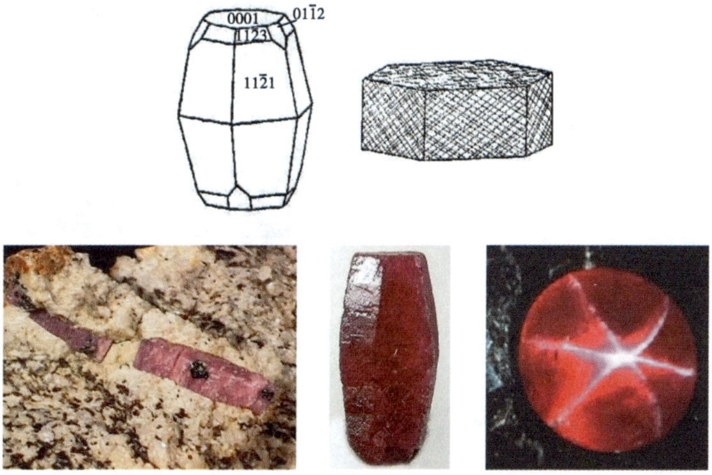

图 1-3-50 刚玉似腰鼓状晶形及晶面条纹和星彩红宝石

物理性质：纯净者为无色透明，因含不同的微量元素呈现红色、蓝色、绿色、黄色、灰色、黑色等多种颜色。刚玉可有如下的命名：白宝石（无色透明者）、红宝石（红色，含 Cr）、蓝宝石（蓝色，含 Fe 和 Ti）、绿宝石（绿色，含 Co、Ni、V）、黄宝石（黄色，含 Ni）、星光红（或蓝）宝石（刚玉的{0001}面上呈六射状星光图案，系金红石等矿物包裹体呈六射状定向排列所致）；玻璃光泽至亚金刚光泽；无解理，因聚片双晶发育可显三组裂理；硬度 9；比重 3.95 ~ 4.10；熔点 2 000 ~ 2 030 ℃；化学性质稳定，不易被腐蚀。

成因产状：刚玉在岩浆作用、变质作用过程中都可形成。经岩浆作用形成的刚玉在富铝贫硅的正长岩、斜长岩和伟晶岩中常见，接触交代作用形成的刚玉常见于岩浆岩与灰岩的接触带，区域变质作用形成的刚玉见于富铝的片岩、片麻岩中。刚玉因性质很稳定，可聚集成砂矿。

鉴定特征：以其特有的晶形、双晶条纹和高硬度作为鉴定特征。

主要用途：利用硬度高作研磨材料和精密仪器的轴承，晶形好、色美无瑕者为高档宝石。

2. 赤铁矿（Hematite）Fe_2O_3

结晶形态：三方晶系。晶体呈片状、板状、菱面体状，完好晶体少见。在{0001}面上常出现由{$10\bar{1}1$}双晶条纹组成的三角形花纹。呈显晶质的板状、鳞片状、粒状及隐晶质的致密块状、鲕状、豆状、肾状、粉末状等集合体形态。片状、鳞片状、具金属光泽者称为镜铁矿（见图1-3-51）；细小鳞片状或贝壳状镜铁矿集合体为云母赤铁矿；红色粉末状的赤铁矿为铁赭石或赭色赤铁矿；表面光滑明亮的红色钟乳状赤铁矿集合体为红色玻璃头。

物理性质：结晶质的赤铁矿呈铁黑色至钢灰色，常带浅蓝的锖色；隐晶质的鲕状或肾状者呈暗红色，块状或粉末状者呈褐黄色。条痕色为樱红色。金属光泽至半金属光泽，或土状光泽。不透明。无解理。硬度5.5～6，土状者显著降低。比重5.0～5.3。性脆。镜铁矿常因含磁铁矿细微包裹体而具有较强的磁性。

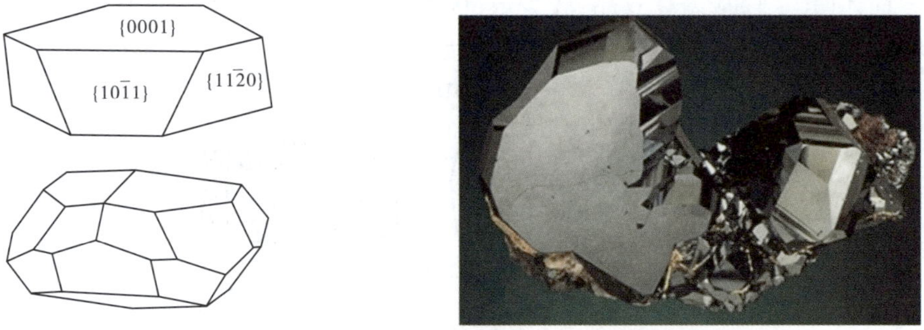

图1-3-51　赤铁矿晶形及镜铁矿

成因产状：赤铁矿是自然界中分布广泛的矿物之一。它可有不同的成因类型，以热液作用、沉积作用和区域变质作用为主。

鉴定特征：以樱红色条痕和特有形态为其鉴定特征。此外，各种形态特征和无磁性可与相似的磁铁矿、钛铁矿相区别。

主要用途：提炼铁的最主要矿物原料之一。

（二）金红石族

1. 金红石（Rutile）TiO_2

结晶形态：四方晶系。晶体常呈针状、纤维状、柱状以及四方柱和四方双锥的聚形；其中，针状、纤维状晶体有时作为包裹体见于透明水晶中；双晶依（011）为结合面成轮式双晶或膝状双晶（见图1-3-52）；集合体呈不规则粒状或有时呈致密块状。

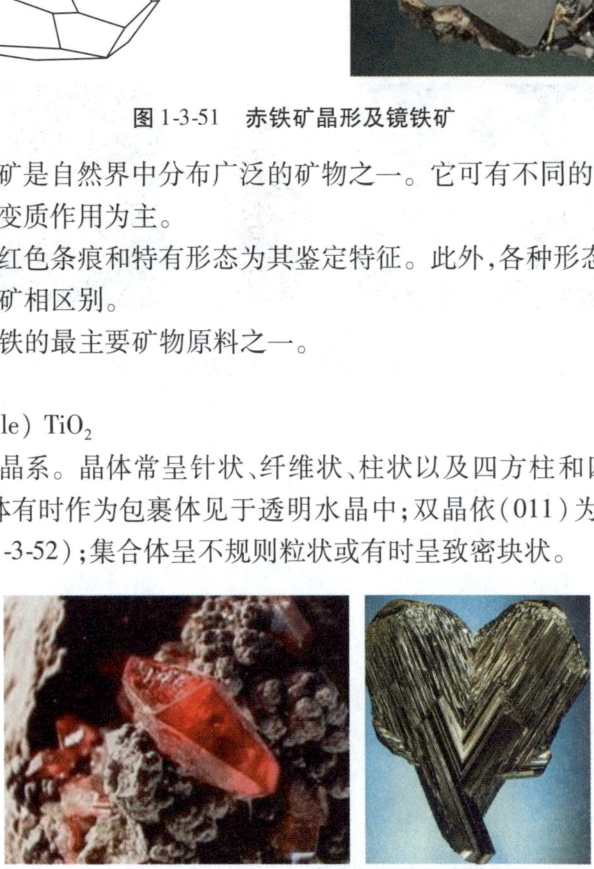

图1-3-52　金红石晶体及其双晶

物理性质：常见暗红、褐红色，黄色、橘黄色者较少见，富铁者黑色；条痕色为浅黄色至浅褐色；金刚光泽至半金属光泽；半透明至不透明；解理平行{110}中等；硬度6～6.5；比重4.2～4.3，富铁或铌、钽的金红石可达5.6以上。

成因产状：金红石在岩浆岩中常作为副矿物出现，偶见于伟晶岩脉中。针状、柱状晶体常见于变质岩系的含金红石石英脉中，粒状见于片麻岩和片岩中。金红石具有很好的化学稳定性，风化后常见于砂矿中。

鉴定特征：以其四方柱形、颜色、膝状或轮式双晶为特征。与相似矿物锡石和锆石的区别是金红石比重小于锡石，而锆石具有较大的硬度。

主要用途：是提炼钛的重要矿物原料。在玻璃和陶瓷工业中作着色剂。

2. *锡石*（Cassiterite）SnO_2

结晶形态：四方晶系。晶体常呈双锥状、双锥柱状，有时呈针状。柱面上有细的纵纹。见以（101）为双晶面的膝状双晶（见图1-3-53）。集合体呈不规则粒状，也有致密块状。

图1-3-53 锡石晶体及其膝状双晶

物理性质：一般为黄棕色至深褐色，纯净者无色，但极少见；当含Fe多时可呈黑色，含Nb、Ta高者而呈沥青黑色；条痕色为淡黄褐色；透明度随颜色的深浅而异，多为半透明至不透明；金刚光泽，断口呈油脂光泽；解理平行{110}不完全，具{111}裂开；贝壳状断口；硬度6～7；比重6.8～7.0；一般无磁性，部分富铁者具电磁性。

成因产状：锡石的形成主要与酸性岩浆岩中的花岗岩关系密切，其中以气化－高温热液成因的锡石石英脉和热液锡石硫化物矿床最有价值。机械沉积作用形成的锡石，常产于沉积砂矿和碎屑岩中，为碎屑岩中的重矿物。

鉴定特征：锡石的晶形、双晶、硬度以及颜色与金红石相似，但其比重远大于金红石。

主要用途：是提炼锡最重要的矿物原料。

（三）石英族

石英族都是以SiO_2为主要成分的矿物，其中的一部分是SiO_2的系列同质多象变体，有α－石英、β－石英、α－鳞石英、β_1－鳞石英、β_2－鳞石英、α－方英石、β－方英石、科石英、斯石英等。另一部分则是SiO_2的隐晶质和含水的非晶质矿物。自然界中，SiO_2的各变体中最常见的是α－石英，其次是β－石英（α表示低温变体，β表示高温变体）。含水的非晶质矿物中胶体矿物蛋白石也较常见。石英应为α－石英、β－石英的总称。通常未加特别说明的“石英”一词，即指α－石英。

1. *α－石英*（α－Quartz）SiO_2

结晶形态：三方晶系。完好单晶体较常见，呈六方柱和菱面体等单形所构成的聚形。柱面上常具横纹。α－石英整个晶体就有左形晶和右形晶之分（见图1-3-54）。α－石英常呈双晶，常见双晶有道芬双晶、日本双晶和巴西双晶。显晶质集合体呈晶簇状、粒状、致密块状，也常见结核状、晶腺状、皮壳状等各种隐晶质集合体。

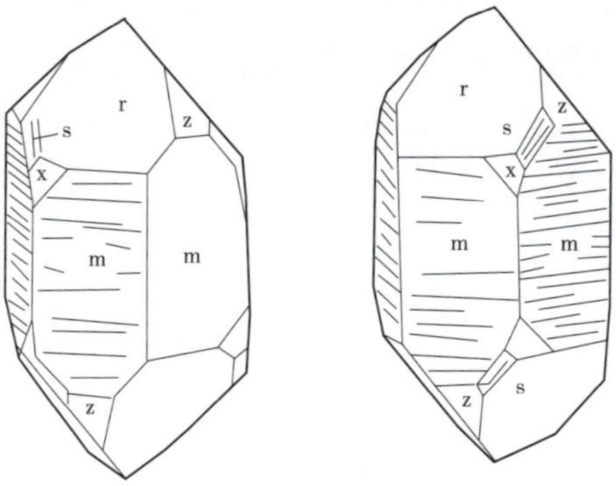

(a)左形　　(b)右形

图 1-3-54　石英的左形和右形

（引自潘兆橹等，1993）

物理性质：纯净者无色透明（称水晶），颜色有乳白色、灰白色等；因含杂质不同或存在色心可形成各种色调的异种；玻璃光泽，断口呈油脂光泽；无解理，贝壳状断口；硬度 7；比重 2.65；具压电性。

石英的显晶质主要异种有：

紫水晶　有蓝紫、浅蓝、浅红、浅紫的蓝紫色调（见图 1-3-55（a））。在加热或阳光暴晒下，紫水晶会发生褪色。

蔷薇水晶（芙蓉石）　一种粉红色至浅玫瑰红色石英（见图 1-3-55（b））。在长期暴露日光下时红色即逐渐变淡。蔷薇水晶常成巨大块体出现于某些花岗伟晶岩的核心部位。

黄水晶　金黄色或柠檬黄色的水晶，是成分中含有微量的 Fe^{2+} 所致。

(a) 紫水晶　　**(b) 芙蓉石**　　**(c) 烟水晶**

图 1-3-55　石英异种

双色水晶　一种紫色和黄色共存一体的水晶，紫色、黄色分别占据晶块的一部分，两种颜色的交接处有着清楚的界线。双色是由于水晶内的双晶所致。

烟水晶　一种烟色至暗褐色至黑色的水晶，也称“茶晶”（见图 1-3-55（c）），黑色者又称墨晶。烟水晶加热后可变成无色水晶。常见于花岗岩的晶洞之中和变质岩系的石英脉中。

绿水晶　一种稀少的绿－黄绿色的水晶，其颜色与 Fe^{2+} 有关，是紫水晶在加热成黄水晶过程中出现的一种中间产物。

发晶　含针状金红石、电气石或辉锑矿等包裹体者。

砂金石 含云母、鳞片状赤铁矿等细小包裹体而呈浅黄或褐黄色者。

乳石英 呈乳白色、半透明者的石英。因含细小分散的气、液包裹体及微细裂隙和孔洞所致。一般呈块状集合体。

此外，石英交代纤维石棉具石棉假象者，可形成致密纤维状块体，磨光后闪闪发光，称为猫眼石；其含氧化铁杂质而呈黄褐色者，则称为虎眼石。

石英的隐晶质异种有：

石髓（玉髓） 有淡黄、灰蓝、乳白等色，显微针状、纤维状石英雏晶的隐晶质集合体，具蜡状光泽。常见为结核状、肾状、钟乳状、葡萄状、皮壳状等。偶有红褐色者称为红玉髓，苹果绿色为绿玉髓，绿色中夹红色斑点者为血玉髓（又名鸡血石、血滴石）。

燧石 一种暗色、坚韧、极致密的结核状物质。产于白垩层中，称为核燧石；颜色较浅的层状沉积物称为层燧石。

玛瑙 具有不同颜色的条带或花纹相间分布的石髓。通常沿岩石的空洞或空隙周围向中心充填，形成同心层状或平行层状的块体。玛瑙按条带等的颜色及形状又可分为条纹玛瑙、苔纹玛瑙等。

碧玉 因含氧化铁可达20%以上，而呈暗红色、红、黄、绿、褐等色，是块状、细粒致密的隐晶质石英。沉积岩或变质岩中均有产出。

成因产状：α-石英在自然界中分布极广。广泛见于三大岩类中，是主要的造岩矿物之一。

鉴定特征：α-石英以其晶形、无解理及贝壳状断口、硬度大为鉴定特征。

主要用途：α-石英的用途广泛。无任何包裹体、双晶或裂缝的水晶可作压电石英，还可用于无线电工业、光学仪器等方面；玛瑙和石髓可作仪表轴承和研磨器材、工艺雕刻品材料；一般的α-石英可作玻璃、耐火材料和建筑材料。

2. 蛋白石（Opal）$SiO_2 \cdot nH_2O$

结晶形态：蛋白石主要是一种非晶质矿物，无一定的外形。隐晶质集合体通常为致密块状、钟乳状、葡萄状、结核状、皮壳状等。

物理性质：颜色不定，通常为蛋白色，无色透明者罕见，因含各种混入物而呈各种色调；一般微透明；具有玻璃光泽和蛋白光泽，在阳光下转动时有变彩；硬度5~6.5；比重1.9~2.8，一般与含水量和吸附物质有关。

蛋白石亦像石英一样，根据颜色、表面的粗糙结构及集合体形态等分为许多异种，主要有：

贵蛋白石 半透明或乳光变彩效应的蛋白石（见图1-3-56(a)）。

火蛋白石 半透明带有红色、橘红或黄色变彩的蛋白石（见图1-3-56(b)）。

木蛋白石 浅黄或黄褐色蛋白石中保存着木质结构的硅化物质（见图1-3-56(c)）。

此外，尚有玻璃蛋白石、水蛋白石、珍珠蛋白石等。

成因产状：蛋白石可以从温泉、浅成热液或地面水的硅质溶液中形成。火山岩气孔中的蛋白石是胶体沉积脱水硬化而成的，并可继续转变为玉髓质SiO_2。在外生条件下，硅酸盐分解而产生的硅酸溶液迁移至海水中被生物吸收，形成放射虫等硅质骨骼，死后沉积成硅藻土层。

鉴定特征：以其蛋白光泽和变彩为鉴定特征，有时类似于石髓，但硬度较低。

(a) 贵蛋白石　　(b) 火蛋白石　　(c) 木蛋白石

图 1-3-56　蛋白石

主要用途：蛋白石可作为装饰品和名贵雕刻品材料，俗称之“欧泊”（Opal 译音）的就是专指能作宝石的蛋白石。硅藻土可以作为研磨材料、陶瓷原料、建筑材料等。

（四）尖晶石族

尖晶石族化合物广泛发育着完全和不完全的类质同象晶体。根据成分中三价阳离子不同，分为尖晶石系列、磁铁矿系列、铬铁矿系列。铁矿系列与磁铁矿系列之间为连续的类质同象，铬铁矿系列与尖晶石系列之间为不连续的类质同象，尖晶石系列与磁铁矿系列之间不发生类质同象。

1. *磁铁矿*（Magnetite）$FeFe_2O_4$

结晶形态：等轴晶系。单晶体常呈八面体，较少呈菱形十二面体。在菱形十二面体{110}面上常现平行长对角线的条纹（见图 1-3-57）。双晶依尖晶石律（111）呈接触双晶。集合体常呈致密块状和分散粒状。

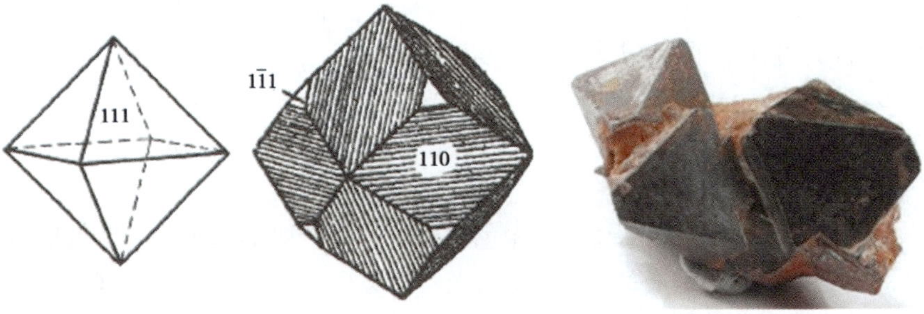

图 1-3-57　磁铁矿晶形

物理性质：颜色为铁黑色；条痕色为黑色；具有半金属光泽至金属光泽；不透明；无解理，有时具{111}裂理；硬度 5.5～6.5；比重 5.18；具强磁性。

成因产状：磁铁矿主要由岩浆作用、高温热液作用、接触交代作用和区域变质作用形成。在岩浆岩中磁铁矿多以副矿物形式存在。在多种类型的伟晶岩中及热液脉中亦有产出。在接触交代作用中也可产出，并往往富集成接触交代型铁矿体，还常常伴随有稍晚的金属硫化物矿化叠加，从而形成有综合利用价值的铁－多金属矿床。沉积－变质作用中形成的磁铁矿往往形成大型的铁矿床；此外，由于磁铁矿性质较稳定，在砂矿中亦为常见。磁铁矿遭氧化可转变成赤铁矿，当赤铁矿仍保留磁铁矿的八面体外形时又称为假象赤铁矿。

鉴定特征：以八面体晶形、黑色条痕和强磁性可与其相似的矿物（赤铁矿）相区别。

主要用途：提炼铁的最重要的矿物原料之一。

2. 铬铁矿（Chromite）（Mg,Fe）Cr_2O_4

通常所谓的铬铁矿，在其成分中或多或少地存在着镁，而纯净的 $FeCr_2O_4$ 在地壳中则很少见到。

结晶形态：等轴晶系。八面体晶形极少见。通常成粒状和块状集合体（见图 1-3-58）。

图 1-3-58 铬铁矿晶形与集合体形态

物理性质：暗棕色至铁黑色；条痕色为棕色、褐色；半金属光泽；不透明；无解理；硬度 5.5～6.5；比重 4.3～4.8；性脆；具弱磁性，含铁量高者磁性增强。

成因产状：是岩浆作用的产物，常产于超基性岩中，与橄榄石、顽火辉石、透辉石、磁铁矿共生。在表生作用下抗风化性较强，因而也常见于砂矿中。

鉴定特征：以暗棕色至铁黑色，条痕色为棕色、褐色，具弱磁性和与橄榄石共生为鉴定特征。据此可以与磁铁矿相区别。

主要用途：是提炼铬的唯一矿石原料。含铁多、含铬少的劣质矿石可作高级耐火材料。

二、氢氧化物

（一）铝土矿（Bauxite）

通常所谓的铝土矿，实际上并不是一个独立的矿物种，而是以三水铝石或一水硬铝石、一水软铝石为主要组分，并混有高岭石、蛋白石、赤铁矿等构成的细分散多矿物集合体。

结晶形态：三水铝石为单斜晶系，晶体通常呈假六方形极细鳞片状；一水软铝石为斜方晶系，晶体呈细小片状；一水硬铝石为斜方晶系，晶体呈沿 *C* 轴延伸而平行{010}的薄板状。三种铝矿物按不同比例混合而组成的铝土矿，多为隐晶质鲕状、豆状或致密块状集合体（见图 1-3-59）。其中，鲕状或豆状的粒径 2～15 mm，豆体常具同心圆状，呈致密块状的外表与石灰岩、碧玉相似。

图 1-3-59 铝土矿集合体形态

物理性质：铝土矿多呈白、灰白、灰色，由于胶结物不同，颜色也常呈灰褐、棕红、黑灰及砖红等色。土状光泽。硬度和比重随矿物组分的变化而变化。其中：三水铝石的硬度 2.5～3.5，比重 2.3～2.43；一水软铝石的硬度 3.5，比重 3.01～3.06；一水硬铝石的硬度 3.5，比重 3.2～3.5。但实际上硬度均低于小刀，由于常为隐晶质，见不到解理，呈平坦状断口。新鲜断面用手摸之有粗糙感，呵气湿润后有强烈的土臭味，若将小块碾成粉末，用水湿润后无可塑性。

成因产状：主要为表生作用产物。从泥盆纪开始到第四纪的各地质时代的沉积岩中都可见到。在热带和亚热带地区，酸性、碱性岩浆岩或基性喷出岩风化后形成以三水铝石为主的铝土矿，产于岩石风化壳中。在海盆地中由化学沉积作用形成的是以一水硬铝石为主的铝土矿。

鉴定特征：以灰色、特殊的集合体形态、土腥臭等为其主要特征。

主要用途：是提炼铝的主要矿石原料。劣质铝土矿，可用于制造耐火材料和高铝水泥原料。

（二）硬锰矿族

硬锰矿（Psilomelane）$BaMn^{2+}Mn_9^{4+}O_{20} \cdot 3H_2O$

广义硬锰矿不是一个矿物种，而是含多种元素锰的氧化物和氢氧化物的细分散多矿物集合体统称。

结晶形态：单斜晶系。单晶体很少见。通常呈葡萄状、钟乳状、树枝状、土状或肾状集合体（见图1-3-60）。土状低硬度者也称锰土。

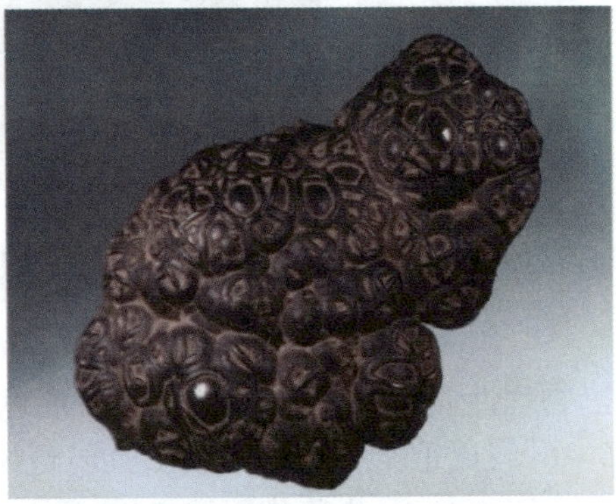

图1-3-60　硬锰矿集合体形态

物理性质：灰黑色至黑色；条痕色为褐黑色至黑色；半金属光泽至暗淡；不透明；硬度4～6；比重4.4～4.7；性脆。

成因产状：典型的外生成因矿物，常见于锰矿床的氧化带，是锰的碳酸盐和硅酸盐风化形成的。可在海相、湖相沉积层中呈团块状或结核状产出。在氧化条件下不稳定，常转变为软锰矿。与褐铁矿相似，堆积于地表者称为“锰帽”。

鉴定特征：以其胶体形态、褐黑色至黑色条痕和硬度较大为初步鉴定，加H_2O_2剧烈起泡。

主要用途：提炼锰的重要矿石原料。

（三）褐铁矿（Limonite）$Fe_2O_3 \cdot nH_2O$

在自然界中，褐铁矿不是单独的一种矿物，是细分散的、胶态的铁的氢氧化物混合体，主要是由数量不等的针铁矿、纤铁矿、水针铁矿、水纤铁矿和更富含水的氢氧化铁胶体以及铝的氢氧化物、泥质物质形成的混合物。

结晶形态：褐铁矿（见图1-3-61）常呈致密块状、肾状、钟乳状、葡萄状、豆状、鲕状、土状、疏松多孔状等。有呈细小针状结晶者，则多为针铁矿；呈细小鳞片状者，多为纤铁矿（又称红云母）。有时褐铁矿由黄铁矿氧化而来，并保存有黄铁矿的立方体假象，称假象褐铁矿。在肾状、钟乳状褐铁矿表面常有一层光亮沥青黑色的薄壳（由褐铁矿脱水的结果）并呈现锖色，通常称为“玻璃头”。

图1-3-61　褐铁矿集合体形态

物理性质：土黄－棕褐色或黑褐色；条痕色为黄褐色；半金属光泽至土状光泽；不透明；无解理；硬度1～4；比重3～4。

成因产状：在风化作用中含铁矿物（如铁的硅酸盐、碳酸盐、硫化物）经氧化或水化后形成褐铁矿。特别是当褐铁矿在金属矿床氧化带露头上分布有一定面积时，称为“铁帽”。由于铁帽的颜色、构造、所含微量元素及次生的伴生矿物和原生矿石的种类有一定内在关系，因此铁帽可作为找原生铜铁硫化物矿床的标志。此外，由地表上的各种含铁矿物形成的氢氧化铁胶体，也可在湖、海沉积中凝聚下来成为褐铁矿。

鉴定特征：以形态和黄褐色条痕为鉴别特征。

主要用途：为炼铁的原料。

单元四　硫化物、卤化物和自然元素矿物

一、硫化物矿物

硫化物及其类似化合物矿物是指金属元素与 S、Se、Te、As、Sb、Bi 等相结合形成的化合物。在自然界中已发现本大类矿物 370 多种，其中以硫化物居多，占该大类矿物总量的 2/3 以上。特别是由元素 Cu、Hg、Zn、Pb、Sb、Bi、Mo、Co、Ni 组成的硫化物矿物往往可以富集成矿，形成具有工业意义的有色金属和稀有分散元素矿床。

在自然界中，硫除可以单质 S 形成自然硫矿物外，主要以不同价态的阴离子形式出现，如 S^{2-}、$[S_2]^{2-}$ 和复杂的络阴离子 $[AsS]^{2-}$、$[SbS_3]^{3-}$。

本大类中向共价键过渡的矿物明显地表现为具金刚光泽、半透明、条痕色为浅色或彩色，是电、热的不良导体，如闪锌矿 ZnS 和辰砂 HgS 等。向金属键过渡的矿物表现为具金属光泽、不透明、条痕黑色、具显著的导电性和导热性，如方铅矿 PbS 和黄铜矿 $CuFeS_2$ 等。无论是向金属键还是向共价键过渡，它们都与具有标准金属键和共价键的矿物所表现出来的性质有一定的差异。总体来说，绝大多数硫化物的硬度低于小刀，只有阴离子 $[S_2]^{2-}$ 的硫化物硬度增高至 5 ~ 6.5，同时缺乏解理或解理不完全，而其他硫化物大多具有明显解理。此外，本大类矿物的熔点低，比重较大，通常在 4 以上。

本大类可按阴离子的类型分为三类：简单硫化物类、对硫化物类、含硫盐类。在此我们重点描述简单硫化物类、对硫化物类。

（一）简单硫化物类

1. 辉铜矿族

辉铜矿（Chalcocite） Cu_2S

结晶形态：斜方晶系。晶体呈柱状或厚板状（见图 1-3-62），极少见。集合体通常呈致密块状或粉末状（黑色粉末，称烟灰状辉铜矿）。

物理性质：新鲜面呈铅灰色，风化后表面呈黑色，常具黑色锖色；条痕色为暗灰色；金属光泽；不透明；解理平行{110}不完全；硬度 2.5 ~ 3；比重 5.5 ~ 5.8；略具延展性，表现为棱角易磨圆，略钝的小刀刻划后，留下光亮刻痕；具导电性。

图 1-3-62　辉铜矿晶体形态

成因产状：辉铜矿产于富铜贫硫的晚期热液矿床中，常与斑铜矿共生。外生作用形成的辉铜矿常见于某

些含铜硫化物矿床的次生富集带，是铜矿床氧化带渗滤下去的硫酸铜溶液与原生硫化物（黄铜矿、斑铜矿、黄铁矿等）进行交代作用的产物。

鉴定特征：以其暗铅灰色、锖色、低硬度和弱延展性（小刀刻划后，划痕光亮）区别于其他含铜硫化物。

主要用途：主要作为提炼铜的重要矿物原料。

2. 闪锌矿族

闪锌矿（Sphalerite） ZnS

结晶形态：等轴晶系。单晶体常呈四面体状，有时呈正四面体{111}和负四面体{1$\bar{1}$1}的聚形（见图 1-3-63），低温条件下有时呈菱形十二面体状。常以（111）为接合面成双晶（见图 1-3-64）。集合体通常呈粒状、块体产出。胶体成因的闪锌矿呈隐晶质的肾状、葡萄状、同心圆状等形态特征。

物理性质：颜色变化较大，当含铁量增多时，颜色由浅变深，由无色到浅黄、棕褐直至黑色（铁闪锌矿），由于混有微量元素，亦有绿、红、黄等色；条痕色由白色至黄色、褐色；光泽由松脂光泽至半金属光泽；透明至半透明；具平行菱形十二面体{110}六组完全解理；硬度 3.5 ~4；比重 3.9 ~4.2，随含铁量的增加，硬度增大而比重降低；不导电。

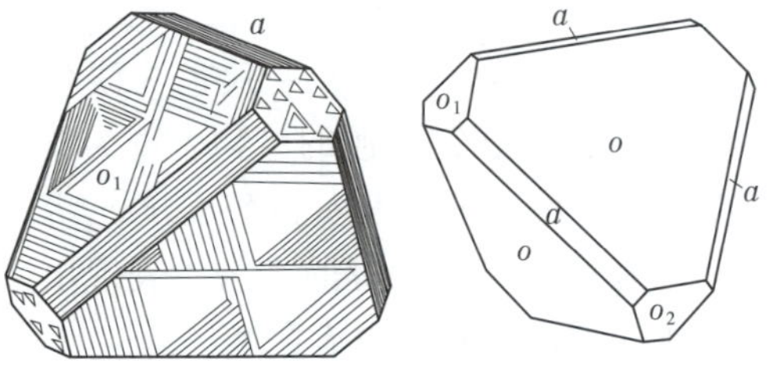

图 1-3-63　闪锌矿的单晶体形态

图 1-3-64　闪锌矿的膝状双晶

成因产状：主要产于接触交代矽卡岩矿床及中、低温热液矿床中。常与方铅矿密切共生。在地表附近，闪锌矿易氧化成可溶于水的 $ZnSO_4$。在表生条件下常形成菱锌矿、异极矿等。在沉积作用中，可以形成大量闪锌矿和方铅矿。

鉴定特征：根据多组完全解理、条痕色比较浅、硬度小和金刚光泽等来识别。

主要用途：是提炼锌的最重要的矿物原料。闪锌矿中含 Cd、In、Ga、Ge 等类质同象混入物，可作为稀有金属矿床综合利用。闪锌矿的单晶可用作紫外半导体激光材料、红外窗口材料，以及显像管涂料等。色泽美丽者可作宝石。

3. 斑铜矿族

斑铜矿（Bornite） Cu_5FeS_4

结晶形态：等轴晶系。单晶体很少见，可呈立方体，或立方体和八面体聚形。集合体通常呈致密块状或不规则粒状（见图 1-3-65）。

物理性质：新鲜面呈暗铜红色，因其表面易氧化，常呈暗紫或蓝色斑状锖色，并因而得名；条痕色为灰黑色；金属光泽；不透明；无解理；硬度 3；比重 4.9 ~5.3；性脆；具导电性。

成因产状：在铜矿床中分布较广泛。在热液型和接触变质的矽卡岩矿床中，常与铜的硫化物等矿物共生。在次生富集带中形成的斑铜矿，成因与辉铜矿相似。斑铜矿不稳定，常被辉铜矿所交代，进一步转化成孔雀石、蓝铜矿、赤铜矿、褐铁矿等。中国云南东川等铜矿床中有大量的斑铜矿。

鉴定特征：以特有的暗铜红色和不新鲜表面的蓝紫斑状的锖色及低硬度为重要鉴定特征。溶于硝酸。

主要用途：为提炼铜的主要矿石矿物之一。

图 1-3-65 斑铜矿晶体形态

4. *方铅矿族*

方铅矿(Galena)PbS

结晶形态：等轴晶系。单晶体常呈立方体晶形，有时以八面体与立方体聚形(见图 1-3-66)出现。集合体形态通常呈粒状、致密块状。

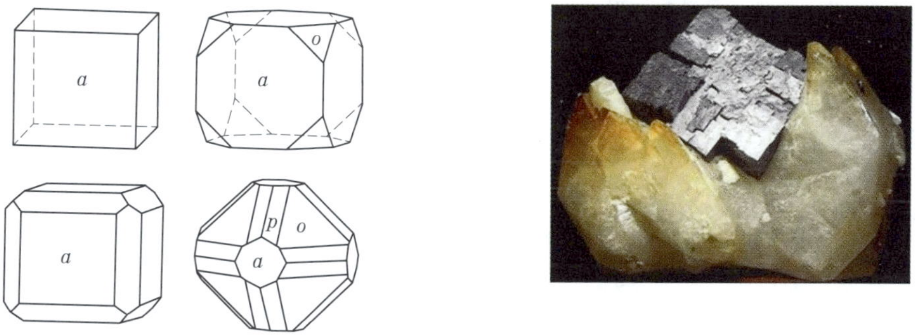

图 1-3-66 方铅矿的单晶体形态

物理性质：铅灰色；条痕色为灰黑色；金属光泽；不透明；解理平行{100}立方体三组完全解理，解理面互相垂直；硬度 2～3；比重 7.4～7.6；具弱导电性和良检波性；细粒集合体表现更为明显的微延展性。

成因产状：方铅矿是自然界分布最广的含铅矿物。主要由热液作用形成，与闪锌矿密切共生，形成铅锌硫化物矿床。其他共生矿物有黄铜矿、黄铁矿、萤石、石英等。我国方铅矿产地主要以云南金顶、广东凡口、甘肃厂坝、青海锡铁山以及湖南水口山等地最为著名。

鉴定特征：以铅灰色、立方体完全解理、解理面上明亮的金属光泽和比重大为鉴定特征。

主要用途：提炼铅的最重要原料。含 Ag 多时可从中提取银，并可综合利用。

5. *辰砂族*

辰砂(Cinnabar) HgS

结晶形态：三方晶系。单晶体常呈菱面体形或呈柱状及板状(见图 1-3-67)，双晶常呈矛头状穿插双晶(见图 1-3-68)。集合体呈不规则粒状，有时为致密块状、粉末状、皮壳状或被膜状等。

物理性质：猩红色，有时表面呈铅灰的锖色；条痕色是猩红色；金刚光泽；半透明；解理平行六方柱$\{10\bar{1}0\}$三组完全；硬度 2～2.5；比重 8.0～8.2；性脆；不导电；化学稳定性强。

成因产状：只产于低温热液矿床，常充填或交代石灰岩、砂岩等。共生矿物有石英、辉锑矿、雄黄、雌黄等。我国是世界上辰砂的主要生产国之一。

鉴定特征：以颜色与条痕色均为猩红色（其条痕色与赤铁矿略暗的红色不同，与雄黄橘黄色条痕更不同）、比重大、硬度低且性脆等为鉴定特征。

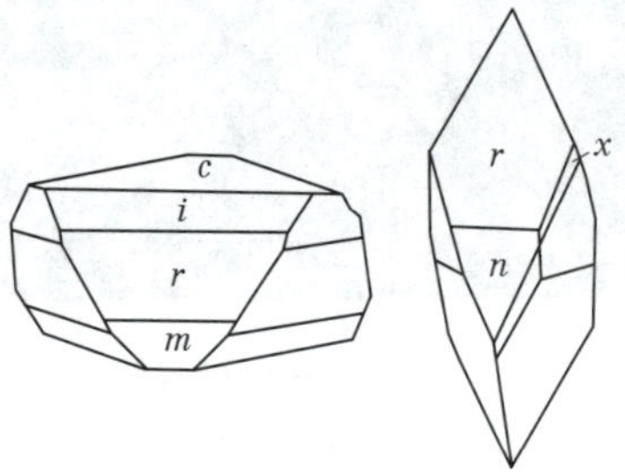

图 1-3-67　辰砂晶体形态

图 1-3-68　辰砂双晶

主要用途：是提炼汞的最重要原料。用作颜料，如油漆、油墨、橡胶等；在医药上用作防腐剂及治疗药物等。

6. 黄铜矿族

黄铜矿（Chalcopyrite）$CuFeS_2$

黄铜矿有三种同质多象变体：550 ℃以上稳定的高温等轴晶系变体；当温度在 550 ~ 213 ℃时为四方晶系变体；当温度低于 213 ℃时为斜方晶系变体。下面重点叙述最常见的四方晶系变体。

结晶形态：四方晶系。单晶体呈四方四面体（见图 1-3-69）、四方双锥等，但很少见。集合体通常呈致密块状或分散粒状。

图 1-3-69　黄铜矿集合体形态

物理性质：颜色为铜黄色，表面常有暗黄、蓝、紫褐色的斑状锖色。条痕色为绿黑色；金属光泽；不透明；解理不发育；硬度 3 ~ 4；比重 4.1 ~ 4.3；性脆；具导电性。

成因产状：黄铜矿成因类型较多。在岩浆作用中，黄铜矿与磁黄铁矿、镍黄铁矿共生于基性或超基性岩中。在热液和矽卡岩作用中，黄铜矿与方铅矿、闪锌矿、磁黄铁矿、辉钼矿、黄铁矿等多种硫化物以及石英、萤石、方解石等共生。黄铜矿在地表易于风化，其风化产物主要有褐铁矿、孔雀石、蓝铜矿。其中褐铁矿铁帽可作为找矿标志。

鉴定特征：黄铜矿与黄铁矿相似，以其较黄的铜黄色和较低的硬度相区别。与自然金以其绿黑色条痕而无延展性相区别。

主要用途：在自然界的分布非常广泛，是提炼铜的主要矿物原料。

7. 磁黄铁矿族

磁黄铁矿(Pyrrhotite) $Fe_{1-x}S$

结晶形态:六方晶系。单晶体呈板状(见图1-3-70),少数为锥状、桶状、柱状。集合体通常呈致密块状、粒状呈浸染状产出。

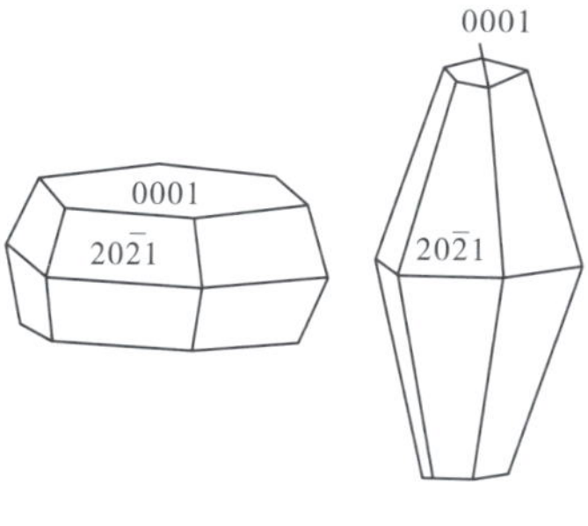

(a)

(b)

图1-3-70　磁黄铁矿的单晶体及厚板状晶体

物理性质:暗青铜黄色(很类似旧铜器表面的颜色),常为褐色或黄棕色的锖色。条痕色为亮灰黑色;金属光泽;不透明;解理平行{1010}不完全,平行底面{0001}裂开发育;硬度4~4.5;比重4.55~4.87;具弱磁性至强磁性,多数标本的细屑能被永久磁铁吸起;具导电性。

成因产状:分布于各种内生矿床中。在基性或超基性岩中,磁黄铁矿往往与黄铜矿和镍黄铁矿共生,有时可形成重要的铜镍矿床。在接触变质矿床和热液矿床中常形成磁黄铁矿矿体,并与许多黄铜矿、黄铁矿、磁铁矿、闪锌矿、毒砂等硫化物共生。我国甘肃金川、吉林盘石等铜镍硫化物矿床中均富产磁黄铁矿。

鉴定特征:以暗青铜黄色、硬度小、弱磁性为鉴定特征。

主要用途:主要用于提取硫,制作硫酸等。

8. 雌黄族

雌黄 (Orpiment) As_2S_3

结晶形态:单斜晶系。单晶呈板状或短柱状,晶面常弯曲,有平行柱面的纵纹,但晶体少见。集合体常呈片状、梳状、放射状,或为具放射状结构的肾状、球状、皮壳状或粉末状(见图1-3-71)。

图1-3-71　雌黄集合体形态

物理性质：柠檬黄色（含杂质者微带绿）。条痕色为鲜黄色；金刚光泽；半透明；解理平行{010}极完全，解理面呈强的珍珠光泽；硬度 1.5～2；比重 3.4～3.5；薄片具挠性。

成因产状：主要产于低温热液作用，与雄黄经常共生，在氧化条件下比雄黄稳定，遇日光不分解。在火山凝华物中，雌黄与自然硫、氯化物等在一起产出。外生成因的雌黄在煤矿及褐铁矿矿床中见微量，呈皮壳状或土状。

鉴定特征：以呈柠檬黄色、鲜黄色条痕、一组完全解理低硬度为鉴别特征。与自然硫相似，但自然硫条痕色为黄白色，无解理，比重小，由此可区分。

主要用途：是制造砷化物的原料；可用作中药材。

9. 雄黄族

雄黄（Realgar）As_4S_4**或** AsS

结晶形态：单斜晶系。单晶体有时为柱状或针状，柱面上有细的纵纹（见图 1-3-72）。集合体一般呈致密块状、粒状，有时呈土状块体、粉末状、皮壳状产出。

图 1-3-72　雄黄单晶体

物理性质：橘红色；条痕色为淡橘红色；晶面为金刚光泽，断口常呈松脂光泽；半透明；解理平行{010}完全，但因性质颇脆弱，经常见到断口而少见解理面；硬度 1.5～2；比重 3.58；不导电；受日光照射易转变为淡橘色粉末。

成因产状：产于低温热液或火山热液矿床，与雌黄、方解石等共生。外生成因较少。

鉴定特征：以颜色橘红色、浅橘红色条痕、硬度低等为其主要特征。与辰砂的区别为颜色、条痕色及比重等。

主要用途：是一种中药材，亦可作为提取砷及砷化物的主要原料。

10. 辉锑矿族

辉锑矿（Stibnite）Sb_2S_3

结晶形态：斜方晶系。单晶体呈柱状、针状，柱面有纵纹（见图 1-3-73），较大的晶体常弯曲。集合体通常呈柱状、针状、束状、放射状和柱状晶簇（见图 1-3-74），或致密粒状、块状。

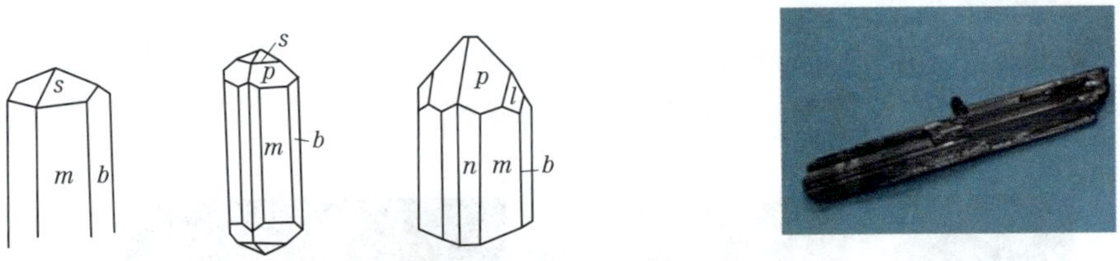

图 1-3-73　辉锑矿单晶体及其柱面纵纹

图 1-3-74　辉锑矿晶簇（刺猬状）

物理性质：铅灰色或钢灰色，表面常有暗蓝色的锖色；条痕色为灰黑色；金属光泽；不透明；解理平行{010}完全，解理面上常有横纹（聚片双晶纹）；硬度2～2.5；比重4.51～4.66。

成因产状：主要产于低温热液矿床，与辰砂、石英、萤石、重晶石、方解石、铁白云石等共生，有时与雄黄、雌黄、自然金共生，常呈充填或交代脉。此外，辉锑矿有时可产于中温热液矿床中（产量少）。亦可出现于温泉的沉积物和火山的升华物之中。我国湖南锡矿山为世界著名的辉锑矿产地。

鉴定特征：以铅灰色、柱状晶形以及柱面上有横纹为鉴定特征。

主要用途：是提炼锑的主要矿物原料。

11. *辉钼矿族*

辉钼矿（Molybdenite）MoS_2

结晶形态：六方晶系。单晶体（见图1-3-75）呈六方板状、片状，较少为琵琶桶形的短柱状。集合体通常以片状或鳞片状产出，有时呈细小颗粒状集合体。

图1-3-75 辉钼矿

物理性质：铅灰色；条痕色为亮铅灰色，用瓷板将条痕研细后，呈黄绿色调，在白搪瓷上划的条痕黄绿色更明显；金属光泽；不透明；解理平行{0001}极完全；硬度1～1.5；比重5.0；薄片具挠性，手摸之有明显滑感，污手；导电性很弱（低于石墨）。

成因产状：是分布最广的钼矿物，主要形成于高、中温热液矿床。在含钨、锡的石英脉中，辉钼矿常呈较大的晶片，与锡石、黑钨矿、绿柱石、石英等共生。在斑岩钼矿中，辉钼矿呈星散状或细网脉状分布在小侵入体（所谓斑岩）的外缘，与黄铜矿等共生。在矽卡岩中也有辉钼矿产出。在地表受到氧化后，辉钼矿常变为黄色粉末状钼华。

鉴定特征：以铅灰色、金属光泽、低硬度、片状晶形、一组极完全解理等为鉴定特征。可根据辉钼矿研细的条痕呈黄绿色、金属光泽比石墨强，比重也较大，与石墨相区别。

主要用途：是提炼钼和铼的最重要矿物原料。

（二）对硫化物类

1. *黄铁矿－白铁矿族*

FeS_2有两种同质多象变体。等轴晶系变体为黄铁矿；斜方晶系变体为白铁矿。自然界中白铁矿不常见，主要介绍黄铁矿。

黄铁矿（Pyrite）FeS_2

结晶形态：等轴晶系。单晶体常见，常见晶形主要呈立方体和五角十二面体，八面体或其聚形（见图1-3-76）。立方体晶面上常见晶面条纹，且相邻晶面上条纹互相垂直。集合体常呈致密块状、粒状、结核状、浸染状、球状等。

物理性质：浅铜黄色，表面有时呈褐色锖色；条痕色为绿黑色或褐色；金属光泽；不透明；解理平行{100}和{111}极不完全；硬度6～6.5；比重5；性脆；具弱导电性。

成因产状：黄铁矿是分布最广的硫化物，形成于各种不同的地质条件下。在各类岩浆岩中，常可见到星点分布的黄铁矿。在外生条件下，黄铁矿形成于较还原的沉积环境中，以结

(a)　(b)

图 1-3-76　黄铁矿晶形及岩石中黄铁矿

核、透镜体或薄层状出现。黄铁矿亦可广泛分布于各类变质岩中。在地表易于氧化分解，形成保留黄铁矿晶形的褐铁矿。

鉴定特征：根据其特有的晶形、晶面条纹、颜色和很高的硬度识别。

主要用途：制造硫酸的主要原料。黄铁矿晶体可入中药。黄铁矿可将硫引进硒宝石红玻璃中，主要应用于琥珀玻璃着色，以及做树脂结合磨具等。

2. 毒砂族

毒砂（Arsenopyrite）Fe[AsS]

结晶形态：单斜晶系。单晶形多为沿 *C* 轴延长的柱状，柱面具平行 *C* 轴条纹；有时依(101)形成接触双晶（见图 1-3-77）；依(012)形成穿插双晶或三连晶。集合体呈粒状或致密块状。

图 1-3-77　毒砂（表面具有锖色）

物理性质：锡白至钢灰色，浅黄锖色；条痕色为灰黑色，有时带有很弱的紫色或褐色色调；金属光泽；不透明；解理平行{101}中等－不完全，{010}不完全；硬度 5.5～6；比重 5.9～6.29；灼烧后具磁性；具导电性。

成因产状：毒砂在金属矿床中分布很广泛，主要见于高、中温热液矿床和某些接触交代矿床中。高温热液条件下形成的毒砂，通常与锡石、黑钨矿、黄铁矿共生，有时与电气石、云母、黄玉、绿柱石等共生。在中温热液矿床中，毒砂与其他硫砷化物共生。在接触交代矿床中，毒砂常与磁黄铁矿、磁铁矿及黄铜矿等共生。

鉴定特征：锡白色、高硬度为其主要特征。当具浅黄锖色时，似黄铁矿，应注意观察新鲜断口上的颜色。锤击有蒜臭味。

主要用途：是提取砷及制造砷化物的原料。

二、卤化物大类

卤素化合物为金属阳离子与卤族元素（氟、氯、溴、碘）阴离子相互化合形成的化合物。本大类矿物种数约为 120 种，总重量约占地壳的 0.5%。其中主要是氟化物和氯化物，而溴化物和碘化物则极为少见。

卤素化合物矿物所表现出的物理性质，一般为透明度高、颜色浅、玻璃光泽、硬度不大、比重小、解理发育、性脆、导电性差等特点。其中氯化物、溴化物和碘化物均易溶于水。与其他卤素化合物相比较，氟化物的硬度高。萤石和石盐是地壳上最常见的卤化物矿物。

(一)氟化物类

萤石族：萤石(Fluorite) CaF_2

结晶形态：等轴晶系。单晶体常呈立方体{100}，立方体与菱形十二面体{110}的聚形等(见图1-3-78)。在立方体晶面上有时会出现镶嵌式花纹。常见两个立方体相贯穿形成穿插双晶(见图1-3-79)。集合体呈晶粒状、块状、球粒状，偶尔见土状块体。高温形成的萤石多为八面体。

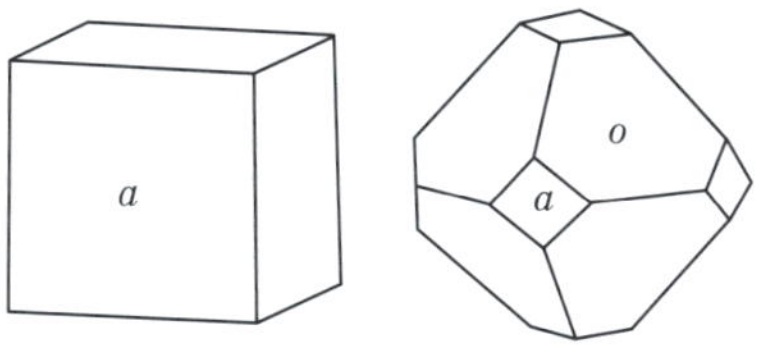

图1-3-78　萤石单晶体

图1-3-79　萤石的穿插双晶

物理性质：颜色多样，纯净的萤石为无色，除红色和黑色少见外，有浅绿至深绿、蓝、绿蓝、紫、棕、黄、粉、灰、褐、玫瑰红、深红等色；白色条痕(黑紫色萤石其条痕色为淡紫色)；玻璃光泽；解理平行八面体{111}完全；硬度4；比重3.18；熔点1 270～1 350 ℃；具荧光性，稀土含量高者具热发光性。

成因产状：萤石主要形成于热液过程中，有时形成巨大的聚集并作为独立矿床出现。有时也大量出现于铅锌硫化物矿床中。沉积成因的萤石呈层状，与石膏、硬石膏、方解石等共生。我国是世界萤石产量最大的国家，主要产地有浙江、湖南、福建等。

鉴定特征：根据晶形、硬度、八面体解理完全(四组解理)及各种颜色等特征易于识别。

主要用途：无色透明的晶体为光学材料。在冶金工业上作助熔剂。致密隐晶质萤石可作装饰品或雕刻石料。

(二)氯化物类

石盐族：石盐(Halite) NaCl

结晶形态：等轴晶系。单晶体呈立方体形，在{100}面常有漏斗状阶梯凹陷，特称漏斗状晶体。我国西北湖盐中的有些石盐，盐粒如珠，颗粒直径达3～4 cm，呈珠状集合体，特称珍珠盐。集合体常成块状、球状、豆状或疏松状盐华(见图1-3-80)。

物理性质：纯净的石盐为无色透明或白色，但少见；机械混入物则使石盐出现各种颜色：灰色(泥质细点)、黄色(氢氧化铁)、红色(氧化铁)和黑色或褐色(有机质)；新鲜面呈玻璃光泽，受潮后表面呈油脂光泽；硬度2；解理平行{100}完全，次贝壳状断口；比重2.1～2.2；易溶于水，味咸；焰色浓黄；具低导热性和顺磁性。

成因产状：石盐是典型的化学沉积成因的矿物。在干热气候条件下常沉积于各个地质年代的盐湖和海滨浅水潟湖中，与钾盐、石膏等共生；沙漠地带盐泽中的石盐则为粉末状或

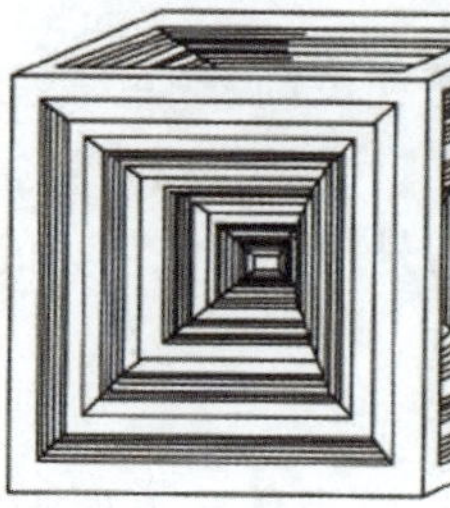
(a)

(b)

图 1-3-80　石盐漏斗状晶形及石盐的集合体形态

土状皮壳。此外，少量的石盐是火山喷发作用的产物，与其他氯化物一起出现于火山口附近。

鉴定特征：以立方体完全解理、易溶于水、带咸味为鉴定特征。

主要用途：石盐是重要的食品调料和防腐剂。它又是提取金属钠、氯气，制造苏打、盐酸、碱等的重要原料。

三、自然元素

自然元素矿物是地壳中的某种元素以单质形式出现的矿物。目前，已知自然元素矿物有近百种，占地壳总重量不足 0.1%。该族某些元素易形成同质多象变体。例如，碳有 4 种同质多象变体，硫有 3 种同质多象变体。此外，一些金属元素间还可形成金属互化物，如铜金矿、金银矿等。

本大类矿物在地壳中分布极不均匀，其含量也远少于其他各大类。但有些矿物相对富集，甚至可以形成具有开采价值的矿床，例如自然铜、自然金、自然硫、石墨和金刚石等。

按元素类别可将自然元素大类划分为自然金属元素矿物、自然半金属元素矿物和自然非金属元素矿物三类。其中前两类矿物具有较大的实际意义。

（一）自然金属元素类

1. 自然金（Gold） Au

结晶形态：等轴晶系。单晶呈八面体（少见）。一般多呈不规则粒状（粒度大小不一），还可见到团块状、薄片状、鳞片状、网状、树枝状、纤维状、海绵状集合体（见图 1-3-81）。

物理性质：颜色和条痕均为金黄色（随着含银量的增加，颜色变浅，金银矿为淡黄至奶黄色；含铜时，颜色变深，呈深黄色）；强金属光泽、不透明；无解理，断口呈锯齿状；硬度 2.5～3；比重 15.6～18.3，纯金为 19.3；富延展性；具良好的导电、导热性能；化学性质稳定，不溶于酸和碱，只溶于王水；火烧后不变色。

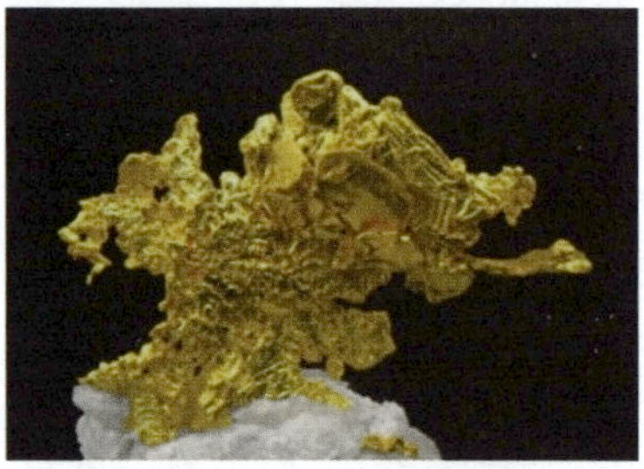

图 1-3-81　自然金（树枝状）

成因产状：自然金主要产出于高、中温热液成因的含金石英脉中，共生矿物有石英、黄铁矿及其他硫化物。由于金的比重大，化学性质极稳定，常常聚集在砂矿中。砂金是金的重要来源。

鉴定特征：以其颜色金黄、条痕色为金黄色、强金属光泽、比重大、低硬度、富延展性为鉴定特征。

主要用途:金主要用于珠宝首饰、流通货币和工业技术等。

2. 自然铜(Copper)Cu

结晶形态:等轴晶系。单晶体呈立方体,很少见。集合体形态常呈不规则的树枝状、片状、扭曲的铜丝状、纤维状或致密块状等(见图1-3-82)。

物理性质:铜红色,表面因氧化常带黑色锖色;条痕色为铜红色;不透明;金属光泽;无解理,断口呈锯齿状;硬度2.5~3;比重8.92;熔点1 083 ℃;具有强延展性;电、热的良导体。

成因产状:自然铜的分布远不如铜的硫化物广泛。内生作用中,自然铜的形成主要与火山作用有关,常充填于玄武岩气孔中,与沸石、方解石等共生。

图1-3-82 自然铜

外生作用的自然铜,常形成于不完全氧化或还原环境中。铜的硫化物在风化作用中可形成自然铜。

在沉积作用中,含铜溶液遇有机质受还原作用亦可形成自然铜,这种自然铜常交代有机质(如古树干)等而产于碳质页岩或砂岩中。自然铜在氧化条件下不稳定,经常可转变为赤铜矿、孔雀石等矿物,经常与孔雀石、蓝铜矿相伴生。这些次生矿物是寻找各原生矿床的重要找矿标志。

鉴定特征:根据其新鲜面的颜色、条痕色、光泽及延展性识别。

主要用途:大量聚集时,可炼铜。

(二)自然非金属元素类

1. 碳族

碳族包括物理性质截然不同的碳的四种同质多象变体:金刚石、石墨、六方金刚石和赵击石。这里只介绍常见的金刚石和石墨。

1)金刚石(Diamond) C

结晶形态:等轴晶系。单晶体呈八面体,菱形十二面体及它们的聚形(见图1-3-83)。由于熔蚀使晶面、晶棱弯曲,晶形常呈浑圆状,且晶面上常有蚀像(见图1-3-84)。不同单形的晶面上蚀像不同,如八面体晶面上呈倒三角形凹坑,立方体晶面上呈四边形凹坑,若四边形凹坑重叠发育则呈网格状花纹。双晶依(111)最普遍,可形成接触双晶、星状穿插双晶及轮式双晶、环状双晶等。

物理性质:纯者无色透明,常因微量杂质的混入而呈蓝、黄、灰、紫、褐、黑等各色;金刚光泽,断口呈油脂光泽;平行八面体{111}解理中等;硬度10;比重3.52;抗磨性强;具发光性,日光下暴晒后,夜间(或置于暗室)则发淡青蓝色的磷光,故有“夜明珠”之称;在紫外线照射下发绿色、天蓝或紫色磷光(有反域性),但也有不发光的;导热性好,热膨胀系数小;具有良好的半导体性能;金刚石表面具特殊的亲油性。

成因产状:金刚石仅形成于高温高压的条件下,为岩浆作用的产物。目前仅见产于超基性岩的金伯利岩、钾镁煌斑岩及高级变质的榴辉岩中。在外生作用下,含金刚石的岩石遭受风化后,可以聚集成重要的金刚石砂矿床。我国金刚石的产地主要有山东、辽宁和湖南。

鉴定特征:根据其极高的硬度、光泽、紫外线照射下发磷光等可以识别。

主要用途:金刚石既是高档宝石,又是重要的矿物材料。无色纯净或浅彩色、晶体完好、透明者可作宝石。金刚石在工业上主要是利用其高硬度和高强度性能,如钻探和切削的刃具材料等。

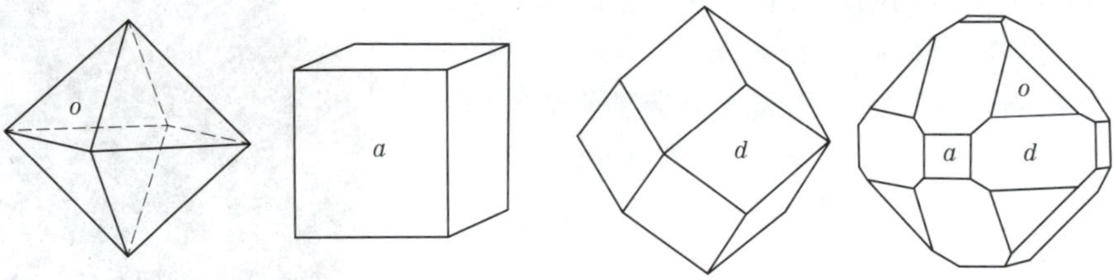

图 1-3-83　金刚石晶形

图 1-3-84　金刚石的蚀像

2)石墨(Grapltite)C

结晶形态:六方晶系。单晶形完整的很少见。集合体常呈片状、鳞片状或致密块状(见图 1-3-85)。

物理性质:钢灰色至铁黑色;条痕色为亮灰黑色;金属光泽;不透明;解理平行{0001}极完全;硬度 1;比重 2.21 ~ 2.26;性软,薄片具挠性,手摸之有滑感,并污手;化学性质稳定;电、热的良导体。

图 1-3-85　石墨

成因产状:自然界中的石墨常形成于高温、还原条件下。分布最广的是沉积变质成因的石墨,它是由富含有机质或碳质页岩经接触变质或区域变质作用形成的。我国石墨储量和产量均居世界首位,很多省区都有产出,如黑龙江萝北县云山、山东南墅等。

鉴定特征:以其颜色铁黑色、条痕亮黑色、一组极完全解理、硬度小、污手为鉴定特征。与辉钼矿相似,但辉钼矿具更强的金属光泽,比重稍大。在涂釉瓷板上,辉钼矿的条痕色黑中带绿色,而石墨的条痕色不带绿色。

主要用途:是工业用石墨的重要来源。石墨除用作电极、坩埚与铅笔芯外,在原子反应堆中还用作减速剂和作为人工合成金刚石的原料等。

2. 硫族

自然界中 S 有三种同质多象变体,即斜方晶系的 α - 硫、单斜晶系的 β - 硫及 γ - 硫。在自然界中稳定的是 α - 硫。

自然硫 (Sulfur) S

结晶形态：斜方晶系。单晶体呈双锥状或厚板状(见图 1-3-86)。集合体通常呈致密块状或粉末状。

图 1-3-86 自然硫

物理性质：颜色为各种带有不同色调的黄色；条痕色为淡黄色；半透明；晶面呈金刚光泽，而断口呈强油脂光泽；无解理，贝壳状断口；硬度 1 ~ 2；比重 2.07；性脆；易熔、易燃，熔点 119 ℃；电、热的不良导体。

成因产状：自然硫成因多样，由火山喷发的硫蒸气直接凝华而成；由硫矿床氧化带下部金属硫化物分解而形成；在潟湖或较封闭的沉积环境中，因细菌参与的生物化学作用可以还原水中的硫酸根，常形成很厚的自然硫矿层，它们与石膏层、石灰岩成互层，有很大的工业价值。我国自然硫的主要产地是台湾北部的大屯火山区。

鉴定特征：通过其颜色、光泽、硬度低、易熔以及特殊的硫黄气味易于识别。易燃，燃烧时呈蓝焰并冒刺鼻的烟。由于性脆和导热性差，用热手握之，常因局部热胀而发出轻微的开裂声。

主要用途：是化学工业的基本原料，主要用来制造硫酸。此外，还用于造纸、纺织、橡胶、农用化肥等。

项目小结

1. 硅酸盐矿物结构的基本构造单元是硅酸根离子$[SiO_4]^{4-}$。它在结构中可以孤立地存在，也可以通过其四面体角顶上共用氧离子的方式相互连接，从而形成多种复杂的络阴离子。

2. 根据$[SiO_4]^{4-}$在晶体结构中的连接方式，可以分为岛状络阴离子、环状络阴离子、链状络阴离子、层状络阴离子、架状络阴离子等 5 种基本的络阴离子类型。

3. 橄榄石是地幔岩的主要组成矿物之一，也是基性、超基性岩中的主要造岩矿物。

4. 石榴子石在自然界分布广泛，主要由区域变质作用和接触交代变质作用形成，可在某些变质岩中大量出现。

5. 绿柱石、电气石柱面上常有纵纹，但电气石晶体的横断面呈球面三角形。石英柱面上发育有横纹。

6. 辉石矿物常呈柱状晶体形态，其横截面呈假正方形或八边形，解理夹角为 87°。

7. 角闪石常呈长柱状或针状形态，晶体横截面常呈六边形，解理夹角为 124°或 56°。

8. 蒙脱石吸水后体积急剧膨胀，并分散成糊状。受热脱水后产生体积收缩。这种膨胀性和体积收缩对建筑地基会产生极大的危害。

9. 黑云母、白云母是分布很广的造岩矿物之一，在三大岩类中均有产出。

10. 碱性长石系列中的正长石、透长石和微斜长石统称钾长石；斜长石系列中的钠长石、奥长石、中长石、拉长石、培长石、钙长石统称为斜长石。

11. 霞石是富钠质碱性岩中的典型矿物，不与石英共生。

12. 铝土矿、硬锰矿、褐铁矿并不是一个独立的矿物种。它们都是含多种元素的铝、锰、铁的氧化物和氢氧化物的细分散多矿物集合体统称。

13. 硫化物中黄铁矿是地壳中分布最广的矿物，在地表易于氧化分解，形成保留黄铁矿晶形的褐铁矿。方铅矿是自然界分布最广的含铅矿物。

14. 萤石和石盐是地壳上最主要的卤化物矿物。石盐是典型的化学沉积成因的矿物，主要形成于干热气候条件下的内陆盆地盐湖和滨海浅水潟湖中。

15. 金刚石形成于高温高压条件下，是岩浆作用的产物；石墨在高温、还原条件下形成，但分布最广的是沉积变质成因的石墨，系由富含有机质或碳质的沉积岩经受区域变质作用而形成。

16. 自然金往往为热液成因，而自然铜除热液成因外，更常见于硫化物矿床氧化带中。

17. 自然元素中的金刚石、自然金数量不多，但经济意义很大，在地质找矿工作中是不容忽视的。

技能训练

1. 如何区分金红石、锡石和锆石？

2. 普通辉石和普通角闪石之间在形态特征、解理交角及产状上有何异同？

3. 碱性长石包括哪几个矿物种？斜长石是如何分类的？肉眼如何区分碱性长石与斜长石？

4. 何谓黏土矿物？它们有哪些特殊性质？

5. 蒙脱石、石膏、硬石膏最显著的特点是什么？它们在工业用途和工程地质上有何意义？

6. 从晶形、解理、光泽、颜色等特征，如何区分石英、电气石、绿柱石与萤石？

7. 什么是冰洲石、冰长石、透长石？如何区别它们？

8. 何谓细分散多矿物集合体？铝土矿、褐铁矿的矿物成分如何？为什么说铝土矿、褐铁矿不是矿物种的名称？

9. 燧石、碧玉、玛瑙、水晶、石髓（玉髓）、蛋白石和石英都有什么关系？

10. 哪些硫化物硬度大于5.5？哪些硫化物硬度小于2.5？

11. 金刚石和石墨的成分都是C，它们的形态、物理性质有什么区别？

12. 如何区分黄铁矿、黄铜矿及自然金？

项目四 岩浆岩总论

学习目标

本项目主要介绍岩浆、岩浆作用及岩浆岩的概念与基本特征，以及岩浆岩的结构、构造、野外特征等，要求掌握一些基本概念、鉴定特征及命名原则。

【项目导入】

火山喷发我们都曾在视频中看到过，很壮观。但有谁了解火山的喷发物是怎么形成的？又如何喷发的？火山喷发停止后，那些喷发出来的物质又变成了什么？在本项目里，我们来学习这一系列的知识，认识岩浆、岩浆岩及它所具有的性质和产出特征。

单元一 岩浆与岩浆岩

一、岩浆

（一）岩浆的概念

岩浆是在上地幔和地壳深处形成的，以硅酸盐为主要成分的黏度较大、含有挥发分气体和悬浮状晶体的高温熔融体。岩浆在其演变的不同阶段，可含有多少不等的岩石碎块及矿物晶体。

（二）岩浆的基本特征

1. 岩浆的成分

岩浆的主要成分以硅酸盐物质和挥发分为主，只有极少数是碳酸盐岩浆和氧化物岩浆或硫化物岩浆，后两者又称矿浆。硅酸盐熔浆中含有大量的 O、Si、Al、Ca、Na、K、Fe、Mg、Mn、Ti、P 等多种元素，这些元素通常以氧化物形式存在。挥发分在岩浆中含量不超过 6%，主要是水蒸气、CO_2、CO、SO_2、HCl、H_2S、N_2、HF 等。

2. 岩浆的温度

岩浆的温度一般为 700 ~ 1 200 ℃，其确定方法通常有以下几种：

（1）用遥测装置直接测量岩浆的温度。其温度范围为 900 ~ 1 200 ℃，其中 SiO_2 含量较高，岩浆温度较低，反之岩浆温度较高。

（2）用肉眼观察熔岩或熔岩流的颜色。根据测定，岩浆的温度一般为 900 ~ 1 200 ℃，最高可达 1 300 ℃。

在晴朗的天气和良好透视的情况下，熔岩流的颜色和温度具有相应的关系（见表 1-4-1）。若透视不好，则估计值偏低。

（3）地质温度计估算。通过研究某些造岩矿物的形成温度和相变温度，间接推测岩浆结晶时的温度。但此方法适用范围有限，并非所有的岩浆都可利用此方法估算其温度。

表 1-4-1　熔岩流的颜色和相应温度的关系

熔岩流的颜色	岩浆温度（℃）	熔岩流的颜色	岩浆温度（℃）
白色	≥1 150	亮的鲜红（樱桃红）	700
金黄色	1 090	暗红色	550～625
橙色	900	隐约可见的红色	475

3. 岩浆的黏度

黏度是岩浆的重要性质之一，它是岩浆流动性的倒数，能够表示岩浆流动的状态和程度，黏度愈大，岩浆的流动性愈差。影响岩浆黏度的因素有多种，其中 SiO_2 的含量对黏度影响最大，SiO_2 的含量增高，岩浆黏度会明显增大。而溶解在岩浆中的挥发分含量愈高，岩浆的黏度则愈小。另外，岩浆的温度和压力亦会影响其黏度，温度高，黏度相应变小；反之黏度增大。岩浆承受的压力大，其黏度也相应增大；反之黏度减小。

4. 岩浆的类型

岩浆的主要成分是硅酸盐，通常根据岩浆中 SiO_2 的含量可将岩浆划分为四种基本类型：

（1）超基性岩浆（SiO_2 含量 <45%）。

（2）基性岩浆（SiO_2 含量 45%～53%）。

（3）中性岩浆（SiO_2 含量 53%～66%）。

（4）酸性岩浆（SiO_2 含量 >66%）。

二、岩浆岩作用与岩浆岩

地壳深处的岩浆，由于其本身具有的基本特征及受到地质应力的作用，沿构造脆弱地带上升，侵入到地壳上部或喷出地表，由于上升运移过程中物化条件的不断改变，最后冷凝结晶成为岩石，这一复杂的变化过程被称为岩浆作用。根据岩浆是侵入地壳之中还是喷出地表，可将岩浆作用分为侵入作用和喷出作用两类。

由岩浆凝固形成的岩石称为岩浆岩，岩浆岩通常分为侵入岩和喷出岩两种类型。侵入在地壳之中、地表以下不同深度部位的岩浆经缓慢冷却而形成的岩石，即由侵入作用形成的岩石称为侵入岩。岩浆喷出或者溢流到地表而冷凝形成的岩石，即由喷出作用形成的岩石称为喷出岩。喷出岩可分为熔岩和火山碎屑岩两类，有些学者所称喷出岩仅指熔岩（本书各论中采用此观点），火山碎屑岩是介于熔岩和沉积岩之间的过渡类型的岩石，亦有人将其划入沉积岩作为单独一类进行研究（本书沉积岩各论中采用此观点），由于熔岩和火山碎屑岩均与岩浆作用有关联，故而又称为火成岩。

【小贴士】

岩浆的温度分布是不均一的，同一熔岩流的不同部位温度不同，通常近熔岩流表层下部温度最低，向内部温度逐渐升高，而熔岩流表面温度却急剧升高。

使用地质温度计估算岩浆温度的前提就是熔岩含有的两斑晶矿物相是唯一的，并且这两相在岩浆中含量极少。

单元二 岩浆岩的物质成分

岩浆岩的物质成分主要是指其化学成分与矿物成分，其物质成分是岩浆岩分类的主要依据，也是岩浆岩的重要特征之一。

一、岩浆岩的化学成分

地壳中所有的元素几乎不同程度地存在于岩浆岩中，其中含量较高的元素主要有 O、Si、Al、Fe、Ca、Na、K、Mg、Ti、Mn、H、P 等 12 种，含量总和占岩浆岩总量的 99.38%。不同类型的岩浆岩中其化学成分变化范围较大(见表 1-4-2)。

表 1-4-2 中国岩浆岩类的平均化学成分(黎彤、饶纪龙,1962)

质量分数(%)						元素	质量分数(%)				
氧化物	中国岩浆岩类的平均化学成分						中国岩浆岩类的平均化学成分				
	超基性岩	基性岩	中性岩	酸性岩	碱性岩		超基性岩	基性岩	中性岩	酸性岩	碱性岩
SiO_2	43.67	48.25	58.05	70.40	64.30	O	44.31	44.57	46.69	48.47	46.86
TiO_2	0.90	2.08	0.79	0.31	0.52	Si	20.53	22.68	27.28	33.09	30.22
Al_2O_3	4.53	14.90	17.41	14.48	16.21	Al	2.40	7.90	9.23	7.67	8.59
Fe_2O_3	4.22	4.17	3.23	1.38	2.44	Fe	9.06	8.90	5.07	2.36	3.73
FeO	7.77	7.61	3.57	1.77	2.57	Ca	6.33	5.95	4.15	1.39	1.23
MnO	0.25	0.21	0.15	0.08	0.16	Na	0.67	2.44	2.64	2.79	3.70
MgO	25.34	6.93	3.24	0.94	0.63	K	0.34	1.44	1.98	3.18	4.63
CaO	8.79	8.27	5.77	1.93	1.71	Mg	15.20	4.16	1.94	0.56	0.38
Na_2O	0.90	3.30	3.57	3.77	5.00	H	0.31	0.16	0.09	0.07	0.04
K_2O	0.41	1.72	2.36	3.79	5.51	Ti	0.54	1.25	0.47	0.19	0.31
H_2O	2.84	1.47	0.85	0.65	0.32	C	0.07	0.14	0.15	0.09	0.14
P_2O_5	0.11	0.56	0.44	0.18	0.12	Mn	0.19	0.16	0.12	0.06	0.12
CO_2	0.27	0.53	0.57	0.32	0.51	P	0.05	0.25	0.19	0.08	0.05
总计	100	100	100	100	100	总计	100	100	100	100	100

二、岩浆岩的矿物成分

岩浆岩除极少数由玻璃质组成外，大部分岩浆岩由矿物组成。组成岩浆岩的矿物常见的有 20 多种，按不同的分类标准可将它们划分如下类型。

(一)按矿物的化学成分分类

硅铝矿物(又称浅色矿物或淡色矿物)　指 SiO_2 和 Al_2O_3 含量较高,不含铁镁的硅酸盐矿物,如长石、石英、似长石类矿物等。

铁镁矿物(又称暗色矿物或深色矿物)　指 FeO、MgO 含量较高,SiO_2 含量较低的硅酸盐矿物,如橄榄石、角闪石、辉石和黑云母等。

(二)按矿物在岩石中的含量及其在岩石分类中的作用分类

主要矿物　指在岩石中含量较多,在确定岩石大类名称上起主要作用的矿物,一般含量大于10%,如花岗岩类中的主要矿物石英和钾长石大量出现,否则不能定名为花岗岩。

次要矿物　指在岩石中含量较少,对划分岩石大类不起作用,但对确定岩石种属起重要作用的矿物,一般含量小于10%。如闪长岩中不含或含石英(含量约2%);当石英含量大于5%时,则叫石英闪长岩。

副矿物　指在岩石中含量很少,通常不参与岩石命名的矿物,但对岩石成因或成矿方面等具有特殊意义时,可选择性地用作岩石名称的前缀,一般含量不超过1%,个别情况可达5%,如磁铁矿、钛铁矿、榍石、磷灰石等。

(三)按矿物形成的阶段及成因分类

原生矿物　指在岩浆冷却过程中由岩浆直接结晶形成的矿物,或未经岩浆结晶而早期晶出一直呈固态存在的矿物,如花岗岩中的石英、长石。

他生矿物　指由岩浆同化围岩和捕虏体而形成的矿物,在正常的岩浆岩中一般不会出现,如花岗岩体边缘出现的红柱石、石榴子石等。

次生矿物　指已经结晶的矿物,受到表生作用形成的新矿物,如钾长石风化成高岭土等。

成岩矿物　指在矿物结晶后,由于外界物化条件的改变使原生矿物发生转变而形成的新矿物,如高温 β-石英转变为低温 α-石英。

岩浆期后矿物　指岩浆基本固结之后,受残余挥发分和岩浆期后溶液的作用而生成的矿物,如伟晶岩中的电气石、黄玉等。

三、岩浆岩的矿物成分与化学成分的关系

岩浆岩的化学成分对矿物的形成及矿物的共生组合有很大的影响,特别是 SiO_2、K_2O + Na_2O、Al_2O_3 的含量对矿物组合的形成影响重大。

(一)SiO_2 的饱和程度与矿物组成的关系

在岩浆岩中,SiO_2 的含量决定了岩石中的矿物组合。通常石英是 SiO_2 过饱和的指示矿物,一般根据 SiO_2 的饱和程度将岩浆岩矿物分为三种类型(见表1-4-3)。

表1-4-3　SiO_2 的饱和程度与矿物组合的关系

SiO_2 的饱和程度	矿物组成
不饱和	出现 SiO_2 不饱和矿物(镁橄榄石、霞石、白榴石等)
适当饱和	仅出现 SiO_2 饱和矿物(长石、辉石、角闪石、黑云母等),不含石英,也不含不饱和矿物
过饱和	含石英,SiO_2 饱和矿物与石英共生

（二）K_2O+Na_2O 含量与矿物组成的关系

岩浆岩中 K_2O+Na_2O 含量过饱和时，可形成霓石、霓辉石等过碱性矿物。对于岩浆岩的碱性划分通常用里特曼指数（σ）表示，$\sigma<3.3$ 为钙碱性，$\sigma=3.3\sim9$ 为碱性，$\sigma>9$ 为过碱性。

（三）Al_2O_3 含量对矿物成分的影响

Al_2O_3 含量对矿物成分的影响与 SiO_2 的影响类似。当岩浆中 $Al_2O_3>K_2O+Na_2O+CaO$ 时形成过铝质岩石，含有黄玉、电气石、刚玉等过铝质矿物；当 $K_2O+Na_2O<Al_2O_3<K_2O+Na_2O+CaO$ 时形成偏铝质岩石，出现铝硅酸盐矿物，如黑云母、角闪石；当 $Al_2O_3=K_2O+Na_2O$ 时形成亚铝质岩石，主要含铝矿物是长石和似长石；当 $Al_2O_3<K_2O+Na_2O$，$Al_2O_3<K_2O$ 时形成过碱质岩石，会出现碱性铁镁质矿物，如霓辉石、霓石等。

四、岩浆岩的矿物结晶顺序

研究岩浆岩的矿物结晶顺序时，鲍温反应系列（简称反应系列）反映了岩浆岩生成的一般规律。岩浆在结晶作用过程中，由于物理化学条件的改变，先析出的矿物与岩浆发生反应，使矿物成分发生变化，产生新的矿物。随着温度降低，反应继续进行，便有规律地产生一系列的矿物。鲍温（N. L. Bowens）认为反应进行程度的差异，是岩浆分异作用的结果。反应系列（见图 1-4-1）可分为两支进行：

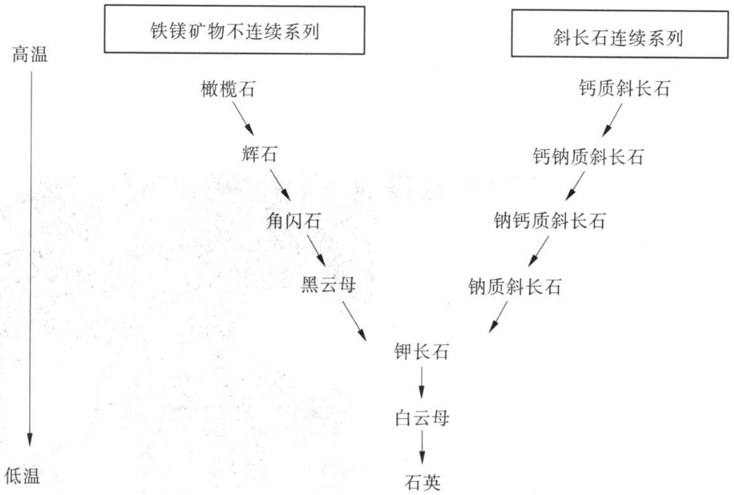

图 1-4-1 鲍温反应系列

（1）连续系列（浅色的斜长石）。矿物的结晶格架不发生大的改变，在成分上有连续渐变关系，主要是指高温的富钙斜长石到低温的富钠斜长石。

（2）不连续系列（深色的铁镁矿物）。相邻矿物之间结晶格架发生显著变化。从高温到低温由橄榄石、斜方辉石、单斜辉石、角闪石和黑云母组成。

两系列在岩浆冷却过程中，同时会析出一种斜长石和一种铁镁矿物，两者互相独立进行，位于同一水平的矿物可以构成共结关系，晚期合并形成单一不连续系列，石英为最后产物。

【小贴士】

在全晶质的岩浆岩中，暗色矿物占全岩的体积百分比称为色率。色率是帮助鉴定岩浆岩的重要特征之一。一般超铁镁质岩的色率值大于90，铁镁质岩为90~40，中性岩为40~15，酸性岩小于15。

里特曼指数是岩浆岩中用 $K_2O + Na_2O$ 含量与 SiO_2 含量的相对关系，对岩石碱度进行划分的一种方法依据，$\sigma = (K_2O + Na_2O)^2/(SiO_2 - 43)$。

1972年，海德曼对鲍温反应系列做了修正，增补了钠钾长石系列。读者可查阅资料学习经海德曼修正后的鲍温反应系列。

单元三　岩浆岩的结构与构造

岩浆岩的结构与构造是岩浆岩的重要鉴定特征之一，能够为探索研究岩石成因提供依据，同时也是岩石分类命名的主要依据。

一、岩浆岩的结构

岩浆岩的结构是指组成岩浆岩的矿物（少数岩浆岩含有玻璃质）的结晶程度、颗粒大小、自形程度，以及矿物之间的相互关系等。根据不同的划分标准，岩浆岩的结构可分为多种类型。

（一）按矿物结晶程度划分

根据岩石中结晶质与非晶质部分的比例不同，岩浆岩的结构可以分为三种类型。

全晶质结构　岩石全部由结晶矿物组成。岩浆在温度缓慢下降的条件下可形成这种岩石结构，多见于侵入岩，如花岗岩（见图1-4-2（a））、橄榄岩（见图1-4-2（b））。

(a) 花岗岩，手标本　　(b) 橄榄岩，正交偏光

图1-4-2　全晶质结构

半晶质结构　岩石由结晶矿物和非晶质火山玻璃两部分组成，多见于喷出岩及部分浅成、超浅成侵入岩，如安山岩（见图1-4-3）。

玻璃质结构　岩石全部由玻璃质组成，如黑曜岩（见图1-4-4）。

（二）按矿物颗粒大小划分

（1）按矿物颗粒的绝对大小划分，如表1-4-4所示。

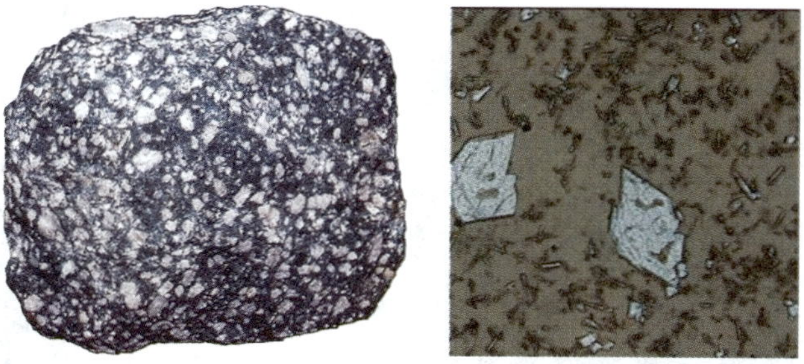

(a) 安山岩，手标本　　(b) 单偏光

图 1-4-3　半晶质结构

图 1-4-4　玻璃质结构，手标本

表 1-4-4　矿物颗粒的绝对大小与岩浆岩结构类型

肉眼分辨性	岩浆岩结构类型	矿物颗粒大小
肉眼可分辨（显晶质结构）	巨（伟）晶结构	>10 mm
	粗粒结构	>5 mm
	中粒结构	5～2 mm
	细粒结构	2～0.2 mm
	微粒结构	<0.2 mm
肉眼无法分辨（隐晶质结构）	显微晶质结构	显微镜下能够明显看出矿物颗粒
	显微隐晶质结构	颗粒细小，显微镜下也不能分辨而只有偏光反应

（2）按矿物颗粒的相对大小划分，如表 1-4-5 所示。

表 1-4-5　矿物颗粒的相对大小与岩浆岩结构类型

岩浆岩结构类型		矿物颗粒的相对大小
等粒结构（见图 1-4-5）		岩石中主要矿物的颗粒大小大致相等（见图 1-4-5）
不等粒结构	连续不等粒结构	岩石中同种矿物颗粒大小不等，粒径依次减小，连续变化
	斑状结构（见图 1-4-6(a)）	岩石中矿物颗粒分为大小截然不同的两类，大颗粒散布于小颗粒或玻璃质中，大颗粒称为斑晶，小颗粒或玻璃质称为基质，基质为微晶、隐晶质或玻璃质
	似斑状结构（见图 1-4-6(b)）	岩石中矿物颗粒分为大小不同的两类，但颗粒大小相差不显著，基质为显晶质，且斑晶与基质成分一致

(a) 手标本　　(b) 正交偏光

图 1-4-5　等粒结构

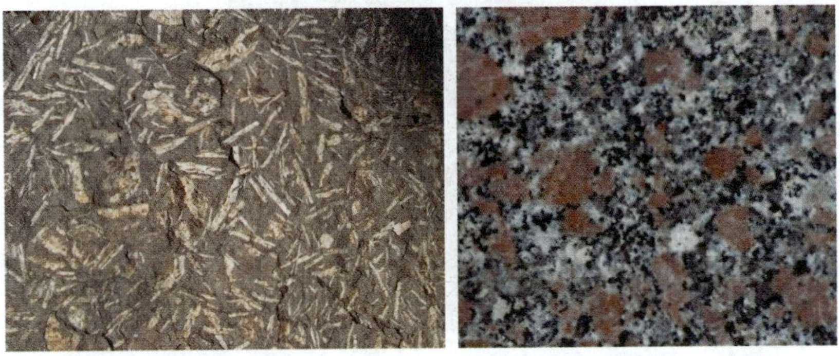

(a) 斑状结构，手标本　　(b) 似斑状结构，手标本

图 1-4-6　斑状结构与似斑状结构

(三)按矿物自形程度划分

根据岩石中矿物颗粒晶体形态发育的完善程度，可以将岩石的结构划分为三类：

自形结构　岩石中的矿物颗粒晶面发育完整，这种结构需要有足够的空间和时间条件，一般在岩石中比较少见(见图 1-4-7(a))。

他形结构　岩石中的矿物颗粒无一完整的晶面，外形不规则，说明岩石中矿物颗粒几乎同时结晶形成(见图 1-4-7(b))。

半自形结构　岩石中的矿物颗粒部分晶面发育完整，其他晶面发育不完整，呈不规则形态。这种结构的形成条件介于自形结构与他形结构的形成条件之间，发育空间和时间条件不够充分，一般多见于深成岩(见图 1-4-7(c))。

(a) 自形结构，正交偏光　　(b) 他形结构，正交偏光　　(c) 半自形结构，正交偏光

图 1-4-7　自形、他形与半自形结构

(四)按矿物之间的相互关系划分

根据岩石中矿物颗粒之间的相互关系,岩石结构可划分为多种类型。其中肉眼下常见的结构有文象结构、条纹结构、响岩结构等,其他结构类型在手标本上是观察不到的,需在显微镜下观察。常见结构类型如下:

文象结构　指岩石中石英和钾长石(通常为微斜长石或微纹长石)呈有规则共生,两种矿物互结成楔形连晶,似楔形文字(见图 1-4-8(a))。常见于花岗岩及伟晶岩的边缘带,大者肉眼可见。

条纹结构　指钠长石(或其他酸性斜长石)在钾长石(正长石或微斜长石)晶体中,沿钾长石一定结晶方向,呈水滴状、纺锤状、树枝状、碎云状分布的一种连晶结构。具有这种结构的钾长石,称条纹长石。

响岩结构　指岩石基质中含有大量具短矩形(近正方形)和六边形断面形状的霞石(见图 1-4-8(b)),常见于霞石响岩和霞石岩的基质中。

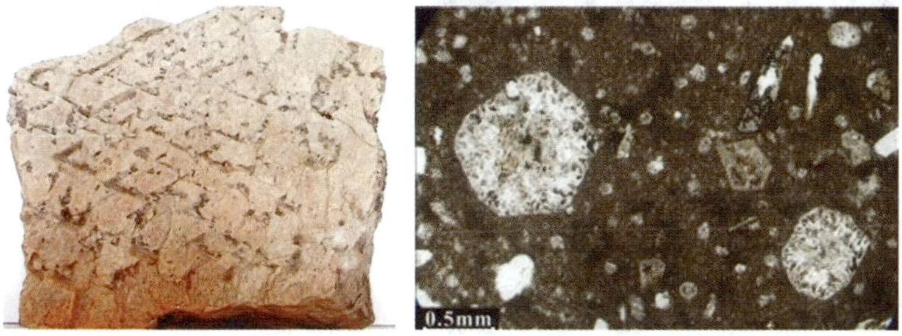

(a) 文象结构，手标本　　(b) 响岩结构，正交偏光

图 1-4-8　文象结构与响岩结构

辉长结构　是辉长岩具有的典型结构,岩石中的基性斜长石和辉石自形程度相近,均呈半自形－他形粒状(见图 1-4-9(a))。

辉绿结构　是浅成基性侵入岩(辉绿岩)中的典型结构。板条状自形晶斜长石之间形成近三角形空隙,他形辉石颗粒充填于其中,或部分包裹了斜长石边缘(见图 1-4-9(b))。

(a) 辉长结构，正交偏光　　(b) 辉绿结构，正交偏光

图 1-4-9　辉长结构与辉绿结构

粗面结构　是粗面岩常具有的典型结构,长条状的长石斑晶和微晶呈近平行的流状分布。显微镜下观察可见基质中的碱性长石微晶大致呈定向或半定向的排列。

二、岩浆岩的构造

岩浆岩的构造是岩石中各种矿物或矿物集合体之间的堆积、排列、充填的方式。常分为侵入岩构造和喷出岩构造两类，常见的构造类型有以下几种。

（一）侵入岩构造

块状构造　岩石的颜色、矿物组成及其粒径大小分布均一，且无定向性，又称均一构造。侵入岩常见块状构造，如闪长岩（见图1-4-10（a））。

斑杂构造　岩石的颜色、矿物组成及其粒径大小分布不均一，常呈无明显界线的斑块状（见图1-4-10（b））。这种构造形成的原因有多种，如岩浆的同化混染作用、岩浆混合作用等。

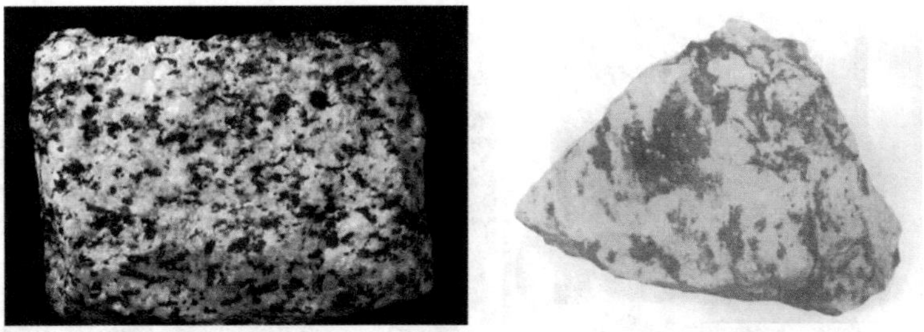

(a) 块状构造，手标本　　(b) 斑杂构造，手标本

图1-4-10　块状构造、斑杂构造

条带状构造　全晶质的岩石因所含矿物颜色、成分或粒度不同而呈平行条带交替出现。主要发育在基性、超基性岩石中，是岩浆房中固结岩石的典型构造，常呈现浅色矿物与暗色矿物条带相间排列。

流线和流面构造　流线构造是岩石中的柱状矿物和长形包体呈定向排列。流面构造是岩石中的片状矿物和扁平包体呈定向排列。流线和流面构造都是岩浆上侵流动过程中形成的流动构造，有助于判断岩浆体上侵的方向。

（二）喷出岩构造

气孔构造和杏仁构造　气孔构造是岩石中分布有各种大小和数量不同的、由气体从熔岩中逸出所形成的孔洞和空腔（见图1-4-11（a））。气孔的形状和孔壁的粗糙程度与岩浆的黏度有关，黏度越小，形成的气孔孔壁越光滑，黏度大的岩浆形成的岩石气孔易被拉长形成细缝。杏仁构造是岩石中的气孔形成后被一些外来化学物质充填所形成的构造，充填物多为硅质和碳酸盐矿物集合体，形如杏仁（见图1-4-11（b））。

流纹构造　指岩石中不同颜色、不同成分的结晶矿物颗粒、隐晶质或玻璃质或拉长的气孔等呈定向排列（见图1-4-12）。流纹表示当时熔岩流动的方向，是流纹岩具有的典型构造。

枕状构造　指水底喷发的基性熔岩或从陆地流入海中的基性熔岩遇水淬冷所形成的一种特殊构造。冷凝形成的熔岩形似枕状（称为枕体）（见图1-4-13（a）），相互堆叠。枕体多呈枕状椭球体，也有球状、柱状者，一般底面较平，顶面上凸呈枕状，其大小不一，直径通常从几厘米到几米，以1～2 m较多。

绳状构造　指熔岩流的表面外壳受其下面流动着的熔岩流影响形成表面呈绳状卷曲的

(a) 气孔构造，手标本　(b) 杏仁构造，手标本

图 1-4-11　气孔构造、杏仁构造

(a) 流纹构造，手标本　(b) 流纹构造，露头

图 1-4-12　流纹构造

构造，它代表了熔岩的顶面（见图 1-4-13(b)）。

(a) 枕状构造，玄武岩，露头　(b) 绳状构造，露头

图 1-4-13　枕状构造、绳状构造

柱状节理构造　熔岩在均匀缓慢的冷缩条件下形成的规则多边形长柱体称为柱状节理（见图 1-4-14）。柱状节理是由于熔岩冷却收缩裂隙分割开所形成的，柱体断面以六边形为主，长者 3～4 m，短者仅数十厘米，多见于玄武岩中。

【小贴士】

（1）全晶质结构观察提示：岩石具有颗粒感，有凹凸性；岩石上一个解理面的平面就是一个矿物颗粒；结晶矿物颗粒颜色不同于周围，且具有封闭外形。

（2）半晶质结构并非结晶质与非晶质组成部分各占 1/2，只要具有这两个组成部分的岩浆岩均可称为半晶质结构。

（3）玻璃质结构在岩石手标本上颜色不均一，且颜色种类多样化，但质地均匀，常具有

(a) 柱状节理，露头

(b) 柱状节理，露头

图 1-4-14　柱状节理构造

贝壳状断口，呈玻璃光泽和油脂光泽，性脆，偏光镜下显均质性。肉眼下不易观察与隐晶质结构岩石的区别是隐晶质结构无玻璃光泽，且断口常为瓷状。

(4)斑状结构与似斑状结构的主要区别：①基质结晶程度不同；②斑状结构的斑晶和基质世代不同，但似斑状结构的斑晶和基质世代相同。观察时，似斑状结构表现为斑晶和基质的矿物成分和结构状态相接近或一致，且颗粒大小相差不悬殊。

(5)在岩浆岩手标本的肉眼观察中，有时矿物的自形程度和矿物之间相互关系的结构是难以确认的，需要在显微镜镜下观察确认。

(6)需注意的是，在矿物鉴定中，有一种集合体形态描述称为块状集合体。在岩石鉴定时，有一种构造描述称为块状构造。两者是不同的。

(7)杏仁与岩石斑晶的区分：①形状上，杏仁为圆－椭圆形，斑晶因是矿物单晶而边界平直；②杏仁因是矿物集合体而不见解理反光面，但斑晶具有。

(8)假流纹构造特征与流纹构造相似，但岩石中呈定向排列的是压扁拉长的塑变玻屑和塑变岩屑(见 191 页详述)。

单元四　岩浆岩的产状与相

一、岩浆岩的产状

岩浆岩的产状是指岩浆岩体的形态、大小及其与围岩的接触关系，以及其形成时所处的深度和构造环境、岩浆上升和活动方式等，如图 1-4-15 所示。岩浆岩的产状多种多样，是研究岩体形成地质条件、成因等的重要依据，主要可分为侵入岩产状和喷出岩产状两大类。

(一)侵入岩产状

根据侵入体与围岩的接触关系，可将侵入岩产状分为整合侵入体和不整合侵入体两类。

1. 整合侵入体

整合侵入体的接触面与围岩的层理、片理基本平行，岩体与周围的产状是整合的，说明岩浆是沿围岩层理或片理贯入形成的。根据形态、大小及产状的不同，可将整合侵入体分为以下几种类型：

岩盆　岩浆岩体侵入地层间、形似盆状，由于重力的作用，中央微向下凹陷，下部有岩浆通道。岩盆规模大小不一，巨大岩盆多为基性、超基性岩体，面积可达几万平方千米。美国明尼苏达州的德鲁斯岩盆，出露面积达 40 000 km^2，是世界最大的岩盆。

岩盖 侵入体中央较厚,边部较薄,平面上近似圆形,呈上凸下平穹窿状,称为岩盖(见图1-4-15)。岩盖规模一般不大,直径多为3~6 km,厚度不超过1 km,多见于中酸性岩中。

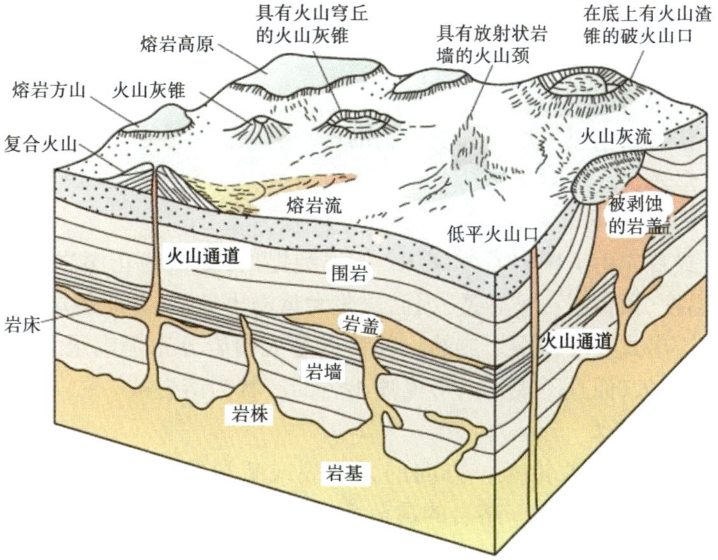

图1-4-15 岩浆岩的产状

岩床 又称岩席(见图1-4-15),侵入体一般厚薄比较均匀而近似水平产状,与围岩的接触面比较平坦。岩床厚度相差较大,大的岩床厚度可达几千米,而小的厚度只有几十厘米,常见于基性-超基性岩中。

岩鞍 又称岩脊,产在向斜槽部或背斜顶部的整合侵入体,常与强烈的褶皱作用同时形成,其剖面的形状似马鞍状或半月形,常成组出现,规模一般不大。

2. 不整合侵入体

不整合侵入体的接触面与围岩的层理、片理近垂直或斜交。

岩墙与岩脉 一般侵入体形态比较规则而又有近似直立的板状侵入体(见图1-4-16)。若岩墙窄而长且形态又不很规则,常称为岩脉。岩墙的长宽比一般相差很大,长度一般为宽度的几十倍至几百倍,世界有名的津巴布韦大岩墙(脉),长达500多km。岩墙除单独出现外,也有成群产出的,形成岩墙群。岩墙也可沿一个或几个中心呈放射状、环形、弧形或近似同心圆状产出。

图1-4-16 岩墙,露头

岩株 又称岩干,平面上近似圆形、椭圆或不规则的等轴状,与围岩接触面较陡,面积小于100 km^2,有些岩株深部与岩基连成一体,成为岩基的一部分。岩株边部伸出的枝状侵入体插入围岩中,称为岩枝。如形态不规则呈瘤状的,则称为岩瘤。

岩基　是一种规模巨大的侵入体，面积大于 100 km^2，最大可达数万平方千米。平面上常为椭圆形，剖面上常呈漏斗状的巨大侵入体，其长轴方向可达数十千米以至上千千米，宽向可达 100 km 以上。岩基的形成与构造作用关系密切，岩基内常有崩落的围岩岩块形成的捕虏体。

(二)喷出岩产状

喷出岩的产状与火山喷发形式和喷出物的性质有关。

1. 火山喷发形式

1)熔透式(面式)喷发

这种喷发形式首先由美国岩石学家 R. A. 戴利提出，他认为花岗岩浆大规模侵入上升时，由于较高的温度，顶盘岩石被熔透，因而岩浆大量溢出地表，如北美黄石公园大面积流纹质岩石就是顶陷溢出式喷发作用形成的。其特点是火山岩分布范围很大，火山岩和侵入岩过渡相连，喷出通道大，而且不规则。形成喷出岩的产状为熔岩被。

2)裂隙式(线式)喷发

裂隙式(线式)喷发岩浆沿某一方向的大断裂或断裂带上升喷出至地表(见图 1-4-17(a))，沿地面泛流，喷发规模大。熔岩的覆盖面积可达几万平方千米至数十万平方千米，火山口常呈带状或串珠状分布，向下则连成岩墙状通道。裂隙式(线式)喷发形成喷出岩的产状主要是岩浆沿裂隙溢出，向四周广泛流动而形成面积广大的熔岩被和因火山的多次喷发形成厚达几百米至 1 ~ 2 km 的熔岩高原。

(a) 裂隙式喷发

(b) 中心式喷发

(c) 火山锥、火山口

(d) 火山口湖

图 1-4-17　喷出岩产状

3)中心式(点式)喷发

中心式(点式)喷发是岩浆沿颈状通道喷发的一种形式(见图 1-4-17(b))，常伴有强烈的爆发，喷出物有大量的火山碎屑岩和大量的气体。中心式喷发形成喷出岩的产状主要是火山锥、火山口、熔岩流、岩钟和岩针等。

2. 喷出岩常见的产状

由于岩浆上升地表的方式不同,形成的产状也不同。

1)火山口

火山口是火山锥顶部火山物质出口的地方,常有一个盆状的凹陷(见图1-4-17(c))。由于大量火山物质喷出,岩浆房空虚及上覆岩层的压力,火山口周围岩层沿环状断裂向下塌陷,形成破火山口,破火山口也可由于火山猛烈爆发破坏或侵蚀扩大而成。塌陷破火山口最常见,一般呈圆形或椭圆形,直径大于1.5 km,多数为10~15 km,个别可达20~30 km,常形成火山洼地。有的火山口中蓄水,形成火山口湖(见图1-4-17(d)),如中国吉林长白山天池就是著名的火山口湖。

2)火山锥

火山锥是由中心式喷发出来的熔岩流和火山碎屑物在火山附近堆积而成的锥状岩体(见图1-4-18)。按其特点,火山锥有三种。

碎屑锥 以爆发产物为主,火山碎屑物常大于95%。

熔岩锥 以溢流产物为主,火山碎屑物常小于10%。

混合锥 火山碎屑物与熔岩互层组成的火山锥,为喷发与溢流交替的火山产物。

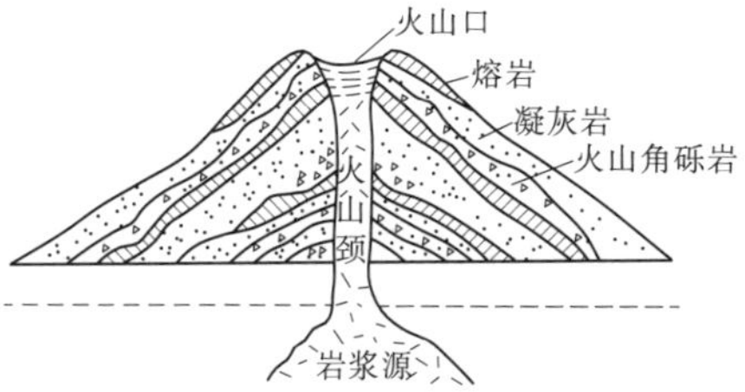

图1-4-18 火山锥纵剖面示意图

(引自《火山岩》,李石、十彤)

3)岩钟和岩针

岩钟是黏度较大的酸性和碱性岩浆,因溢出火山口后挥发分的散失,难以流动而在火山口上方堆积形成钟状、穹丘状的火山岩体(见图1-4-19(a))。岩针是黏度很大的岩浆,失去爆发能力,只能像挤牙膏似的被动地向外挤出,形成较陡立的尖柱状体(见图1-4-19(b))。

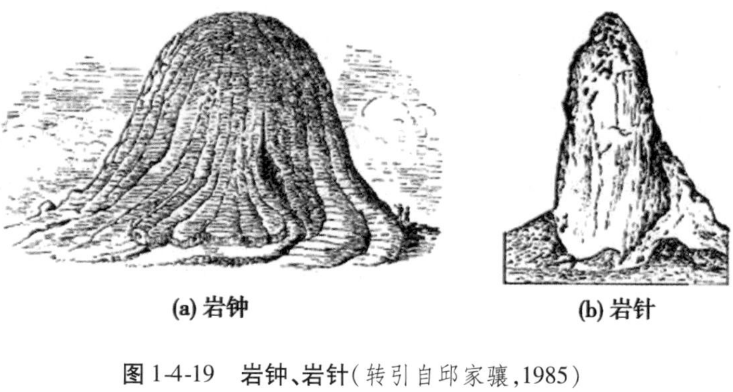

(a) 岩钟 **(b) 岩针**

图1-4-19 岩钟、岩针(转引自邱家骧,1985)

4)熔岩流

熔岩流是火山口溢出的岩浆沿山坡或河谷顺流而下所形成的熔岩体。熔岩流可因岩浆黏度不同而形成不同的形状,有的呈狭长的带状,有的呈宽阔平缓的舌状。在流动过程中如遇到地形陡坎,也可像流水一样,倾泻直下形成"熔岩瀑布"。

二、岩浆岩的相

岩浆岩的相是指岩体因生成条件不同而形成的不同岩石和岩体总特征,可分为侵入岩相和喷出岩相两大类。

(一)侵入岩相

侵入岩相主要是指岩浆侵入不同深度、不同构造部位时,形成岩浆岩的矿物组成、结构构造等具有的不同外貌特征。根据侵入体形成的深度可分为三个类型。

1. 浅成相(形成深度 0 ~ 3 km)

浅成相岩体规模较小,多为小型侵入体,如岩墙、岩床、岩盖、小型岩株等。因岩浆侵入浅、冷却速度快,故岩石的结晶程度差,常具有细粒、隐晶质结构,以及斑状结构、晶洞构造、角砾状构造、流动构造等。

2. 中深成相(形成深度 3 ~ 10 km)

中深成相岩体产状多为较大的不整合侵入体,如大岩株、岩基等,还有岩墙、岩盆、岩盖等。岩石一般常具有中粒、中粗粒结构,以及似斑状结构、块状构造、流动构造等。

3. 深成相(形成深度 > 10 km)

深成相岩体规模较大,主要为花岗岩类。由于岩体处于地下深处,形成时岩浆冷却速度慢,结晶充分,故岩石颗粒较粗,常具有粗粒至巨粒结构,局部可出现伟晶结构,岩体常为片麻状构造。

(二)喷出岩相

喷出岩相主要是指岩浆喷出地表或接近地表形成的岩体具有的不同特征。根据火山活动产物产出方式及形态可分为六个类型。

1. 溢流相

溢流相是指炽热的岩浆自火山口或沿裂隙向外呈面状泛流或线状溢流出来,以强烈爆发之后出现为主。喷溢的岩浆黏度较小、易于流动,因而形成熔岩,基性熔岩最常见。

2. 爆发相

由火山强烈爆发形成的火山碎屑物在地表堆积而成,在火山喷发开始和高潮阶段最为发育。以含挥发分多、黏度大的岩浆较常见,尤以中酸性、碱性更有利于爆发。

3. 侵出相

火山喷发末期,黏度大、不易流动的酸性和碱性岩浆,在气体大量释放以后,失去爆发能力,岩浆从火山口向外挤出地表,在火山口附近堆积成岩钟、岩针等熔岩穹。

4. 火山颈相

火山颈相又称火山通道相,是堆积在火山通道的残余岩浆冷凝后的产物,如熔岩、碎屑岩等。火山颈相岩石产状陡、形态细而长、横断面近圆形,又称岩筒。通常是中心式喷发的火山通道相,而呈岩墙产出的火山颈相岩石是由裂隙式喷发所形成的。

5. 次火山相

次火山相是与火山岩同源的、呈侵入产状的岩体,是岩浆内部压力小于上覆静压力,使岩浆未喷发至地表固结形成的。它与火山岩同时间但一般较晚,同空间但分布范围较宽,同外貌但结晶程度较好,同成分但变化范围及碱度较大。

6. 火山沉积相

火山沉积相为火山作用叠加沉积作用形成的产物,相应岩石由火山岩、沉火山碎屑岩、火山碎屑沉积岩和沉积岩组成,产状呈层状、似层状、透镜状。

【小贴士】

浅成相与次火山相特征相似,主要区别是看其是否与喷出岩有联系,如与喷出岩为同源产物,一般为次火山岩;如发育区域无喷出岩,而侵入岩发育且与侵入岩有关,则可能是浅成相侵入岩。

海相与陆相火山岩的区别:①陆相火山岩与下伏地层常呈喷发不整合接触,海相者常与下伏地层整合接触。②陆相火山岩与陆相动物及淡水植物共生,海相者与海相咸水生物共生。③陆相熔岩成分变化大,常见红色氧化顶,柱状节理发育;海相熔岩成分变化小(基性为主),常见枕状构造。④陆相火山碎屑物在水平方向上粒度变化明显,常见火山弹、火山泥球、熔结凝灰岩、泥流角砾岩;海相火山碎屑物在垂直方向上比重变化明显,常见熔岩遇水淬碎的玻屑等。

单元五　岩浆岩的分类与命名

一、岩浆岩分类

自然界的岩浆岩多种多样,它们之间在成分结构、共生组合、产状和成因上既有联系,也有差异。为了深入了解岩浆岩之间的联系和差异,并给予岩石统一的名称,需要将众多岩浆岩的共性和个性进行归纳分类和整理。

岩浆岩的分类基础主要是岩石的化学成分、矿物成分、结构、构造、产状方式和岩石中矿物的共生组合等几个方面。下面根据不同的分类基础,对岩浆岩的分类作简单介绍。

(一)根据化学成分分类

首先,根据 SiO_2 的含量,将岩石分为四大类:超基性岩,$SiO_2 < 45\%$;基性岩,SiO_2 为 $45\% \sim 53\%$;中性岩,SiO_2 为 $53\% \sim 66\%$;酸性岩,$SiO_2 > 66\%$。

然后,再根据 $K_2O + Na_2O$ 的含量或里特曼指数 σ,将岩石进一步划分为:钙碱性岩,$\sigma < 3.3$;碱性岩,$\sigma = 3.3 \sim 9$;过碱性岩 $\sigma > 9$。

(二)根据矿物成分分类

矿物成分分类是根据矿物成分及其含量来进行的。矿物成分主要考虑石英含量、暗色矿物的含量及种类、长石的含量及种类（钾长石或斜长石）、似长石的有无及含量。超基性岩类以不含石英、基本上不含长石和富含大量暗色矿物为特征；而酸性岩类则以富含石英和贫暗色矿物为特征；基性岩及中性岩类以其所含长石类型及暗色矿物种类加以区别。钙碱性系列的岩石以不含似长石为特征，而且斜长石成分较同类的碱性系列岩石富含 CaO；碱性系列岩石的暗色矿物均为碱性暗色矿物，富含 Na、Ti、Fe，如碱性角闪石、碱性辉石等。野外地质工作中岩石的命名常常使用此类方法，只要肉眼能够分辨出矿物，且能够目估出矿物含量，就可以进行分类命名。其缺点是：对于隐晶质和玻璃质的岩石很难辨认矿物，且无法对岩石分类，也很难准确掌握岩石的化学成分及其变化规律等。

（三）根据岩浆岩的相和结构分类

按岩石产出环境分类如下：

（1）侵入岩：浅成岩（1～3 km）、中深成岩（3～10 km）和深成岩（>10 km）。

（2）喷出岩（火山岩）：熔岩、火山碎屑岩和次火山岩。

（四）根据岩浆岩的共生组合分类

岩浆岩的共生组合是指发育于一定的地质构造环境，在时间上与某一期构造运动相伴随，在矿物和化学成分上又有某种特征的一套岩浆岩。属于一个岩浆岩共生组合内的岩石，具有一定的成因联系，代表一定的地质意义。在岩浆岩分类中也属于应该考虑的因素之一。根据共生组合可将岩浆岩分十二种岩类：

（1）橄榄岩－苦橄岩类。

（2）金伯利岩类。

（3）霓霞岩－霞石岩类。

（4）碳酸岩类。

（5）辉长岩－玄武岩类。

（6）碱性辉长岩－碱性玄武岩类。

（7）闪长岩－安山岩类。

（8）正长岩－粗面岩类。

（9）霞石正长岩－响岩类。

（10）花岗岩－流纹岩类。

（11）脉岩类。

（12）火山碎屑岩类。

由于脉岩有特殊的成因和产状，一般分别单独作为一类讲解。火山碎屑岩类既有岩浆岩的某些特征，又具有沉积岩的特点，根据火山碎屑岩的物质来源，将在沉积岩部分详细讲解。

二、本书采用的岩浆岩分类方法

本书岩浆岩分类采用的是以岩浆岩的化学成分、矿物成分为分类基础，按结合结构、构造和产状进行划分（见表1-4-6）。

表 1-4-6 岩浆岩的分类表（据徐耀鉴等，略改）

酸度	碱度	岩石类型（基本特征）	SiO_2 含量（%）		石英含量（%）	长石种类及含量	似长石矿物含量（%）	深色矿物种类	σ 值	色率	代表性侵入岩 深成岩	代表性侵入岩 浅成岩	代表性喷出岩
											中粗粒、似斑状、全晶质结构	细粒、斑状、全晶质结构	隐晶质、斑状、玻璃质结构
超基性岩	钙碱性	橄榄岩－苦橄岩类	38～45	<45	无	无	无	橄榄石、辉石为主		>90	纯橄榄岩、橄榄岩、二辉橄榄岩、辉石岩	苦橄玢岩	苦橄岩、玻基纯橄岩、科马提岩
	偏碱性	金伯利岩类	20～30									金伯利岩	玻基辉橄岩
	过碱性	霓霞岩－霞石岩类	38～45			可含少量碱性长石	含量变化大	碱性暗色矿物		30～90		霓霞岩、磷霞岩	霞石岩
		碳酸岩类	<20				可含					碳酸岩	碳酸熔岩
基性岩	钙碱性	辉长岩－玄武岩类	45～53		无或很少	基性斜长石为主	无	辉石为主，可有角闪石、橄榄石等	<3.3	40～90	辉长岩、苏长岩、斜长岩	辉绿岩、辉绿玢岩	拉斑玄武岩、高铝玄武岩
	碱性	碱性辉长岩－碱性玄武岩类			无	碱性长石、基性斜长石为主，可含中长石、更长石	无或很少	以单斜辉石（含碱性辉石、钛普通辉石）为主，橄榄石也较多	3.3～9		碱性辉长岩	碱性辉绿岩、碱性辉绿玢岩	碱性玄武岩
	过碱性						>5		>9				碱玄岩、碧玄岩、白榴岩
中性岩	钙碱性	闪长岩－安山岩类	53～66		<20	中性斜长石，可含碱性长石	无	角闪石为主，黑云母、辉石次之	<3.3	15～40	闪长岩	闪长玢岩	安山岩
	钙碱性－碱性	正长岩－粗面岩类				碱性长石为主，可含中性斜长石			3.3～9		二长岩	二长斑岩	粗安岩
		二长岩－粗安岩类				碱性长石	无或很少	碱性辉石、碱性角闪石为主，富铁云母次之			正长岩、碱性正长岩	正长斑岩	粗面岩、碱性粗面岩
	过碱性	霞石正长岩－响岩类			无	碱性长石	5～50		>9		霞石正长岩	霞石正长斑岩	响岩
酸性岩	钙碱性	花岗岩－流纹岩类	>66		>20	碱性长石及中酸性斜长石	无	黑云母为主，角闪石次之，辉石较少	<3.3	<15	花岗岩、花岗闪长岩	花岗斑岩、花岗闪长玢（斑）岩	流纹岩、英安岩
	碱性					碱性长石		碱性角闪石、富铁黑云母为主，碱性辉石次之	3.3～9		碱性花岗岩	霓细花岗岩	碱性流纹岩、碱流岩

【小贴士】

每一类侵入岩和喷出岩在成分上类似,但成因上未必一定有联系,也不一定是同源岩浆产物。

三、岩浆岩的命名

对于岩浆岩命名的原则,有以下几点说明:

(1)岩浆岩的岩石名称通常是由"附加修饰词+基本名称"构成。

①岩石的基本名称大多数采用岩石中的矿物成分及矿物组合特征定出,如辉长岩、闪长岩、二长岩等;有些采用外文意译,如粗面岩和响岩,少数还借用日文汉字命名,如玄武岩和花岗岩。

②附加修饰词可以是矿物成分、结构、构造及岩石的颜色等。蚀变作用作为附加修饰词,只有在能恢复原岩时才使用。

③对于具有特殊结构构造和特殊颜色的岩石,可在基本岩石名称前加特殊结构构造和颜色作为前缀,如杏仁状玄武岩、条带状花岗岩、紫红色安山岩等。另外,颜色在能反映矿物成分、成因和有特殊意义时,也可构成岩石的基本名称(如白岗岩)和前缀(如浅色辉长岩)。

④次要矿物、副矿物、特殊矿物常冠于岩石基本名称之前,如含两种以上的次要矿物,则按少前多后的原则来定名,如角闪石黑云母花岗岩;副矿物有特殊意义时也可作附加修饰词,如含锆石花岗岩、含榍石花岗岩等;特殊矿物作为附加修饰词,其含量不限,一出现即可使用,如绿柱石花岗岩。

(2)对于微粒或细粒结构的浅成侵入岩,在基本岩石名称之前,加"微晶"作为前缀,如微晶闪长岩、微晶花岗岩等;对于斑状结构的浅成侵入岩石,则在相应的基本岩石名称之后分别加"斑岩"或"玢岩",如花岗斑岩、正长斑岩、闪长玢岩、辉绿玢岩等。"斑岩"中斑晶主要为石英和碱性长石,"玢岩"中的斑晶主要为斜长石和暗色矿物;对于具有斑状结构的深成侵入岩和喷出岩,为了避免与浅成侵入岩相混淆,一般不使用"斑岩"或"玢岩"的名称。如果必须强调其岩石结构来区分岩石,可在基本名称前加"斑状"二字作前缀,如斑状花岗岩、斑状流纹岩等。

【小贴士】

作为附加修饰词(或前缀)常用的只是一、两种,一般不超过三种。要择优而用,其他特征均应放在文字中描述。附加修饰词在岩石名称中排列顺序:蚀变作用—颜色—构造—结构—特殊矿物—次要矿物—主要矿物—基本名称,必要时可加"斑状"作前缀。

项目小结

1. 岩浆是以硅酸盐为主要成分、含有挥发分气体的高温熔融体。岩浆的SiO_2含量越高,其黏度越大;反之黏度越小。岩浆中挥发分含量越高,其黏度越小;反之黏度越大。岩浆的温度越高,其黏度越小;反之黏度越大。岩浆承受的压力越大,其黏度越大;反之黏度越小。

2. 岩浆岩是由岩浆凝固形成的岩石。侵入在地壳之中、地表以下不同深度部位的岩浆经缓慢冷却而形成的岩石为侵入岩;岩浆喷出或者溢流到地表而冷凝形成的岩石为喷出岩。火山碎屑岩是介于熔岩和沉积岩之间的过渡类型的岩石。

3. 在岩浆岩中,根据 SiO_2 的饱和程度可将岩浆岩矿物分为三种类型:SiO_2 不饱和矿物,从不与石英共存,如镁橄榄石、霞石、白榴石等;SiO_2 过饱和矿物,与石英共生;SiO_2 适当饱和矿物,仅出现 SiO_2 饱和矿物,不含石英,也不含不饱和矿物。

4. 岩浆岩的结构是指组成岩浆岩的矿物(少数岩浆岩含有玻璃质)的结晶程度、颗粒大小、自形程度,以及矿物之间的相互关系等。

5. 显晶质结构,如粗粒、中粒、细粒、似斑状等结构为侵入岩常见结构,非晶质、隐晶质、斑状结构为喷出岩常见结构。

6. 岩浆岩的构造是岩石中各种矿物或矿物集合体之间的堆积、排列、充填的方式。侵入岩常见块状构造、斑杂构造、流线和流面构造,气孔、杏仁、流纹构造主要常见于喷出岩及侵入体边缘。

7. 岩浆岩的产状是指岩浆岩体的形态、大小及其与围岩的接触关系,以及其形成时所处的深度和构造环境、岩浆上升和活动方式等。重要的侵入岩产状有岩脉、岩床、岩盆、岩盖、岩株、岩基等。

8. 喷出岩的产状与火山喷发形式有关,常见三种类型:熔透式(面式)喷发形成的产状、裂隙式(线式)喷发形成的产状、中心式(点式)喷发形成的产状。中心式喷发在地表常形成火山锥、火山口等。

9. 岩浆岩的侵入岩相分为浅成相、中深成相、深成相;喷出岩相分为溢流相、爆发相、侵出相、火山通道相、次火山相和火山沉积相。

10. 根据岩浆岩中 SiO_2 含量,通常将火成岩分为四大类:超基性岩(SiO_2 含量 $<45\%$)、基性岩(SiO_2 含量为 $45\% \sim 53\%$)、中性岩(SiO_2 含量为 $53\% \sim 66\%$)、酸性岩(SiO_2 含量 $>66\%$)。

11. 根据相和结构通常将岩浆岩分为喷出岩和侵入岩:喷出岩分为熔岩、火山碎屑岩、次火山岩;侵入岩分为浅成岩、中深成岩、深成岩。

12. 岩浆岩的命名主要根据岩石的矿物成分、颜色、结构和构造,采用附加修饰词 + 基本名称命名。

技能训练

1. 侵入岩和喷出岩在结构、构造上有哪些差异?原因是什么?
2. 岩浆岩的矿物共生组合规律和化学成分之间有什么关系?
3. 侵入岩的野外产状可分为哪几类?
4. 简述岩浆岩的命名原则。

项目五　岩浆岩各论

学习目标

本项目主要介绍岩浆岩的基本类型，理解各类岩浆岩在成分、结构和构造上的特征，掌握各类岩浆岩的常见岩石类型以及常见岩浆岩的肉眼鉴定和描述方法。

【项目导入】

项目四中提到，按照岩石中 SiO_2 的含量，可以将岩浆岩分为四种类型，即超基性岩、基性岩、中性岩和酸性岩。那么，这四类岩石在成分、结构和构造上分别有什么特征呢？各类岩石都有哪些代表性岩石呢？如何对它们进行鉴别和描述呢？

单元一　超基性岩类（橄榄岩－苦橄岩类）

一、概述

超基性岩指 SiO_2 含量小于45%的岩浆岩，为硅酸不饱和岩石，碱含量很低，$K_2O + Na_2O$ 含量一般小于3%，富镁、铁，MgO 含量为16% ~46%，$FeO + Fe_2O_3$ 含量为8% ~10%，CaO 和 Al_2O_3 的含量较低。从矿物成分上看，以铁镁矿物为主，含量大于90%，主要为橄榄石、辉石，其次为角闪石、黑云母，一般不含或很少含长石，无石英。因此，该类岩石一般颜色较深，色率大于70，且相对密度大。

超基性岩在大陆表面分布面积很小，洋底分布的面积也不大，但与超基性岩相关的重要矿产很多，如铂矿、铬铁矿、钒钛矿等金属矿产，以及金刚石、石棉、滑石、磷灰石等非金属矿床，有重要的经济价值。另外，超基性岩是研究地幔物质组成、结构构造、形成演化以及壳幔相互作用的窗口，对了解和研究地球深部有重要意义。

二、常见超基性岩岩石类型

（一）超基性侵入岩——橄榄岩类

1. 一般特征

超基性侵入岩一般颜色很深，常呈黑色、暗绿色、棕色等，岩石多为中粗粒结构，块状构造，相对密度较大。在矿物成分上，主要由橄榄石和辉石组成，橄榄石主要为富镁的贵橄榄石和镁橄榄石，辉石主要是透辉石、普通辉石、顽火辉石、古铜辉石和紫苏辉石；次要矿物为角闪石和云母，角闪石主要为结晶温度较高的褐色角闪石，云母可为黑云母或金云母，易发生绿泥石化蚀变；副矿物有磁铁矿、钛铁矿、尖晶石、磷灰石等。

2. 结构与构造

超基性侵入岩常具自形－半自形粒状结构，块状构造。此外，有时还可见包含结构、填隙结构、反应边结构，以及流动构造、条带状构造等特殊构造。

包含结构又称嵌晶状结构，是指岩石中大晶体包含小晶体的一种结构。

反应边结构是指岩浆中早期析出的矿物或捕虏晶，与残余岩浆发生反应，在其外围形成一圈新的矿物。如橄榄石中可见辉石反应边，辉石中可见角闪石反应边，角闪石中可见黑云母反应边。此种结构常见于超基性岩和基性岩中。

3. 主要岩石类型

超基性侵入岩的种属划分，通常根据岩石中橄榄石、辉石和角闪石的相对含量，特别是以橄榄石的含量为主要因素来划分（见表1-5-1）。

表1-5-1　橄榄岩类的划分

橄榄石含量（%）	100～90	90～75	75～40	40～10	10～0
辉石（角闪石）含量（%）	0～10	10～25	25～60	60～90	90～100
岩石名称	纯橄榄岩	辉橄岩	橄榄岩	橄辉岩	辉石岩（角闪石岩）

超基性深成侵入岩的代表岩石为橄榄岩，浅成侵入岩的代表性岩石为金伯利岩。常见的岩石类型主要包括纯橄榄岩、橄榄岩、辉石岩、金伯利岩等。

1）纯橄榄岩

岩石未蚀变的新鲜面呈橄榄绿色、黄绿色（见图1-5-1），蚀变后呈棕褐色、灰褐色、暗绿色、灰绿色。多呈半自形－自形粒状结构，块状构造产出。主要成分几乎全部由橄榄石组成，其含量大于90%。橄榄石易遭受蚀变，如发生蛇纹石化、伊丁石化、滑石化、碳酸盐化等；次要矿物为极少量的单斜辉石、斜方辉石和角闪石；副矿物有铬铁矿、尖晶石、磁铁矿等。

2）橄榄岩

橄榄岩的新鲜面为橄榄绿色（见图1-5-2），风化或蚀变后呈暗绿色、灰绿色。常具粒状结构，块状构造。主要矿物为橄榄石和辉石，橄榄石常为镁橄榄石和贵橄榄石，含量为75%～90%，辉石为斜方辉石和单斜辉石，含量为10%～25%，还含少量的角闪石、黑云母、斜长石、钛铁矿、尖晶石等。根据岩石中辉石种类和含量，可进一步分类命名，若辉石含量达到10%～25%，以单斜辉石为主称单斜辉石橄榄岩，以斜方辉石为主称斜方辉石橄榄岩，单斜辉石和斜方辉石含量大致相等时称二辉橄榄岩。镜下观察，橄榄石具正高突起，呈粒状，无解理（见图1-5-3），干涉色较高（见图1-5-4），辉石解理发育等特征。

图1-5-1　纯橄榄岩，手标本

图1-5-2　橄榄岩，手标本

图 1-5-3　橄榄岩，单偏光

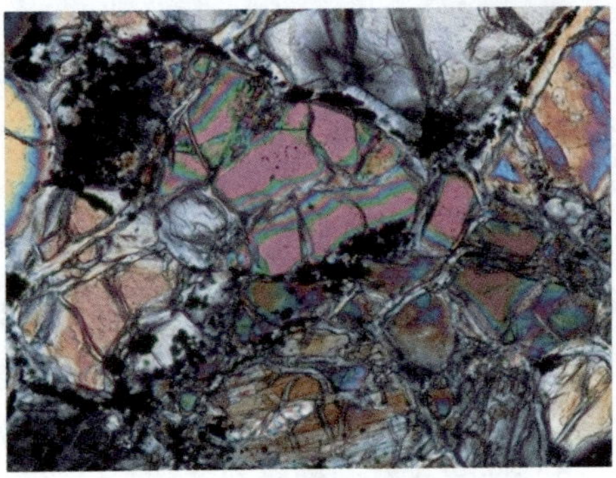

图 1-5-4　橄榄岩，正交偏光

3）辉石岩

辉石岩是一种超镁铁质岩，通常呈褐黑色或深褐色（见图 1-5-5），常见半自形－自形粒状结构，块状构造，几乎全部由辉石组成，辉石含量可达 90% ~100%（见图 1-5-6），可含少量橄榄石、角闪石、黑云母、铬铁矿、磁铁矿、钛铁矿等。根据岩石中辉石种类，可进一步命名，分为斜方辉石岩、单斜辉石岩和二辉岩等；根据岩石中的次要矿物又可进行细分，如角闪石辉石岩、橄榄透辉石岩、蛇纹石化金云母辉石岩等。

图 1-5-5　辉石岩，手标本

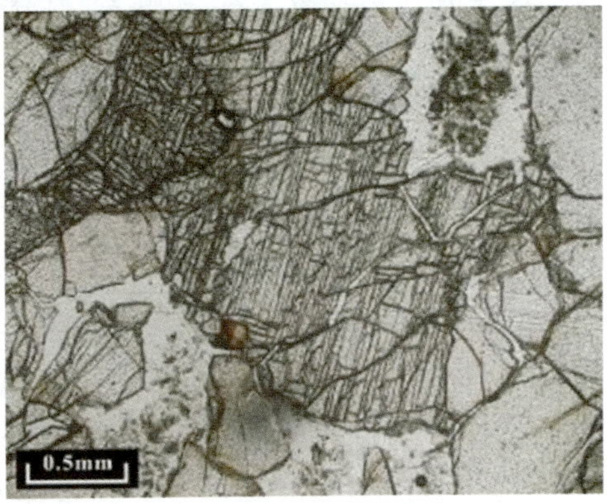

图 1-5-6　辉石岩，单偏光

4）金伯利岩

金伯利岩是超基性浅成侵入岩，最早发现于南非金伯利地区，故得名。岩石多呈黑色、暗绿色（见图 1-5-7），常具有斑状结构和角砾状构造。矿物成分较为复杂，橄榄石、黑云母、镁铝榴石等矿物构成斑晶，基质为细粒至隐晶质结构，由细小的橄榄石、金云母、磁铁矿等颗粒构成，还可能包含来自地壳深处其他岩石和围岩捕虏体中的矿物，如金刚石（见图 1-5-8）。岩石常发生蛇纹石化、绿泥石化、碳酸盐化等蚀变。金伯利岩常呈岩筒、岩脉形式产出。

4. 产状与分布

超基性侵入体可独立产出，也可与基性岩体共生，岩体规模一般不大，可成群成串产出。常呈带状、透镜状、似层状分布于大规模的褶皱带中，如我国的秦岭—祁连山褶皱带，天山、喜马拉雅构造带等；也有部分产于稳定地台区，多呈岩盆、岩床产出，一般由似层状橄榄岩和辉长岩构成；此外，还有产出于玄武岩中的角砾状超基性岩包裹体，如河北张家口、江苏南京等地的橄榄岩包裹体。

图 1-5-7　金伯利岩，手标本

图 1-5-8　金伯利岩

（二）超基性喷出岩——苦橄岩类

1. 一般特征

在化学成分上，超基性喷出岩以贫硅贫碱富镁铁为特征，颜色深，通常呈黑色－黑绿色，色率 >90。矿物成分与超基性侵入岩相似，主要矿物为橄榄石和辉石，有时含一定量的玻璃质。橄榄石以贵橄榄石为主，其次为镁橄榄石，易发生蛇纹石化、伊丁石化、绿泥石化等蚀变；辉石以普通辉石、紫苏辉石、易变辉石为主。超基性喷出岩在自然界分布较少，以苦橄岩为代表，常根据产地或结构被命名为麦美奇岩、科马提岩等。

2. 结构与构造

由于形成于快速冷却的环境，该类岩石矿物颗粒细小，多具有半自形细粒结构、隐晶或玻璃质结构，块状构造、气孔构造、杏仁构造常见。

3. 主要岩石类型

1）苦橄岩

岩石常呈暗绿色－黑色（见图 1-5-9），成分相当于橄榄岩，具有斑状结构、隐晶质结构，块状构造，常与玄武岩共生。在化学成分上，SiO_2 含量小于 47%，贫碱，$K_2O + Na_2O < 2\%$。主要矿物有贵橄榄石（含量为 50% ~75%）和辉石（含量 <40%，以普通辉石和易变辉石为主），有时含少量基性斜长石、角闪石，副矿物有钛铁矿、磁铁矿及磷灰石等。

2）麦美奇岩（又称玻基纯橄岩）

在化学成分上，麦美奇岩的 SiO_2 含量很低，一般为 20% ~38%，成分相当于纯橄榄岩。岩石具有玻基斑状结构，气孔－杏仁构造。麦美奇岩（见图 1-5-10）最早发现于俄罗斯西伯利亚北部麦美奇河，故得名。主要由橄榄石斑晶和黑色玻璃基质组成，玻璃基质中有时含有少量含钛普通辉石微晶。

3）科马提岩

科马提岩最早发现于南非特兰斯瓦巴伯顿的科马提河，故得名。指发育于太古宙绿岩带变质岩系中枕状岩流顶部的、具鬣刺结构的超镁铁质熔岩（见图 1-5-11）。在化学成分上，科马提岩具有较高的 MgO 含量，一般大于 9%，贫碱，K_2O 含量小于 0.9%，$CaO/Al_2O_3 > 1$。岩石具有典型的鬣刺结构（见图 1-5-12），表现为橄榄石或辉石呈细长的锯齿状晶体，近于平行，是岩浆快速冷却结晶的产物，常见枕状构造。主要矿物为橄榄石、辉石以及少量金属矿物,还含有玻璃质基质。

图 1-5-9　苦橄岩,吉林辉南

图 1-5-10　麦美奇岩,手标本

图 1-5-11　科马提岩,手标本

图 1-5-12　科马提岩的鬣刺结构

【小贴士】

按照 SiO_2 含量划分,辉石岩不属于超基性岩,因为其 SiO_2 含量大于 45%,应划分到超镁铁质岩石范畴内,超镁铁质岩指镁铁矿物含量超过 90% 的结晶岩(包括岩浆岩和变质岩)。应当注意,超镁铁质岩与超基性岩不是同一个概念,超镁铁质岩是根据镁铁质矿物含量来命名的,而超基性岩是以 SiO_2 含量来确定的。

【知识链接】

金伯利岩是金刚石的母岩(见图 1-5-8),但并不是所有的金伯利岩都含金刚石。目前,地球上总共拥有 6 000 个金伯利岩脉,这些岩脉中只有 10% 有钻石,而从经济角度看,值得开采的又只有 5%,这也是钻石资源稀有的原因所在。一般来讲,具有斑状结构的金伯利岩含金刚石较富,富含橄榄石且颗粒粗大的金伯利岩,橄榄石中含 Mg 和 Cr 越高,金刚石也越富。

单元二　基性岩类(辉长岩 - 玄武岩类)

一、概述

在化学成分上,基性岩类的 SiO_2 含量介于 45% ~53%,Al_2O_3 和 CaO 含量均比超基性岩高,

FeO 和 MgO 含量低于超基性岩，$K_2O + Na_2O$ 含量为 3% ~5%。在矿物成分上，基性岩类主要由辉石和基性斜长石组成，有时含少量橄榄石、角闪石和黑云母，不含或含极少量石英。因此，基性岩的颜色通常较深，多为黑灰色，色率较高，一般为 40 ~70，且相对密度较大。

二、常见基性岩岩石类型

（一）基性侵入岩——辉长岩类

1. 一般特征

辉长岩类岩石常呈深灰色、灰绿色、墨绿色等。主要矿物有基性斜长石和辉石等，其次要矿物有橄榄石、普通角闪石、黑云母等，副矿物主要有磁铁矿、钛铁矿、磷灰石等。其中辉石和基性斜长石含量相近，辉石以单斜辉石为主，常见普通辉石、透辉石、异剥辉石等，其次为斜方辉石，如紫苏辉石、顽火辉石、古铜辉石，辉石可出现普通双晶、反应边结构；基性斜长石主要为拉长石和培长石，常发育聚片双晶。

2. 结构与构造

基性侵入岩以辉长结构和辉绿结构为主，也可见嵌晶含长结构、反应边结构、包含结构和堆晶结构等。主要为块状构造，也常见条带状构造和球状构造。

辉长结构指岩石中辉石和基性斜长石含量近于相等，粒度相近，自形程度也相近，均呈半自形 - 他形粒状相互穿插地不规律排列（见图 1-4-9（a））。

辉绿结构指岩石中基性斜长石和辉石颗粒大小相近，基性斜长石的自形程度好于辉石，他形的辉石颗粒充填于自形的基性斜长石组成的三角格架空隙中（见图 1-4-9（b））。

嵌晶含长结构属于包含结构中的一种，是指在较大的他形辉石颗粒中，包含许多较自形的板条状斜长石晶体。

堆晶结构指在颗粒较粗且相互连接的自形到半自形晶体颗粒间充填有其他矿物的一种结构，粗大的晶体被称为堆晶，堆晶主要是由于结晶较早，有充分的生长空间，因此自形程度较好。

3. 主要岩石类型

1）辉长岩

辉长岩多呈灰黑色、灰色（见图 1-5-13），中至粗粒结构，具典型的辉长结构，块状构造。主要矿物成分为单斜辉石和基性斜长石，两者含量近于相等，粒度相近，自形程度相近，均呈半自形 - 他形粒状。斜长石常发生黝帘石化、绿泥石化、碳酸盐化等蚀变。次要矿物为橄榄石、角闪石、黑云母等，根据次要矿物的种类及含量，可进一步命名，如橄榄辉长岩、角闪辉长岩等。副矿物有磷灰石、磁铁矿、钛铁矿等。

2）斜长岩

斜长岩颜色较浅，常呈灰色或灰白色（见图 1-5-14），岩石通常具半自形或他形粒状结构，块状构造。主要由大量的斜长石组成（斜长石含量 >90%），次要矿物主要有橄榄石、普通辉石、古铜辉石、角闪石等，常分布于斜长石颗粒间。

3）辉绿岩

辉绿岩属于辉长岩类的浅成相侵入岩，多呈岩脉、岩墙、岩床等产状产出，可与辉长岩或玄武岩共生。岩石常呈暗绿色或黑绿色（见图 1-5-15），具典型的辉绿结构。矿物成分与辉长岩相似，由基性斜长石和辉石组成，次要矿物主要有橄榄石、角闪石、黑云母等，根据次要矿物的种类和含量又可进一步命名为橄榄辉绿岩、黑云橄榄辉绿岩等。斑状结构的辉绿岩，若斜长石呈斑晶出现时称辉绿玢岩。

图 1-5-13　辉长岩，手标本

图 1-5-14　斜长岩，手标本

图 1-5-15　辉绿岩，手标本

4. 产状与分布

基性侵入岩的岩体规模一般都不大，多呈岩盆、岩床或岩盖、岩墙和岩株产出。辉长岩类既可形成独立基性岩体，也可与橄榄岩、辉石岩等超镁铁质岩形成层状侵入体。辉长岩在自然界的分布比超基性岩稍微多些，二者分布的地区和范围基本一致。

(二) 基性喷出岩——玄武岩类

1. 一般特征

玄武岩类岩石属于基性火山岩类，是基性火山熔岩的总称，成分与辉长岩类相当，颜色通常较深，新鲜的玄武岩常呈黑灰色、暗绿色，易遭受风化，风化后为灰绿色。主要矿物为基性斜长石、辉石、橄榄石，次要矿物有角闪石、黑云母等，副矿物有磁铁矿、磷灰石等。根据化学成分，按照碱性程度可将玄武岩类岩石分为钙碱性玄武岩($\sigma<3.3$)和碱性玄武岩($\sigma>3.3$)。

2. 结构与构造

由于是喷出岩，因此玄武岩中矿物颗粒细小，岩石以细粒、隐晶质结构或斑状结构、玻璃质结构为主，也可见间粒结构、间隐结构、间粒－间隐结构和玻基斑状结构。

间粒结构是指在不规则排列的长条状基性斜长石微晶空隙中，充填有若干细粒他形的粒状辉石、橄榄石、磁铁矿等矿物颗粒，是岩浆在冷却速度较缓慢的条件下形成的结构(见图 1-5-16)。

图 1-5-16　间粒结构

间隐结构是指在长条状基性斜长石微晶杂乱排列的空隙中充填着隐晶质或玻璃质物质的一种结构，反映岩浆冷却速度较快。

间粒－间隐结构是指在长条状基性斜长石微晶结构中，填隙物既有辉石、磁铁矿等细小晶粒，又有玻璃质或隐晶质的过渡结构类型。

玻基斑状结构反映较快速度的冷却环境，斜长石微晶来不及完全结晶，只有少量(<5%)斜长石或其他矿物斑晶，基质则完全由褐色玻璃质组成。

玄武岩气孔较为发育，常见气孔构造、杏仁构造，当气孔较多时形成熔渣状构造。此外，还有碎块构造、绳状构造及柱状节理等构造，水下喷发的玄武岩具有枕状构造。

3. 主要岩石类型

1)玄武岩

玄武岩按照矿物成分或结构构造划分:

粗玄岩　全晶质、细粒-中粒,可有斑晶,基质具有间粒结构。

玄武岩　粒度<0.1 mm,肉眼无法分辨其颗粒,可见斑晶,镜下基质具有间粒结构。

橄榄玄武岩　富含橄榄石的玄武岩,若其中橄榄石蚀变为伊丁石,则称伊丁玄武岩。

按照岩石的化学成分划分:

拉斑玄武岩　SiO_2含量较高,碱含量较低。主要矿物成分为斜长石和辉石,斜长石主要为拉长石,辉石为低钙辉石(顽火辉石或易变辉石),可含橄榄石斑晶,具有斑状结构。

高铝玄武岩　SiO_2含量略低于拉斑玄武岩,Al_2O_3含量较高,一般大于16%,矿物成分类似于拉斑玄武岩,斑晶成分为紫苏辉石、橄榄石、拉长石-培长石。

拉斑玄武岩和高铝玄武岩属于钙碱性玄武岩。其化学成分上,SiO_2含量较高,平均为50%,贫碱,K_2O+Na_2O介于2%~4%。在矿物成分上,以基性斜长石和辉石为主,不含或含极少量橄榄石。

碱性玄武岩　碱性玄武岩以富碱为特征,$K_2O+Na_2O>5\%$,最高可达9%,一般$Na_2O>K_2O$,SiO_2含量略低于钙碱性玄武岩。在矿物成分上以出现大量碱性长石、碱性暗色矿物为特征。

2)细碧岩

细碧岩(见图1-5-17)是一种富钠质斜长石的特殊类型基性喷出岩,被多数学者认为是水下火山喷发的产物。岩石颜色呈绿色或浅绿色。常为隐晶质结构、间粒结构、间隐结构,枕状构造。主要矿物成分为钠长石、普通辉石或透辉石、绿泥石、绿帘石、方解石等。

图1-5-17　细碧岩,手标本

4. 产状与分布

玄武岩主要呈熔岩产出,构成熔岩被、熔岩流。此外,在玄武岩分布区还有少量呈岩床、岩墙、岩脉的超浅成次火山岩产出。玄武岩是火山岩中分布最广的一类,不仅在陆壳上有大面积分布,而且太平洋、大西洋和印度洋的洋壳上也几乎全被它们所覆盖。我国的玄武岩分布广泛,几乎各个地质时期都有产出,如河北张家口汉诺坝的第三纪玄武岩流、东秦岭的前寒武纪熊耳群玄武岩等。

单元三　中性岩类(闪长岩-安山岩类、正长岩-粗面岩类)

一、概述

中性岩是镁铁质矿物含量介于镁铁质岩类和长英质岩类之间的岩石,其SiO_2含量中等(53%~66%),色率20~35。在矿物成分上,浅色矿物含量较多,以长石族矿物为主,不含或含很少石英,可含少量似长石;暗色矿物含量比基性岩低,主要有角闪石、辉石、黑云母,有时出现碱性暗色矿物。

根据化学成分,中性岩类可以划分为钙碱性系列和碱性系列。钙碱性系列以闪长岩-安山岩为代表,分布最为广泛;碱性系列以中性岩类型较多,如常见的正长岩-粗面岩、霓辉石正长岩、钠闪正长岩等,但与钙碱性系列相比出露面积非常小。

二、常见中性岩岩石类型

(一)钙碱性系列

1. 中性侵入岩——闪长岩类

1)一般特征

中性侵入岩一般呈灰色至绿灰色,常见中细粒粒状结构,块状构造。其主要浅色矿物为长石,不同岩石类型所含斜长石和碱性长石的比例不同;主要暗色矿物为角闪石,常见次要矿物有辉石、黑云母,不含或含5%以下的石英。副矿物为磷灰石、磁铁矿、钛铁矿、锆石和榍石等。色率约为30,如果受同化混染作用影响,会导致暗色矿物的含量增加,岩石颜色加深。

闪长岩中的暗色矿物容易发生绿泥石化、绿帘石化,发生次生变化的闪长岩常带浅绿色;斜长石还容易发生钠长石化,导致环带消失,双晶模糊,斜长石牌号 An 降低为钠长石,表面布满绢云母,钠化强烈时可形成钠长岩。闪长岩还可能遭受碳酸盐化,蚀变晚期可能发生硅化。硅化是指岩石在热液作用下分解成细粒或隐晶质石英集合体。

闪长岩常与基性岩或酸性岩共生,成为其他各类岩石的边缘部分,有时也呈小型的岩株、岩盖或不规则侵入体独立产出。

2)结构与构造

钙碱性中性侵入岩以半自形中细粒粒状结构为主,一般暗色矿物结晶最早,其次为斜长石,钾长石与石英最后结晶。常见暗色矿物自形程度最好,斜长石次之,石英和钾长石自形程度最差。在偏基性的种属中,斜长石往往自形程度较高,可近似成辉长结构、辉绿结构和辉长辉绿结构。浅成相的闪长岩类可能出现似斑状结构,在正长岩向闪长岩过渡的二长岩中,常见二长结构。早期小颗粒的副矿物自形程度较好,常被角闪石和长石包裹。

岩石常见块状构造,也可见片麻状构造和条带状构造,受到同化混染的闪长岩类还可能出现斑杂构造。

3)主要岩石类型

钙碱性系列中性侵入岩以闪长岩为代表,辉石含量增加时,向辉长岩过渡形成辉长闪长岩。闪长岩类岩石的分类可以参考 QAP 图解(见图 1-5-18)中三个端员的矿物含量,当碱性长石含量增加时,向二长岩、正长岩过渡形成二长闪长岩;当石英含量增加时,向英云闪长岩过渡形成石英闪长岩;当石英和碱性长石含量同时增加时,向花岗闪长岩、石英二长岩过渡形成石英二长闪长岩。

闪长岩　一般为深灰、灰色或灰白色,全晶质半自形粒状结构(见图 1-5-19),块状构造。暗色矿物含量为20%~35%,主要矿物为普通角闪石和斜长石。角闪石多呈深绿、褐色长柱状晶体,有较好的解理面;斜长石以中性斜长石为主,含量为65%~75%,常见环带结构,普遍具有聚片双晶,颗粒较大者,具有卡钠长石复合双晶;次要矿物有黑云母或辉石,

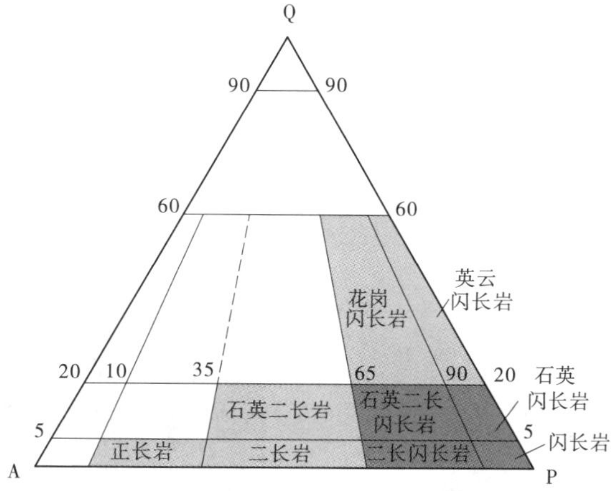

Q—石英;A—碱性长石;P—斜长石

图 1-5-18 闪长岩类 QAP 图解

(据桑隆康等修改,2012)

不含或含少量石英(含量 <5%)和钾长石;副矿物有磷灰石、磁铁矿、榍石等。据暗色矿物种类的不同,还可细分为角闪石闪长岩、黑云母闪长岩和辉石闪长岩等。

辉长闪长岩 是闪长岩向辉长岩过渡的种属,可见不等粒结构,似斑状构造(斑晶常为拉长石)。暗色矿物除角闪石外,还含有辉石(含量可达 20%,主要为单斜辉石、紫苏辉石、古铜辉石)和黑云母;斜长石以中长石为主,也可见拉长石。常见副矿物有榍石、磷灰石和磁铁矿等。

二长闪长岩 为闪长岩向二长岩、正长岩过渡的种属(见图 1-5-20)。长石中斜长石(主要为中长石和更长石)含量为 65% ~90%;碱性长石(一般为正长石或条纹长石)含量为 10% ~35%,自形程度较斜长石差,常形成二长结构。暗色矿物约含 20%,主要为角闪石和黑云母,可含少量单斜辉石,不含或含 <5% 的石英。当岩石具有似斑状结构时,称斑状二长闪长岩。

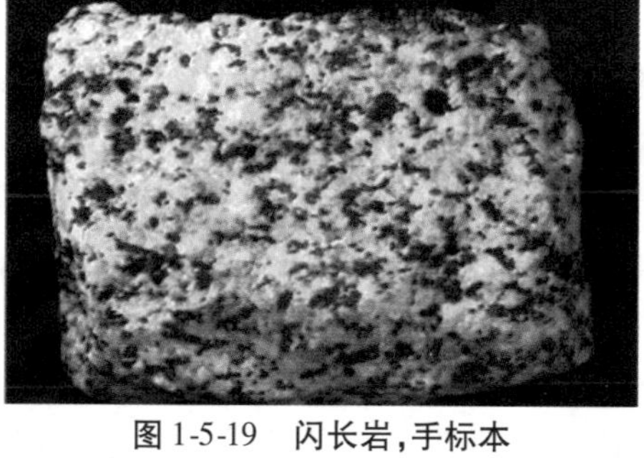

图 1-5-19 闪长岩,手标本

图 1-5-20 二长闪长岩,手标本

石英闪长岩 是闪长岩向英云闪长岩过渡的种属。暗色矿物约占 15%,一般为角闪石、黑云母和辉石;斜长石(中长石和更长石)含量 50% 以上;石英含量 5% ~20%,可含有少量钾长石。石英与钾长石呈他形分布于斜长石颗粒间,岩石常为半自形粒状结构。

石英二长闪长岩 是闪长岩向花岗岩闪长岩和石英二长岩过渡的种属。暗色矿物种类与

二长闪长岩类似，与闪长岩相比，石英及碱性长石含量增加，石英占浅色矿物总量的5%～20%，碱性长石占长石总量的10%～35%，有时可见石英与长石构成的显微文象结构。

微晶闪长岩　是闪长岩的浅成相岩石。矿物成分与闪长岩相近，主要矿物为中长石和角闪石，细粒或微粒等粒结构，矿物粒径为0.2 mm左右。

闪长玢岩　是闪长岩的浅成或超浅成相，矿物成分与闪长岩基本相同，为斑状结构或似斑状结构，斑晶为斜长石（主要为中长石）和角闪石（见图1-5-21），偶见黑云母和辉石，斑晶成分和基质成分基本相同（见图1-5-22）。

图1-5-21　闪长玢岩，手标本

图1-5-22　闪长玢岩，正交偏光

4）产状与分布

闪长岩很少以独立岩体产出，多与辉长岩或花岗岩共生，相互过渡，通常分布于辉长岩的顶部（一般认为是玄武岩浆结晶分异作用的结果），或构成花岗岩岩体的边缘相（一般认为与酸性岩浆同化钙质围岩有关）。单独产出的闪长岩岩体较小，多为岩脉、岩床或岩盖，常产于与其成分相当的喷出岩（安山岩）区，可能为同源产物，如江苏南京和山东莱芜等地有此类小岩体产出。

2. 中性喷出岩——安山岩类

1）一般特征

钙碱性系列中性喷出岩以安山岩为代表，矿物组合与对应的侵入岩相似，但结晶条件不同，存在一定差别。主要组成矿物为斜长石和暗色矿物，斜长石斑晶牌号可达80，与侵入岩相比较高，成分可达拉长石甚至培长石，环带结构发育；基质中斜长石微晶成分一般不超出中长石，与斜长石斑晶边缘成分接近。主要暗色矿物为角闪石、辉石及黑云母中的一种或多种，与侵入岩相比，辉石（单斜辉石和斜方辉石）更常见，基质中还可存在易变辉石，可能出现少量橄榄石和石英，常见的副矿物有磁铁矿、磷灰石、榍石和钛铁矿等。

安山岩类通常形成典型的火山锥或以岩流、岩穹、岩钟形态产出，广泛分布于活动大陆边缘、造山带和现代岛弧区域，被认为是板块聚敛边缘的典型岩石，常与玄武岩、英安岩、流纹岩等火山岩伴生。

2）结构与构造

中性喷出岩基本为斑状结构，极少见无斑隐晶质。与玄武岩相比，中性喷出岩因SiO_2含量较高，黏度较大，基质结晶程度较差。根据微晶斜长石和其他组分的关系，可将安山岩类最常见的结构分为交织结构和玻晶(基)交织结构。

交织结构 岩石中斜长石微晶呈平行定向或半定向排列,辉石及磁铁矿分布于微晶空隙中,少见显微隐晶质和玻璃质。一般形成于冷却速度相对较慢的流动岩浆中。

玻晶(基)交织结构 安山岩中极常见,也称安山结构。岩石的基质中斜长石微晶呈杂乱－半定向排列,微晶之间一般充填较多的隐晶质和玻璃质。

本类岩石常见气孔构造及杏仁构造,小的气孔和杏仁体一般呈圆－椭圆形,大的呈云朵状和不规则状。

根据斑晶中暗色矿物的种类、特征的结构构造可以将安山岩类进一步细分。根据暗色矿物种类命名的有安山岩、玄武安山岩和黑云母安山岩,根据特征的结构构造命名的有玻基安山岩、杏仁安山岩等。

3)主要岩石类型

安山岩 安山岩一词最早由 Buch 创名于南美的安第斯山。成分与闪长岩相近,SiO_2一般在 53% ~63%,是安山岩类的常见种属,也称角闪安山岩。较新鲜的岩石颜色为灰(见图 1-5-23)、黑、红、紫、褐等色,经蚀变后常见绿色和绿灰色。斑状结构,斑晶矿物主要为斜长石(中－拉长石)和角闪石,可能有少量辉石和黑云母等,斑晶为板状自形－半自形结构,斜长石斑晶常见环带和熔蚀结构,角闪石和黑云母斑晶常见暗化边结构(见图 1-5-24)和熔蚀结构;基质为交织结构或安山结构,成分为斜长石微晶、辉石、绿泥石和安山质玻璃。

图 1-5-23 安山岩,手标本

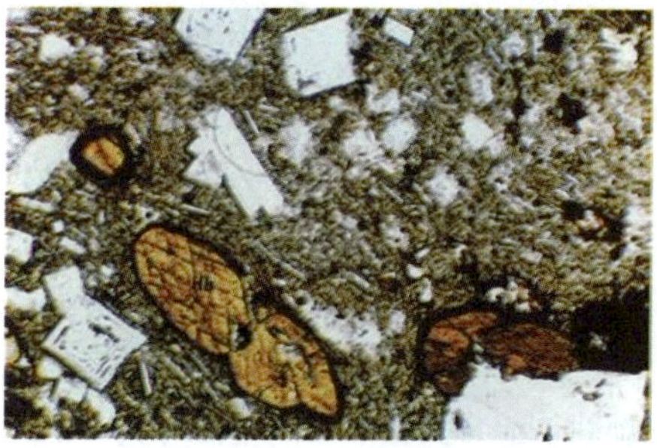

图 1-5-24 角闪安山岩,正交偏光

玄武安山岩(辉石安山岩) 是安山岩与玄武岩之间连续过渡的种属。SiO_2含量较低(53% ~56%),矿物组成较接近于玄武岩,一般不含石英和钾长石;与玄武岩的区别是,色率 <40,微晶斜长石牌号平均 <50。

黑云母安山岩 也称为石英安山岩,是安山岩向英安岩过渡的种属,一般有较高的SiO_2含量(63% ~66%),基质中可能有少量的石英和钾长石。

4)产状与分布

安山岩是一种分布广泛的钙碱性熔岩,常与玄武岩、英安岩、流纹岩共生,多呈岩流、岩穹、岩钟产出。活动大陆边缘及岛弧地区(大洋与大陆板块的汇聚型边缘)是安山岩的主要分布区,如环太平洋四周的"安山岩线",就是指以安山岩占优势或平均成分为安山岩的玄武岩—安山岩—英安岩—流纹岩组合的中新生代火山岩带。此外,大陆褶皱带也有古老安山岩的分布。

(二)碱性系列

碱性系列的中性岩类,SiO_2含量与钙碱性系列相当,但是碱含量较高,K_2O+Na_2O一般为8%左右,σ 在3.3~9,Al_2O_3含量也较高,约为15%,CaO含量很低,大约为4%。矿物成分以出现大量碱性长石为特征,暗色矿物含量一般低于20%,可出现碱性暗色矿物。

1. 侵入岩——正长岩类

1)一般特征

碱性系列中性侵入岩主要矿物为碱性长石、黑云母、角闪石及辉石等暗色矿物,碱性长石以正长石为主,常见卡式双晶、格子双晶或条纹构造,暗色矿物含量一般不超过20%,有时可见钠质辉石或钠质角闪石。副矿物常见磷灰石、磁铁矿、榍石、锆石等。

2)结构与构造

碱性系列中性侵入岩常见半自形粒状结构,还可见斑状结构、似斑状结构,正长岩类以似斑状结构最为常见,岩石常具有块状构造。

3)主要岩石类型

正长岩　常呈浅灰、浅肉红色,岩石多具有半自形－他形粒状结构、似斑状结构,块状构造。主要由碱性长石和暗色矿物组成(见图1-5-25),碱性长石占长石总量的65%~90%,一般为钾长石,含少量的斜长石,暗色矿物含量一般为20%~30%,多为普通角闪石、普通辉石或黑云母,石英含量一般不超过5%,多呈他形分布于其他矿物间。根据暗色矿物种属,可进一步分为角闪石正长岩、辉石正长岩和黑云母正长岩。

石英正长岩　属于正长岩向花岗岩过渡的种属,石英含量为5%~20%。根据暗色矿物的种类可进一步分为角闪石石英正长岩、辉石石英正长岩和黑云母石英正长岩。

二长岩　为正长岩向闪长岩或辉长岩过渡的种属,大多数不构成独立岩体,多与正长岩类密切相伴。岩石中斜长石与碱性长石含量相近,斜长石的自形程度好于钾长石,暗色矿物含量约为30%,石英含量不超过5%。石英二长岩为二长岩向花岗岩过渡的种属,暗色矿物含量相对二长岩减少,而石英含量增多,占浅色矿物含量的5%~20%。

正长斑岩　正长斑岩是矿物成分相当于正长岩的浅成岩,通常具有斑状结构,斑晶主要为碱性长石(见图1-5-26),有时为角闪石、黑云母或辉石;基质颗粒细小,一般为细粒－微粒结构,主要由正长石组成,有时含少量石英。如果岩石不具有斑状结构,整个岩石呈微粒－细粒结构,称微晶正长岩。

图1-5-25　正长岩,手标本

图1-5-26　正长斑岩,手标本

碱性正长岩　岩石通常呈浅灰色,岩石多为半自形粒状结构,块状构造。由碱性长石和碱性暗色矿物组成,碱性长石含量很高,可达70%~80%,碱性暗色矿物为霓石、霓辉石、钠闪石等,次要矿物有富铁黑云母、普通辉石等。常见岩石类型有钠闪正长岩(由碱性长石和钠闪石、钠铁闪石等碱性暗色矿物组成)、英碱正长岩(由碱性长石、钠闪石、钠铁闪石、霓辉石、斜长石及石英组成,石英含量为5% ~10%)。

4)产状与分布

正长岩分布较少,一般不形成独立的岩体,常与花岗岩或偏碱性岩石共生,构成岩体的一部分;与花岗岩共生时常以花岗岩体的边缘相形式存在,与碱性岩共生时形成复杂的碱性岩杂岩体。如果形成独立的岩体,一般为小型岩盖、岩柱或岩脉,侵位于岩浆活动晚期。

2. 喷出岩——粗面岩类

1)一般特征

化学成分上,粗面岩类的化学成分相当于正长岩,SiO_2含量约为60%,碱含量较高,约为9%。岩石颜色较浅,一般为灰色、灰白色、浅褐黄色、浅绿色。具有斑状结构,基质多为隐晶质。岩石以出现大量碱性长石为特征,碱性长石在斑晶和基质中均可出现,浅色矿物斑晶多为透长石、正长石、歪长石,暗色矿物斑晶为黑云母、角闪石和辉石,基质主要由透长石或钠长石微晶构成,也可含有一些暗色矿物和斜长石。

粗面岩类常见的次生变化包括高岭土化、绢云母化、硅化等。粗面岩类在自然界分布远不如安山岩广泛,常与玄武岩、响岩等一起分布于大洋或大陆内部的深、大断裂带附近。

2)结构与构造

岩石常见斑状结构,基质结构种类较多,包括粗面结构、交织结构、玻基交织结构、正边结构、隐晶质结构等。斑晶常见暗化边结构、熔蚀结构等。

粗面结构 指基质中细条状的碱性长石微晶近平行定向排列,遇斑晶时,可绕过斑晶,是岩浆在流动过程中冷凝固结形成的。

正边结构 指碱性长石围绕斜长石斑晶边缘生长形成环边的现象,常见于粗面岩和粗面安山岩中。

常见构造有块状构造、气孔构造、流状或多孔与熔渣状构造。

3)主要岩石类型

粗面岩 粗面岩是成分相当于正长岩的喷出相岩石,多呈暗灰色(见图1-5-27),因断面粗糙而得名。岩石常呈粗面结构,有时可见斜长石边缘发育有一圈钾长石环边形成正边结构。粗面岩主要由碱性长石(含量占长石总量的2/3以上)和少量暗色矿物及斜长石(含量占长石总量的1/3以下)组成,斑晶成分有正长石、透长石、斜长石以及角闪石、黑云母、辉石等暗色矿物,暗色矿物含量一般不超过20%,基质主要由微晶透长石组成,可含少量暗色矿物。

石英粗面岩 是成分相当于石英正长岩的喷出岩,为粗面岩向酸性喷出岩(流纹岩)过渡的种属,以岩石中出现少量石英斑晶为特征,有时可见半自形或他形粒状的石英存在于长石颗粒之间或包裹长石微晶,形成显微嵌晶结构,有时石英与碱性长石交生,形成显微文象结构。

粗面安山岩 粗面安山岩是成分相当于二长岩的喷出岩,属于粗面岩向安山岩过渡的种属,简称粗安岩(见图1-5-28)。岩石常呈白、灰、浅黄或红色,斑晶主要由斜长石(通常为中长石、更长石)和暗色矿物组成,斜长石斑晶通常发育钾长石环边,形成正边结构。基质主要由斜长石及碱性长石组成,常含数量不等的玻璃质,构成交织结构和玻基交织结构。

图 1-5-27　粗面岩，手标本

图 1-5-28　粗面安山岩，手标本

碱性粗面岩　碱性粗面岩是成分相当于碱性正长岩的喷出岩，主要矿物包括碱性长石和碱性暗色矿物，碱性长石多为透长石、正长石、钠长石，有时含有少量似长石，当似长石含量大于10%时可过渡为响岩。岩石中不含斜长石或含量很低时，碱性暗色矿物可为霓石、霓辉石、钠闪石、钠铁闪石等。根据碱性暗色矿物的种类进一步命名为霓辉粗面岩、钠闪粗面岩等。

角斑岩　角斑岩因呈致密角岩状而得名，是一种海底喷发的富含钠质的中性喷出岩。岩石呈浅绿、浅褐色，斑晶主要是钠长石或酸性斜长石，暗色矿物斑晶很少，主要为黑云母、辉石、角闪石，多发生蚀变。基质为钠长石、钠更长石、绿泥石、绿帘石、方解石等，构成交织结构、粗面结构、隐晶质结构或霏细结构。角斑岩常与细碧岩伴生，构成细碧－角斑岩建造。

4）产状与分布

与玄武岩和安山岩相比，粗面岩分布要小得多，常与粗安岩、玄武岩等共生，分布于与深断裂有关的火山盆地中。由于粗面岩浆黏度较大，流动性差，一般形成小规模的熔岩流，有时也呈岩颈或侵出相岩钟产出。

单元四　酸性岩类（花岗岩－流纹岩类）

一、概述

酸性岩类常称为长英质岩类，以 SiO_2 含量高（>66%）、暗色矿物含量低（<15%）为特点。岩石主要由长石和石英组成，钾长石和酸性斜长石含量大于50%，石英含量大于20%，浅色矿物含量达85%以上。暗色矿物以角闪石、黑云母或两者的组合为主，可含少量辉石。副矿物主要有锆石、磁铁矿、磷灰石等。化学成分上，除 SiO_2 含量高外，酸性岩有较高的 K_2O 和 Na_2O 含量，平均为6%～8%，FeO、Fe_2O_3、MgO、CaO 含量较低。

酸性岩类以花岗岩为主，分布极为广泛，大陆上地壳约80%由酸性岩组成，是大陆地壳和大洋地壳区别的重要标志。酸性岩与大量重要矿产资源有紧密联系，如钨、锡、铜、铅、锌、金、稀土、沸石、萤石等。

酸性岩浆 SiO_2 含量高、黏度大、上侵速度较慢，常形成大的深成侵入岩体，喷出岩规模远小于侵入岩，常见的酸性岩石有花岗岩、花岗闪长岩、流纹岩、英安岩等。

二、常见酸性岩岩石类型

（一）酸性侵入岩——花岗岩类

1. 一般特征

花岗岩有狭义和广义之分。狭义的花岗岩专指 SiO_2 含量大于 66%，石英含量大于 20%，主要由石英、碱性长石组成的酸性侵入岩。广义的花岗岩即本书的花岗岩类，石英含量在 20% ~60% 的侵入岩都可称为花岗岩类。具体的岩石类型包括碱长花岗岩、正长花岗岩、二长花岗岩、花岗闪长岩和英云闪长岩等。

一些与花岗岩密切共生的中性侵入岩，如石英闪长岩、石英正长岩等，SiO_2 含量小于 66%、石英含量大于 5%，它们与花岗岩的矿物成分和化学成分并没有特殊的成因分界，也常认为属于花岗岩类。

花岗岩类岩石类型丰富，颜色较浅，常见肉红色、浅灰色、灰白色，浅色矿物达 85% 以上。碱性长石多为正长石或微斜长石，发育条纹结构；斜长石多为钠 - 更长石或更 - 中长石，常为半自形板状；石英常为烟灰色、白色，因结晶最晚，常呈他形充填于其他矿物之间。暗色矿物多为黑云母，其次为角闪石，黑云母呈半自形 - 自形片状，角闪石为半自形 - 自形棱柱状分布。辉石较少，可能为普通辉石和透辉石，紫苏花岗岩中存在紫苏辉石成分。常见副矿物有锆石、磷灰石、钛铁矿、榍石、电气石、萤石等。

2. 结构与构造

花岗岩常见花岗结构，块状构造。花岗结构是一种半自形粒状结构，岩石中副矿物和暗色矿物结晶最早，自形程度最好，斜长石次之，钾长石较差，石英最后结晶，呈他形充填于矿物的间隙中。花岗岩类的常见结构还有花斑结构、条纹结构、文象结构和蠕虫结构等，它们是石英和碱性长石交生的产物。

花岗岩多呈块状构造，侵入体一般较大，岩体中心的岩石成分较均一；岩体的边缘如果有围岩捕虏体，可能出现斑杂构造——暗色矿物在部分位置集中分布。

花岗岩类还可能出现一些特殊的构造，如球状构造、层理构造和晶洞构造。

球状构造是花岗岩的矿物组分围绕某一中心出现的韵律性变化的构造，一般中间成分偏基性，往边缘偏酸性。

层理构造通常是结晶时的岩浆层流作用所致，在花岗岩体的边部或顶部出现长石晶体或一些暗色矿物晶体近平行排列的现象。

晶洞构造一般形成于岩浆结晶的后期，因挥发分逸出或岩浆冷却时收缩形成空洞，后期热液沿空洞自边缘至中心形成晶簇，晶簇可能为石英、长石、电气石等。

3. 主要岩石类型

1）花岗岩

花岗岩呈浅灰色至肉红色，半自形等粒结构（见图 1-5-29）。主要矿物成分为石英（20% ~50%）和长石（60% ~70%）（见图 1-5-30），斜长石一般为半自形，钾长石自形程度低于斜长石，石英呈他形。暗色矿物为黑云母、角闪石，可有少量辉石，含量 5% ~10%，副矿物含量 1% 左右，常见锆石、榍石、磁铁矿、钛铁矿等。暗色矿物和副矿物自形程度好于浅色矿物。斜长石常具有聚片双晶，微斜长石常具有格子双晶。斜长石与钾长石含量近于相等时，称为二长花岗岩。

图 1-5-29　花岗岩，手标本

图 1-5-30　花岗岩，正交偏光

2) 花岗闪长岩

花岗闪长岩呈灰绿色－暗灰色（见图 1-5-31），暗色矿物比花岗岩多，颜色比花岗岩稍深，半自形粒状结构、等粒结构或似斑状结构。主要矿物成分为石英、斜长石、钾长石和暗色矿物（见图 1-5-32）。石英含量 20%～25%，低于花岗岩；长石绝大部分为斜长石（中长石），占 65% 以上，可达 85% 以上，斜长石环带结构发育，含量明显多于钾长石。暗色矿物以角闪石为主，也常见云母，可含少量辉石。常见副矿物有榍石、磷灰石、磁铁矿、锆石、独居石等。

图 1-5-31　花岗闪长岩，手标本

图 1-5-32　花岗闪长岩，正交偏光

花岗闪长岩常与花岗岩伴生，常见于花岗岩体的中心或边缘相，也可呈现独立的岩体，有时形成较大的岩基。如我国青海东昆仑山分布大面积的花岗闪长岩。

3) 英云闪长岩

英云闪长岩主要组成矿物为斜长石（中长石、更长石）和石英、黑云母。斜长石环带发育，占长石总量的 60% 以上，可含少量碱性长石（含量不足长石总量的 10%）。暗色矿物主要为黑云母，可含少量角闪石和辉石。常见副矿物有磷灰石、榍石、磁铁矿等。

英云闪长岩是介于闪长岩和花岗闪长岩之间的过渡岩石，与石英闪长岩相比，其石英和云母相对富集。常以辉长岩、苏长岩等的边缘相产出或形成小岩体，较少形成单独的大岩体。

4)花岗斑岩

花岗斑岩的矿物成分与花岗岩基本相同,具有斑状结构。主要矿物有钾长石、斜长石和石英;斑晶一般为石英和钾长石,石英晶形较好,钾长石通常为正长石或透长石;斑晶中也可有黑云母和角闪石,常具有暗化边结构。基质与斑晶成分相同,但通常为隐晶质或者微晶结构。若基质结晶为细粒-中粒,岩石为似斑状结构,称为斑状花岗岩。

5)更长环斑花岗岩

更长环斑花岗岩是花岗岩的特殊变种,具有特殊的更长环斑结构,呈现红色或灰色。更长环斑结构的斑晶为球形-卵形的钾长石外围环绕更长石环或钠-更长石环;其中的钾长石斑晶为单晶体,具有卡式双晶,或为不规则状、扇状晶体组成的集合体。

4. 产状与分布

花岗岩分布十分广泛,多呈岩基、岩株等大中型岩体产出,常与中性侵入岩共生构成中-酸性杂岩体;浅成相的花岗岩则多呈现岩墙、岩盖等小型岩体产出。大中型花岗岩体内部相带变化明显——中心相结晶较粗,岩性均一,多为块状构造;边缘相结构复杂,构造不均匀,常见细粒结构和斑状结构,常有斑杂构造;中心相和边缘相之间通常有过渡特征的过渡相。

(二)酸性喷出岩——流纹岩类

1. 一般特征

酸性岩浆喷出地表后,在地表低压、氧化的环境下快速冷凝,岩石常发育流纹构造,矿物常有高温氧化的特点。酸性喷出岩通常为绛红、肉红、灰黄等色,斑状结构;斑晶常为石英和长石,石英斑晶主要为高温β-石英(假象),熔蚀而呈浑圆状、港湾状;碱性流纹岩常含钠透长石、钠长石、歪长石,英安岩中常见斜长石;暗色矿物斑晶常为黑云母和角闪石,发育熔蚀结构和暗化边结构。常见副矿物有赤铁矿、磁铁矿、磷灰石等。

流纹岩分布面积广,常与熔结凝灰岩等共生。较多金属矿床与酸性岩浆有相关关系,如铅、锌、金、银等金属矿产及沸石、蒙脱石、高岭石等非金属矿产。

2. 结构与构造

常见为斑状结构,基质隐晶质或玻璃质,具有霏细结构、球粒结构或玻璃质结构,有时可见显微嵌晶结构和显微文象结构;成分主要为细粒-微粒状碱性长石和石英,玻璃质基质随时间推移会出现脱玻化现象。

霏细结构:浅色火山岩或浅成岩的一种结构,岩石由极细的、他形的粒状石英和长石的隐晶物质集合体所组成,不具有斑晶或具有少量斑晶,颗粒间界线模糊,形状不规则。

球粒结构:在玻璃基质中,针状和纤维状的长英质矿物集合体呈放射状排列,具有十字形消光,这种结构称为球粒结构。

构造包括流纹构造、气孔构造、珍珠构造和球粒构造等。

流纹构造也称流动构造,是由黏度较大的岩浆在流动过程中冷凝固结时,岩浆中不同组分拉长定向形成的。具体表现为不同颜色条带、矿物定向条带、雏晶定向排列的条带、拉长气孔定向排列等。流纹岩常见流纹构造,但不一定都具有流纹构造。

珍珠构造是由于黏性较大的酸性玻璃在凝结或水化时的张力,产生弧形及近同心圆形的裂纹,把玻璃质分割成许多小圆球体,受到风化作用时似珍珠状脱落,因此而得名。

3. 主要岩石类型

酸性喷出岩主要为斑状结构，基质为隐晶质或玻璃质，无法判断基质中的矿物组成，因而一般根据斑晶的主要矿物组合对酸性喷出岩命名。酸性喷出岩的主要代表岩石有流纹岩和英安岩，流纹岩主要斑晶矿物组合为石英和透长石，英安岩主要斑晶矿物组合为石英和斜长石。

常见的酸性喷出岩有英安岩、流纹岩、碱性流纹岩等。此外，还有一些玻璃质火山岩，岩石 80% ~100% 的成分为玻璃质，如珍珠岩、松脂岩、黑曜岩、浮岩等，它们在颜色、构造、含水性等方面有不同特征，也值得我们注意。

1）流纹岩

流纹岩是化学成分与花岗岩化学成分相当的火山岩，灰色 - 灰红色，斑状结构，流纹构造、气孔构造。斑晶常见碱性长石（透长石或正长石）和石英，可有斜长石；基质主要成分为碱性长石和石英，常见霏细结构、球粒结构或玻璃质结构。

2）碱性流纹岩

碱性流纹岩是化学成分与碱性花岗岩相当的火山岩，SiO_2 含量高（>72%），富碱（$Na_2O+K_2O>10\%$），斑状结构，有时为无斑隐晶质结构，基质为显微花岗结构、显微文象结构或玻璃质结构；斑晶主要为碱性长石（透长石或正长石）和石英，可含少量角闪石或辉石，可能出现铁橄榄石。

3）英安岩

英安岩指化学成分与花岗闪长岩、英云闪长岩相当的火山岩，灰白 - 深灰色（见图 1-5-33），斑状结构。斑晶主要为斜长石（中长石和拉长石）和石英，碱性长石少见，可有少量辉石、角闪石和黑云母等暗色矿物，斑晶多具熔蚀结构，有时可见熔蚀反应边结构；基质为玻基交织结构、玻璃质结构或霏细结构，主要矿物为微粒 - 细粒的长石、石英，可含少量黑云母和角闪石。与流纹岩相比，英安岩含较多斜长石斑晶；与安山岩相比，英安岩含石英斑晶。

4）石英角斑岩

石英角斑岩为灰白色，斑状结构，有时可见碎斑结构，Na_2O 含量较高（$Na_2O>K_2O$），是一种钠质的酸性火山岩。斑晶矿物主要为钠长石（含量可达 60% 以上）和石英，有少量的钾长石，铁镁矿物很少，不含碱性暗色矿物，基质为霏细结构、球粒结构、粗面结构和凝灰结构。岩石常见绿泥石化、绿帘石化、钠长石化和黝帘石化等蚀变。石英角斑岩常与细碧岩、角斑岩共生，构成细碧 - 角斑岩系，即形成于水域的玄武质 - 流纹质火山岩系。

5）珍珠岩

珍珠岩为深灰 - 黑色，具有珍珠构造，镜下可见同心状裂纹，有珍珠光泽，由玻璃质组成，可含少量的透长石和石英斑晶，珍珠球粒与周围胶结物颜色可能不一致。含水量为 2% ~6%。

6）松脂岩

松脂岩呈灰褐、黑、浅绿等色，有明显的松脂光泽，贝壳状断口，岩石主体由酸性玻璃组成，可有少量的雏晶或长石斑晶，可具球粒结构，含水量大于 6%。

7）黑曜岩

黑曜岩为黑色、深褐色（见图 1-5-34），致密块状，具有明显的玻璃光泽，贝壳状断口，岩石几乎由玻璃质组成,可含少量斑晶和雏晶,含水量小于2%。

图 1-5-33 英安岩,手标本

图 1-5-34 黑曜岩,手标本

8)浮岩

浮岩为灰黑色、白色、浅黄色等,几乎由玻璃质组成,大量蜂窝状气孔发育,可漂浮于水面上。浮岩是根据构造特征命名的,在基性火山岩中也有浮岩。

4. 产状与分布

酸性岩浆黏度较大,多呈中心式爆发相喷发,易形成火山锥;呈裂隙式喷发的溢流相酸性岩一般呈短而厚的岩钟、岩针产出,呈岩流或岩被产出时,通常厚度变化较大。我国的酸性喷出岩从前震旦纪到中生代都有产出,主要分布于东部尤其是东南沿海一带,常与安山岩类共生。

单元五 碱性岩类

一、概述

碱性岩类指的是 SiO_2 含量较低(约 54%)的硅酸不饱和岩石,但碱质含量很高,$K_2O + Na_2O$ 平均含量可达 13.5% ~15.6%,FeO、Fe_2O_3、CaO 和 MgO 含量均较低。从矿物成分上看,该类岩石以出现碱性长石、似长石和碱性辉石、角闪石与富铁黑云母为特征,不含石英。碱性岩在大陆表面分布较少,主要是一些小岩体、岩株、岩盆等,多呈碱性杂岩体产出,本单元只简要介绍几种常见的岩石类型。

二、常见碱性岩岩石类型

(一)霓霞岩

霓霞岩属于超基性的碱性侵入岩,贫硅(SiO_2 含量小于 45%),富碱($K_2O + Na_2O$ 含量为 5% ~10%)。岩石呈灰绿色、暗灰色,常具半自形粒状结构,块状构造,有时也见条带状构造和流动构造。主要矿物成分为霞石、霓石或霓辉石,霞石含量为 50% ~70%,易发生蚀变,常被钙霞石、白云母、方沸石等替代;霓石或霓辉石含量为 30% ~50%,可含少量碱性长石;常见副矿物主要有磷灰石、榍石和方解石等。

（二）霞石岩

霞石岩的成分与霓霞岩相当，属于超基性喷出相的碱性岩。常呈斑状结构或隐晶质结构（见图 1-5-35），气孔－杏仁构造。主要矿物为霞石、辉石或橄榄石，含橄榄石的称橄榄霞石岩，有时可含少量透长石。

（三）霞石正长岩

按照 SiO_2 的质量分数，霞石正长岩属于中性岩，其 SiO_2 含量介于 53%～66%，碱质偏高，K_2O+Na_2O 含量大于 10%，MgO、FeO、CaO 含量较低，因此岩石颜色较浅，一般呈浅灰色、肉红色，色率为 10～35。岩石常呈半自形粒状结构，块状构造或斑杂构造。主要矿物为碱性长石和霞石，碱性长石主要为正长石、歪长石、条纹长石、钠长石等；次要矿物有霓石、霓辉石、黑云母、钠闪石等。长石的自形程度较好，霞石常充填在板条状的长石颗粒间隙中，也可见碱性暗色矿物嵌布于长石晶体中，形成嵌晶结构。副矿物以含 Ti、Zr、Nb 的硅酸盐矿物为主，如锆石、独居石、褐帘石、黑榴石、榍石等。

（四）响岩

响岩是成分相当于霞石正长岩的喷出相碱性岩，岩石常呈浅绿色至浅褐灰色，常具斑状结构，以碱性长石、似长石和碱性暗色矿物为主要矿物，碱性长石以透长石为主，还可有歪长石、正长石、钠长石；似长石通常为霞石、白榴石、方沸石、黝帘石等；暗色矿物主要是碱性角闪石和辉石；副矿物可有磷灰石、锆石、磁铁矿、榍石等。根据岩石中似长石矿物的种类，可进一步分类命名，如霞石响岩、白榴石响岩（见图 1-5-36）等。

图 1-5-35　霞石岩，手标本

图 1-5-36　白榴石响岩，手标本

（五）白榴岩

白榴岩属于喷出相碱性岩，成分与霓霞岩相当，常具细粒结构或斑状结构，有时见气孔构造。岩石颜色较深，常为灰黑色，主要以白榴石和辉石作为斑晶，基质中也可有白榴石、霓石等矿物。

三、产状与分布

碱性侵入岩在自然界中很少见，属稀少岩类，多形成小岩体，如小岩株、岩盖、岩瘤等，一般呈碱性杂岩体产出；碱性喷出岩分布也很少，常沿断裂带分布，呈岩钟和小的岩瘤产出，岩体成分复杂，常与正长岩、基性或酸性岩伴生。

单元六　脉岩类

一、概述

所谓脉岩，是指常作为岩脉或岩墙产出的一类岩浆岩，往往充填于火成岩体的裂隙或附近的围岩中，属于浅成－超浅成的侵入岩，脉体长度远远大于宽度，一般脉体宽度在几厘米到几十米，而长度可达几米甚至几十千米以上。

根据矿物成分，脉岩类岩石可分为两类：一类脉岩的矿物成分与深成岩有关，通常与深成岩成分相似，称为继承性脉岩或未分脉岩，如花岗斑岩、闪长玢岩等；另一类脉岩的矿物成分则与深成岩成分差别较大，称为二分脉岩。二分脉岩可分为两种，一种是以浅色矿物为主要成分的浅色脉岩，如具有细晶结构的细晶岩、具有伟晶结构的伟晶岩；另一种是以深色矿物为主要成分的深色脉岩，最典型的就是具有煌斑结构的煌斑岩。本单元主要介绍煌斑岩、细晶岩和伟晶岩三类脉岩。

二、常见脉岩类岩石类型

（一）煌斑岩

在化学成分上，煌斑岩的 SiO_2 含量变化于超基性－中性岩的范围，一般为 28% ~54%，Fe_2O_3、FeO、MgO 以及 $K_2O + Na_2O$ 的含量都很高，因此通常颜色较深，且富含挥发分。岩石常见煌斑结构和全自形粒状结构及块状构造。煌斑岩主要由暗色矿物构成斑晶，如辉石、角闪石、黑云母、橄榄石等，浅色矿物如长石和似长石等自形程度较低，一般不形成斑晶。典型的煌斑结构指暗色矿物含量多，且斑晶和基质中的暗色矿物均呈完美的自形晶，浅色矿物一般以自形或半自形出现在基质中。

煌斑岩种类繁多，按照矿物成分可进一步分类命名，根据暗色矿物种属，可分为云母煌斑岩（斑晶主要为黑云母）、闪辉煌斑岩（斑晶主要为角闪石和透辉石）、碱性煌斑岩（斑晶主要为碱性辉石和碱性角闪石）；若岩石中能分辨出浅色矿物种属，可分为正煌岩（浅色矿物以碱性长石为主）、碱煌岩（含似长石）、斜煌岩（浅色矿物以斜长石为主）。

（二）细晶岩

细晶岩为酸性浅色脉状岩石，多呈白色、浅灰色、肉红色或黄色，具有典型的全晶质细晶结构，细小的矿物颗粒紧密镶嵌在一起（见图 1-5-37），岩石手标本似砂糖状。主要由浅色矿物组成，主要矿物成分为长石和石英，含量一般在 90% 以上，不含或含少量黑云母、角闪石或辉石等暗色矿物（含量小于 10%）。根据矿物成分可将常见的细晶岩划分为花岗细晶岩、闪长细晶岩、正长细晶岩、辉长细晶岩等，其中花岗细晶岩是最常见的一种细晶岩，因此一般细晶岩多指花岗细晶岩。

（三）伟晶岩

伟晶岩指由巨粒矿物组成的淡色结晶岩，常呈脉状，并成群产出。晶体颗粒粗大，粒度不均匀，矿物颗粒粒径一般大于 5 mm，个别的甚至以米来衡量或以吨来计算。岩石颜色较浅，一般为肉红色、灰白色，常具有伟晶结构，块状构造。主要由浅色矿物构成。与细晶岩一样，根据成分可将伟晶岩分为花岗伟晶岩、正长伟晶岩、霞石正长伟晶岩、辉长伟晶岩等，其中分布最广的是花岗伟晶岩(见图 1-5-38),花岗伟晶岩的矿物成分为石英、碱性长石、白云母、电气石等。与花岗伟晶岩有关的矿产多为稀土、稀有矿产,如绿柱石、铌钽铁矿、锂云母、褐帘石、黄玉等,具有较高的经济价值。

图 1-5-37 花岗细晶岩,正交偏光

图 1-5-38 花岗伟晶岩,手标本

三、产状与分布

脉岩分布广泛,常呈脉状、墙状、枝状及放射状产出,有时也呈岩脉群产出,单个岩脉宽几厘米至几十米,长几米至几十千米以上。脉岩的产出常与侵入岩体有关,常分布于岩体顶部或边缘,有时产出于岩体附近的围岩中;有的脉岩产出与深断裂带有关,可以与岩体分布无关。

单元七 岩浆岩的肉眼鉴定与描述

岩浆岩的肉眼鉴定在实际的野外工作中非常重要,本单元主要介绍岩浆岩肉眼鉴定的要点及描述方法。

在野外工作中,对岩浆岩体的研究,除观察、测量岩体的产状以及岩体与围岩的接触关系外,对岩性的肉眼鉴定一般从四个方面入手,即岩石的颜色、结构、构造和矿物成分及其含量,描述时还应注意岩石的次生变化。

一、颜色

岩浆岩的颜色中,由黑色和白色矿物组成的岩石,在观察手标本时,应注意观察岩石的整体颜色,并按两类矿物的相对含量来描述颜色,分别为黑色、灰黑色、深灰色、灰色、浅灰色、灰白色和白色。同时,还应注意区分新鲜面的颜色(原生色)和经过次生变化后风化面的颜色(次生色),原生色可较为真实地反映岩石的成分及形成环境,次生色则反映岩石经历的次生变化,因此尽量选择新鲜的面进行观察。

另外,要注意区分颜色和色率,色率指的是暗色矿物在岩石中所占的体积百分比,而颜色除与矿物组成有关外,还与产状(结构)有关。一般来讲,深成侵入岩的颜色深浅,是暗色矿物含量和浅色矿物含量比率的反映。如辉长岩、橄榄岩为深色;闪长岩为中色;花岗岩、霞石正长岩为浅色。浅成侵入岩的颜色深浅,多受矿物颗粒大小及结晶程度的影响,如微晶和隐晶质岩石比相同成分的深成岩颜色深。喷出岩的颜色深浅,则受到岩石成分、次生变化、结晶程度等多方面的影响。此外,还受强烈氧化燃烧作用的影响,如玄武岩类多呈黑、黑绿色,遭受蚀变后呈中绿 - 浅绿色;安山岩类呈深灰、暗紫 - 紫红色;流纹岩类呈浅灰 - 粉红色。

二、结构

对于岩浆岩结构的肉眼鉴定,主要观察矿物颗粒大小和晶体的自形程度以及形态。显晶质颗粒较粗的矿物可直接用尺测量,以 2 mm、5 mm 为界划分细粒、中粒、粗粒;对于肉眼和放大镜无法分辨颗粒者,可根据岩石的光泽、断口等特征进一步判断,具有瓷状断口、光泽暗淡者为隐晶质结构,具有贝壳状断口、玻璃光泽者为玻璃质结构。另外,根据矿物颗粒的相对大小,可描述为等粒结构、不等粒结构、斑状结构及似斑状结构等。按岩石中矿物的晶体形态,可描述为粒状、板状、柱状、针状、鳞片状等;按矿物颗粒的自形程度又可描述为自形、半自形以及他形。

对于一些具有显微结构的岩石,只有借助显微镜,才能定出其具体结构,如显微文象结构等。

三、构造

若岩石手标本各个部分在颜色、矿物成分等方面分布均匀,可描述为块状构造;若分布不均匀,出现杂乱无章斑驳的现象,则描述为斑杂构造;若出现成分、颜色的分层,可描述为条带状构造。对于喷出岩,可根据岩石是否发育气孔、杏仁体和流动构造分别描述为气孔构造、杏仁构造、流纹构造等。

四、矿物成分

在观察和描述岩石矿物成分时,应运用已有的矿物知识,鉴别并分别指出组成岩石的主要矿物(含量大于 10%)、次要矿物(含量在 1% ~10%)、副矿物(含量小于 1%)的矿物名称及其百分含量。对具有似斑状结构和斑状结构的岩石,应分别指出斑晶矿物和基质中矿物的名称及其百分含量。

目估矿物的百分含量对于初学者有一定难度,需多加练习并积累经验,观察时需选择岩石具有代表性的部位,首先估计整个岩石中浅色矿物和暗色矿物的比例,接着再对每种暗色矿物与浅色矿物的相对含量进行估计。对于颗粒较粗的矿物可采用统计法,具体做法是在手标本上选择一个有代表性的面,统计几条线上某种矿物所占长度与总长度的比例,求得一个平均值作为该矿物的百分含量。

估计完矿物的百分含量后,应按含量自多至少的顺序,分别描述每种矿物的颜色、形态、颗粒大小和物理性质等鉴定特征,一般按照先斑晶后基质的顺序。对于隐晶质和非晶质,由于肉眼无法分辨矿物成分,主要描述颜色、光泽和断口等特征。

五、次生变化

除了上述四个方面,在描述岩石时还应注意岩石是否发生次生变化,若有次生变化,需要进行描述,如橄榄石的蛇纹石化、伊丁石化,辉石、角闪石和黑云母的绿泥石化,长石的高岭土化、绢云母化等。

六、定名

根据岩石的产状以及观察的上述几方面特征，结合岩浆岩的分类命名原则，可给岩石进行初步的定名。岩浆岩的定名一般采用的格式为颜色＋次要矿物＋结构＋岩石基本名称。

七、岩浆岩肉眼鉴定描述实例

岩石呈暗灰色，较新鲜，中粒辉长结构，颗粒均匀，颗粒直径在 2～5 mm，块状构造。暗色矿物含量约占 50%，暗色矿物主要是辉石、角闪石和黑云母，浅色矿物含量约占 50%，主要为斜长石。

辉石为黑色－暗绿色，短柱状，玻璃光泽，粒径为 3～4 mm，含量约为 35%；黑云母为黑色，片状，珍珠光泽，粒径为 2 mm 左右，含量约为 5%；橄榄石为黄绿色，呈他形粒状，油脂光泽，粒径约为 3 mm，含量约为 10%；斜长石为白色至灰色，呈长板状，玻璃光泽，肉眼观察可见聚片双晶，含量约为 50%。

岩石定名：暗灰色中粒橄榄辉长岩。

■ 项目小结

1. 根据岩石中的 SiO_2 含量可将岩浆岩分为超基性岩、基性岩、中性岩和酸性岩。

2. 超基性岩指 SiO_2 含量小于 45% 的岩浆岩，主要矿物成分为橄榄石、辉石。深成侵入岩的代表岩石为橄榄岩，浅成侵入岩的代表性岩石为金伯利岩，常见的侵入岩主要有纯橄榄岩、橄榄岩、辉石岩、金伯利岩等，苦橄岩、麦美奇岩、科马提岩属于超基性喷出岩。

3. 基性岩中常见的深成岩为辉长岩、斜长岩，浅成岩为辉绿岩、辉长岩，喷出岩为玄武岩。

4. 中性岩类可分为钙碱性系列和碱性系列岩石，钙碱性系列常见岩石包括闪长岩、辉长闪长岩、石英闪长岩、闪长玢岩、安山岩等；碱性系列常见岩石有正长岩、石英正长岩、二长岩、正长斑岩、粗面岩、石英粗面岩、粗面安山岩、角斑岩等。

5. 酸性岩也称长英质岩石，属于硅酸过饱和岩石，常见岩石有花岗岩、花岗闪长岩、英云闪长岩、花岗斑岩、流纹岩、碱性流纹岩、英安岩、珍珠岩、黑曜岩。

6. 碱性岩指的是 SiO_2 含量较低的硅酸不饱和岩石，富碱，以出现碱性长石、似长石和碱性暗色矿物为特征，常见碱性岩有霓霞岩、霞石岩、霞石正长岩、响岩、白榴岩等。

7. 脉岩类常作为岩脉或岩墙充填于火成岩体的裂隙或附近的围岩中，属于浅成－超浅成的侵入岩，常见岩石有煌斑岩、细晶岩和伟晶岩。

■ 技能训练

1. 辉绿岩与辉长岩有何异同？

2. 花岗岩的主要矿物成分是什么？

3. 如何区分安山岩和玄武岩？

4. 侵入岩中，从橄榄岩类→辉长岩类→闪长岩类→花岗岩类，其主要化学成分、矿物成分、岩石色率是如何变化的?

5. 碱性岩类在化学成分、矿物成分上有何主要特点?

6. 什么是煌斑结构和煌斑岩?

7. 简述闪长岩类的一般特征及主要岩石类型。

8. 苦橄玢岩、苦橄岩、橄榄岩之间在产状上有何不同?

项目六　沉积岩总论

学习目标

掌握沉积岩的基本理论，学会观察和鉴定沉积岩的基本技能。掌握沉积岩的颜色、成分、结构、构造、命名、分类以及岩石性质的可能变化，为生产和生活实践中解决与沉积岩相关的地质工程问题奠定坚实的基础。

【项目导入】

自然界中岩石的种类很多，按照形成岩石的地质作用不同分为三大岩类。三大类岩石在成分、结构、构造及产状等方面各具特色，并在地表和地壳内部的分布情况也各不相同。地壳深处以岩浆岩和变质岩为主，沉积岩在地球表面分布最广泛。据统计，我国沉积岩分布面积占77.3%，在沉积岩中蕴藏着十分丰富的矿产，它们是重要的工业原料和建筑材料。沉积岩对油气勘探开发有重大的实践意义，在环保、基建、国防建设等方面具有重要影响，故有必要学习和认识沉积岩。

单元一　沉积岩的形成

一、沉积岩的概念

沉积岩是组成岩石圈的三大类岩石（岩浆岩、沉积岩、变质岩）之一。它是在地壳表层条件下，由母岩的风化产物、火山物质、有机物质等沉积岩的原始物质成分，经过搬运作用、沉积作用及沉积后作用而形成的一类岩石。

沉积岩在地球表面分布最广，占陆壳面积的75%，而海底面积几乎全部被沉积物所覆盖。但沉积岩体积只约占岩石圈体积的5%，岩浆岩和变质岩约占95%。沉积岩厚度变化很大，为0到几十千米，体现出地槽区厚、地台区薄的特点。自然界中沉积岩分布最广的是黏土岩（页岩、泥岩），其次是砂岩和石灰岩，它们占沉积岩总量的95%以上。

二、沉积岩的原始物质来源

沉积岩原始物质是多来源的，主要有母岩的风化产物、生物成因的沉积物、深部来源的沉积物和宇宙物质等。

（一）母岩的风化产物

母岩可以是任何早先形成的岩石（岩浆岩、变质岩和沉积岩），它为沉积岩提供原始物质。在母岩区，母岩通过物理作用或化学风化作用进行机械破碎和化学分解，形成各种风化产物。包括物理风化形成的矿物碎屑,化学风化中易于淋出元素形成的真溶液、胶体溶液、各种难溶及难于迁移的残留物质(主要是 Fe、Al、Mn、Si 等)和生物风化形成的土壤等,这些风化产物通过流水、风、冰川等地质营力作用,在沙漠、湖滨、河岸、三角洲和海滩等适当的场所沉积下来,为形成沉积岩准备和储存了大量的原始物质。

(二)生物成因的沉积物

生物成因的沉积物有生物生命活动及其遗体分解而成的有机物质。生物所提供的原始物质的数量仅次于母岩风化产物,特别是在碳酸盐岩、硅质岩和可燃有机岩中最为丰富。

(三)深部来源的沉积物

由火山爆发作用带到地表或水下的各种火山物质:①火山集块和火山角砾,直接降落到沉积盆地或降落后通过短距离的搬运再沉积到沉积盆地中;②细的火山碎屑和火山凝灰物质,包括火山玻屑和晶屑;③火山灰,火山喷发后可能在空中漂浮很远并沉积下来,以及沿着深部断裂流出地表或注入地下的热卤水、温泉、热气液等。

(四)宇宙物质

宇宙物质在沉积岩中所占比例虽少,但十分有意义,它是地质时期星际事件的记载,常见有陨石和宇宙尘埃。它们大小悬殊,从几十克到一千七百七十千克以至数十吨或更大,小者至微粒、尘埃。

三、沉积岩的形成

沉积岩的形成经历三个阶段,即沉积岩原始物质的形成,原始沉积物质的搬运、沉积及沉积分异作用和沉积物的成岩作用。原始沉积物质中以母岩的风化产物为主,故我们详述风化产物的搬运与沉积作用。

(一)风化产物的搬运与沉积作用

地表母岩风化后形成的碎屑物质、黏土物质及溶解物质等风化产物除少量残留在原地外,绝大部分将进入搬运状态向沉积盆地转移。搬运风化产物的自然营力是流水、风、冰川、重力及生物等,其中最重要的是流水的搬运作用。由于风化产物性质不同,其搬运和沉积方式不同。搬运分式可分为:机械搬运、化学搬运和生物搬运。其中碎屑物质、黏土物质通常以机械方式搬运,溶解物质则以胶体溶液和真溶液的方式进行搬运。

1. 机械搬运和沉积作用

搬运和沉积碎屑物质的流体主要是流水、风及重力等自然营力,碎屑物质通常以跳跃、滚动和悬浮的方式被搬运。

1)流水搬运和沉积作用

流体按流动特点有层流和紊流。层流是一种缓慢的流动,流体质点做有条不紊的平行线状运动,彼此不相掺混;紊流是一种充满了旋涡的急湍流动,流体质点的运动轨迹不规则,彼此相互掺混。

碎屑物质在流水作用下的搬运与沉积方式主要与水的流动状态有关,可以有层流、紊流、急流或缓流,同时还要受被搬运的碎屑颗粒大小、比重和形态的影响。

流水搬运作用的形式主要是牵引流的机械作用。碎屑颗粒在牵引流作用下沿河床表面以滚动、跳跃、悬浮方式做平行于底面的运动。砾石很难做长距离的搬运,多沿河底呈滚动式前进;砂粒在流水中常呈跳跃式前进;粉砂尤其是更细的泥级颗粒,一经流水搬运就长期悬浮于水体中，不易沉积下来，大多搬运到比较安静的水域中才慢慢地沉积。

颗粒粒径大于 2 mm 时，颗粒易沉积、难搬运，常滚动前进；颗粒直径为 2 ~ 0.05 mm 时，跳跃搬运，易搬运，又易沉积；颗粒直径小于 0.05 mm 时，不易搬运，也不易沉积。球状颗粒易沉积，片状颗粒不易沉积；比重大的易沉积，反之不易沉积。山区河流的流速大，可以搬运巨大的砾石；平原河流，如长江中、下游，流速不大，可以搬运大量的较细的碎屑物质。

碎屑物质在搬运过程中，由于颗粒之间的碰撞和摩擦，以及流水对颗粒的分选和化学分解，使其在矿物成分、粒度、分选性和形状上都要发生变化。一般随着搬运距离的变长，其粒度变细，圆度、球度增高，颗粒的分选变好，不稳定矿物逐渐减少，而稳定矿物相对增多。

机械沉积作用的基本规律是机械沉积分异，即沿着搬运方向被搬运颗粒按自身的粒度、比重和形状及矿物成分在重力作用下按一定顺序有规律地沉积下来。

粒度分异：碎屑物质从粗到细先后沉积（从砾—砂—粉砂—泥）；

比重分异：从比重大到比重小依次沉积（如金—黄铁矿—铬铁矿—石英）；

形状分异：粒状颗粒先沉积，片状颗粒后沉积。

2）风的搬运和沉积作用

在干旱的沙漠地区，风是主要的地质营力，起着侵蚀、搬运和堆积作用。风的搬运与流水搬运不同，只能搬运碎屑物质，而不能搬运溶解物质，搬运能力较流水要低，在同一速度下，它的搬运能力仅为水的 1/300。

在正常地面条件下，风的搬运方式中以跃移为主，其搬运量为总搬运量的 70% ~ 80%；推移量次之，约占 20%；悬移量最少，一般不超过 10%。跃移和推移的物质主要是粒径 0.2 ~ 2 mm 的砂，悬移的物质主要是粒径小于 0.2 mm 的碎屑物质。只有狂风时才能搬运砾石。

风搬运的碎屑物质分选性特别好，粒度均匀，圆度和球度较高，表面常有一些相互撞击而形成的麻坑，风成沉积物常堆积成沙丘和沙垄等地形。

3）冰川搬运和沉积作用

在极地和高山地区，冰川是搬运碎屑物质的主要地质营力。碎屑物质在冰川搬运过程中呈固着状态，且在冰体内不能自由转动和位移，不能相互作用，很难在搬运过程中受到改造。除了因冰体不同部分运动速度有所差异，使得某些粗大碎屑物质相互之间可以局部发生摩擦，或者在位于冰川底部和边部的碎屑物质可以和冰床基岩发生摩擦，产生磨蚀，还能在基岩和砾石的磨光面上产生特殊的冰擦痕——丁字痕。

由于冰川是固体介质，尽管其流速很慢，但其搬运能力很强，它可以将直径达数十米的巨大石块搬运很长的距离。冰川沉积物有冰碛和冰水沉积两大类。冰碛是冰川直接沉积的产物，是未经分选、磨圆度很差、不发育任何层理的泥砾混杂物。冰川融化后，冰融水将冰碛物搬运后再沉积下来的是冰水沉积。冰水沉积具有一定的分选和磨圆，砾石的排列有方向性并略显层理。

2. 化学搬运和沉积作用

化学搬运是搬运溶解物质的过程，母岩风化、剥蚀作用形成的 Al、Fe、Mn、Si 等的氧化物难溶于水，常呈胶体溶液被搬运；K、Na、Ca、Mg 等元素所组成的盐类，溶解度较大，常呈真溶液搬运。在河水或地下水中，这些氧化物和盐类向湖泊和海洋中转移，所以海洋是这些溶解物质沉淀的最主要场所。

1)胶体溶液搬运和沉积作用

胶体溶液的性质介于悬浮液和真溶液之间,胶体质点均带正或负电荷。带正电荷的为正胶体,如 Fe、Al、Cr、Ti、Zr、Ce、Cd 等的氢氧化物,Ca、Mg 等的碳酸盐;带负电荷的为负胶体,如 As、Sb、Cu、Pb、Hg、Cd 等金属硫化物,SiO_2、MnO_2、S、Au、Ag、Pt 以及黏土质和腐殖质胶体等。

胶体溶液在搬运过程中,当胶体的质点电荷被中和时,胶体粒子发生凝聚,形成较大的粒子,然后在重力影响下聚沉,形成胶体沉积物或岩石;当胶体具有相同符号的电荷时,因排斥力而避免颗粒聚集,从而有利于搬运。因此,陆地上的胶体进入海洋时,与海水的电解质作用发生凝聚而沉淀,可形成 Mn、Ni 等沉积矿产。

由凝聚作用而成的胶体物质称为凝胶。凝胶呈絮状、冻状、糊状,并含有大量的水分。凝胶逐渐失去水分,体积缩小,变得致密坚硬,就变成胶体沉积物,进而变成胶体成因的矿物和岩石,常呈钟乳状、肾状、豆状和鲕状、透镜状、结核状,具贝壳状断口。

2)真溶液搬运和沉积作用

真溶液搬运即易溶岩石及矿物成分溶解于水,以离子状态进行搬运。溶解在水中的元素主要是各种无机络合物(如 SO_4^{2-}、HCO_3^- 等)、低分子有机物络合物(如各种可溶有机质)、中性分子(如 O_2、H_2CO_3等)和简单离子(如 K^+、Na^+、Cl^-等),其粒子的直径大多小于 $10^{-9} \sim 10^{-8}$m,常将这种溶液系统称为(低分子)真溶液。

母岩风化产物中的 Cl、S、Ca、Na、K、Mg 等溶解物质,都呈离子状态溶于水中,都是真溶液物质;有时 P、Si、Al、Fe、Mn 等也可溶于水中,部分地呈真溶液状态。可溶物质的搬运,与溶解度、水介质的 pH 值、Eh 值、温度、压力及 CO_2含量等一系列因素有关。

溶解物质的溶解度控制着真溶液搬运和沉积作用。溶解度越大,越易搬运,越难沉积;溶解度越小,越易沉积,越难搬运。

Fe、Mn、Si、Al 等的溶解度较小,易于沉淀,在它们的搬运和沉积作用中,水介质的各种物理化学条件的影响十分重要。对于溶解度大的物质(如石膏、硬石膏、钠盐、钾盐、镁盐等)的搬运和沉积,水介质的影响不大。只有在蒸发条件下,它们才能沉积下来。

3)化学沉积分异

在元素呈真溶液及胶体溶液迁移的过程中,搬运和沉积的难易程度随时间和距离发生顺利沉淀而分离的现象称为化学分异作用或化学沉积分异作用。按照距离蚀源区由近至远和沉淀时间从早到晚的顺序,大致为氢氧化物和氧化物(Al、F、Mn、蛋白石)→磷酸盐(磷酸钙)→硅酸盐(海绿石、磷绿泥石)→碳酸盐(菱铁矿、菱锰矿、方解石、白云石)→硫酸盐及卤化物(土状萤石、天青石、石膏、硬石膏、钠盐、钾盐、镁盐)。

3. 生物搬运与沉积作用

在母岩风化产物的搬运与沉积过程中,生物起着重要的作用。不少的沉积岩和沉积矿产的形成都与生物作用有关,或完全由生物遗体堆积而成。例如碳酸盐、石灰岩、硅藻岩、白垩、磷块岩、油页岩、煤、石油等。

生物的搬运和沉积作用主要有两种方式:一种是直接作用,即生物的新陈代谢作用。生物在生命活动中不断地从周围介质中吸取一定的物质成分,从而把一些元素富集起来组成其肉体和骨骼,当生物死亡后,其遗体的堆积物就可以形成特殊的岩石或矿产。另一种是间接作用,由于生物作用而引起周围介质条件的改变,从而影响某些物质的搬运和沉积。如由

生物作用排出的 CO_2，对碳酸盐的溶解与沉淀有很大的影响；又如由生物作用排出的有机酸，可使水介质的 pH 值变低，从而使氧化铁更易于搬运。

（二）沉积岩的成岩作用与后生作用

通常所说的成岩作用，是指母岩的风化产物经搬运、沉积后，形成松散的、多半富含水的沉积岩原始物质，随着地壳表面不断下降，先生成的沉积物被埋藏后又被抬升至地表或接近地表的环境，最终使原始沉积物固结成岩石的过程。一般包括沉积物的压实作用、压溶作用、胶结作用、固结作用、重结晶作用、交代作用、淋滤作用、水合作用和生物化学作用等。

沉积岩形成后，在地壳运动的影响下，将会不断地发生变化。随着地壳的继续凹陷，沉积岩沉降到一定深度后，岩石将逐渐过渡为变质岩；当地壳隆起时，沉积岩逐渐接近地表，温度、压力逐渐降低，岩石将遭受风化破坏，进入表生作用阶段。沉积岩石形成后，直至遭受风化或变质以前所发生的变化，称为沉积岩的后生作用，这一阶段称为后生作用阶段（见图 1-6-1）。

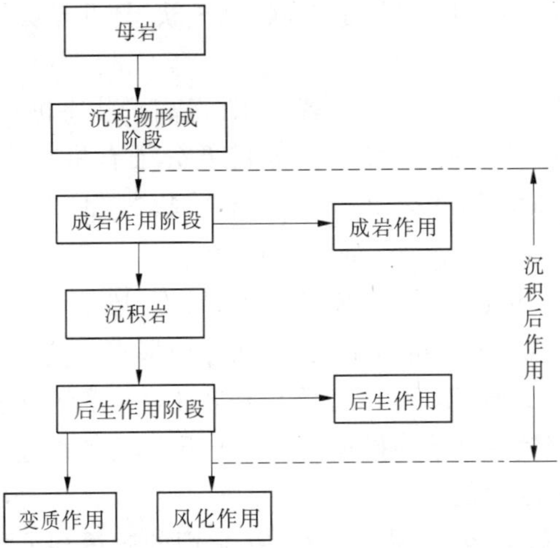

图 1-6-1　沉积岩成岩与后生作用阶段

单元二　沉积岩的物质成分与颜色

一、沉积岩的化学成分

沉积岩的原始物质主要是母岩的风化产物，而沉积岩的母岩基本是岩浆岩，所以沉积岩与岩浆岩的平均化学成分十分接近，但随沉积岩类型不同其化学成分也会有所变化，如一些石英砂岩或硅质岩中的 SiO_2 含量较多，而石灰岩则高度富含 CaO，其他 Al_2O_3、Fe_2O_3、MgO 等也明显富集在某些类型的沉积岩中（见表 1-6-1）。

表 1-6-1　沉积岩和岩浆岩的化学成分（按氧化物百分含量）　（%）

氧化物	沉积岩						岩浆岩
	石英砂岩	硅质岩	页岩	石灰岩	白云岩	铁质岩	
SiO_2	96. 65	92. 63	56. 35	1. 15	0. 28	4. 21	59. 12
TiO_2	0. 17	0. 09				0. 12	1. 05
Al_2O_3	1. 96	1. 41	12. 27	0. 45	0. 11	1. 38	15. 34

续表 1-6-1

氧化物	沉积岩						岩浆岩
	石英砂岩	硅质岩	页岩	石灰岩	白云岩	铁质岩	
Fe_2O_3	0.58	2.67	7.08		0.12	37.72	3.08
FeO		0.26	1.91	0.26		7.27	3.8
MnO		0.8	0.19			0.18	0.12
MgO	0.05	0.33	1.56	0.56	21.3	1.68	3.49
CaO	0.08	0.11	0.27	53.8	30.68	22.49	5.08
Na_2O	0.05	0.16	0.66	0.07	0.33	0.01	3.84
K_2O	0.27	0.42	5.02		0.03		3.13
P_2O_5		0.03	0.31			1	0.3
CO_2	5.38						0.1
H_2O	3.23						0.3

沉积岩的化学成分特征如下：

（1）沉积岩中铁的含量大体和岩浆岩中相等，沉积岩中 Fe_2O_3 的含量多于 FeO，但在岩浆岩中多半是 FeO。这是因为沉积岩是在有充分自由氧的条件下形成的，沉积岩出露地表经受风化作用时，受到了强烈的氧化作用而将大部分铁元素氧化成高价铁。

（2）沉积岩中碱金属含量远低于岩浆岩，尤其是 Na 的含量。

①在沉积岩中 Na_2O 的含量少于 K_2O 的含量，因为 Na 在地表条件下易于从母岩中析出，大量流失进入到海水中。

②沉积岩中含量：$Al_2O_3 > Na_2O + K_2O + CaO$，而在岩浆岩中含量：$Al_2O_3 < Na_2O + K_2O + CaO$。

③沉积岩中 CaO 含量多于岩浆岩中的含量，这与生物作用有关。

（3）沉积岩中富含 CO_2 和 H_2O，而在岩浆岩中它们的含量很低。因为地表环境富含 H_2O 和 CO_2，所以沉积岩中 H_2O 和 CO_2 的含量也明显比岩浆岩中的高。

（4）存在大量有机质是沉积岩与岩浆岩最重要的区别之一。有机质在地表分布广泛，具有特殊的化学性质，往往富集各种元素，而且自地球发展以来，有机质的总量在不断地增加。

二、沉积岩的矿物成分

（一）沉积岩的矿物成分特点

沉积岩中已知的矿物达 160 种以上，常见的只有 20 余种。沉积岩的矿物成分继承了母岩岩浆岩的成分，但二者仍有区别，其主要特点如下：

（1）高温矿物罕见。橄榄石、普通辉石、普通角闪石等铁镁矿物及基性斜长石很少出现。这些矿物是在高温高压条件下形成的，转入地表常温常压条件下则不稳定。

（2）低温矿物富集。钾长石、酸性斜长石和石英在沉积岩中广泛存在。这些矿物形成于岩浆岩作用的晚期，在地表环境中比较稳定，在沉积岩中的含量也较多。

（3）沉积岩中特有的自生矿物。氧化物和氢氧化物、黏土矿物、盐类矿物、碳酸盐矿物等，它们是在地表的常温、常压并富含 O_2、CO_2、H_2O 的条件下生成的，又称为自生矿物。

(二)沉积岩的矿物成分分类

按照矿物的形成原因，沉积岩中的矿物可划分为他生矿物、自生矿物和次生矿物。

他生矿物　是在沉积岩的形成作用开始之前就已经生成或存在的矿物。他生矿物主要是陆源碎屑矿物。陆源碎屑矿物是对母岩矿物的继承，母岩以晶体碎屑或岩石碎屑形式供给沉积岩，例如来自花岗岩、花岗片麻岩等母岩的石英碎屑、长石碎屑、云母碎屑等。

自生矿物　是在沉积岩的形成作用过程中，以化学或生物化学方式新生成的矿物。沉积岩中常见的典型自生矿物有黏土矿物、方解石、白云石、海绿石、石膏、铁锰氧化物或其水化物等；其次是黄铁矿、菱铁矿、铝的氧化物或氢氧化物等。沉积岩中的有机质也属于自生矿物范畴。

次生矿物　是沉积岩遭受风化作用而形成的矿物。如由海绿石或黄铁矿风化所产生的褐铁矿，由碎屑长石风化而成的高岭石等。

三、沉积岩的颜色

颜色是沉积岩重要的直观特征之一，它不仅反映岩石本身的物质成分、沉积环境及成岩后的次生变化，还可作为地层划分与对比依据，是推断沉积环境的重要标志之一，而且对鉴定岩石具有重要的意义。

(一)沉积岩颜色的成因类型

沉积岩的颜色按成因分为原生色和次生色。原生色又进一步分为继承色和自生色。

1. 原生色

继承色　主要取决于岩石中母岩的颜色，常为碎屑岩所具有，如长石砂岩(见图1-6-2(a))呈红色是继承了母岩矿物碎屑岩中红色长石颗粒的颜色。

自生色　是由自生矿物的颜色决定的，为大部分黏土岩所具有。

原生色是由原生矿物或有机质显现的颜色，分布比较均匀、稳定，且与岩层的界线一致。例如海绿石石英砂岩，呈现绿色；碳质页岩(见图1-6-2(b))，呈现黑色等。原生色常是在较浅埋藏条件下形成的，通常能作为识别沉积环境的重要标志。

(a) 长石砂岩，手标本　　(b) 页岩，手标本

图1-6-2　沉积岩的原生色

2. 次生色

次生色是由于次生矿物产生的，如在露头上海绿石砂岩常被风化成黄褐色、褐红色呈现出的暗褐色条带。

次生色是在沉积岩形成后由于次生变化而产生的，所以次生色常沿裂隙和破碎带分布，切穿层理、分布不规则。次生色除特殊情况外，多是在沉积物固结以后才出现的，只与固结以后的条件有关。因此，描述颜色必须观察岩石的新鲜面，区别原生色和次生色。

(二)沉积岩颜色的成因

决定岩石颜色的主要因素是它的物质成分,尤其是岩石中所含色素(染色物质)。沉积岩的颜色多半是由含铁质化合物或含游离碳等染色物质造成的。

灰色或黑色　岩石含有机质(碳质、沥青质)或分散状硫化铁(黄铁矿、白铁矿)微粒时显现这种颜色,致色成分含量愈高,岩石颜色愈趋近黑色。这种颜色形成或保存于还原－强还原环境,又称还原色。

红、棕、黄色　岩石含高价铁氧化物或氢氧化物(赤铁矿、褐铁矿)时显现这类颜色。通常以高价铁化物为主时偏红或紫红;以高价铁氧化物为主时偏黄或褐黄。这种颜色又称氧化色,可准确地指示氧化条件。

绿色　多数是低价铁的矿物,如海绿石、绿泥石等。少数是含铜的化合物,如孔雀石。这类矿物中的铁离子有 Fe^{2+} 和 Fe^{3+} 两种价态,可代表弱还原或弱氧化条件。

白色或浅灰白色　当岩石中不含有机质、构成矿物(不论其成因)基本上是无色透明时,常为这种颜色。如纯净的高岭石、蒙脱石黏土岩、钙质石英砂岩、结晶灰岩等。

除上述几种典型颜色外,岩石可呈现各种过渡性颜色,如灰黄色、黄绿色等。泥质岩常含不等量的有机质,在成岩作用中,有机质含量会不断地降解而减少,一些有色的陆源碎屑物也常混入,所以泥质岩中常具有过渡颜色。而砂岩、粉砂岩、灰岩等的过渡色则主要取决于所含泥质的多少和这些泥质的颜色。

岩石的粒度和干湿度也影响岩石的颜色,但它们一般都不会改变颜色的基本色调,只会影响颜色的深浅、明暗。一般情况下,岩石粒度愈细或愈潮湿,观察面愈阴暗,颜色愈深;反之则愈浅。

单元三　沉积岩的结构与构造

一、沉积岩的结构

沉积岩结构是指组成沉积岩颗粒的性质、大小、形态及其相互关系。沉积岩的结构取决于岩石的形成方式,常见结构见表 1-6-2。

陆源碎屑结构　由机械破碎的陆源碎屑组成的岩石所具有碎屑结构(见图 1-6-3(a))。

火山碎屑结构　火山喷发的碎屑组成的岩石具有火山碎屑结构。

粒屑结构　机械作用形成的内源岩具有粒屑结构。

泥状结构　化学风化形成的陆源黏土组成的岩石具有泥状结构(见图 1-6-3(b))。

生物结构　生物作用形成的岩石碎屑结构,包括生物骨架结构和生物化石(见图 1-6-3(c))。

化学结构　由化学和生物化学作用形成的岩石具有结晶粒状(晶粒)结构(见图 1-6-3(d))。

二、沉积岩的构造

沉积岩的构造是指岩石中各个组成部分之间的排列和充填方式。它是沉积物在沉积期或沉积后通过物理作用、化学作用和生物作用形成的(见表 1-6-3)。

表 1-6-2　沉积岩主要结构类型

主要结构类型		特征
陆源碎屑结构		颗粒类型、粒度、分选性、磨圆度、形状、表面特征 胶结物 杂基
泥状结构		
粒屑结构		颗粒类型、粒度、分选性、磨圆度、形状、表面特征 亮晶胶结物 泥晶基质
火山碎屑结构		碎屑粒度、碎屑形态
泥晶结构		
生物结构	生物骨架结构	生物骨架
	生物化石	磨圆度
化学结构		粒度
残余结构	交代残余结构 重结晶残余结构	

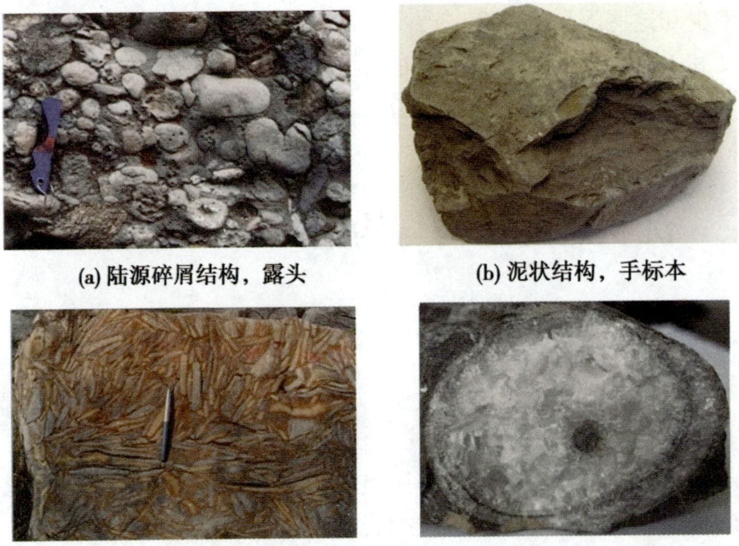

(a) 陆源碎屑结构，露头　**(b) 泥状结构，手标本**

(c) 生物结构，露头　**(d) 化学结构，手标本**

图 1-6-3　沉积岩结构

沉积岩的构造主要是通过露头研究，其次是通过岩芯观察、镜下观察来研究的。通过水箱模拟试验的研究，可以对沉积岩构造形成机理做出定性和定量的解释，有助于利用原生沉积构造恢复古沉积环境和岩相古地理条件，如古水流的水深、流速、流动方向、物源方向和砂体展布等。

（一）物理成因的沉积构造

物理成因的原生沉积构造，是由于沉积物在搬运和沉积时以及沉积之后不久，在流体流动、重力等物理因素作用下而产生的，包括层理构造和层面构造。

表 1-6-3 常见的沉积构造类型

物理成因的沉积构造		化学成因的沉积构造	生物成因的沉积构造
层理构造	水平层理 平行层理 交错层理 波状层理 粒序层理 韵律层理 块状层理 脉状层理和透镜状层理	晶痕、假晶 结核构造 鸟眼构造 缝合线构造	生物遗迹构造 生物扰动构造 叠层构造 植物根痕迹
层面构造	波痕构造 泥裂、雨痕、雹痕 槽模		

1. 层理构造

层理是碎屑岩最典型、最重要的特征之一，它是由沉积物的颜色、成分、结构或厚度等沿垂直方向变化而显示的构造。绝大多数层理都是在沉积作用中形成的，主要与流体的机械作用有关，称为沉积层理。极少数层理是在埋藏以后和固结以前通过机械重组或化学沉淀形成的，称为成岩层理。通常所说的层理，都是指沉积层理。

描述层理的基本术语有纹层、层系、层系组和岩层（见图 1-6-4）。

纹层（细层） 层理的最小层状单位。纹层具有明显的上下边界，内部颜色、成分或粒度比较均匀而不可再分。单一纹层的厚度很小，几毫米至几厘米，甚至小于 1 mm。同一纹层是在一定条件下同时沉积形成的。

层系（单层） 由一组成分、结构、厚度和产状相似的同类型纹层叠置而成。同一层系是在相同沉积条件下在一段时间内累积形成的。

层系组（层组） 由若干个相同或有成因联系的层系叠置而成。层系组是在相似沉积环境下生成的，其中间无明显的不连续。

层（岩层） 组成沉积地层的基本单位，其成分、结构、构造和颜色基本均一，上、下由明显的层面与相邻层分开。它是在较大区域内形成的岩石地质体。厚度变化很大，可包括一个或若干个纹层、层系甚至层系组。

并不是所有层理都可分出纹层、层系或层系组。其中，可以分出纹层或有纹理显示的层理称为非均质层理，如水平层理和平行层理、交错层理、波状层理、粒序层理、脉状或透镜状层理等；而分不出纹层或没有纹理显示的层理称为均质层理，如韵律层理、块状层理等。

1）水平层理

水平层理指纹层呈平面状，相互平行叠置且平行于层面。纹层可连续，可不连续。其厚度一般为 1 ~ 2 mm，在岩层各个方位的垂直断面上都有较密集的平行直线状纹理显示。在低能环境下，由悬浮物质沉积而成，故多在粉砂岩、泥质岩中比较发育（见图 1-6-5），是水流缓慢或静水条件下的沉积构造。如深水 – 海（湖）深水地带，浅水 – 潟湖、沼泽等。

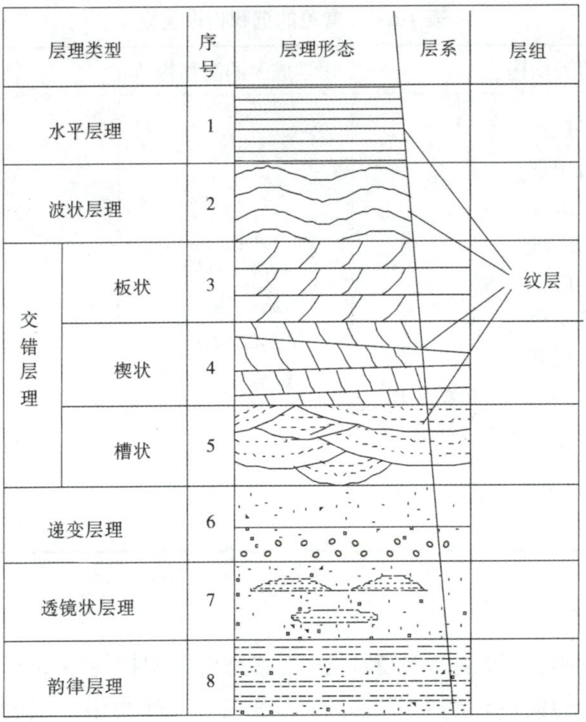

图 1-6-4　层理的组成单位

(a)　　(b)

图 1-6-5　水平层理，露头

2）平行层理

图 1-6-6　平行层理，露头

平行层理的外貌特征和水平层理相似，也由平面状纹层平行层面叠置而成，不同的是沉积粗，纹层厚度较大，分布范围较广（见图 1-6-6），构成粒度较粗，纹理常不如水平层理清晰。平行层理多产在粗砂岩、砂砾岩或粒度相当的其他岩石内，是在水体较浅、流速较快环境下形成的沉积构造，如河流、海滩等。

3）交错层理

交错层理是由一系列斜交于层系界面的纹层组成的。各层系之间可以是彼此重叠、交错、切割的方式组合。交错层理大多是定向水流作用的产物，水的流速对层系厚度有重要影响，流速愈大，所形成的层系厚度也愈大，交错层理还常被用来判断水的流向、指示岩层顶底方向。

交错层理根据层系界面的形状和性质,通常分成以下三种:

板状交错层理 各层系之间的界面均为平面且与层面平行,单个层系呈等厚的板状(见图1-6-7)。

(a)

(b)

图1-6-7 板状交错层理,露头

楔状交错层理 各层系界面为平面,但不互相平行,层系不等厚而呈楔状,其内纹层与板状交错层理相似(见图1-6-8)。常见于海、湖浅水地带和三角洲沉积区。

图1-6-8 楔状交错层理,露头

槽状交错层理 层系界面呈弧状,纹层不同方位的断面上,曲面下凹的程度不同,一般在垂直流向的断面上比在平行流向的断面上显示更强的下凹状态。层系内的纹层多呈下凹的曲面,通常与层系界面斜交(见图1-6-9)。大型槽状交错层理层系底界冲刷面明显,底部常有泥砾,多见于河流环境中。

图1-6-9 槽状交错层理,露头

上述三类交错层理反映了水流强度逐渐递增的序列。

在交错层理的相邻层系中,纹层的倾斜方向一般都是相同的,但有时相邻层系内纹层的倾斜方向完全相反,且倾斜角度相近,显示羽状、人字形状、鱼骨状特征(见图1-6-10),是双向水流的标志,如涨潮流形成的前积层与退潮流形成的前积层交互生成。

4)波状层理

波状层理是指由许多呈波状起伏的纹层叠置在一起组成的层理类型。纹层呈对称或不

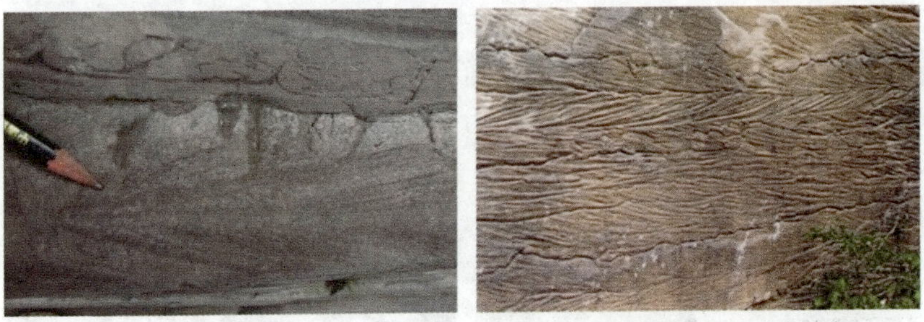

图 1-6-10　羽状交错层理，露头

对称的波状，但其总的方向平行于层面。波状层理是在水介质稍浅的环境，如海岸、湖滨、河漫滩，因沉积介质的波浪振荡运动或单向水流的前进运动所形成的，有时潟湖中也能见到。前者主要形成对称的波状层理，后者形成不对称的波状层理，同时叠覆层的相位错开（见图 1-6-11）。

图 1-6-11　波状层理，露头

5）粒序层理

粒序层理又称递变层理，没有任何内部纹层，由底向上至顶部在垂向上表现出颗粒大小的连续递变。在岩层断面上，按递变趋势，粒序层理可分为以下两种类型（见图 1-6-12）：

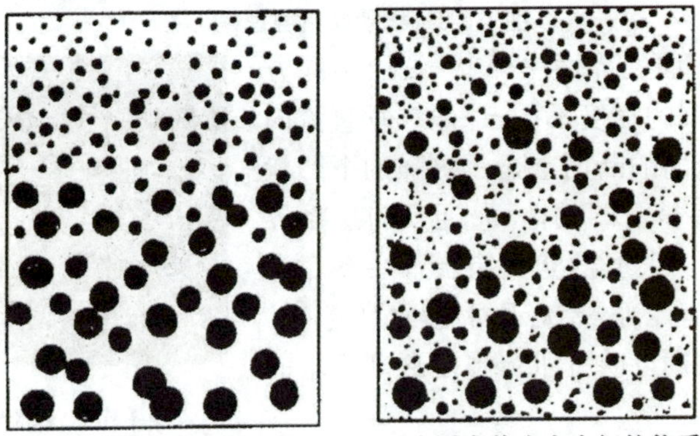

(a) 岩层内下部不含细粒物质　(b) 岩层内普遍含有细粒物质

图 1-6-12　粒序层理（据 H. E. 赖内克等，1973）

（1）颗粒向上由粗到细递变，下部不含细粒物质，它是由于水流速度或强度降低而产生沉积的结果，属于牵引流成因。

（2）细粒物质全层均有分布，即以细粒物质作为基质，粗粒物质向上逐渐减少和变细，它是由于悬浮体含有各种大小不等的颗粒，在流速减低时因重力分异而整体堆积的结果，属于浊流成因。大多数递变层理属于这种。

6）脉状层理和透镜状层理

这是砂、泥在交替沉积中形成的一种复合层理，主要发育在粉砂岩、泥质粉砂岩与泥岩、粉砂质泥岩互层的地层中。脉状层理又称压扁层理，其主要特征是沉积物以砂为主，泥呈脉状夹在砂质沉积物中（见图1-6-13(a)）。透镜状层理相反，沉积物以泥为主，砂呈透镜状夹在泥质沉积物中（见图1-6-13(b)）。这种复合层理的形成说明沉积环境有砂、泥供应，水流强度有间歇性变化，是在砂和泥相间沉积的潮汐条件下形成的。若流速总体较高则形成脉状层理；相反，若流速总体较低则形成透镜状层理。在岩层中，脉状层理和透镜状层理常常共生、相互过渡。

(a) 脉状层理

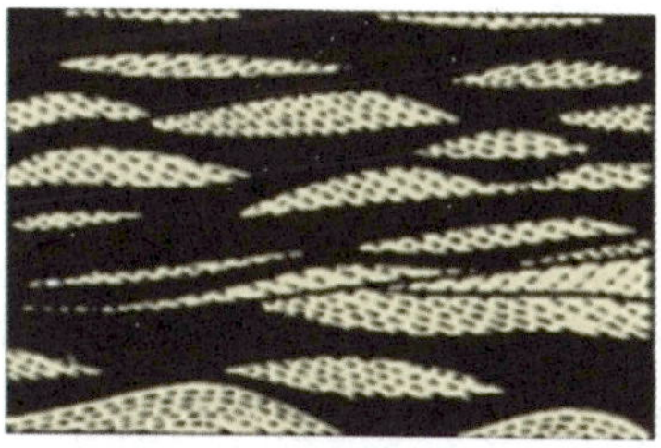

(b) 透镜状层理

图1-6-13　脉状层理和透镜状层理

7）韵律层理

韵律层理是由成分、结构、颜色等不同的薄层做有规律的重复出现构成的层理。它主要是由物质搬运或产生方式有规律地发生交替变化造成的，例如潮汐环境和季节变化均会产生韵律层理。常见的韵律层理成分通常由砂或粉砂－泥质、碳酸盐－泥质（见图1-6-14）、硅质－泥质、碳酸盐－硅质等相互交替。当成分交替与颜色交替同时显现时，则反映了沉积环境、气候条件、物质供应反复变化。

图1-6-14　碳酸盐岩与泥岩互层，露头

8）块状层理

块状层理又称均质层理，是一种外貌大致呈现均质，不具任何纹层构造的层理。其特点是内部物质均匀，组分和结构都无分异现象。其成因常见有：环境条件长期稳定不变，沉积物是完全均匀累积起来的，或由具极高密度的碎屑物重力流或密度流快速卸荷，各种成分和粒度的颗粒来不及分异都同时沉积下来，也可以是其他层理经成岩作用改造形成的。生物

强烈扰动使沉积物原生层理完全混合破坏,形成均质层理,这种现象常见于浅海和三角洲沉积中。

2. 层面构造

在岩层表面呈现出来的各种沉积构造的痕迹,称为层面构造。它常常标志着岩层的特性,反映岩石的形成环境。层面构造有的保存在岩石层面上,如波痕、泥裂、雨痕等;有的保存在岩层的底面上,特别是砂岩底面铸模构造,如槽模、沟模等。

1)波痕

由风、水流或波浪等在砂质沉积物表面运动形成的一种波状起伏的构造,称为波痕,常见于砂岩、粉砂岩、泥质岩和某些碳酸盐岩的层面上,而在黏土岩和砾岩中见不到波痕。描述波痕形态常使用四个定量要素(见图1-6-15),在垂直波脊延伸方向的断面上它们分别是:

波长(L)　指相邻两波峰或波谷间的水平距离。

波高(H)　指波峰与波谷之间的高差。

波痕指数(RI)　指波长与波高的比值(L/H),表示波痕相对高度及起伏情况。

不对称指数(RSI)　指同波峰或波谷缓坡面与陡坡面的投影距离的比值,表示波痕的不对称程度。

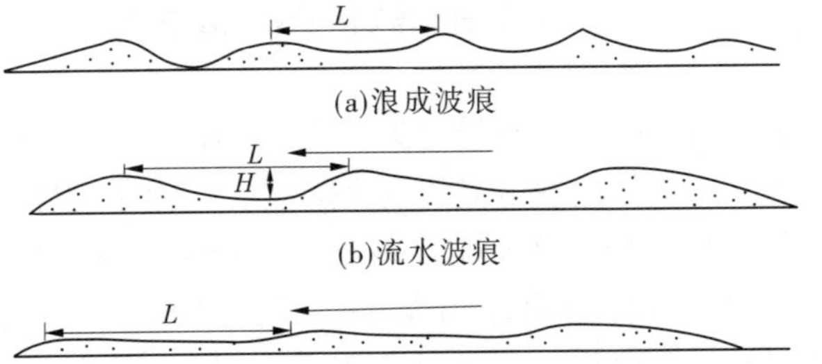

图1-6-15　不同类型波痕示意图

波痕按成因可分成流水波痕、浪成波痕和风成波痕三种基本类型:

流水波痕　由定向流动的水流形成,见于河流和存在底流的海湖近岸地带(见图1-6-16(a)、(b))。波峰、波谷均圆滑,呈不对称状,不对称指数 $RSI>2$,波痕指数 $RI>5$,陡坡倾向指示水流方向,波谷比波峰粗。

浪成波痕　由产生波浪的动荡水流形成的波痕,常见于海、湖浅水地带(见图1-6-16(c))。有对称和不对称形,对称波痕波峰尖锐、波谷圆滑、波脊多平直,部分分叉,波痕指数 $RI=4\sim13$;不对称波痕与流水波痕类似,峰谷均圆滑,不对称指数 $RSI=1.1\sim3.8$,波痕指数 $RI=5\sim16$。

风成波痕　由定向风形成,常见于沙漠、海、湖滨岸的沙丘沉积中(见图1-6-16(d))。波峰、波谷圆滑开阔,呈不对称形,不对称程度比流水波痕更大,波痕指数 $RI=10\sim70$,陡坡倾向与风向一致,波峰粒度比波谷粗。

2)泥裂、雨痕、雹痕

沉积物露出水面(或在水面附近),处于大气中,表面逐渐干涸收缩,或者受到撞击而形

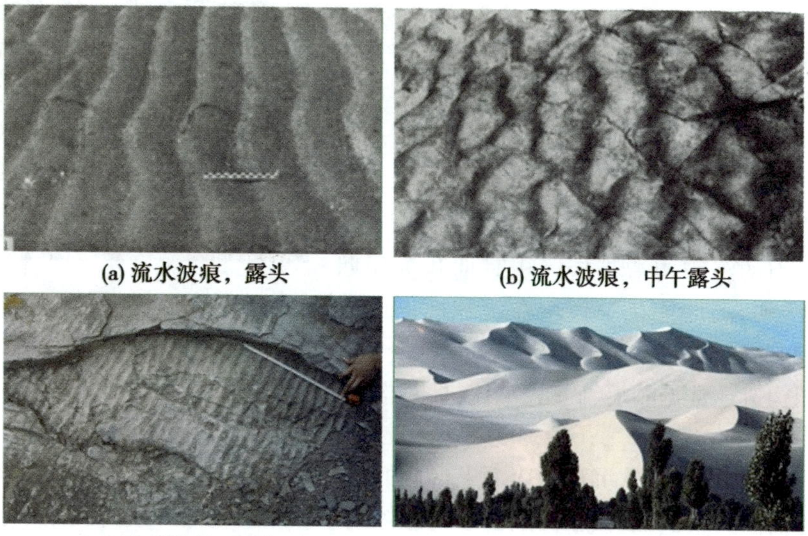

(a) 流水波痕，露头　(b) 流水波痕，中午露头

(c) 浪成波痕，露头　(d) 风成波痕

图 1-6-16　波痕构造

成的层面构造，统称为暴露构造。常在泥质岩、泥质粉砂或石灰岩中出现，具有指示沉积环境及古气候的意义。

泥裂（又称干裂）　是沉积物露出水面时因暴晒干涸所产生的收缩裂隙（见图 1-6-17(a)）。在平面上呈多角形或网格状龟裂纹，断裂面形状呈 V 字形，有时也呈 U 字形。常见于海（湖）滨岸、干涸池塘、废弃河道、泛滥平原及潮间带的沉积物表面。这些地区的泥裂通常和雨痕、冰雹痕等伴生。

雨痕　是雨滴在松软沉积物表面撞击出来的凹穴。单个凹穴大致呈圆形或椭圆形（见图 1-6-17(b)），直径多为 2 ~ 5 mm，深度多为 1 ~ 2 mm，凹穴边缘耸起，常略高于层面。雨滴过小、过细、连续降雨时间过长都不利于雨痕的形成，在偶有降雨的地方，雨痕易于保存。所以，雨痕常见于干燥与半干燥气候条件下的陆相沉积。

雹痕　与雨痕大体相似，区别在于雹痕较大、较深，且不规则，其边沿比雨痕更为参差不齐。

(a) 泥裂，露头　(b) 雨痕，露头

图 1-6-17　泥裂和雨痕

3）槽模

槽模是分布在砂岩（少数为粉砂岩）底面上的一种半圆锥形突起构造，它是浊流在尚未固结的软泥表面侵蚀冲刷的定向凹槽被砂质充填而成的。其特点是略对称、伸长状、起伏明

显，向上游一端具有较圆滑的球根状形态，而另一端则因呈倾伏渐趋层面而消失（见图 1-6-18）。槽模通常成群出现，大致相互平行，其长轴方向平行于浊流方向，突起一端指向上游，形状是确定古流向的可靠标志，也是深水浊流沉积的可靠标志。

图 1-6-18　槽模构造，露头

（二）化学成因的沉积构造

化学成因的沉积构造是指沉积时期和沉积期后由结晶、溶解、沉淀等化学作用在沉积面上或沉积物中形成的沉积构造。大多数化学沉积构造是在沉积物的压实和成岩过程中生成的，属于次生沉积构造。常见晶痕、假晶、结核、鸟眼构造和缝合线构造等。

1. 晶痕、假晶

在适宜条件下，在松软沉积物表面上形成的盐类和冰等物质的结晶体，后来由于溶融、溶解作用等而消失，在岩层接触面上留下与晶体大小和形态完全一致的晶体印痕即为晶痕。这些晶体被后来其他物质交代或晶痕被充填，可形成假晶。晶体印痕一般在泥质沉积物中容易保存（见图 1-6-19(a)）。

(a) 假晶，手标本　　(b) 结核，露头

图 1-6-19　假晶与结核

2. 结核

结核是岩石中自生矿物的集合体。这种矿物集合体是在成分、结构和颜色等方面与围岩有显著差别的不规则团块（见图 1-6-19(b)）。它主要是在未固结的沉积物中呈溶液状态的分散物质重新分配和集中，并逐渐增长而成的。常见于陆源碎屑岩、碳酸盐岩或古土壤的内部或层间界面上。结核形态常呈球状、椭球状、饼状或不规则状，有时也常见管状。它与围岩的界线一般是清楚的，但也有模糊、不甚清晰的。

按自生矿物成分，结核分为钙质结核、硅质结核、铁质结核、锰质结核和磷质结核。结核内部可以均一，也可呈放射状、同心状、菜花状、网格状等，某些钙质、硅质结核内部还有生物遗体或遗迹。通常，钙质结核主要存在于砂岩、粉砂岩和泥质岩（包括古土壤）中，硅质结核主要存在于碳酸盐岩中，其他成分的结核则可存在于各种沉积岩中。

按成因，结核可分为同生结核、成岩结核和次生或后生结核三种类型，以成岩结核最常见。

同生结核　是在大致与围岩沉积的同时形成的。常见的同生结核有硅质结核，现代海底有铁锰结核等。同生结核与围岩界线清晰，不切穿层理，而且层理围绕结核呈弯曲状（见图 1-6-20(a)）。

成岩结核　是在围岩固结过程中，物质重新分配形成的。这种结核有清晰或不清晰的边界，多切断围岩层理或保留有围岩层理的残余，偶尔也可受围岩层理的限制（见图1-6-20（b））。

次生或后生结核　是在围岩固结之后形成的，围岩层理完全被它切断，而不见层理弯曲现象，常分布于裂隙或层面附近（见图1-6-20（c））。

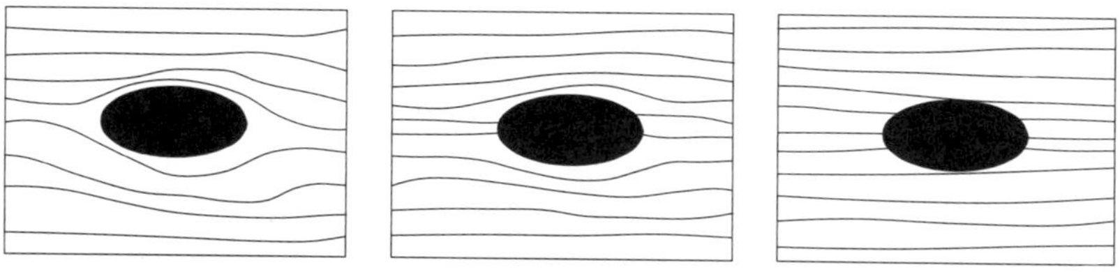

(a)同生结核　(b)成岩结核　(c)后生结核

图1-6-20　结核构造

3. 鸟眼构造

鸟眼构造主要出现在泥晶灰岩、微晶白云岩、球粒灰岩、粉屑、砂屑灰岩中的原生小孔洞，被亮晶方解石或石膏充填（见图1-6-21（a））。常出现在潮上带和潮间带上部的沉积物中。

4. 缝合线构造

缝合线构造是一种裂缝构造，常见于碳酸盐岩中，但也出现在石英砂岩、硅质岩及蒸发岩中（见图1-6-21（b））。

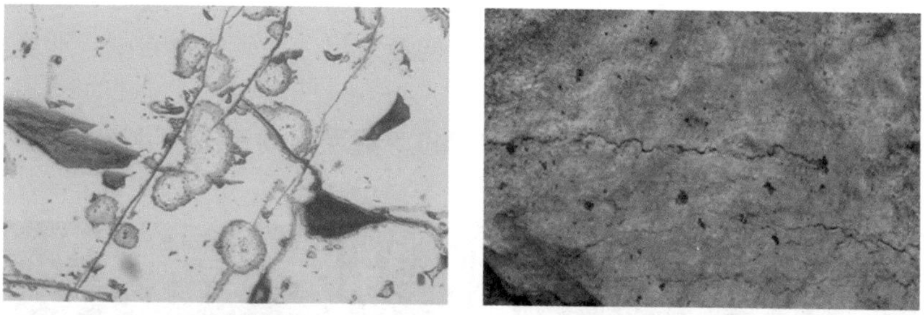

(a) 鸟眼构造　**(b) 缝合线构造，露头**

图1-6-21　鸟眼构造和缝合线构造

（三）生物成因的沉积构造

生物成因的沉积构造是指生物由于活动或生长而在沉积物表面或内部遗留下来的各种痕迹，包括生物遗迹构造、生物扰动构造、叠层构造、植物根痕迹等。

1. 生物遗迹构造

生物遗迹构造是指生物（动物）在沉积物表面或内部留下的生命体或生命活动的遗迹或痕迹，常称为痕迹或遗迹化石（见图1-6-22）。痕迹化石的组合包括停息痕迹、爬行痕迹、觅食痕迹、摄食痕迹等。痕迹化石是判断沉积环境的良好标志。

缓慢沉积时，生物有足够的时间挖掘沉积物，岩层被强烈扰动，原始纹层被破坏，保存有完好的觅食迹和钻孔；快速沉积时，动物群及其搅动的密度减小，岩层中纹层较好，具有逃逸构造及U形管穴。既没有底栖生物化石又没有痕迹化石时，才可以认为当时水底底层为缺氧环境。

图 1-6-22　**生物遗迹构造，露头**

2. 生物扰动构造

底栖生物的活动使原有沉积物层理遭受破坏，而形成不具有确定形态的生物扰动现象，称为生物扰动构造。经生物扰动后，原始沉积层可被轻微分割变形，变成斑块状，以致沉积物完全均一化（见图 1-6-23）。

图 1-6-23　**生物扰动构造，露头**

3. 叠层构造

叠层构造由两种基本层组成。当条件适宜时，藻类大量繁殖，所形成的纹层含有机质较多，称富藻层或暗层；当条件不适宜时，藻类基本处于休眠状态，所形成的纹层含有机质较少或不含有机质，称贫藻层或亮层。富藻层和贫藻层交替叠置所显示的形迹即称为叠层构造。叠层构造常出现在碳酸盐岩中。形成叠层构造的藻类个体仅几微米到几十微米。

具有叠层构造的岩石称叠层石（见图 1-6-24）。叠层石的形态变化多样，但基本形态有层状和柱状。

图 1-6-24　**叠层石，露头**

4. 植物根痕迹

植物根呈炭化残余或枝叉状矿化痕变出现。在煤系地层中特别常见，是陆相的可靠标志。植物根痕迹对识别淡水和微咸水环境是有价值的。

单元四　沉积岩的分类

一、沉积岩的分类原则

沉积岩分类的主要依据是岩石的成因、成分、结构、构造等。常以成因作为划分基本类型的基础，再以成分、结构、构造等特征作为进一步分类的依据。沉积岩的成因分类可从不同角度考虑：

（1）沉积作用方式不同，即沉积岩的形成是受物理（机械）作用还是化学作用和生物化学作用控制的，可将沉积岩分成碎屑岩、化学岩和生物化学岩等基本类型。

（2）沉积物来源不同，即是来自地球内部（如火山碎屑）还是地表风化产物，或者说沉积物是形成于盆地内部还是盆地外部，而分成内源沉积和外源沉积。

（3）沉积物堆积方式不同，即是搬运沉积的还是残积的。

（4）沉积岩生成的顺序（分异作用）分类。

（5）沉积岩形成时的动力条件和自然地理环境（海、河、冰川或风成的）分类。

二、本教材使用的分类

本教材按采用沉积物来源不同，将沉积岩分为如下类别（见表1-6-4）。

表1-6-4　沉积岩分类

物源 大类	火山源	陆源		内源		
	火山碎屑岩	陆源沉积岩		内源沉积岩		
		碎屑岩	泥质岩	蒸发岩	非蒸发岩	可燃有机岩
岩类	集块岩 火山角砾岩 凝灰岩	砾岩、角砾岩 砂岩 粉砂岩	高岭石黏土岩 水云母黏土岩 蒙脱石黏土岩 泥岩 页岩	石膏、硬石膏 石盐岩 钾镁盐岩	铝质岩 铁质岩 锰质岩 磷质岩 碳酸盐岩 硅质岩	煤 油页岩

（1）其岩石组成物质主要来源于沉积盆地之外，是在盆地之外生成的，包括母岩风化后形成的陆源碎屑物质和黏土物质及火山喷发作用形成的火山碎屑物质。

火山碎屑岩　按颗粒大小，火山碎屑岩类分为集块岩、火山角砾岩、凝灰岩。

陆源碎屑岩　按结构分为砾岩、砂岩、粉砂岩。

泥质岩　可根据其中主要黏土矿物的分类，分为高岭石黏土岩、蒙脱石黏土岩和水云母黏土岩，或根据岩石固结程度分为泥岩和页岩。

（2）组成岩石的主要物质直接来自沉积盆地的溶液或沉积场所的溶液内，是溶液中的溶解物质通过化学或生物化学作用沉淀的。这些物质有可能来自陆壳的化学风化，也可能是火山喷发或其他来源。但这些物质聚集于水盆地中后，水盆地就成为沉积物的来源。按照沉积作用的方式，此类沉积岩划分为两类：一类是非蒸发岩，这类沉积作用的方式比较复杂，既有化学、生物化学沉积，又常常受到机械作用和生物因素控制，在沉积期后过程中还有复杂的变化，所以按成分分为碳酸岩、硅质岩、铁质岩、磷质岩、铝质岩等五类；另一类是蒸发岩，它是由强烈的蒸发作用所引起的化学沉淀作用的产物。

项目小结

1. 沉积岩是地壳表层常温常压环境下形成的，多具成层构造，并有水、大气、生物作用的痕迹。

2. 沉积岩是外力地质作用形成的最终产物，外力地质作用包含风化作用、搬运作用、沉积作用、成岩作用等一系列作用。

3. 沉积岩中常见的他生矿物有石英、碎屑长石、碎屑云母、部分黏土等。沉积岩中的自生矿物有方解石、白云石、海绿石、石膏、铁锰氧化物，以及黄铁矿、菱铁矿、部分黏土等。

4. 沉积岩的颜色反映了岩石本身的物质成分、沉积环境及成岩后的次生变化，沉积岩的颜色还可作为地层划分与对比和推断沉积环境的重要标志。

5. 沉积岩中常见的结构有碎屑结构、泥质结构、化学结构、晶粒结构等。

6. 层理是沉积岩的特征性构造。可将层理分为水平层理、波状层理、交错层理等。交错层理又分为板状交错层理、楔状交错层理和槽状交错层理。

7. 递变层理、波痕、泥裂等沉积构造都出现于具有碎屑结构的岩层中，它们对于判别岩层的顶、底方向常有指示性意义。缝合线构造是石灰岩及白云岩中常见的沉积构造。

技能训练

1. 什么是沉积岩？沉积岩的原始物质是如何形成的？
2. 沉积岩的形成过程经历了几个阶段？
3. 沉积岩的化学成分和矿物成分与岩浆岩的有什么不同？
4. 沉积岩中典型的自生矿物是哪些？
5. 交错层理有几种类型？
6. 什么是结核？如何区别同生结核、成岩结核、后生结核？

项目七 沉积岩各论

学习目标

掌握常见沉积岩的基本特征、分类命名等基本知识，学会对沉积岩的观察与描述及鉴定的基本技能，了解典型岩石和典型结构构造的成因与相关理论。

【项目导入】

石灰岩为沉积岩的一种，约占沉积岩总面积的20%。许多建筑物建设在石灰岩地区，但由于石灰岩的特殊工程性质，导致这些建筑出现各种工程事故。石灰岩地区的主要工程问题是岩溶塌陷、土洞等，如武汉某住宅楼工程在建设过程中突然塌陷，造成道路、人员损失。另外，石灰岩也可作为水泥的原料，是水泥厂不可或缺的材料。这些和它的成分、结构、构造等因素相关。

沉积岩在工程实践中占据大部分，为保证建筑物安全及很好地利用沉积岩，就需要了解沉积岩的组成、结构及沉积岩的性质。

单元一 陆源碎屑岩

一、概述

陆源碎屑岩是指由原岩经过物理风化作用形成的碎屑物质，经机械搬运和沉积，进一步压实和胶结而形成的岩石，简称碎屑岩。

二、碎屑岩的物质成分

碎屑岩的物质成分是由碎屑物质和填隙物组成的，其中填隙物包括杂基和胶结物。

（一）碎屑物质

主要来源于沉积盆地之外，由大陆搬运来的碎屑。它占整个岩石组成的50%以上，是碎屑岩的主要特征组分。碎屑物质又可分为矿物碎屑和岩石碎屑。

1. 矿物碎屑

1）石英

石英是碎屑岩中分布最广的一种碎屑矿物，性质稳定，抗磨能力强。主要出现在砂岩及粉砂岩中（平均含量可达66.8%），由不同类型的母岩风化形成。

2）长石

长石在碎屑岩中含量仅次于石英，平均含量11.5%。长石主要来自花岗岩和花岗片麻岩。由于长石硬度低于石英，解理发育，属于不稳定矿物，在搬运过程中易遭到破碎和磨蚀，只有在气候干燥和快速堆积条件下，才能保存下来而不被分解。

3）云母

云母类矿物以白云母居多，属于稳定矿物，但易破碎成碎片，常分布于细砂岩、粉砂岩的层面上。黑云母易风化，不稳定，少见，一般出现在距母岩较近且成分复杂的砂岩中。

4）重矿物

重矿物在碎屑岩中含量很少，通常不超过1%，主要分布在粒径为0.25～0.1 mm的细砂岩中。重矿物性质稳定，种类也较多，因此可用来追溯母岩和进行地层对比。来自花岗岩中的重矿物主要是锆石、独居石、榍石、金红石和磷灰石，来自超基性岩浆中的有尖晶石、铬铁矿、橄榄石和辉石等，来自变质岩中的有石榴子石、十字石、蓝晶石、矽线石等。

2. 岩石碎屑

岩石碎屑简称岩屑，是母岩岩石直接破碎的产物，保留着母岩结构的矿物集合体，故可利用岩屑来推断母岩。岩屑反映了气候干旱、母岩风化不彻底、搬运距离近、沉积快的特征。若碎屑岩中岩屑含量高，说明岩石的成分成熟度低。岩屑多分布在粒径>0.1 mm的砂岩和砾岩中。成分成熟度也称矿物成熟度，指碎屑沉积物中碎屑成分与稳定成分极端富集的终极状态的接近程度。沉积物中相对稳定的碎屑成分含量愈高，其成分构成愈接近这个终极状态，它的成分成熟度也就愈高。因此，成分成熟度就可用沉积物中稳定性较高与稳定性较低的碎屑成分的含量之比来衡量，有时也单独用相对最稳定的碎屑矿物的含量来衡量。

（二）填隙物成分

在碎屑岩中杂基和胶结物都可作为碎屑颗粒间的填隙物，但它们的性质、成因以及对岩石所起的作用并不相同。

1. 杂基

杂基又称基质，是充填于碎屑颗粒之间的细粒的机械混入物。它们对碎屑也起胶结作用，其粒级以泥为主，可包括一些细粉砂。杂基的成分最常见的是高岭石、水云母、蒙脱石等黏土矿物，有时可见有灰泥和云泥。各种细粉砂级碎屑，如绢云母、绿泥石、石英、长石及隐晶结构的岩石碎屑等，也属于杂基范围。

碎屑岩中保留大量杂基，表明沉积环境中分选作用不强，沉积物没有经过再改造作用，从而不同粒度的泥和砂混杂堆积。在潟湖及湖泊的低能环境中形成的砂岩，以及洪积及深水重力流成因的岩石中都混有大量杂基，这正是不成熟砂岩的特征。

2. 胶结物

胶结物是把松散碎屑胶结起来的物质，它以化学沉淀方式形成于粒间孔隙中的自生矿物，在碎屑岩中的含量<50%。常见胶结物有泥质、硅质（石英、玉髓和蛋白石）、钙质（方解石、白云石）及铁质（赤铁矿、褐铁矿）等。此外，菱铁矿、硬石膏、石膏、黄铁矿以及高岭石、水云母、蒙脱石、绿泥石等也可作为碎屑岩的胶结物。

肉眼观察时，一般凭借岩石的颜色、硬度和与盐酸的反应等可做初步判断。如铁质胶结的岩石呈橘红色；钙质胶结的岩石呈灰白色，滴稀盐酸起泡；硅质胶结的岩石坚硬，小刀刻划不动；黏土胶结的岩石较松散。

三、陆源碎屑岩的结构

(一)碎屑颗粒的结构

碎屑岩的结构包括碎屑颗粒本身的特点(粒度、圆度、球度、形状以及表面特征)、胶结物的特征(如结晶程度、颗粒大小)以及碎屑颗粒与胶结物之间的关系(胶结类型)。

1. 碎屑颗粒的大小(粒度)

碎屑颗粒的大小称为粒度。粒度是以颗粒直径(一般以长径或中径)来度量的。粒度是碎屑岩进一步分类的依据,又是做粒度测量进行成因分析的主要对象,故粒度是碎屑岩很重要的一个特征。由于工作性质和目的不同,各家所采用的粒度划分标准也不同。常用的有自然粒级标准和十进制标准(见表1-7-1)。

表1-7-1 常用碎屑岩的粒级划分

颗粒类型		十进制标准	自然粒级标准
大类	类	mm	mm
砾	巨砾	>1 000	>256
	粗砾	1 000 ~ 100	256 ~ 64
	中砾	100 ~ 10	64 ~ 4
	细砾	10 ~ 1	4 ~ 2
砂	巨砂		2 ~ 1
	粗砂	1 ~ 0. 5	1 ~ 0. 5
	中砂	0. 5 ~ 0. 25	0. 5 ~ 0. 25
	细砂	0. 25 ~ 0. 1	0. 25 ~ 0. 1
	微砂		0. 1 ~ 0. 05
粉砂	粗粉砂	0. 1 ~ 0. 05	0. 05 ~ 0. 01
	细粉砂	0. 05 ~ 0. 01	0. 01 ~ 0. 005
泥		<0. 01	<0. 005

碎屑岩由一种粒级组成的很少,往往由几种粒级的碎屑物所组成。碎屑岩中颗粒大小的均匀程度称为分选性或分选程度。碎屑岩的分选程度是不一样的,一般可粗略分为好、中、差三级。当主要粒度成分含量>75%时,或颗粒大小近乎相等者,称为分选性好;含量为50% ~75%时,称为分选性中等;没有一种粒级的碎屑物含量>50%时,称为分选性差。分选程度与沉积介质的性质、搬运距离等有关,搬运距离长则一般分选性好,粒度也变小。

碎屑岩中的碎屑结构,常根据碎屑颗粒的粒度分为砾状(角砾状)结构、砂状结构和粉砂结构等。

2. 圆度

圆度是指碎屑颗粒的棱和角被磨蚀圆化的程度,一般分四级:

棱角状 颗粒具尖锐的棱角,原始形状基本未变或变化很小。说明碎屑未经搬运或搬运极近。

次棱角状　碎屑颗粒的棱和角稍有磨蚀,尖角并不十分突出。一般说明碎屑经过了短距离搬运。

次圆状　棱角有显著磨损,碎屑的原始轮廓还可看出。说明碎屑经过了较长距离的搬运。

圆状　棱角已全磨圆,碎屑的原始轮廓已消失。说明碎屑经过了很长距离的搬运和磨损。

3. 球度

球度是指碎屑颗粒接近球体的程度。球度是颗粒三维空间的形状,三轴相等者球度最高,片状及柱状颗粒球度最低。

球度与圆度是两个不同的概念,球度高的颗粒(如晶形很好的石榴子石),其圆度不一定高;球度低的颗粒(如长柱状的角闪石其边、棱被磨圆了),其圆度可能高。球度不仅与搬运距离有关,更与矿物形态有关(如片状云母矿物的球度很低)。但一般对同种矿物而言,随着搬运距离的加长,其圆度和球度均增高。

4. 表面特征

碎屑颗粒的表面特征包括颗粒表面的磨光度和显微刻痕两方面。由表面特征可判断搬运和沉积介质的性质。如一般认为颗粒表面呈毛玻璃状的霜面是风力搬运的(但也有人认为是化学腐蚀的),冰川搬运的砂砾常有擦痕(有人认为河床砂砾也可造成擦痕);浊流搬运的颗粒表面常带有细小的刻痕。

(二)填隙物的结构

位于碎屑颗粒之间,对碎屑均可起胶结作用或充填作用的物质称填隙物。它包括杂基、化学胶结物和砂质充填物(对砾岩、角砾岩而言)。

1. 杂基的结构

杂基主要是指黏土和细粒碎屑物(粒径 <0.03 mm),它们一般是与碎屑物质一起机械沉积作用的,对碎屑也起胶结作用。由于它们颗粒非常细小,多为泥状结构,呈土状断口,光泽暗淡,颜色多样。

2. 胶结物的结构

胶结物是指碎屑颗粒和杂基之外的化学沉淀物质,在碎屑岩中含量小于 50%,它对碎屑颗粒起胶结作用,使之变成坚硬的岩石。

胶结物按结晶程度和晶体的排列组合关系分为(见图 1-7-1):

非晶质结构　蛋白石、磷酸盐、铁质等(见图 1-7-1(a))。

隐晶质结构　粒度极细,只有在显微镜下才能分出光性,如玉髓、隐晶质的磷酸盐。

显晶质结构根据晶体的排列方式可进一步划分为:

晶粒结构　胶结物呈粒状晶体,他形镶嵌,排列无定向。

再生(次生加大)结构　硅质胶结物沿碎屑石英颗粒边缘呈次生加大边,而且二者光性方位一致(见图 1-7-1(b))。

栉状结构(丛生结构)　胶结物呈纤维状或短柱状垂直碎屑颗粒表面生长。当胶结物围绕碎屑颗粒呈带状分布时则称为带状胶结(见图 1-7-1(c))。

嵌晶结构(连生结构)　胶结物结晶形成粗大晶体,将一个或数个碎屑颗粒包于其内部(见图 1-7-1(d))。

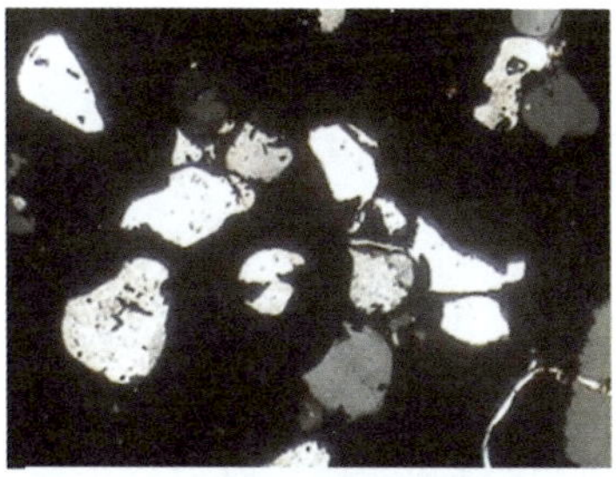

(a) 非晶质结构

(b) 次生加大结构

(c) 栉状结构

(d) 连生结构

图 1-7-1 胶结物结构

(三)胶结类型

碎屑颗粒与胶结物之间的相互关系和结合方式称胶结类型，而碎屑颗粒与胶结物之间的相互关系和结合方式习惯称支撑类型。支撑类型细分基质支撑和颗粒支撑。

胶结类型主要有以下几种：

基底胶结　胶结物含量较高，碎屑颗粒含量少，孤立地分散于胶结物中。颗粒不互相接触或只有少量颗粒彼此接触(见图 1-7-2(a))。在类似的情况下，如果岩石中分布的是基质而非胶结物，则称为基质支撑。

孔隙胶结　碎屑颗粒多，基质少，而多见胶结物，碎屑颗粒呈紧密相接，胶结物充填在粒间孔隙中(见图 1-7-2(b))。胶结物有原生的，也有次生的，颗粒与颗粒接触为颗粒支撑。

接触胶结　是孔隙式胶结的一种特殊方式，胶结物少，仅存在于颗粒与颗粒的接触处，颗粒之间的胶结物多数被淋滤或溶解而消失殆尽(见图 1-7-2(c))。

溶蚀胶结　由于胶结物溶蚀交代了碎屑颗粒，使颗粒的边缘呈湾港状(见图 1-7-2(d))。

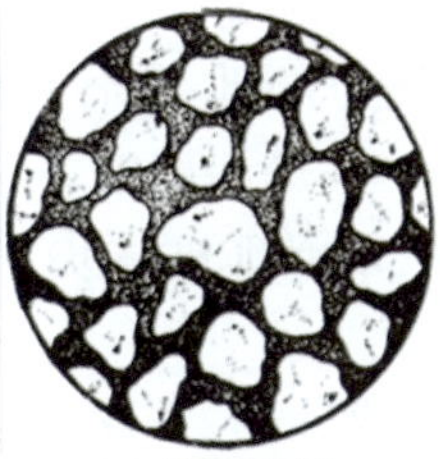

(a) 基底胶结

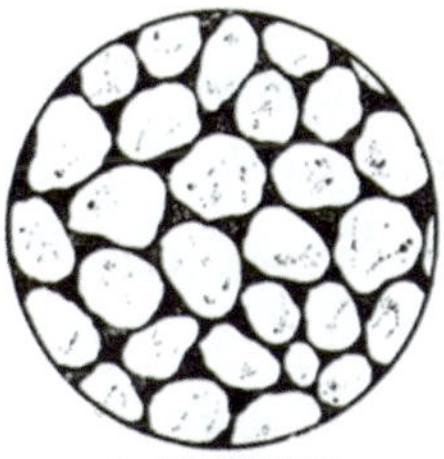

(b) 孔隙胶结

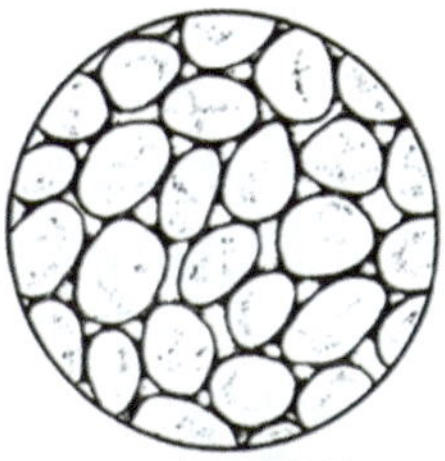

(c) 接触胶结

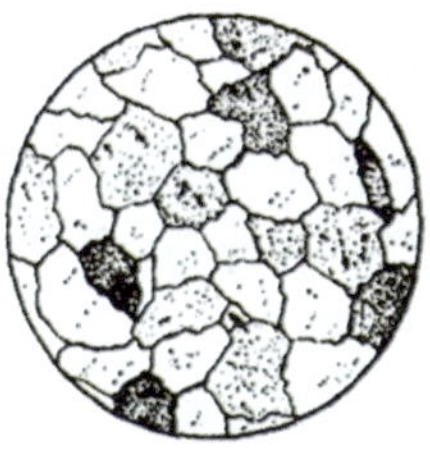

(d) 溶蚀胶结

图 1-7-2 胶结类型

四、常见碎屑岩的岩石类型

(一) 砾岩和角砾岩

1. 砾岩和角砾岩的一般特性

粒径大于 2 mm 的陆源碎屑颗粒含量在 50% 以上的岩石称为粗碎屑岩。根据粗碎屑颗粒的磨圆度分为砾岩或角砾岩(见图 1-7-3)。砾岩中碎屑组分主要是岩屑,只有少量的单矿物碎屑,基质为砂级以下的碎屑颗粒,包括石英、长石和岩屑。胶结物主要是碳酸盐矿物、次生加大石英和铁质等,重矿物极少或没有。

粗碎屑岩的粒度一般为中 - 粗粒,分选性较差,磨圆度为棱角状 - 圆状,表面可见擦痕、沙漠漆等表面特征。常见的构造主要是块状构造,有时见递变和交错层理。砾石可呈叠瓦状排列。

由于粗碎屑物质一般搬运不远,其成分明显受母岩性质的控制,岩性与下伏基岩或邻近物源区的母岩性质有关。

(a) 砾岩,露头　　(b) 角砾岩,露头

图 1-7-3　砾岩和角砾岩

2. 砾岩和角砾岩的分类

砾岩和角砾岩按其结构、颗粒大小、成分及成因等不同可进一步划分。

(1) 按碎屑圆度分为砾岩和角砾岩。圆状和次圆状砾石含量 >50% 的岩石称为砾岩;棱角状和次棱角状砾石含量 >50% 的岩石称为角砾岩。

(2) 按砾石的颗粒大小分为巨砾岩(>256 mm)、粗砾岩(256 ~ 64 mm)、中砾岩(64 ~ 4 mm)、细砾岩(4 ~ 2 mm)。

(3) 按砾石的成分分为单成分砾岩和复成分砾岩。单成分砾岩砾石成分单一,砾石含量 >75%,这种砾石一般抗风化能力强,磨圆度高,分选好,是改造作用比较彻底的产物。复成分砾岩的砾石成分复杂,含有各种岩石(包括岩浆岩、变质岩、沉积岩)的砾石,各种成分的砾石含量都不超过 50%。大部分砾石抗风化能力不强,分选中等到差,磨圆度中等,常沿山麓呈带状分布,多为古老山脉迅速破坏的产物。这种砾岩成因很多,以河流和洪积沉积的最为常见。

(4) 按砾岩在地层剖面中的位置分为底砾岩和层间砾岩。底砾岩成分多为稳定的单成分砾岩,常含有下伏岩石的成分,砾石分选好,磨圆度较好。常分布于海侵层位的最底部,位于侵蚀面之上,与下伏地层呈不整合或假整合接触,代表经历一个长期沉积间断之后海进开始沉积;层间砾岩有不稳定的砾石,砾石圆度差,填隙物的成分为含泥砾砂岩,整合于上下岩层之间,与下伏地层是连续沉积的,在沉积过程中由于沉积环境的局部变化,它不代表沉积间断。

(5)按砾岩成因分为滨海砾岩、滨湖砾岩、河成砾岩、洪积砾岩、冰川砾岩等。

3. 砾岩和角砾岩的主要岩石类型

石英岩砾岩　砾石以石英岩、燧石岩、脉石英等为主，中－细砾级。分选、磨圆较好，颗粒支撑。常见胶结物为石英石、方解石、赤铁矿等。

火山角砾岩　砾石主要为火山岩或火山凝灰岩，单成分或复成分，多中砾级，中等分选、磨圆，砾石之间常分布砂级沉积基质(砂基)或泥沙混基，砂基成分与砾石成分相近，但有较多石英、长石单晶。胶结物通常为泥质、钙质或铁质。

石灰岩角砾岩或砾岩　砾石以石灰岩为主或全部为石灰岩，粒度变化较大。可以为粗砾、中砾或细砾，多次棱角－次圆状，分选性好到差，含较多泥质或泥沙混基，有时也可被方解石胶结。

复成分砾岩　砾石成分复杂，常见岩浆岩、沉积岩和变质岩砾石混生，稳定和不稳定砾石比例不定，但不稳定砾石常常较多，圆度中等，分选性中等到差。多泥基或混基，混基成分也很复杂。化学胶结物较少，有时有石英胶结物。

(二)砂岩

1. 砂岩的一般特性

粒径大于2～0.05 mm的碎屑含量在50%以上的陆源碎屑岩称为砂岩。砂岩分布很广，在沉积岩中仅次于黏土岩类。

砂岩中的碎屑颗粒主要为矿物碎屑(石英、长石)和岩屑(燧石岩、酸性喷出岩、细粒片岩、片麻岩等，有时也可以出现中性至基性火山岩、火山凝灰岩和泥质岩的岩屑)，还有含量不等的片状矿物(白云母、黑云母)及重矿物等。岩石中的石英是最主要的、最稳定的组分，其来源广泛，石英含量愈多，表示碎屑物质经受改造的愈彻底，矿物的成熟度愈高；长石和岩屑在地表条件下容易风化，属于不稳定组分，但长石和岩屑能直接反映母岩的性质；基质主要是各种黏土矿物和细粉砂(细小的石英、长石等)；胶结物以碳酸盐矿物(方解石)、铁质(赤铁矿)、次生加大石英等为常见，特殊胶结物有菱铁矿、绿泥石、重晶石、沸石、磷质等。

砂岩中的粒度、圆度及分选性等结构特征，随搬运介质的性质、能量大小、搬运距离和沉降速度的不同而变化。一般来说，随搬运距离增长粒度愈细、分选性愈好、圆度也愈高。

砂岩多以较稳定的层状产出，砂体外形可呈席状、丘垄状、水道充填状和扇状等。砂岩的层理构造和层面构造都很发育，可以常见各种交错层理和平行层理，层面构造有波痕、冲刷痕迹，有时可以见到槽模和生物扰动构造等。

2. 砂岩分类

砂岩按照粒度、基质及矿物成分含量进行分类如下：

(1)砂岩按颗粒大小分为巨粒砂岩(2～1 mm)、粗粒砂岩(1～0.5 mm)、中粒砂岩(0.5～0.25 mm)、细粒砂岩(0.25～0.05 mm)，这是其分类的基础，但不能反映砂岩的成分和成因特征。

(2)按基质含量分为砂岩类(基质小于15%)和杂砂岩类(基质大于15%)。砂岩类又可分为石英砂岩类、长石砂岩类和岩屑砂岩类三类，每个大类具有独自的特征，根据其自身特征，每一大类砂岩可做进一步类型划分(见表1-7-2)。

表 1-7-2　砂岩的矿物成分含量分类

岩类名称	岩石名称	主要碎屑颗粒含量(%)			备注
		石英	长石	岩屑	
石英砂岩	1. 石英砂岩	>90	<10	<10	长石>岩屑 岩屑>长石
	2. 长石质石英砂岩	75~90	5~25	<15	
	3. 岩屑质石英砂岩	75~90	<15	5~25	
	4. 长石岩屑质石英砂岩	50~70	<25	<25	
长石砂岩	1. 长石砂岩	<75	>25	<25	长石>岩屑
	2. 岩屑质长石砂岩	<65	25~75	10~50	
岩屑砂岩	1. 岩屑砂岩	<75	<25	>25	岩屑>长石
	2. 长石质岩屑砂岩	<65	10~50	25~75	

3. 主要岩石类型

1) 石英砂岩

石英砂岩的颜色多为灰白色、黄白色或浅灰色,有时含有铁质胶结物呈浅红色或浅褐红色,含海绿石呈浅绿色。岩石中单晶石英含量达90%以上,含其他少量的长石、燧石和其他岩屑。如含重矿物,主要为稳定性好、磨圆度好的电气石、锆石等。石英碎屑一般为圆状-次圆状,分选性好,以中细粒为主。胶结物常为硅质胶结物(主要由石英、蛋白石和玉髓组成),有时为钙质、白云石、海绿石及磷质等,胶结类型以孔隙式为主。基质很少或没有,具明显的颗粒支撑。其产状一般为稳定的层状,常见波痕和交错层理,有时具有缝合线等构造。

2) 长石砂岩

长石砂岩的颜色为黄白色、灰白色和白色(因长石风化所致),若钾长石含量多则呈肉红色,主要碎屑组分为石英和长石。其中石英<75%和长石>25%,有时可含<10%的岩屑,还可含有白云母、黑云母等,颗粒一般大于共生的石英和长石,含量可达10%以上。岩石中多晶石英最为常见,长石主要是钾长石和微斜长石。颗粒较粗,一般为中、粗粒,磨圆度为次圆状-次棱角状,分选中等-差。重矿物含量较高,有时可达1%以上,常见有锆石、金红石、绿帘石、电气石、石榴子石和磁铁矿等。胶结物以钙质最为常见,其次为铁质,硅质较少,含有<15%黏土质基质,并围绕长石碎屑再生长大。

3) 岩屑砂岩

岩屑砂岩多呈浅灰色、灰绿色及灰黑色。碎屑颗粒中石英含量<75%,岩屑含量>25%,长石含量<10%,以酸性斜长石为主;碎屑颗粒以各种岩石碎屑和石英为主,重矿物含量>1%,常见辉石、角闪石等。碎屑分选性和磨圆度均差,颗粒呈棱角状,成分成熟度及结构成熟度均较低。胶结物为硅质或碳酸盐质,呈基底式胶结,黏土杂基较多。

(三) 粉砂岩

1. 粉砂岩的一般特性

粉砂岩是指陆源碎屑物质含量大于50%,粒度为0.05~0.005 mm的岩石,也称细碎屑岩。粉砂岩介于砂岩和黏土岩之间,是砂岩向黏土岩过渡的中间类型,粉砂岩中常有砂和黏土混入物，并与之形成互层。粉砂岩的碎屑成分以石英为主，常含有较多的白云母，以及少量的长石，岩屑无或极少。重矿物含量较高，可达2% ~3%以上，常见为锆石。碎屑颗粒较细，磨圆度差(因粉砂质点小，多呈悬浮搬运，颗粒之间不易接触，故磨圆度差)，常呈棱角状、次棱角状，分选性较好，胶结物常为钙质、铁质及少量硅质，有时含较多的黏土混入物。粉砂岩的颜色因胶结物及混入物不同，常见有棕红、暗褐或浅黄等色。

粉砂岩常具有薄的水平层理，有时因生物扰动作用而呈块状构造，微波状层理，很少出现交错层理。由于粉砂沉积物饱含水后易被液化，产生变形层理及其他滑动构造。

粉砂岩是在经过了长距离搬运、水动力条件比较安静、沉积速度缓慢的环境下形成的。在横向上和纵向上可渐变成为砂岩或黏土岩，并构成韵律层理。从沉积环境看，粉砂岩多分布于河漫滩、三角洲、潟湖、沼泽和海湖的较深水部位。

2. 粉砂岩的分类

粉砂岩按其粒度、碎屑组分及胶结物成分进行分类。

(1)按粒度划分为粗粉砂岩(0.05 ~0.03 mm)和细粉砂岩(0.03 ~0.005 mm)。

(2)按碎屑成分划分为石英粉砂岩、长石粉砂岩、岩屑粉砂岩(极少)以及各种过渡类型。

(3)按胶结物成分划分为硅质粉砂岩、铁质粉砂岩、钙质粉砂岩、白云质粉砂岩、磷质粉砂岩。

3. 主要类型

黄土是一种未固结的粉砂岩，呈浅黄色、棕黄色、褐色或红色的土状沉积物。主要由粉砂和泥质组成。成分以石英、长石、碳酸盐(方解石、少量白云石)和黏土矿物为主。其中石英含量最多，一般超过50%，碳酸盐矿物含量达20% ~30%，黏土矿物(蒙脱石及少量的白云母)一般含量为10% ~20%，重矿物含量达到5%。黄土常具水平层理和各种波纹层理。黄土是一种不成熟的粉砂，其成因主要有风成、冰积、洪积和冲积等。我国黄土主要分布在西北地区、华北地区，以及东北的南部和华东的北部。

(四)碎屑岩的命名原则

按碎屑颗粒的大小，以主要粒级含量>50%者来确定基本名称。其他次要粒级含量，在25% ~50%，则以“××质”表示；在10% ~25%，以“含××”表示。如：粗碎屑含量在50%以上的陆源碎屑沉积岩称为砾岩或角砾岩；中碎屑含量在50%以上者，称为砂岩；砂岩中次要粒级(如砾)含量在25% ~50%，称为砾质砂岩；砾含量在10% ~25%，称为含砾砂岩等。

单元二 泥质岩

一、概述

泥质岩亦称黏土岩，是指泥质级质点小于0.005 mm，含量大于50%的黏土矿物为主的沉积岩，疏松未固结的泥质岩称黏土，固结成岩者称为泥岩和页岩。泥质岩是分布最广的一类沉积岩，约占沉积岩总量的60%。具有独特的可塑性、耐火性、膨胀性、烧结性、吸附性等物理性质，在工农业方面用途广泛。

多数泥质岩是由母岩风化过程中形成的黏土物质呈悬浮状态被搬运到水盆地中，以机械方式沉积而成的。有少数由水盆地中的胶体 SiO_2 和 Al_2O_3 直接凝聚形成的自生黏土及由火山灰蚀变成因的黏土岩或黏土矿物。

二、泥质岩的物质成分

泥质岩的化学成分主要是 SiO_2、Al_2O_3 及铁的氧化物等。其矿物成分以黏土矿物、陆源碎屑矿物和自生矿物为主。黏土矿物常见的有高岭石、水云母、蒙脱石等。陆源碎屑矿物主要是石英、云母及少量长石。自生矿物常见的有铁、锰、铝的氧化物和氢氧化物(赤铁矿、褐铁矿等)、碳酸盐(方解石、白云石等)、硫酸盐(石膏、硬石膏等)、硅质矿物(蛋白石、玉髓、自生石英)、硫化物(黄铁矿、白铁矿)以及磷灰石、石盐、海绿石等。此外,泥质岩中还含有数量不等的有机质——碳质、沥青质及动植物遗体等。

三、泥质岩的颜色

泥质岩中的黏土矿物、杂质矿物的成分、有机质及所含色素的颜色决定了泥质岩的颜色。红色、紫红色、棕色、黄色或玫瑰色等是因黏土中含细分散状铁的氧化物和氢氧化物;绿色、灰绿色或蓝色是由黏土岩中的绿泥石、海绿石、孔雀石、蓝铜矿所引起的;灰色、灰黑色、黑色大多是岩石中富含分散状有机质和硫化铁时所致。大多数泥质岩都呈比较稳定的层状,常与砂岩、粉砂岩共生或互层。

四、泥质岩的结构和构造

(一)泥质岩的结构

(1)按黏土、粉砂和砂的相对含量(见表 1-7-3),划分为泥质结构、粉砂泥质结构和砂泥质结构等。

表 1-7-3　按粒度划分的泥质岩结构类型

结构类型	各粒级含量(%)		
	黏土	粉砂	砂
泥质结构	>95	<5	—
含粉砂泥质结构	>70	5~25	<5
粉砂泥质结构	>50	25~50	<5
含砂泥质结构	>70	<5	5~25
砂泥质结构	>50	<5	25~50

具有泥质结构的泥质岩,以手触摸有滑腻感,用小刀切刮时,其切面光滑,断口常呈鱼鳞状或贝壳状。具有含粉砂泥质结构和粉砂泥质结构的黏土岩,以手触摸有粗糙感,刀切面不平坦,断口粗糙。具有含砂泥质结构和砂泥质结构的黏土岩,手触摸有明显的颗粒感,肉眼可见砂粒,断口呈参差状。

(2)按黏土矿物集合体的形状划分为:

胶状结构　岩石由凝胶老化而成,可见脱水形成的裂隙、贝壳状纹和球粒。

鲕粒与豆状结构　黏土矿物在沉积过程中围绕核心凝聚成同心层状颗粒,粒径 <2

mm，具有核心和同心层为鲕粒；粒径 >2 mm，豆粒无核心、同心层为豆状。

（二）泥质岩的构造

泥质岩具有多样的沉积构造，如层理、波痕、泥裂、雨痕、结核等。最具明显特征的是页理和纹理构造。岩石沿平行层面方向易于裂开成薄层状的构造，称为页理构造，具有页理构造的黏土岩称为页岩；水平细层的厚度小于 1 mm 者称为纹理构造，纹理可由粒度、颜色、成分不同而显示出来，在黏土岩中也较常见。

五、泥质岩分类

目前，泥质岩的分类尚无一个完善而又统一的方案，原因是泥质岩的成分和成因较复杂，组成泥质岩的颗粒又极细小，精确鉴定和统计含量都很困难，成岩作用中又极易变化。现有的分类，一般先按泥质岩在成岩作用中的变化，如按固结程度及沉积构造划分大类，再进一步按泥质岩的结构、矿物成分及混入成分细分。其综合分类见表 1-7-4。

表 1-7-4 泥质岩的综合分类

<table>
<tr><th colspan="2" rowspan="3">结构及成分</th><th colspan="4">固结程度</th></tr>
<tr><th rowspan="2">未－弱固结
（未重结晶）</th><th colspan="2">固结
（未－中等重结晶）</th><th rowspan="2">强固结
（重结晶矿物 >50%）</th></tr>
<tr><th>无页理</th><th>有页理</th></tr>
<tr><td rowspan="3">结构（粉砂或含砂量）</td><td><10%</td><td>黏土</td><td>泥岩</td><td>页岩</td><td rowspan="14">泥板岩</td></tr>
<tr><td>10% ~25%</td><td>含粉砂（砂）黏土</td><td>含粉砂（砂）泥岩</td><td>含粉砂（砂）页岩</td></tr>
<tr><td>25% ~50%</td><td>粉砂（砂）质黏土</td><td>粉砂（砂）质黏土岩</td><td>粉砂（砂）质页岩</td></tr>
<tr><td rowspan="7">黏土矿物成分</td><td>高岭石</td><td>高岭石黏土（高岭土）</td><td>高岭石泥岩</td><td>高岭石页岩</td></tr>
<tr><td>蒙脱石</td><td>蒙脱石黏土（膨润土）</td><td>蒙脱石泥岩</td><td>蒙脱石页岩</td></tr>
<tr><td>伊利石</td><td>伊利石黏土</td><td>伊利石泥岩</td><td>伊利石页岩</td></tr>
<tr><td>海泡石</td><td>海泡石黏土</td><td>海泡石泥岩</td><td>海泡石页岩</td></tr>
<tr><td>高岭石－蒙脱石</td><td>高岭石－蒙脱石黏土</td><td>高岭石－蒙脱石泥岩</td><td>高岭石－蒙脱石页岩</td></tr>
<tr><td>高岭石－伊利石</td><td>高岭石－伊利石黏土</td><td>高岭石－伊利石泥岩</td><td>高岭石－伊利石页岩</td></tr>
<tr><td>蒙脱石－伊利石</td><td>蒙脱石－伊利石黏土</td><td>蒙脱石－伊利石泥岩</td><td>蒙脱石－伊利石页岩</td></tr>
<tr><td rowspan="4">混入物成分</td><td>钙质</td><td rowspan="4">—</td><td>钙质泥岩</td><td>钙质页岩</td></tr>
<tr><td>铁质</td><td>铁质泥岩</td><td>铁质页岩</td></tr>
<tr><td>硅质</td><td>硅质泥岩</td><td>硅质页岩</td></tr>
<tr><td>有机质</td><td>碳质泥岩
暗（黑）色泥岩</td><td>碳质页岩
黑色页岩
油页岩</td></tr>
</table>

泥板岩类因固结和重结作用较强，已向变质岩过渡的类型，一般不再细分。

六、泥质岩的主要岩石类型

（一）黏土

1. 高岭石黏土（岩）

高岭石黏土（岩）纯的呈白色、灰白色、浅灰色等，含杂质较多时呈浅蓝色、灰色、黑色等。致密块状或疏松土状，性脆，具贝壳状断口，珍珠光泽，有滑感，硬度小（1～2.5），比重2.4～2.6，干燥后粘舌，有吸水性，可塑性低，黏结性小，具良好的绝缘性和化学稳定性，耐火度高，纯净的高岭石黏土（岩）烧结后色白，白度可达80%以上。高岭石黏土（岩）主要由高岭石组成，其次含有埃洛石、地开石、珍珠陶土、少量黏土矿物。

2. 蒙脱石黏土（岩）

蒙脱石黏土（岩）又名膨润土、膨土岩、斑脱岩，一般呈白色、粉红色、浅灰色、浅黄色，埋藏较深的矿石常呈浅蓝灰色，近地表处可以被氧化铁染成各种颜色。蒙脱石黏土（岩）大多呈层状、似层状、透镜状或囊状。致密块状，具蜡状光泽及皂状断口，失水后呈疏松土状，光泽暗淡。具滑感，硬度1～2，比重2～3，较轻，一般比重愈小，矿石质量愈好，蒙脱石含量愈高。吸水后体积膨胀，最大吸水量为其体积的8～15倍，具良好的黏结性和最高的可塑性。蒙脱石黏土（岩）主要由蒙脱石组成，其次含少量伊利石、高岭石等，其他非黏土矿物。

蒙脱石黏土（岩）在铸造工业中，用于铸造型砂的黏结剂，在石油化工工业中作为油脂的脱色剂、催化剂、净化剂、钻井泥浆。

3. 伊利石黏土（岩）

伊利石黏土（岩）又称水云母黏土，外观白色、灰白色，含杂质较多的呈灰色或黑色，土状、性脆、易碎、质地细腻、光滑，硬度小，久置水中不膨胀，松散，有混浊现象。在煤系地层中，伊利石黏土（岩）常在煤层夹矸中呈透镜状或似层状产出。伊利石黏土（岩）的矿物成分主要为伊利石，含少量的高岭石、蒙脱石、绿泥石、叶蜡石等。

伊利石黏土（岩）的用途很广，在陶瓷工业上利用伊利石黏土（岩）作为生产高压电瓷、日用瓷的原料，在化工工业上用作造纸、橡胶、油漆的填料，在农业上制取钾肥等。

4. 海泡石黏土（岩）

海泡石黏土（岩）呈深灰、黄褐、灰白等色，土块状、质软而轻，硬度1～2，比重2.4～2.65，具有黏性和可塑性，有滑感，加水后能调成糊状。海泡石黏土（岩）的主要矿物成分是海泡石，伴生黏土矿物有蒙脱石、凹凸棒石、滑石等。

海泡石黏土（岩）在我国主要分布在江西乐平、湖南浏阳，在湖南湘潭、石门、大庸及陕西宁强等地也有分布。主要用途是作为吸收剂，也可以制作抗盐耐高温钻井泥浆，用于含盐地层和海上石油钻探。

（二）泥岩和页岩

1. 钙质页岩

岩石中含碳酸钙，不超过25%，否则过渡为泥灰岩类。分布很广，常见于大陆和海陆过渡环境的沉积岩中，浅海和潟湖沉积的钙质页岩也很常见。例如我国北方下寒武统馒头组页岩、南方三叠系青龙群中的页岩，大部分都是钙质页岩。

2. 铁质页岩

岩石中常因含有铁质矿物，使岩石呈现各种颜色，如含 Fe^{3+}（赤铁矿、针铁矿）时岩石呈紫色、黄褐色；含 Fe^{2+}（绿泥石、黄铁矿等）时岩石呈现为灰绿、灰等色。铁质泥岩和页岩常与砂岩共生，形成红层。我国南方的中、新生代地层中分布很广。

3. 硅质页岩

页岩中 SiO_2 平均值约为60%，而硅质页岩中 SiO_2 可达84%以上，随着游离 SiO_2 的增加可过渡为硅质岩。硅质页岩较坚硬，耐风化和抗崩解能力强，硅质多呈隐晶质或细小颗粒的非晶质的 SiO_2 或火山灰。此类岩石中的硅质来源与生物活动或火山喷发的火山灰有关。

4. 碳质页岩

岩石中含有大量已碳化了的细分散状有机质，外观呈黑色、染手，常含大量的植物化石。碳质页岩是沼泽环境的沉积产物，常形成煤层的顶底板。

5. 黑色页岩

岩石中因含有较多的有机质与细分散状的硫化铁而呈黑色，外观与碳质页岩相似，区别在于黑色页岩不染手。

6. 油页岩

油页岩是含有一定数量干酪根（>10%）的页岩。颜色一般为浅黄、黄褐、暗棕、棕黑等色，风化后颜色变浅，页理发育，比重比普通页岩轻，有弹性，用小刀刻之成刨花状薄片，点燃有沥青味。

单元三　碳酸盐岩

一、概述

由沉积的钙镁碳酸盐矿物（方解石、白云石）为主（大于50%）组成的沉积岩称为碳酸盐岩。它的主要岩石类型为石灰岩和白云岩。碳酸盐岩中常可混入数量较多的黏土矿物和陆源碎屑矿物，但当混入物的含量超过50%时，则逐渐过渡为黏土岩或陆源碎屑岩。

碳酸盐岩在地壳中的分布仅次于泥质岩和碎屑岩，约占沉积岩分布总面积的20%（在我国占1/2左右），居第三位。它广泛分布在各时代的地层中，如我国的震旦亚界、寒武纪、奥陶纪、泥盆纪、二叠纪和三叠纪等地层中均有大量的碳酸盐岩沉积。

碳酸盐岩是一种极其重要的沉积岩石。它本身就是水泥原料和化工原料，世界上有一半的石油、天然气矿床是属于碳酸盐岩型的。与碳酸盐岩有关的层控矿床有汞、锑、铜、铅、锌、镍、钴、钼、铀、钒等金属矿和重晶石、自然硫、水晶、冰洲石等非金属矿。此外，常与碳酸盐岩共生的还有石膏及各种盐类矿床，一些裂隙和孔隙发育的碳酸盐岩同样是地下水的重要含水层。

二、碳酸盐岩的物质成分

（一）化学成分

碳酸盐岩的主要化学成分有 CaO、MgO 及 CO_2，其余氧化物还有 SiO_2、TiO_2、Al_2O_3、FeO、Fe_2O_3、K_2O、Na_2O 和 H_2O 等。此外，还可有一些微量元素或痕量元素，如 Sr、Ba、Mn、Ni、Co、Pb、Zn、Cu、Cr、V、Ca 等，可利用这些元素种类、含量、元素对的比值来划分和对比地层，判断沉积环境和研究岩石成因。

(二)矿物成分

碳酸盐岩的矿物成分包括三类:碳酸盐矿物、自生的非碳酸盐矿物及陆源矿物。

(1)碳酸盐矿物。是方解石和白云石,还可有文石、高铁方解石、铁白云石及菱镁矿、菱铁矿、菱锰矿等。

(2)自生的非碳酸盐矿物。有石膏、硬石膏、重晶石、天青石、萤石、岩盐及钾镁盐矿物,还可有少量的蛋白石、自生石英、黄铁矿、白铁矿、海绿石、磷酸盐矿物及有机质等。这些矿物的出现与一定的沉积环境或成岩后生变化作用有关。

(3)陆源矿物。常见的有黏土矿物、碎屑矿物(如碎屑石英及长石)及微量的重矿物(多为稳定的重矿物)。当陆源矿物含量超过50%时,碳酸盐岩即过渡为泥质岩和碎屑岩。

三、碳酸盐岩的结构

碳酸盐岩的结构反映了岩石的成因和沉积环境,不同成因的碳酸盐岩,常具有以下几种结构类型:

晶粒结构和残余结构　各结构的碳酸盐岩经过重结晶、白云岩化等成岩后生作用后往往转化为晶粒结构。岩石由大于4 μm的各级方解石晶粒或白云石晶粒组成。若部分原始结构得以保存,则形成残余结构。

生物格架结构　由原地固着生长的生物形成的生物灰岩、礁灰岩具生物格架结构。该结构由造架生物、黏结生物、茎状或枝状生物与填隙的颗粒、亮晶胶结物、泥晶基质所构成。

粒屑结构　经过波浪和流水搬运、沉积作用形成的灰岩、白云岩具有与碎屑岩相似的结构。该结构由各类粒屑、泥晶基质、亮晶胶结物所构成。

泥晶、微晶结构　由化学、生物化学作用沉淀的灰岩及白云岩具有泥晶结构。

(一)晶粒结构

晶粒结构按照晶粒的绝对大小划分见表1-7-5。

表1-7-5　晶粒的结构类型

结构类型	颗粒大小(mm)	分辨标志
砾晶(巨晶)结构	>2	肉眼可见颗粒
粗晶结构	2~0.5	肉眼可见颗粒
中晶结构	0.5~0.25	肉眼可见颗粒
细晶结构	0.25~0.05	显微镜下可见颗粒
粉晶结构	0.05~0.03	显微镜下可见颗粒
微晶结构	0.03~0.005	显微镜下辨别不出颗粒
泥晶结构	<0.005	显微镜下辨别不出颗粒

晶粒还可根据自形程度划分为自形晶、半自形晶、他形晶。

(二)生物骨架结构

由原地生长的造礁生物形成的礁灰岩具有生物骨架结构,即由造架的生物、黏结的生物、填隙的颗粒或泥晶基质、亮晶胶结物构成。原地生长的骨架生物有珊瑚、藻类、苔藓虫、海绵、层孔虫等,生物构成的骨架通过捕获、黏结、障积了碳酸盐颗粒、灰泥或其他碎屑等物质，充填在间隙间形成生物礁灰岩。

（三）粒屑结构

粒屑结构主要见于碳酸盐岩中，由粒屑（颗粒）、泥晶基质、亮晶胶结物组成。

1. 粒屑

粒屑是指在沉积盆地内由化学作用、生物作用和机械作用形成的碳酸盐碎屑，这些碎屑在盆地内原地堆积或经短距离搬运后沉积下来。常见的粒屑有内碎屑、生物碎屑、鲕粒、核形石、球粒和团块（见图1-7-4）。

(a) 内碎屑—砾屑，露头　(b) 生物碎屑，手标本　(c) 鲕粒，手标本

图1-7-4　粒屑

1）内碎屑

内碎屑指沉积盆地内弱固结的碳酸盐沉积物，经波浪或水流的机械破碎作用，经搬运、磨蚀和再沉积而形成的碎屑。

内碎屑按粒径可分为如表1-7-6所示的类型。砾屑（见图1-7-4(a)）、砂屑是高能环境中的产物，例如水下高地、浅滩、潮汐水道等。粉屑、微屑、泥屑为主的灰岩，多为低能环境中的产物，例如礁后潟湖、潮上及湖下低能区。另外，风暴作用和大陆斜坡的重力流，可以形成规模巨大、大小混杂的内碎屑堆积。如果微屑、泥屑充填于颗粒之间，则称泥晶基质或灰泥杂基。

表1-7-6　内碎屑按粒径大小划分

粒级大小(mm)	>2	2～0.05	0.05～0.03	0.03～0.005	<0.005
内碎屑名称	砾屑	砂屑	粉屑	微屑	泥屑

内碎屑多呈圆球体或扁圆体状，圆度较好，内部常含有生物化石、鲕粒、球粒，甚至有早期形成的内碎屑等，也有的内碎屑由单一的泥晶方解石构成。

2）生物碎屑

完整的生物个体称为骨粒；经搬运、磨蚀的不完整者称为生物碎屑或骨屑。骨粒和骨屑统称为生物颗粒（见图1-7-4(b)）。

3）鲕粒

鲕粒是指化学凝聚成因的内部具有核心和包壳（同心层结构）的球状或椭球状颗粒（见图1-7-4(c)），很像鱼卵子，故而得名。其核心可以是陆源碎屑物（如石英、长石、岩屑或黏土物质）、骨屑、内碎屑及其他物质，有时核心是空腔；包壳（同心层）主要由泥晶方解石组成。现代海洋环境中的鲕粒由隐晶质文石组成。粒径>2 mm为豆粒，粒径<2 mm为鲕粒。

鲕粒按包壳层厚度、外部形态、内部结构特征分为真鲕、薄皮鲕、复鲕、负鲕、变形鲕、变晶鲕等类型。

真鲕　包壳层厚度大于核心半径，又称正常鲕，即平时所说的鲕粒（见图 1-7-5(a)）。

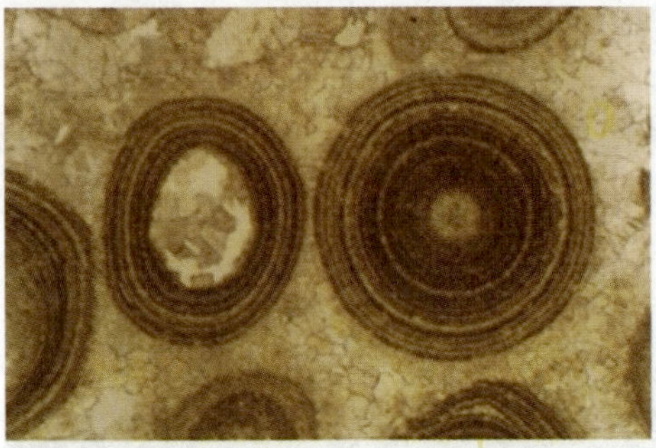

(a) 真鲕，单偏光

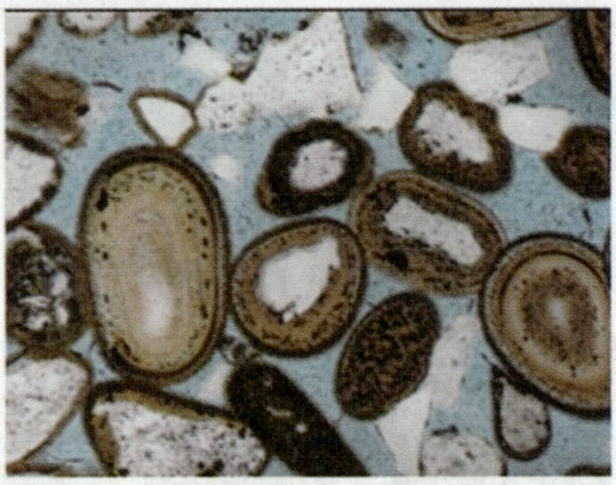

(b) 薄皮鲕（表皮鲕）

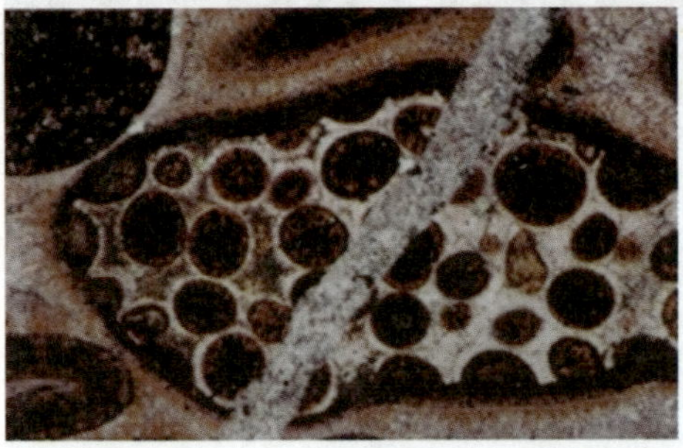

(c) 复鲕

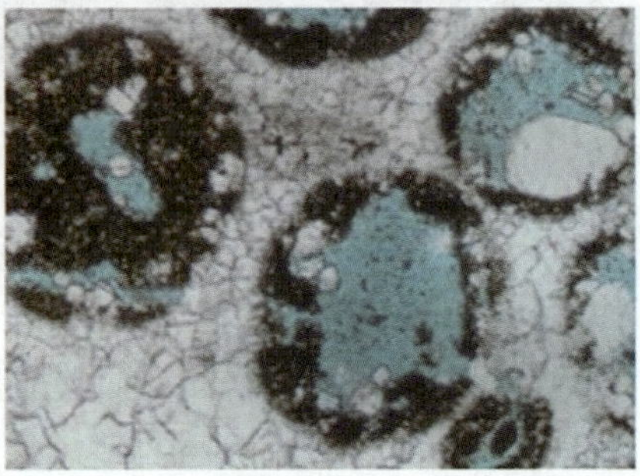

(d) 负鲕（空心鲕）

(e) 变晶鲕

图 1-7-5　鲕粒

薄皮鲕　包壳层厚度小于核心半径，有的甚至仅一两个同心层，故又称表皮鲕（见图 1-7-5(b)）。

复鲕　两个以上的鲕粒作为连生鲕核被晚期的包壳所包裹（见图 1-7-5(c)）。

负鲕（空心鲕）　鲕的中心为一空腔，又称空心鲕。可能是颗粒形成后经淡水淋滤，核心及部分包壳层被溶蚀掉，也可能是包壳层原来围绕一个气泡或水滴而生成（见图 1-7-5(d)）。

变形鲕　刚沉积的鲕粒，固结之前受底流冲刷或拖曳作用发生形变，使包壳破裂拉伸而呈菱角或蝌蚪状。还有一种变形鲕是在成岩过程中经压融作用而形成的，称压融变形鲕，鲕粒内多存在微缝合线。

变晶鲕　鲕粒经过重结晶作用，破坏了粒内的原生结构，变成结晶的方解石球形颗粒。若鲕内只有一个方解石晶体称单晶鲕，有多个方解石晶体称多晶鲕（见图1-7-5(e)）。

4）核形石

核形石是由藻类泥晶纹层围绕一个固体核心增长而成的球状至不规则状颗粒，大小从数毫米至数厘米。

5）球粒

球粒也称团粒，是由泥晶方解石组成的无明显内部构造的球状或椭球状颗粒。球粒表面光滑，大小较均一，粒径范围在0.1～0.5 mm，圆度高。它是由骨屑、藻尘、生物粪粒或化学沉淀的泥晶方解石或文石发生凝聚后经流水搬运滚动形成的。

6）团块

团块为一种外形不规则、无内部结构的复合型颗粒。团块可以包裹几个以上碳酸盐颗粒，外边可以有包壳，也可以没有包壳。团块是由蓝绿藻的黏结作用形成的，由于藻类主要繁盛于温暖透光的浅水环境，所以团块大量出现在海滩岩中，如现代的巴哈马滩。

2. 泥晶基质

泥晶基质又称泥晶、灰泥或泥，是一种粒径小于0.005 mm的泥级碳酸盐质点。现代沉积物中泥晶绝大多数是文石针，在古代岩石中泥晶通常是方解石。泥晶与碳酸盐颗粒同时沉积下来，充填于颗粒之间，相当于陆源碎屑岩中的“泥质杂基”；泥晶也可以单独构成岩石，称为泥晶灰岩。

泥晶的形成有三种成因：

(1)磨蚀作用。主要指较大的碳酸盐颗粒经过机械或生物磨蚀作用形成的泥级内碎屑。

(2)化学沉淀作用。例如现代海洋中无机沉淀作用产生的针状文石泥。

(3)生物作用。在一些钙质藻类的组织内生成大量针状文石，藻类死亡后，这些针状文石转入沉积物中。

泥晶支撑的岩石多形成于静水潟湖和外陆棚区，所以泥晶的大量出现反映了水动力微弱的沉积环境。

3. 亮晶胶结物

亮晶胶结物又称亮晶或淀晶，是指沉淀于碳酸盐颗粒间孔隙内的矿物晶体，通常为方解石。亮晶一般较泥晶颗粒粗大且干净明亮，粒径多数大于0.05 mm（或0.03 mm）。它是在颗粒沉积之后，由粒间饱和溶液化学沉淀结晶生成的，相当于陆源碎屑岩中的化学胶结物。

亮晶多具有世代结构。第一世代亮晶较细，常未填满粒间孔隙，围绕颗粒表面呈栉壳状或马牙状分布。第二世代亮晶呈粒状，嵌晶充填在剩余的孔隙内，晶粒较粗大，晶面较平直。亮晶与泥晶的区别：亮晶晶粒较大，泥晶较小；亮晶干净透明，泥晶较污浊；亮晶不破坏颗粒边缘。

由亮晶胶结的岩石多形成于水下高地、浅滩、砂坝，所以亮晶的存在反映了水动力较强的沉积环境。

四、碳酸盐岩的构造

碳酸盐岩的构造复杂，与沉积环境和沉积期后改造作用有关。除具有碎屑岩和泥质岩中能见到的沉积构造外，碳酸盐岩本身还具有一些独特的构造。主要有叠层构造、鸟眼构造、示底构造、虫孔构造和虫迹构造以及缝合线构造。

五、碳酸盐岩的分类

(一)矿物成分分类

碳酸盐岩中最常见的是两种成分的混合：如方解石与白云石（见表1-7-7），方解石与泥质或白云石与泥质（见表1-7-8）。三种成分的混合较少，常用的方解石、白云石与泥质的混合分类方案见表1-7-9。

表1-7-7　石灰岩与白云岩的过渡类型岩石

岩类	方解石(%)	白云石(%)	岩石名称	简化名称
石灰岩	100~90	0~10	石灰岩	灰岩
	90~75	10~25	含白云质石灰岩	含云灰岩
	75~50	25~50	白云质灰岩	云灰岩
白云岩	50~25	50~75	灰质白云岩	灰云岩
	25~10	75~90	含灰质白云岩	含灰云岩
	10~0	90~100	白云岩	白云岩

表1-7-8　石灰岩、白云岩与泥岩的过渡类型岩石

岩类	方解石或白云石(%)	黏土矿物(%)	岩石名称	
石灰岩或白云岩	100~90	0~10	灰岩	白云岩
	90~75	10~25	含泥灰岩	含泥云岩
	75~50	25~50	泥灰岩	泥云岩
泥岩	50~25	50~75	灰泥岩	云泥岩
	25~10	75~90	含灰泥岩	含云泥岩
	10~0	90~100	泥岩	泥岩

表 1-7-9 方解石、白云石、黏土三种成分的混积岩

岩 类	方解石(%)	白云石(%)	黏土矿物(%)	岩石名称
石灰岩类	50~75	10~25	10~25	含泥含云灰岩
	50~75	10~25	25~50	含云泥灰岩
	50~75	25~50	10~25	含泥云灰岩
白云岩类	10~25	50~75	10~25	含泥含灰云岩
	10~25	50~75	25~50	含灰泥云岩
	25~50	50~75	10~25	含泥灰云岩
泥岩类	10~25	10~25	50~75	含灰含云泥岩
	25~50	10~25	50~75	含云灰泥岩
	10~25	25~50	50~75	含灰云泥岩

(二)碳酸盐岩的结构-成因分类

按成因和结构可将石灰岩分类,如表 1-7-10 所示。

表 1-7-10 石灰岩的结构-成因分类

<table>
<tr><td rowspan="2">粒屑百分数</td><td rowspan="2">主要填隙物</td><td colspan="7">粒屑灰岩类</td><td rowspan="2" colspan="2">原地固着生物灰岩类</td></tr>
<tr><td>内碎屑</td><td>生物碎屑</td><td>鲕粒</td><td>核形石</td><td>球粒</td><td>团块</td><td>混合</td></tr>
<tr><td rowspan="2">大于50%</td><td>亮晶</td><td>亮晶内碎屑灰岩</td><td>亮晶生物碎屑灰岩</td><td>亮晶鲕粒灰岩</td><td>亮晶核形石灰岩</td><td>亮晶球粒灰岩</td><td>亮晶团块灰岩</td><td>亮晶粒屑灰岩</td><td rowspan="2" colspan="2">1. 生物礁灰岩(珊瑚、红藻、苔藓、海绵层孔虫等)</td></tr>
<tr><td>微晶</td><td>微晶内碎屑灰岩</td><td>微晶生物碎屑灰岩</td><td>微晶鲕粒灰岩</td><td>微晶核形石灰岩</td><td>微晶球粒灰岩</td><td>微晶团块灰岩</td><td>微晶粒屑灰岩</td></tr>
<tr><td>50%~25%</td><td>微晶</td><td>内碎屑微晶灰岩</td><td>生物碎屑微晶灰岩</td><td>鲕粒微晶灰岩</td><td>核形微晶石灰岩</td><td>球粒微晶灰岩</td><td>团块微晶灰岩</td><td>粒屑微晶灰岩</td><td colspan="2">2. 生物层灰岩(海百合、层孔虫藻类)</td></tr>
<tr><td>25%~10%</td><td>微晶</td><td>含内碎屑微晶灰岩</td><td>含生物碎屑微晶灰岩</td><td>含鲕粒微晶灰岩</td><td>含核形石微晶灰岩</td><td>含球粒微晶灰岩</td><td>含团块微晶灰岩</td><td>含粒屑微晶灰岩</td><td colspan="2">3. 生物泥丘灰岩(核形珊瑚、海绵、苔藓、藻类)</td></tr>
<tr><td><10%</td><td>微晶</td><td colspan="9">泥晶灰岩或微晶灰岩类</td></tr>
<tr><td>重结晶灰岩</td><td>大小</td><td>巨晶灰岩 >2 mm</td><td>极粗晶灰岩 2~1 mm</td><td>粗晶灰岩 1~0.5 mm</td><td>中晶灰岩 0.5~0.25 mm</td><td>细晶灰岩 0.25~0.1 mm</td><td>极细晶灰岩 0.1~0.063 mm</td><td>粉晶灰岩 0.063~0.031 mm</td><td>微晶灰岩 0.031~0.004 mm</td><td>泥晶灰岩 <0.004 mm</td></tr>
</table>

(三)白云岩的分类

白云岩首先按成因分为原生白云岩和交代白云岩。原生白云岩包括同生白云岩、内碎屑白云岩(砾屑、砂屑、粉屑、泥屑白云岩)和生物白云岩(层纹石、叠层石、核形石、凝块石白云岩等)。交代白云岩再按石灰岩的白云石化程度、原生结构的破坏程度,并参照白云石化白云石含量,作进一步划分。如白云石化内碎屑灰岩、残余内碎屑灰云岩、细晶白云岩、孔洞状白云岩等。

六、碳酸盐岩的主要岩石类型

(一)内碎屑灰岩

内碎屑灰岩由 50% 以上的内碎屑组成,内碎屑粒间填隙物可以为亮晶或泥晶,或者二者共存。它是沉积盆地内固结或弱固结的碳酸盐沉积物,经波浪、洋流冲刷、破碎和滤蚀后,再沉积而形成的具碎屑结构的石灰岩。内碎屑灰岩根据内碎屑的粒度分为砾屑灰岩、砂屑灰岩、粉屑灰岩等。

砾屑灰岩的砾屑呈扁圆或椭圆形,切面为长条形,似竹叶状(见图 1-7-6)。竹叶体圆度高,大小不一,有几毫米至几厘米。竹叶体大多是泥晶灰岩、粉晶灰岩或含生物泥晶灰岩等。砾屑表皮常有一暗褐色氧化铁圈,呈棕红色或紫红色。胶结物为微晶、粉晶或细晶等晶粒方解石。

图 1-7-6　竹叶状灰岩,露头

内碎屑的圆度和分选性因搬运、磨蚀程度、沉积环境的水动力条件不同而有明显差异。分选好的亮晶砾屑、砂屑灰岩,通常代表浅水并受强烈波浪和流水作用的环境,如浅滩或潮汐水道中。

(二)生物碎屑灰岩

生物碎屑灰岩也称骨屑灰岩,是生物碎屑含量在 50% 以上的石灰岩。岩石内含有各种生物碎屑,也含数量不等的其他类型颗粒(见图 1-7-7)。胶结物以泥晶方解石为多。泥晶胶结的生物碎屑灰岩表明是静水环境中形成的,生物介壳或介屑被埋置于灰泥杂基中,圆度不好,多数具原地堆积特征,无分选。

(三)鲕粒灰岩

鲕粒灰岩是鲕粒含量在 50% 以上的石灰岩(见图 1-7-8)。按填隙物不同分为亮晶鲕粒灰岩及泥晶鲕粒灰岩;按颗粒大小分为豆粒灰岩及鲕粒灰岩;按鲕粒类型不同有真鲕(同心状或放射状鲕粒)灰岩、薄皮鲕灰岩、复鲕灰岩。鲕粒灰岩的填隙物,可以是亮晶或灰泥杂基。

图 1-7-7　生物碎屑灰岩,露头

图 1-7-8　鲕粒灰岩,露头

鲕粒灰岩多形成温暖浅水、扰动强度中等,但具较强烈蒸发的环境。常产于碳酸盐台地边缘浅滩(鲕滩)地区,也可产于潮汐砂坝或潮汐三角洲地区,粒间多为亮晶胶结物,粒间孔发育。

(四)微晶灰岩、泥晶灰岩

主要由粒径 <0.031 mm 的微晶方解石和粒径 <0.004 mm 的泥晶方解石组成的岩石,分别称为微晶灰岩和泥晶(或叫隐晶)灰岩,有时统称为灰泥石灰岩。是水动力条件很弱或静水环境下的产物,其形成条件与黏土岩相似。

岩石一般为浅灰至深灰色,微晶或隐晶结构,致密,断口光滑,常显贝壳状,风化面细腻。当微晶灰岩含较多的泥质及氧化铁时,岩石则常为淡黄灰色或淡红灰色。常具块状层理或水平纹理,无流水作用形成的各种层理,所以表明它们是在静水或水动力条件很弱的环境中形成的。

(五)泥晶白云岩

泥晶白云岩由粒径 <0.004 mm 的泥晶白云石组成。结构均匀,有时具显微层理,生物残体很少,往往有介形虫。多为原生白云岩。

(六)微-细晶白云岩

微-细晶白云岩晶粒大小变化较大,白云石晶形较好,它由微晶或泥晶白云岩或其他类型白云岩经重结晶而成。其外貌呈砂糖状,故野外常叫砂糖状白云岩。

(七)生物白云岩及生物碎屑白云岩

生物白云岩及生物碎屑白云岩具有残余的生物结构或残余生物碎屑结构。这些生物残体几乎被细晶或粉晶白云石所替代,偶尔能看出生物的种类。这种岩石是由生物灰岩被交代而成的。

(八)内碎屑白云岩

内碎屑白云岩有砾屑白云岩(砾状或角砾状的砾屑白云岩)、砂屑白云岩及粉屑白云岩,胶结物可以是白云石、方解石或石膏。这种白云岩常呈厚度不大的夹层产于一般白云岩中,它是浅海上部或潮间带的产物。

(九)鲕粒白云岩

鲕粒白云岩是鲕粒石灰岩经白云岩化而形成的,其白云质鲕粒又被白云石胶结,有时被石膏质胶结。鲕粒灰岩经白云岩化后可提高孔隙率。

【小贴士】

生物格架和生物颗粒都是生物成因的,但二者是两个截然不同的概念,生物格架是群体生物原地保存的硬体;生物颗粒多为单体,常是异地堆积(也可原地或近地堆积)。当生物格架被破碎后也称为生物碎屑(颗粒)。

单元四 其他内源沉积岩

一、概述

内源沉积岩是由化学作用、生物作用、生物化学作用形成的岩石,包括硅质岩、铝质岩、铁质岩、锰质岩、磷质岩和蒸发岩等。其中部分在半固结或弱固结的情况下经盆地内在波浪和流水的冲刷下再次沉积下来。常见有粒屑结构、晶粒结构、生物骨架结构,层理、层面和生物成因的构造。内源沉积岩大多可独立形成沉积矿床，因而具有一定的经济价值。

按岩石的成分、成因及化学分异的顺序分为如下类型。

（一）铝质岩

铝质岩主要由铝的氢氧化物（三水铝石、一水软铝石、一水硬铝石）、黏土矿物、陆源碎屑矿物和一些自生矿物组成。常见豆状结构、鲕状结构和隐晶质结构。

（二）铁质岩

铁质岩是指含有大量铁矿物的沉积岩。当铁质岩中的铁矿物含量很高达到工业品位时，即为沉积铁矿。

常见的结构类型有粒屑结构、鲕状结构、豆状结构和微晶结构等。构造类型很多，有层理构造（主要是斜层理和递变层理）、肾状构造（叠层构造）等。在野外，铁质岩常呈层状、透镜状或结核状产出。

（三）锰质岩

锰质岩是指富含锰矿物的沉积岩，主要含锰矿物有硬锰矿、软锰矿、水锰矿、菱锰矿等。当锰的含量达到20%左右时，即为锰矿石。在锰质岩的主要类型中，以硬锰矿岩和软锰矿岩分布最广。其颜色为黑色或黑灰色，具斑点状、粒状或土状断口，常具鲕状结构，有时呈结核状、葡萄状、钟乳状、多孔状或土状产出。

（四）硅质岩

后面详述。

（五）磷质岩

磷质岩富含 P_2O_5，按照 P_2O_5的含量，$P_2O_5<8\%$ 为含磷沉积岩，P_2O_5在 8% ~18% 为磷质岩，$P_2O_5>18\%$ 为磷块岩。矿物成分主要为磷灰石的变种，非磷矿物有 SiO_2、黏土、方解石、白云石、海绿石等。沉积环境主要为局限浅海、潮间带、滨海带、海底的“地形高地”等。

（六）蒸发岩

蒸发岩或称盐岩，是一种纯化学成因的岩石，是由含盐度高的溶液或卤水通过蒸发作用而发生化学沉淀形成的岩石。蒸发岩主要由钾、钠、钙、镁的卤化物及硫酸盐等矿物组成，如石盐、钾盐、石膏、硬石膏、苏打等。其机械混入物以黏土为主。盐岩类中以石膏、硬石膏岩最常见，其次是岩盐，而钾镁盐岩很难见到。石膏、岩盐在地表很不稳定，很易受淋滤。

（七）可燃有机岩

可燃有机岩指燃烧时能产生热量的沉积岩。按其主要化学成分的构成可划分为两类：一类是以碳、氢化合物为主体的，如石油、天然气、地蜡或地沥青等；另一类是以碳、氢、氧为主体的，如泥炭、煤和油页岩等。

因上述一些岩石较少见，多为矿产，故不在此详述，只着重介绍硅质岩类。

二、硅质岩类

（一）概述

硅质岩是指以 SiO_2 为主，经化学作用、生物化学作用和某些火山作用所形成的岩石。主要成分有蛋白石、玉髓、自生石英和黏土矿物、碳酸盐矿物及氧化铁等。

硅质岩的结构有非晶质结构、隐晶质结构，有时呈微晶结构、鲕状结构、内碎屑结构及生物结构。常呈薄层状、透镜状及结核状产出。岩石多呈灰黑色，少数呈白色或红色。岩性坚硬、性脆，化学性质稳定，不易风化，其分布较广，仅次于沉积岩中的黏土岩、碎屑岩和碳酸盐岩，居第四位。

(二)主要岩石类型

1. 硅藻土

硅藻土主要由硅藻遗体组成，硅藻壳主要由蛋白石组成，个体很小，为0.002～0.15 mm。硅藻土呈白色或浅黄色，轻而软，比重0.4～0.3，孔隙度大，可达90%～92%，吸收性强。具硅藻生物结构，一般不显层理，有时可见薄水平层理。

2. 海绵岩

海绵岩由50%以上的硅质海绵生物遗体组成，其中主要是硅质海绵骨针。其矿物成分主要是蛋白石，有时为玉髓，硅质骨针间的胶结物也为硅质矿物(蛋白石、玉髓等)，外貌为细粒状，呈灰绿色、墨色等。

3. 放射虫岩

放射虫岩由50%以上的硅质放射虫介壳组成，还可混入其他生物，矿物成分为蛋白石，常混有黏土矿物等，有时见有方解石、海绿石等。我国西藏雅鲁藏布江蛇绿岩套中有放射虫硅质岩分布。

4. 碧玉岩

碧玉岩主要由玉髓和自生石英组成，常含氧化铁、有机质等混入物，故易成各种色彩。碧玉岩多为隐晶质结构，岩石致密坚硬，具贝壳状断口。分布于地槽区，常与火山岩伴生，成巨厚层(数百米以上)，称碧玉岩建造。其成因与海底火山喷发有关，是由火山喷发出的SiO_2沉淀而成的。如我国鞍山地区有前震旦系的碧玉铁质岩建造，甘肃白银厂铜矿有火山硅质岩－细碧角斑岩建造。

5. 燧石岩(或称燧石)

燧石岩是一种最常见、最重要的硅质岩，主要由玉髓、沉积石英和蛋白石组成。致密坚硬，具贝壳状断口。颜色多为灰色、黑色，常呈层状、条带状、凸镜状或结核状产出。燧石结核的形状复杂，有球状、卵状、棒状、盘状、葫芦状及不规则状，且其大小不一，从1 mm至1～2 m都有，一般为5～15 cm。结核通常顺层分布，排列成串珠状，也可切穿层理，多为成岩后生阶段交代形成的。

硅藻土因其孔隙多，具有极强的吸附能力和良好的隔热、隔声性能，工业上常用作漂白剂、吸收剂和隔热隔声的材料。燧石岩因其硬度高，常用作研磨材料。碧玉岩可作细工石料，色泽美丽者可作宝石。碧玉岩和燧石岩致密坚硬，孔隙度很小，含水性能差，工程性能好，因其性脆、节理裂隙较发育，所以具有一定的透水性，其抗压强度也因裂隙发育而降低。

单元五　火山碎屑岩

一、概述

火山碎屑岩是由火山爆发作用所产生的同期各种火山碎屑物，经空气或水介质搬运、堆积、固结而形成的岩石。火山碎屑岩中除火山碎屑物外，还含有一定量的正常沉积物和熔岩物质。火山碎屑岩的形成环境可以在陆地或在水下(海水、湖水、河流等)，并在各个地质时期均有分布。

火山碎屑物主要来自地下熔融的岩浆或已凝固的熔岩，经火山爆发时被粉碎或破碎而成各种岩屑、晶屑和玻屑，同时夹杂一些火山通道两侧的围岩碎屑，具有内生作用的特征。

由于火山碎屑岩经常与火山熔岩相伴生，在物质成分上与熔岩有着密切关系。火山碎屑物质经过搬运和沉积作用，在结构、构造上有的与正常沉积岩有相似之处，但又有所不同，碎屑物质多半呈棱角状、分选差，成分和结构、构造变化很大，不像沉积岩那样具有明显的层理，只有在向沉积岩过渡、正常沉积物增多时，沉积岩的特征才能显示出来。因而，火山碎屑岩是一种过渡型岩石，只有火山碎屑物质含量 >90% 的岩石才是火山碎屑岩。

二、火山碎屑岩的组分特征

火山碎屑物质组分可分为岩屑、晶屑与玻屑三种，它们都是高温炽热的熔浆喷溢、爆发的产物。因此，它们是划分火山碎屑物质种类的依据。

（一）岩屑

岩屑是由构成火山基底或火山管道周围的岩石，经火山喷发爆裂而破碎的岩石碎屑。依其物态可分为刚性、半塑性和塑性。因具刚性，外形不规则，岩屑常呈棱角状，大小不一。具半塑性、塑性的岩屑则表面具有一薄层玻璃壳，内部具气孔，边部往往多而小，中间则少而大，有的气孔呈同心层状分布，其形状多为纺锤形、梨形、面包形、透镜状、火焰状、枝叉状等，如火山弹（见图 1-7-9）。

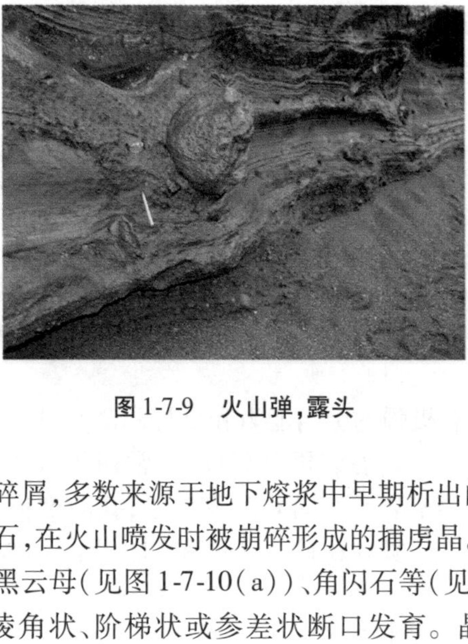

图 1-7-9　火山弹，露头

（二）晶屑

晶屑是指矿物晶体的碎屑，多数来源于地下熔浆中早期析出的斑晶，也有火山管道和火山基底中的粗粒结晶质岩石，在火山喷发时被崩碎形成的捕虏晶。常见到的晶屑有石英、钾长石、酸性斜长石，其次是黑云母（见图 1-7-10（a））、角闪石等（见图 1-7-10（b））。一般特征是外形不规则，常破碎成棱角状、阶梯状或参差状断口发育。晶屑粒度变化范围多数在 0.25 ~ 2 mm，一般小于 5 mm。

（三）玻屑

玻屑即火山玻璃碎屑，是玻璃质熔岩或尚未完全固化玻璃质团块的破裂产物。其形态多样，镜下常呈弓形、弧形、镰刀形、月牙形、鸡骨状等。玻屑大小通常为 0.1 ~ 0.01 mm，很少超过 2 mm，2 ~ 0.01 mm 者称为火山灰，小于 0.01 mm 者称为火山尘。

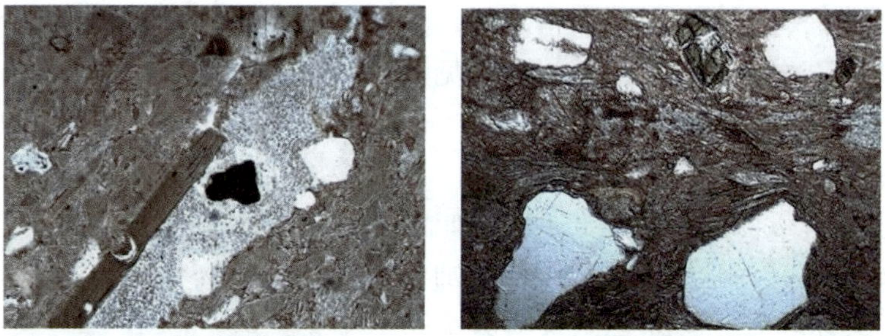

(a) 黑云母晶屑　　(b) 角闪石晶屑

图 1-7-10　晶屑

三、火山碎屑岩的结构、构造及颜色

(一)结构

地下炽热的熔浆具有很高的温度和压力,可能沿着地壳的薄弱地带溢出地表或以爆发方式喷入空中,崩碎成大小不等的碎块,经大气搬运后降落在水盆地内或陆地上。在重力分异作用下,碎屑物质按距离火山口的远近不同,可以形成一系列有规律的分布,从而形成各种不同的火山碎屑结构。常见的正常火山碎屑岩结构如下:

火山集块结构　由粒度大于 64 mm 的粗粒火山碎屑物质组成,含量大于 50%,由晶屑、玻屑及火山灰胶结而成的结构称火山集块结构。

火山角砾结构　由粒度为 64 ~ 2 mm,含量大于 50% 的粗粒火山碎屑物质组成。

凝灰结构　由粒度为 2 ~ 0.039 mm 的火山碎屑物质组成,其含量大于 50%,且以火山灰为主。

火山尘结构　由粒度小于 0.01 mm 的细小火山尘组成,其含量大于 50%,岩石致密,外貌似泥质岩。

除以上几种基本结构类型外,还有一些过渡类型的结构,由正常火山碎屑岩向熔岩过渡的碎屑熔结结构,向沉积岩过渡的沉凝灰结构及凝灰沉积结构等。

(二)构造

在火山碎屑岩中,常见的构造如下:

层理构造　火山碎屑岩通常不显层理,但流水或风挟带的火山碎屑,在水盆地中或陆地表面上堆积可形成小型和大型的交错层理及平行层理。

递变层理　主要出现在沉积物重力流火山碎屑岩类中,系由陆上或水下火山碎屑重力流以悬浮和递变悬浮搬运和沉积作用所致,如有正递变、反递变以及叠覆递变层理,是反映重力流水道的微环境。

斑杂构造　是火山碎屑物在颜色、粒度、成分上分布不均,且无排列性,而表现出来的一种杂乱构造。

平行构造　泛指由伸长形的火山碎屑物,如透镜体、饼状体、熔岩团块和条带等定向排列所组成的构造,它的连续性与平行性不及假流纹构造。

假流纹构造(见图 1-7-11)　主要出现在流纹质熔结凝灰岩中,根据塑性玻屑可见燕尾状分叉。在刚性碎屑边部可见塑变不强的弧面棱角状外形,假流纹延伸不远,一般无气孔及杏仁体等而有别于流纹构造。

除上述构造外，有时还见气孔、杏仁构造、火山泥球构造等，甚至在某些火山细屑岩中还见有生物扰动构造及实体化石。

（三）颜色

火山碎屑岩常具有特殊鲜艳的颜色，如浅红、紫红、嫩绿、浅黄、灰绿等色，它是野外鉴别火山碎屑岩的重要标志之一。颜色主要取决于物质成分，中基性火山碎屑岩色深，为暗紫红、墨绿等色；中酸性者色浅，常为粉红、浅黄等色。其次取决于次生变化，如绿泥石化则显绿色，蒙脱石化则显灰白色或浅红色。

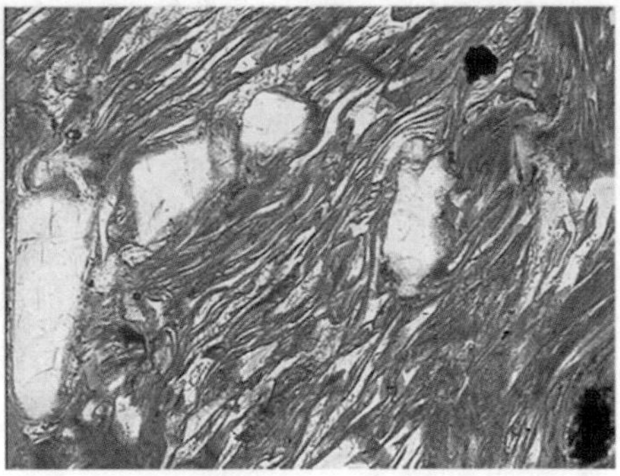

图 1-7-11　假流纹构造

四、火山碎屑岩的主要岩石类型

火山碎屑物的含量大于90%，不具熔结结构，经压固作用而成。按碎屑粒度划分为集块岩、火山角砾岩、凝灰岩三种。

集块岩　火山碎屑物粒径大于64 mm的集块占50%以上，主要由熔岩碎块和火山弹堆积而成。具集块结构，斑杂构造。火山碎屑物主要是岩屑（成分有玄武质的、安山质的、流纹质的及碱性火山岩等），大小不一，分选差，多带棱角，填隙物为细角砾、岩屑、晶屑、火山灰等。集块岩多分布于火山口附近的火山锥以及火山通道之中。

火山角砾岩　主要由大小不等、粒径在2～64 mm的熔岩角砾组成，含量在50%以上，具火山角砾结构，斑杂构造。火山角砾以棱角状、次棱角状为主，分选很差，无层理或层理不明显，一般分布在火山口或其附近，常与集块岩共生。

凝灰岩　是由含量大于50%粒径小于2 mm的火山碎屑物组成的火山碎屑岩。颜色多样，有灰白色、红色、淡绿色、紫色、黑色等。具凝灰结构，有层理或块状构造，外貌疏松、多孔、有粗糙感。碎屑成分主要为岩屑、晶屑、玻屑和火山尘。

单元六　沉积岩的肉眼鉴定与描述

一、陆源碎屑岩的肉眼鉴定与描述

（一）粗碎屑岩（砾岩）的肉眼鉴定与描述

1. 粗碎屑岩（砾岩）的肉眼鉴定及描述

1）颜色

尽可能指出总的颜色，若碎屑与填隙物颜色不均匀，将岩石标本置于距眼睛0.5 m远处，观察描述其整体颜色，分别描述新鲜面与风化面的颜色。

2）砾石

（1）砾石的组成。注意砾石常为岩石碎屑，由单矿物组成的砾石一般较少，且多为细小的砾石。

（2）粒度（粒径）。指砾石长轴的大小，应从平均粒径和粒径范围两方面描述。

(3)分选性。指砾石大小相对集中的程度,分选不好时,应指出一般大小及最大的和最小的。

(4)磨圆度。以大部分砾石所具有的磨圆度为准,可做粗略统计,如次圆状约60%,次棱角状约40%,圆状约10%。

(5)观察砾石的形状(扁平状、球状、条带状等)。若以扁平状砾石为主,应注意砾石是否呈定向排列。

3)胶结部分

常见的胶结物有:

(1)黏土质:土状,岩石较松散,小刀可以刻动,并在水中可以泡软。

(2)铁质:使岩石呈紫红色或褐色。

(3)硅质:白色,硬度大于小刀,往往胶结紧密。

(4)钙质:白色,加稀盐酸强烈起泡。

4)构造

看有无微层理和层面构造,一般以块状构造常见。

5)其他

胶结的致密程度,有无次生脉穿插等。

2. 描述举例:砾岩

岩石呈浅灰色。以白云岩为主,灰白色,粉末加稀盐酸起泡;次为硅质岩,深灰－黑色,致密坚硬。白云岩砾石以次圆状为主,硅质岩砾石以次棱角状为主,粒径最大20 mm,最小2 mm,以10～15 mm为主。大小不均匀,分选中－差。砾石表面具明显的红色氧化圈。中－细砾砾状结构。块状构造。填隙物加稀盐酸剧烈起泡,为钙质胶结物。胶结类型为基底式,胶结紧密。

(二)中碎屑岩(砂岩)和细碎屑岩(粉砂岩)的肉眼鉴定与描述

1. 砂岩和粉砂岩的肉眼鉴定及描述

(1)颜色。观察岩石的整体颜色。如碎屑成分复杂,颜色多而杂,可把标本放远一点看,描述主要的颜色。有时可把次要的颜色放在前面来形容主要的颜色,如红褐色,即以褐色为主,略带红色。对颜色的描述要分清新鲜面和风化面的颜色。

(2)碎屑物的成分。鉴别并估计它们的百分含量,含量多的写在前面,少的写在后面。

(3)碎屑物的结构。描述碎屑物的粒度、圆度、分选度、排列情况及碎屑颗粒的表面特征(粗糙、光滑、光泽等)和风化后的变化情况。

(4)胶结物的成分及胶结类型。包括胶结物质的成分、颗粒大小、形状、排列方式等,胶结的紧密程度、胶结类型等。

(5)构造特征。描述层理的类型、大小及其他构造特征。

(6)生物化石。描述种类、保存的完整程度、产出和排列情况。

(7)风化情况、次生变化、地貌上的特点。

(8)成因特征。描述垂向上沉积相的组合、过渡变化情况等。

2. 砂岩和粉砂岩的描述举例

(1)长石砂岩:黄红色,不等粒砂状结构。碎屑成分主要为石英和钾长石,含少量白云母碎片。碎屑颗粒大小不均,属中－粗粒。石英无色透明,含量约60%;钾长石表面新鲜,呈肉红色，解理面上呈强玻璃光泽，含量约30%；白云母呈白色，强珍珠光泽，沿层理面分布较多。胶结物为黏土质和铁质，胶结较紧密。

定名：黄红色黏土质中－粗粒长石砂岩。

(2)石英砂岩：暗紫色，颜色分布不匀。中粒砂状结构，颗粒大小较均匀。碎屑成分主要为石英，呈灰紫色，含量约80%；局部含少量黄铁矿，呈细粒星散状分布，铁质胶结物分布不均匀，有的地方铁质聚集成团块，有的已风化成褐铁矿，沿节理面浸染，由风化后的氢氧化铁，胶结致密、坚硬，块状构造。

定名：暗紫色铁质中粒石英砂岩。

(3)粉砂岩：新鲜面呈肉红色，风化面常为灰白色。含砂质、黏土质点，成分较复杂。肉眼可分辨石英、白云母碎片和黏土矿物。黏土质和铁质胶结，具薄层状构造。

定名：肉红色黏土状粉砂岩。

(三)泥质岩的肉眼鉴定与描述

(1)颜色。要注意干燥时和潮湿时的颜色有所不同，新鲜面和风化面也不同，都要分别观察描述，并注意分析呈现各种颜色的原因。

(2)成分和混入物。黏土岩的矿物成分肉眼很难观察，要注意有无碎屑物质，可用手指搓捻来判断。滴加稀盐酸确定有无方解石或其他碳酸盐类矿物。

(3)物理性质。注意观察岩石固结的程度、硬度、断口、触感、光泽、粘舌性、在水中浸泡后的变化、可塑性、膨胀性、吸附性等，这些物理性质可以反映黏土岩的矿物成分。

(4)结构和构造。有无鲕粒、豆粒、结核、包裹体等，劈理、层理、页理的显著程度。

(5)产状。水平方向的变化，上、下岩层的接触关系及有关成因标志，初步判断其沉积环境和形成条件。

(6)生物化石。描述化石种类、数量、保存完整程度及分布状况。

(四)泥质岩的描述举例

(1)蒙脱石黏土岩：浅肉红色或白色，断口粗糙，不是很滑腻。水中易泡软，可膨胀到原体积的2~3倍。粘舌性不强，较疏松，具裂隙。含有少量的分解残余物。块状构造。

(2)紫色页岩：灰紫色，成分大部分为泥质及黏土矿物，肉眼不能分辨，少部分为碎屑矿物，有石英、长石、云母及绿泥石等。岩石具纸片状、片状的页理构造。

二、碳酸盐岩的肉眼鉴定与描述

(一)碳酸盐岩的鉴定和描述方法

肉眼鉴定碳酸盐岩应使用放大镜和5%~10%浓度的稀盐酸，观察和描述的内容包括：

(1)加稀盐酸起泡程度。加稀盐酸起泡强烈的为较纯石灰岩，起泡中等的可能含有白云质，起泡弱的可能为白云质灰岩或灰质白云岩。硅质石灰岩，加酸起泡情况随硅质含量的增加而减弱，石灰岩含泥质时，加酸起泡情况亦随泥质含量的增加而减弱。

(2)颜色。风化面的颜色和新鲜面的颜色往往不一致。

(3)成分。主要矿物成分及其他矿物混入物尽可能地鉴定出来，可与滴加稀盐酸后的反应结合进行观察与鉴定。

(4)结构。观察岩石的结构类型，属结晶结构、鲕状结构、生物结构或其他。

(5)构造。包括层理、结核、波痕、泥裂等。碳酸盐岩中的缝合线构造、叠堆构造、裂隙和洞穴的发育程度等。

(6)生物遗体。包括种类、数量、与层理的关系、完整程度、排列情况等。

(7)岩石的物理性质。硬度、硅质混入物,如硅质条带、燧石条带,还有断口、脆性等。

(8)岩层的厚度及接触关系。

(二)碳酸盐岩的肉眼描述举例

(1)灰色中粒含燧石条带石灰岩:灰色,具参差状断口,结晶颗粒大小不等,分布有方解石晶体,大小0.5~2 mm,解理面上显玻璃光泽。加稀盐酸剧烈起泡。致密块状,层理不明显,含有生物碎屑。具缝合线构造。裂隙发育。见燧石结核,呈条带状或串珠状平行层面分布。

(2)鲕状石灰岩:暗紫色,具鲕状结构。加稀盐酸强烈起泡,主要成分为方解石,有大量氧化铁的混入物。鲕粒一般呈圆形,大小为1~2 mm,成分为隐晶质方解石和铁质,还有少量不规则的生物碎屑,大小为1~3 mm,含量小于5%。胶结物为方解石和铁质,鲕体和胶结物的界线不清,二者的含量比为7:3。断口粗糙,较致密,性脆。岩石呈厚层状产出,与上下岩层为渐变关系。

三、火山碎屑岩的肉眼鉴定与描述

(一)火山碎屑岩的肉眼鉴定和描述方法

火山碎屑岩的肉眼鉴定与陆源碎屑岩相似,但有其特殊性。

(1)颜色。特殊的颜色是火山碎屑岩重要的鉴定特征,多呈白、浅红、浅黄、浅绿等色。中基性火山碎屑岩色深,为暗红色、墨绿色等;中酸性者色浅,常为粉红色、浅黄色等。另外,其颜色还取决于次生变化,如绿泥石化则显绿色,蒙脱石化则显灰白色或浅红色。

(2)成分。集块岩和火山角砾岩主要由熔岩碎屑组成。可根据矿物成分、结构、构造确定为何种熔岩。凝灰岩除注意岩屑外,还要注意鉴定晶屑成分。火山灰和火山尘实际上对岩石起固结作用,估计出百分含量。

(3)结构。鉴定火山碎屑的粒度、圆度、分选等方面特征。确定火山碎屑岩的结构类型,即集块结构(火山集块大于50%)、火山角砾结构(火山角砾大于75%)、凝灰结构(火山灰大于75%)。

(4)构造。通常为块状构造,无层理。但是若向熔岩过渡,凝灰岩有气孔构造、杏仁构造、假流纹构造等;向正常沉积岩过渡的火山碎屑岩,可见交错层理、平行层理、递变层理等。描述方法同陆源碎屑岩。

(5)次生变化。不同成因类型的火山碎屑岩次生变化特点不同。酸性凝灰岩易发生斑脱岩化和去玻璃化,基性凝灰岩易发生绿泥石化和沸石化。

(6)其他方面。如裂缝、孔隙、含油性等。若发育孔隙和裂缝,应描述孔隙的类型、含量、连通性,裂缝的丰度、宽度、产状,以及裂缝与孔隙间的关系等。

(二)火山碎屑岩的描述举例

火山角砾岩:褐红色至紫红色,火山角砾结构,块状构造。火山碎屑物质占90%以上,其中以粒径为10~5 mm的熔岩角砾为主(约占75%),含少量的长石和石英晶屑和玻屑。火山角砾外形不规则,呈尖棱状。胶结物主要为褐红色细小的火山灰、尘。岩石次生变化不明显。

(三)火山碎屑岩、正常碎屑岩、喷出岩的鉴定特征

火山碎屑岩、正常碎屑岩、喷出岩的鉴定特征见表1-7-11。

表1-7-11 火山碎屑岩、正常碎屑岩、喷出岩的鉴定特征

特征	岩石类型		
	火山碎屑岩	正常碎屑岩	喷出岩
成因特征	是由火山喷发作用形成的火山碎屑物质,就地堆积或只经过短距离的搬运而形成的岩石	是在地表由母岩(岩浆岩、变质岩、沉积岩)经风化、搬运、沉积、成岩等作用而形成的层状岩石	是熔岩流溢出地表直接冷凝而形成的岩石,属岩浆岩的喷出岩类
物质组成特点	由火山碎屑物质(岩屑、晶屑、玻屑)及少量围岩碎屑组成,物质成分与岩浆岩成分一致	由各类母岩的岩石碎屑和矿物碎屑所组成	由喷出的熔浆成分所决定,无围岩碎屑
胶结物	以火山灰为主	为硅质、钙质、铁质、黏土质等所胶结	无胶结物,有斑晶与基质之分
结构、构造	具棱角状,分选极差,凝灰结构为典型结构。块状构造,无层理或层理不明显	碎屑结构,具层理构造	有玻璃结构、隐晶结构、斑状结构等,有气孔构造、杏仁构造、流纹构造
产状	呈夹层或透镜状	层状	岩流、岩被等
化石情况	一般无化石,沉凝灰岩中有时有硅化木化石	含有各种化石	无任何化石

项目小结

1. 陆源碎屑岩是指由原岩经过物理风化作用形成的碎屑物质,经机械搬运和沉积,进一步压实和胶结而形成的沉积岩。由碎屑物质、杂基、胶结物和孔隙四部分组成。

2. 碎屑结构按其组成的碎屑颗粒粒径分为砾状、砂状、粉砂状、泥状等类型,其相应的沉积岩分别是砾岩、砂岩、粉砂岩、泥岩等。

3. 砂岩分为石英砂岩、长石砂岩、岩屑砂岩、长石石英砂岩、岩屑石英砂岩、岩屑长石砂岩、长石岩屑砂岩等类型。

4. 泥质岩是母岩风化产物中的细碎屑物质呈悬浮状态被搬运到沉积场所,以机械方式沉积而成的。在黏土岩中分布最广的黏土矿物有高岭石、水云母、蒙脱石、凹凸棒石等。

5. 泥质岩的结构和构造是肉眼鉴定和描述泥质岩的重要依据,也可帮助判断其形成条件。

6. 由沉积的钙镁碳酸盐矿物(方解石、白云石)为主(大于50%)组成的沉积岩称为碳酸盐岩。它的主要岩石类型为石灰岩和白云岩。

7. 石灰岩是方解石组成的岩石，遇稀盐酸起泡，硬度仅为3.5。白云岩是由白云石组成的岩石，遇酸可微弱起泡或不起泡，硬度较石灰岩略大，岩石风化表面有溶蚀沟纹。

8. 具有粒屑结构的石灰岩很常见。如鲕状灰岩、竹叶状灰岩、生物碎屑灰岩等。它们都包含粒屑与胶结物(亮晶)两部分或粒屑、胶结物、基质三部分。

9. 火山碎屑岩可分为火山集块岩、火山角砾岩、火山凝灰岩。其中火山凝灰岩常具有较明显的层理构造。

10. 硅质岩是由SiO_2组成的岩石。含有机质的硅质岩为黑色。富含氧化铁的硅质岩为红色或灰绿色，称为碧玉。疏松多孔的硅质岩称为硅华。富含黏土成分的硅质岩称为硅质页岩。

技能训练

1. 何谓陆源碎屑岩？碎屑岩物质的粒度是如何划分、命名的？
2. 描述石英砂岩、长石砂岩、岩屑砂岩的特点并说明它们的地质意义。
3. 简述泥质岩的基本概念、特征和用途。
4. 泥质岩如何进一步分类？高岭石黏土中常见的结构是什么？
5. 火山碎屑组分包括哪些？典型的火山碎屑岩有哪几种？
6. 碳酸盐岩的结构组分是哪些？内碎屑是如何形成的？
7. 按矿物成分划分，碳酸盐岩可有哪些主要类型？
8. 什么是石灰岩的结构分类？如何按结构对石灰岩进行分类？
9. 怎样区分石灰岩、白云岩、泥灰岩？
10. 怎样区分沉积角砾和火山角砾？
11. 简述硅质岩的概念、硅质岩的主要类型及它们的特征。

项目八　变质岩总论

学习目标

本项目要求掌握变质作用及变质岩概念、基本特征等基本知识。理解变质岩的结构、构造,掌握变质岩的鉴定特征,学会变质岩的命名方法并能够对其准确定名。

【项目导入】

变质岩分布范围广泛,约占地球面积的1/5,分布区内与变质岩有关的各种矿产非常丰富。变质岩的形成与岩浆岩和沉积岩的形成有何不同?它们之间有何联系?变质岩的结构、构造及其岩石的强度、透水性等可直接影响岩石的工程性质。

单元一　变质作用与变质岩

一、变质岩与变质作用的概念

在地壳形成和演化过程中,由于地壳的构造运动、岩浆活动、地热流的变化等使原来岩石所处的物理化学条件发生改变,岩石在基本保持固态的情况下,其结构构造、物质成分发生不同程度的变化,形成一种新的岩石,这种变化统称为变质作用。

由变质作用形成的岩石称为变质岩。变质岩是一种转化岩石,形成变质岩的原岩可能是三大岩类的任一种。由岩浆岩经过变质作用形成的变质岩称为正变质岩;由沉积岩经过变质作用形成的变质岩称为副变质岩;由变质岩经过变质作用形成的变质岩称为复变质岩。

变质岩在我国分布相当广泛,在地质历史上从前震旦纪至新近纪都有变质岩的分布,特别是前震旦纪的地层,绝大部分属变质岩,多分布在古老结晶基底和构造活动带中。如东北地区的鞍山群和中南—西南地区的昆阳群、板溪群等,都是典型的古老变质岩系。

二、影响变质作用的因素

影响变质作用的因素有内部因素(指原岩的成分、结构构造及岩石组合特征)和外部因素(指温度、压力、具化学活动性的流体等环境条件)两部分,但变质作用发生的根本原因是地质环境的改变所导致的物化条件的变化,物理化学因素即指温度、压力、流体等,它们通常同时出现,既相互促进,又相互制约。

(一)温度

温度是导致发生变质作用最主要、最积极的因素,它不仅控制着变质作用的发生和发展,也制约着化学活动性、流体的活动性和岩石变形性质。

大部分变质作用是在温度升高时发生的，造成温度升高的原因有很多，如地热增温、上地幔热流的运动、岩浆活动带来的热能、摩擦作用产生的热能、放射性元素衰变释放热能的积累等。一般认为，变质作用的温度下限为230 ℃左右，上限为1 100 ℃。温度升高增加了岩石内部质点的活动性，因而使岩石产生物理化学变化，表现为：

(1)可使原岩中一些矿物发生重结晶。温度升高促进岩石内部质点重新排列组合，使非晶质转变为结晶质、细晶粒变成粗晶粒。如非晶质蛋白石重结晶为玉髓，再结晶成石英；隐晶质的石灰岩变成颗粒粗大的大理岩。

(2)引起原岩中矿物之间发生变质反应，各种组分重新组合形成新矿物。

(3)岩石中流体的活动性增大，促进变质反应进行，使新矿物和新组构能以较快的速度和较大的规模形成。

(4)温度持续升高可使原岩在重结晶和变质结晶基础上发生部分重熔，其中长英质组分成为流体相，引起混合岩化。

(二)压力

压力也是影响物化平衡的重要因素，有时对矿物组合起决定作用，有利于形成比重大、体积小的矿物。影响变质作用的压力主要有三种类型。

1. 静压力

静压力又称负荷压力、均向压力或围压，即岩石受周围的围岩或上覆岩层的重力引起的压力。其特点是各方向压力均等，数值随深度增加而增加。变质作用一般在地表以下3～40 km深度内，可分为低压(0.11～0.33 GPa)、中压(0.3～0.5 GPa)、高压(0.5～1.2 GPa)和超高压(>2.5 GPa)变质作用。静压力主要可使岩石孔隙减少，岩石变得致密坚硬，从而形成比重大的新矿物和岩石。例如，钙长石和橄榄石在高压的作用下，形成分子体积小、比重大的石榴子石。

2. 流体压力

任何岩石在变质前其颗粒间都会含有少量的流体物质，主要是水、二氧化碳等，它们的存在会对周围的物质(包括孔隙四周的壁、顶、底等)赋予一定的压力，这种压力称为流体压力。变质作用过程中，这些流体释放出来，充填于毛细孔和微裂隙中，不完全被颗粒所吸附，以一个独立的流体相存在，将组成岩石的矿物颗粒分开。流体压力对某些矿物的重结晶可起催化剂的作用(促使矿物的水化)，对某些含结构水的矿物的分解起抑制作用。因此，流体压力的增加有利于发生水化反应；反之，则利于发生脱水反应。

3. 定向压力

当一物体遭受定向外力作用时，其内部就会产生一种抵抗力，称为应力，故定向压力又叫应力，即由构造运动或岩浆侵入围岩时所产生的侧向挤压力。定向压力不是变质反应物化平衡的独立因素，但它是变质岩结构的最重要因素，它控制着变质反应的速度和规模。

定向压力在变质作用中主要对岩石进行机械改造，使岩石变形、变质、碎裂或发生塑性流动，而且对岩石发生变质后，变质岩中形成定向构造等起着重要作用。当定向压力作用于岩石时，在挤压方向上矿物的熔点降低，溶解度增大，溶解的物质在垂直于挤压方向上，重新沉淀结晶、改变空间排列分布方式。特别是在区域变质过程中，当定向压力与温度联合作用于某些富含挥发分的岩石时，岩石发生局部溶解和重结晶，而重结晶形成的片状、板状、针状、柱状、棒状矿物，以及被拉长的粒状矿物大都呈连续或断续定向分布、平行排列，形成片理和线理构造等。

(三)化学活动性流体

化学活动性流体主要包括 H_2O 和以 CO_2 为主的富含多金属和非金属元素及 O、F、Cl、B、P 等挥发性组分。它们主要来自岩浆或深层热水溶液,也可能存在于矿物粒间孔隙之中。虽然化学活动性流体的数量有限,但由于它们富含挥发性组分,在较高的温度条件下,具有强烈的化学活动性,在变质作用中起着重要的作用。如可起到反应催化剂作用,加速矿物之间的化学反应;可起溶剂作用,渗透于岩石中矿物颗粒之间的化学活动性流体(溶液)使岩石中的易溶组分能在较大范围内溶解和扩散,促进矿物的重结晶和变质反应的速度,有时化学活动性流体还可直接参与水化和脱水等变质反应。此外,水溶液的存在还可降低矿物的熔点和岩石的重熔温度;化学活动性流体可起运移介质的作用,可将某些组分从外部带入岩石中,或将岩石中的某些组分溶解带出,实现物质组分的迁移,从而改变原岩的化学成分,发生交代变质作用。

三、变质作用的主要方式

变质作用的方式是指在变质作用过程中,如何使原岩在基本保持固体状态下发生的矿物组分、结构构造甚至是化学成分的变化。变质作用的方式主要有重结晶作用、变质结晶作用、交代作用、变质分异作用、变形和碎裂作用等。

(一)重结晶作用

重结晶作用指在变质作用过程中,原岩在基本保持固态的条件下,其中的矿物发生溶解、组分迁移、再沉淀结晶,致使矿物生长成较大晶体的过程与结果,而无新矿物形成的作用。重结晶作用多发生在成分单一的原岩和封闭的系统中,作用过程中,没有新矿物生成,也没有物质带入与带出,即重结晶作用前后岩石的总化学成分保持不变。如石灰岩变成大理岩,石英砂岩变成石英岩,化学成分保持不变。影响重结晶作用的外部因素主要是流体相温度和压力,温度越高,化学活动性流体含量越丰富,压力越大,越有利于重结晶。

(二)变质结晶作用

变质结晶作用指变质作用过程中,原岩在基本保持固态的条件下,原岩中化学成分重新组合、分配而形成新矿物的作用。矿物的转变是通过变质反应来实现的,同时必然有相应的原有矿物趋于消失。由于这种矿物的变化过程多数情况下涉及岩石中各种组分的重新组合,所以也称为重组合作用。

变质结晶作用中新矿物的形成有多种方式:

(1)同质多象变体的转变,如红柱石、矽线石、蓝晶石之间的转变。

(2)多种矿物之间进行化学反应及重组,如方解石和石英反应形成硅灰石。

(3)通过脱水(或水化)作用、脱碳酸化(或碳酸化)作用、氧化和还原作用等方式形成新矿物,如高岭石脱水转变为红柱石。

变质结晶作用和重结晶作用经常伴生,但二者发生的物理化学条件不同,重结晶作用是狭义的变质结晶作用。二者在变质过程中总化学成分均保持不变,重结晶作用无新矿物生成,常见于化学成分简单的岩石。变质结晶作用有新矿物生成,常见于化学成分复杂的岩石,如在高温作用下,黏土岩极易发生变质结晶作用形成角岩,并可生成红柱石、堇青石、石英等新矿物,但前后总的化学成分基本不变。

（三）交代作用

交代作用是指在变质作用过程中，由于流体的参与，发生物质组分的带入、带出，使原岩物质成分与外部发生置换而使总化学成分改变的现象。交代作用是在岩石基本保持固态（刚性或塑性）有少量流体参与的条件下完成的。其中，化学活动性流体起着物质搬运迁移的媒介和催化剂的双重作用。在此过程中，新矿物的形成与原有矿物的改造是同时进行的，岩石总体积基本不变，而总的化学成分则会有不同程度的变化。

（四）变质分异作用

变质分异作用指矿物成分、结构构造比较均匀的原岩，经变质作用形成了矿物成分、结构、构造不均匀的变质岩的过程。这是由于温度、压力和溶液等的影响，使岩石中某些组分发生迁移聚集和重新组合。如角闪质岩石中以角闪石为主的暗色条带和以浅色长英质矿物为主的浅色条带互层或团块状不均匀聚集的现象，绿片岩中出现形态不规则的钠长石－绿帘石－石英脉等都是变质分异作用的结果。

目前，一般认为变质分异作用以组分在空间上有一定范围的迁移而不同于一般的重结晶作用，又以没有组分从系统中带出或带入而不同于交代作用。

（五）变形和碎裂作用

变形和碎裂作用指岩石在应力作用下，当应力超过了弹性限度时，使矿物和岩石发生塑性变形；而当超过破裂强度时，则发生碎裂，此外还伴随应力下的重结晶，从而改变原岩的岩性。变形、碎裂的发育程度和特点与许多因素有关，如岩石的物理性质、所处的深度（温度、静压力条件）以及所受应力的作用方式和强度等。

变形作用使岩石和矿物基本保持原来的连续性，无破碎现象，当应力消失后也不能恢复原来状态。如岩石在长期应力作用下，将会发生变形和褶皱；同时，伴随矿物的机械转动和垂直压应力方向的重结晶作用，片状、柱状矿物呈定向排列，形成片理构造。应力的作用还会影响到矿物晶体内部结构的变化，像云母、角闪石等矿物的弯曲，方解石产生机械双晶，石英、长石产生波状消光等。

碎裂作用主要产生于地壳的浅部。当岩石和矿物随着应力强度增大时，碎裂程度也会增加，一般是先破碎成角砾状，然后为具棱角的粒状，最后被碾成粉末。在强烈的错动面附近，由于摩擦产生热能，可使粉碎成土状的物质产生重结晶，形成新的变质矿物。在特殊情况下，还可由于挤压摩擦产生高温，使岩石发生局部熔化现象。

变形和碎裂是变质过程中的一种重要作用。岩石及矿物变形行为与其所处的地质环境和岩性有关。在近地表低温低压条件下，岩石以脆性变形为主；在深部较高温度和压力条件下，岩石以塑性变形为主，但脆性与塑性之间并没有绝对的界线，二者是过渡的。柔性岩石（如黏土岩等）因塑性流变可产生褶皱或劈理面，而刚性岩石（如花岗岩、砂岩等）则多发生压碎破裂。

四、变质作用的类型

变质作用产生于极其多样的地质条件下，分布于不同的时间和空间中，其所代表的地质意义也各不相同。根据变质作用产生的地质背景、热流和应力作用之间的相互关系，变质作用可分为区域变质作用、混合岩化作用、接触变质作用、气液变质作用、动力变质作用及其他类型的变质作用。

(一)区域变质作用

区域变质作用是指在岩石圈大规模范围内发生的,多种因素(温度、压力、流体等)综合起作用的、具有多种变质方式的复杂变质作用。

区域变质作用常伴随构造运动发生,是在地壳活动带中进行的深部地质作用过程,并且常伴随有混合岩化、大规模的构造变形及岩浆活动,是一个漫长的地质作用过程(包括岩石的多向变质结晶及重结晶和变形作用)。区域变质作用形成的岩石其变质程度不同,规模巨大并在空间上常呈明显的带状分布,长可达数百千米或数千千米,宽数十千米或数百千米,由一些千枚岩、片岩、片麻岩等强烈变形或片理化的岩石组成。

(二)混合岩化作用

混合岩化作用是区域变质作用的进一步发展,使变质岩向混合岩浆转化并形成混合岩的一种作用。主要是指地壳深部高级变质岩发育区,由于温度、压力的增高及流体的参与,一些变质岩发生熔融产生相当数量的花岗质熔体,当熔融程度很高时可产生花岗质岩浆,冷凝后便形成典型的花岗岩;如果熔融程度低(只有部分熔融),出现部分属花岗岩质、部分属原变质岩的混合岩石,则称为混合岩。

根据混合岩化作用发生的地质环境和分布范围的不同,将在区域变质作用内大面积发生的混合岩化作用称为区域性混合岩化作用;将分布局限于不同成因、不同时代的花岗质侵入体的边缘接触带的混合岩化作用称为边缘混合岩化作用;而沿不同时代和不同性质的断裂带产生的混合岩化作用则称为断裂带混合岩化作用。

(三)接触变质作用

接触变质作用是由于岩浆活动,在侵入体和围岩接触带产生的一种变质作用。通常形成于地壳浅部的低压、高温条件下。

根据在变质作用过程中有无交代作用,又可将接触变质作用分为两种类型:

(1)热接触变质作用,又称热力接触变质作用,是指主要由于侵入体放出的热能使接触带附近围岩的矿物成分和结构、构造发生变化的一种变质作用。它主要表现为原岩成分的重结晶(如石灰岩变为大理岩,石英砂岩变为石英岩等),或原岩的化学成分重新组合形成新的矿物(如含镁质灰岩变成蛇纹石大理岩,泥质岩石变成红柱石角岩等)。没有明显的交代作用,岩石变质前后总的化学成分基本没有变化。

(2)接触交代变质作用,简称接触交代作用,是指岩浆结晶晚期析出大量挥发分和热液,通过交代作用使接触带附近的侵入体与围岩的岩性、化学成分均发生变化的一种变质作用。如富含挥发组分的中酸性侵入体与碳酸盐岩围岩接触,常在接触带上引起强烈的交代作用,形成矽卡岩。

(四)气液变质作用

气液变质作用是指由具有化学性质比较活泼的气体或热液,与固体岩石发生交代作用而使原岩发生变质的一种作用。引起变质的气液,可以来自岩浆体的挥发分、地壳内区域性分布的热水或由区域性变质作用所产生的热液(变质水)和混合岩化过程中所形成的溶液,在一定的条件下发生的交代变质作用。

(五)动力变质作用

动力变质作用是指在构造运动产生的应力影响下使原岩的局部有强烈错动而产生岩石磨碎或压碎的变质作用。主要位于大断裂附近,多呈带状分布。在构造应力的作用下,岩石通过碎裂、变形或重结晶等方式，发生结构、构造上的变化，有时也有矿物成分上的转换。动力变质作用的特点是低温、高应变速率，其典型岩石如碎裂岩、糜棱岩等。

（六）其他类型的变质作用

除以上几种变质作用类型外，根据变质作用产生的地质背景还有其他几种类型：

冲击变质作用 动力变质作用的一个特殊类型，其特点是作用时间短、定向压力极大、温度高，可使岩石产生高比重的矿物，同时也产生一些特殊的碎裂和变形，有时也可产生一些熔融而形成的玻璃质物质。如陨石撞击地表，引起局部短时间的巨大压力变化，冲击时产生的动能瞬时转化为热能，使岩石变质。典型岩石为陨击角砾岩，一种基质呈似熔岩外貌的角砾岩。

洋底变质作用 出现在大洋中脊附近，由于洋底扩张和热流升高而引起的变质作用，通常是一些原有的基性和超基性岩发生变质作用。这种变质岩石交代作用明显，通常不显片理。

另外，根据变质作用过程中温度的变化规律，还可将变质作用分为前进变质作用、退变质作用和复变质作用。通常把增温引起的变质作用称为前进变质作用，也称为递增变质作用，特征是稳定的高温矿物组合代替低温矿物组合；而低级变质叠加于原有的高级变质之上的变质作用被称为退变质作用，是低温矿物组合取代较高温矿物组合的过程，常发生于强烈的变形带上；如果多期不同温压条件的变质事件相叠加，则称为复变质作用，也有人称为重变质、叠加变质或多期变质。复变质作用既可以是变质作用温度一次比一次高，也可以是反向情况。退变质可以看作是复变质的一个特例。

【小贴士】

（1）地壳一定深处和固态转变是变质作用的两个基本点，也是区别于其他矿物转变作用（如成岩后生作用、岩浆作用）的关键所在。

（2）定向压力常和地壳活动带的构造运动有关。其强度在空间上的变化也很大，一般在地壳浅部较强，至深部则减弱。定向压力只能在固态岩石中起作用。

（3）变质作用发生的地质时代及其发生到终止所经历的时间，也是影响变质作用程度的一个不可忽视的因素。不同地质年代变质作用的特点不同，持续的时间不同，常常出现变质程度不同的岩石。

单元二 变质岩的物质成分

一、变质岩的化学成分

（一）变质岩的化学成分

由于变质岩是地壳中的先成岩石（岩浆岩、沉积岩及早先的变质岩）经过复杂变质作用的产物，其化学成分主要取决于原岩成分和变质作用的特点。总的来说，变质岩的化学成分仍然主要由 SiO_2、TiO_2、Al_2O_3、Fe_2O_3、FeO、MnO、MgO、CaO、Na_2O、K_2O、P_2O_5、H_2O 及 CO_2 等氧化物组成。与岩浆岩、沉积岩相比，因来源于不同的原岩，且变质作用因素和方式复杂，变质岩中的各种氧化物含量变化范围较大（见表1-8-1）。

表 1-8-1　正变质岩与副变质岩化学成分(质量百分数)区别

化学成分	岩石类型	
	正变质岩	副变质岩
SiO_2	34% ~80%	0 ~95%
Al_2O_3	<40%	高达 90% 以上
Fe_2O_3+FeO	<15%	高达 30% 以上
MnO	<2%	高达 20% 以上
CaO	<23%	高达 50% 以上
Na_2O+K_2O	$K_2O/Na_2O<1$,常见	$K_2O/Na_2O>1$,常见
P_2O_5	一般 <3%	>10% ,高可至 40%

一般,在变质过程中岩石的化学成分基本保持不变的岩石系统称为封闭体系,而存在交代作用的岩石系统则称为开放体系。

在研究岩石系统中,封闭系统的研究比较深入,主要分为两个系列进行:

等化学系列　指化学成分相同的原岩所形成的变质岩,在总体化学成分不改变的前提下,其矿物组合的不同是由变质作用的类型和强度决定的。如基性岩石在区域变质条件下,随着变质程度的增高可出现绿片岩→绿帘角闪岩→斜长角闪岩→斜长辉石岩,构成一个等化学系列。

等物理系列　指同一变质条件(温度、压力等)下形成的所有岩石,其矿物组合的不同是由原岩化学成分决定的。如一个变质相或变质带中的所有岩石。

(二)变质岩化学类型的划分

特纳(1955)提出常见变质岩可以划分为五个等化学类型:

泥质变质岩类　其特点是 Al_2O_3 和 K_2O 含量较高。源自泥质(铝质)沉积物,原岩是泥质岩石(泥岩、页岩)或火山凝灰岩。出现许多特征变质矿物,如硬绿泥石、十字石、堇青石、铁铝榴石、红柱石、蓝晶石、矽线石等。

长英质变质岩类　其特点是 SiO_2 含量高, FeO、MgO 含量低。原岩包括变质的砂岩(长石砂岩、长石石英砂岩)、酸性凝灰岩和中酸性岩浆岩,极少出现富铝系列特征变质矿物。

钙质变质岩类　其特点是 CaO、MgO 含量高,其次可有 Al_2O_3、SiO_2 等。原岩相当于灰岩和白云岩(可含石英、黏土矿物等杂质)等钙质沉积物。常见矿物有方解石、白云石、滑石、蛇纹石、透辉石、透闪石、硅灰石、金云母、镁橄榄石、钙铝榴石等。

基性变质岩类　富含 MgO、FeO、CaO 和 Al_2O_3。源自基性岩浆岩、凝灰岩及含较多 Ca、Al、Fe、Mg 的不纯泥灰质沉积物。原岩是基性火成岩,包括侵入的和喷出的,以及成分相当的杂砂岩和铁质白云质泥灰岩。出现辉石、角闪石、绿泥石、阳起石、绿帘石等大量铁镁矿

物。

镁质变质岩　富含 MgO、FeO。原岩主要是超基性岩浆岩和富镁、铁质的沉积岩。常见矿物有滑石、蛇纹石、透闪石、橄榄石、镁铝榴石、尖晶石、镁铁闪石等 。

二、变质岩的矿物成分

(一)变质岩矿物成分特点

变质岩在矿物成分上与岩浆岩、沉积岩相比较,既有相同之处,亦有其复杂多样的特点:

(1)岩浆岩中的长石、石英、云母、角闪石、辉石等主要矿物,在变质岩中同样存在。正常的岩浆岩中石英 <30%,而在变质岩中石英可高达 95% 以上。此外,因变质岩矿物生成温度较岩浆岩的低,在基性岩浆岩中,辉石远远多于角闪石,而在基性变质岩中,尽管有时也出现辉石,但普通角闪石和绿泥石是普遍的。部分高温矿物如鳞石英、玄武闪石、霓石及副长石类等为岩浆岩所特有,在变质岩中却极为罕见。

(2)沉积岩中典型的如黏土矿物、海绿石等为沉积岩所特有,在变质程度较浅时,它们仅作为残余矿物在变质岩中出现。

(3)变质岩含有的特征变质矿物(能较好地指示变质条件),如红柱石、矽线石、蓝晶石等。

除上述差别外,变质岩中一般呈纤维状、鳞片状、柱状、针状矿物等较为发育,常呈规律定向排列,且这些矿物的平均延展性要比岩浆岩中的同种矿物大,如花岗岩和黑云母片岩中黑云母延展性差异就很大。在变质岩中同质多象矿物也较多,如红柱石、蓝晶石、矽线石等。

(二)变质岩矿物成分与变质强度

由于变质作用的程度不同,变质岩在不同变质等级上表现有明显的矿物特征差异,这些特征差异能很好地反映变质作用程度的高低。Winkler(1974)按温度将变质强度划分为四个变质级(等物理系列):

(1)很低级变质以基性岩中浊沸石开始出现为标志,并以此与成岩作用相区分,其温度界线在 200 ℃左右或略低。它与低级变质之间的界线是基性岩中绿纤石或葡萄石和绿泥石反应形成黝帘石和阳起石,临界温度在 350 ℃左右或稍高。

(2)低级变质的温度范围为 350 ~ 550 ℃,它和中级变质的界线是泥质岩石中十字石的出现或黑云母存在时,堇青石(没有铁铝榴石)的形成。常见绢云母、绿泥石、硬绿泥石、绿帘石、阳起石、滑石、蛇纹石等矿物。

(3)中级变质的温度为 550 ~ 650 ℃或稍低,它和高级变质的界线是泥质岩中白云母和石英反应形成矽线石 + 钾长石组合。常见十字石、蓝晶石、普通角闪石、铁铝榴石等矿物。

(4)高级变质温度高于 650 ℃,上限可达 800 ℃左右。常见矽线石、紫苏辉石、正长石等矿物。

(三)变质岩矿物成分的成因类型

变质岩中的矿物成分,根据成因可将变质岩矿物分为两类。

1. 不稳定矿物

不稳定矿物又称残余矿物,指在变质作用过程中,因变质反应不彻底而被保留下来的部分原岩中的不稳定矿物，如果变质反应彻底，这些矿物就会转化为其他矿物而不存在。

2. 稳定矿物

稳定矿物指在一定变质条件下新形成的矿物，或者是原岩中的矿物，但在新的变质条件下仍然保持稳定的矿物。

按照对温压条件的适应范围不同可将稳定矿物分为两类：

特征变质矿物　指仅稳定存在于很小的温度和压力范围内的矿物，能较好地反映特定的温压条件及变质作用程度的高低。

贯通矿物　能在一个较宽的温度和压力范围内稳定存在的矿物，对温度和压力不敏感。

【小贴士】

(1)特征变质矿物能较好地指示变质条件(温度、压力或原岩成分)。

(2)矿物的稳定与不稳定不是绝对的，同一种矿物在不同的变质条件下稳定性不同。

单元三　变质岩的结构与构造

一、变质岩结构、构造的概念

变质岩的结构是指组成岩石的矿物，其粒度大小、形状及矿物之间的相互关系等。变质岩的构造是指组成岩石的矿物或矿物集合体的形态及其在空间的分布和排列方式等特征。

变质岩的结构、构造既可继承保留原岩的某些结构、构造特征，也可在不同的变质条件下形成新的结构和构造，比岩浆岩的结构、构造更为复杂。对变质岩的结构、构造的研究有助于恢复原岩、判别变质作用的类型及变质程度、成因等，同时也可作为变质岩定名的依据。

二、变质岩结构的基本类型及其特征

变质岩的结构按成因可分为变余结构、变晶结构、碎裂结构和交代结构四种类型(见表1-8-2)。

(一)变余结构

变余结构又称残留结构，是指变质岩中由于变质作用不彻底，原岩的矿物成分和结构特征被部分地保留或在外貌上仍依稀可见原岩的结构特征。如原来沉积岩中的砾状结构、砂状结构，岩浆岩中的斑状结构、辉绿结构等。

变余结构的命名方法，是在原岩结构的基础上加上“变余”二字，常见的变余结构有变余砂状结构(见图1-8-1(a))、变余泥质结构、变余斑状结构(见图1-8-1(b))、变余辉绿结构(见图1-8-1(c))、变余火山碎屑结构(见图1-8-1(d))等。

变余砾状结构　在某些变质砾岩中，有时虽经高温重结晶及强烈变形，砾石内部的物质成分可能有所改变，但砾石的外形轮廓仍清晰可见。

变余砂状结构　在某些变质砂岩中，常可保留砂粒的外形，但胶结物质由于对变质反应灵敏，已变为绢云母、绿泥石等矿物或有明显的重结晶及片理化，称为变余砂状结构。

表 1-8-2 变质岩常见结构类型

结构分类	子类划分依据	常见结构类型	一般命名方法
变余结构	与正变质岩有关	变余斑状结构、变余辉绿结构等	变余××结构
	与副变质岩有关	变余泥质结构、变余砂状结构、变余砾状结构、变余火山碎屑结构等	
变晶结构	矿物自形程度	自形变晶结构、半自形变晶结构、他形变晶结构等	××变晶结构
	矿物颗粒绝对大小	粗粒变晶结构、中粒变晶结构、细粒变晶结构、显微变晶结构等	
	矿物颗粒相对大小	等粒变晶结构、不等粒变晶结构、斑状变晶结构等	
	矿物颗粒形状	粒状变晶结构、柱状变晶结构、鳞片状变晶结构、纤维状变晶结构、束状变晶结构、放射状变晶结构等	
	矿物之间的关系	包含变晶结构、残缕结构等	
碎裂结构	碎裂程度	碎裂结构、碎斑结构、糜棱结构、超糜棱结构等	
交代结构	形态	交代假象结构、交代斑状结构、交代残留结构、交代穿孔结构、交代蠕虫结构、交代条纹结构等	交代××结构

变余斑状结构　原来基质一般已全部重结晶，但仍保留了变余的斑晶。如变质火山岩中，常见变余的较自形的长石斑晶或石英斑晶等。

变余辉绿结构　辉石已变为绿泥石、纤维状角闪石等，充填在变化不大的、晶形较好的斜长石之间，因此仍具有辉绿结构的外貌。

变余花岗结构　黑云母等暗色矿物已变为绿泥石，长石发生绢云母化等，但岩石仍保留花岗结构的外貌。

（二）变晶结构

1. 变晶结构的概念

变晶结构是指原岩在固态条件下，经重结晶作用和变质结晶作用形成的一种结构。很多细粒的沉积岩和岩浆岩，经过变质作用后，矿物颗粒变大，形成了新的矿物“变晶”，这种变质岩就具有变晶结构。

变晶结构的命名方法，一般是在岩石结构名称之后加上“变晶”二字，以便和其他成因的结晶质结构相区别。

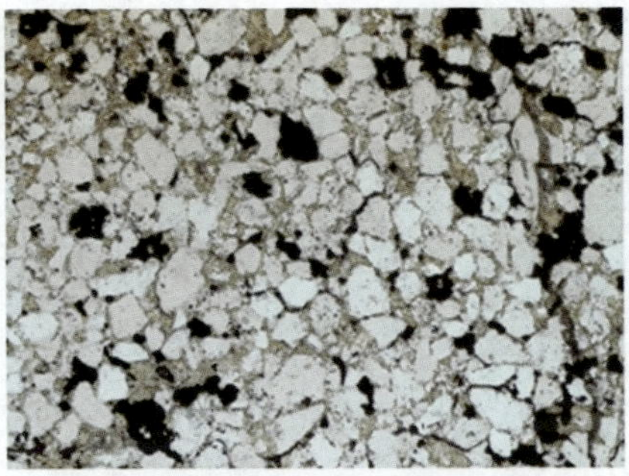
(a) 变余砂状结构，正交偏光

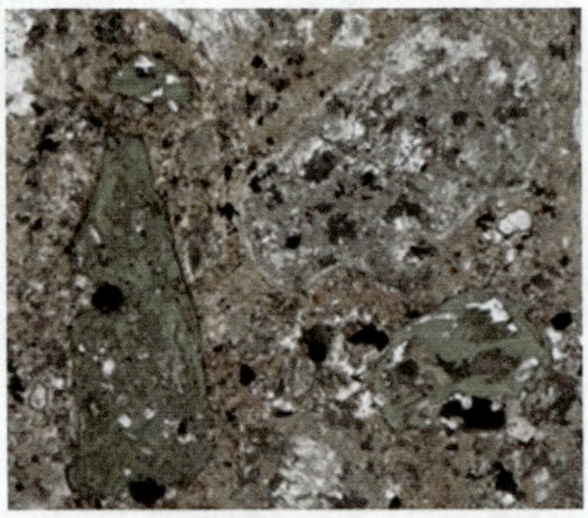
(b) 变余斑状结构，正交偏光

(c) 变余辉绿结构，正交偏光

(d) 变余火山碎屑结构，正交偏光

图 1-8-1 变余结构

2. 变晶结构的类型

根据变质岩变晶矿物颗粒绝对大小、相对大小、形状及相互之间交生关系等，变晶结构可以分为不同类型。

1）根据变晶矿物的自形程度不同划分

根据变晶矿物的自形程度不同可划分为自形变晶结构、半自形变晶结构、他形变晶结构。

2）根据变晶矿物颗粒的绝对大小划分

粗粒变晶结构　矿物颗粒平均直径大于 3 mm。

中粒变晶结构　矿物颗粒平均直径 1 ~ 3 mm。

细粒变晶结构　矿物颗粒平均直径大于 0.1 ~ 1 mm。

显微变晶结构　矿物颗粒平均直径小于 0.1 mm，除了显微镜，肉眼及放大镜均不能分辨出颗粒。

3）根据变晶矿物颗粒的相对大小划分

等粒变晶结构　岩石中的主要矿物颗粒大致相等，颗粒之间界线比较平直，定向构造不明显（见图 1-8-2（a））。

不等粒变晶结构　岩石中的主要矿物颗粒大小不等，粒度大小变化连续（见图 1-8-2（b））。

斑状变晶结构　岩石中的矿物颗粒大小相差悬殊，大颗粒称为变斑晶，细小颗粒称为基质。一般变斑晶形成较晚，基质形成较早，变斑晶被基质包围，且其中常有大量基质矿物的包裹体存在（见图 1-8-2（c））。

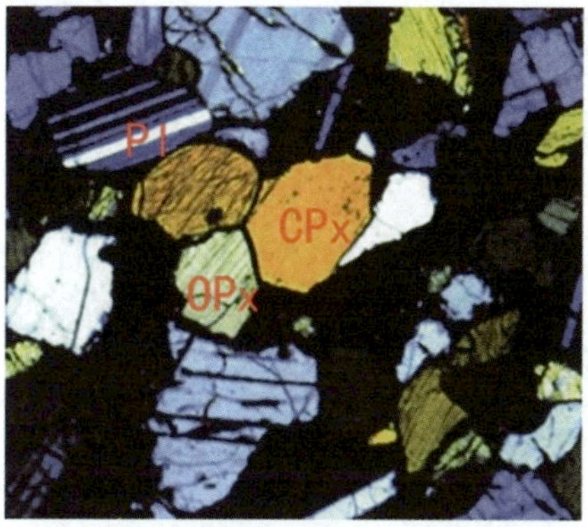

(a) 等粒变晶结构，正交偏光

(b) 不等粒变晶结构，正交偏光

(c) 斑状变晶结构，正交偏光

(d) 斑状变晶结构（基质为细粒粒状鳞片状变晶结构），正交偏光

图 1-8-2 等粒、不等粒和斑状变晶结构

4）根据变晶矿物颗粒的形状划分

粒状变晶结构　岩石由大致等轴形状的矿物颗粒组成，如长石、石英等，各种矿物颗粒之间紧密排列，不具定向构造（见图 1-8-3(a)）。石英、大理岩常具有此种结构。

鳞片状变晶结构　岩石主要由板状或片状矿物组成，如黑云母、绿泥石等，多数情况下呈定向排列，与片理构造关系密切（见图 1-8-3(b)）。千枚岩和各种片岩具有此种结构。

柱状变晶结构　岩石主要由柱状矿物组成，如角闪石、辉石等柱状矿物无定向排列（见图 1-8-3(c)）。

纤维状变晶结构　岩石主要由纤维状、长柱状、针状矿物组成（见图 1-8-3(d)），如阳起石、矽线石等。当这些延长型矿物呈束状排列时称为束状变晶结构，呈放射状排列时称为放射状变晶结构。

5）根据矿物之间的关系划分

包含变晶结构　又称变嵌晶结构，特征是在较大的变斑晶矿物中包有其他矿物的细小晶体，如石榴子石变斑晶中包有石英或云母（见图 1-8-4(a)）。

残缕结构　是指变斑晶中的矿物包裹体呈平直或波状定向排列，且与变斑晶外呈定向排列的基质矿物断续相连（见图 1-8-4(b)）。

(a) 粒状变晶结构

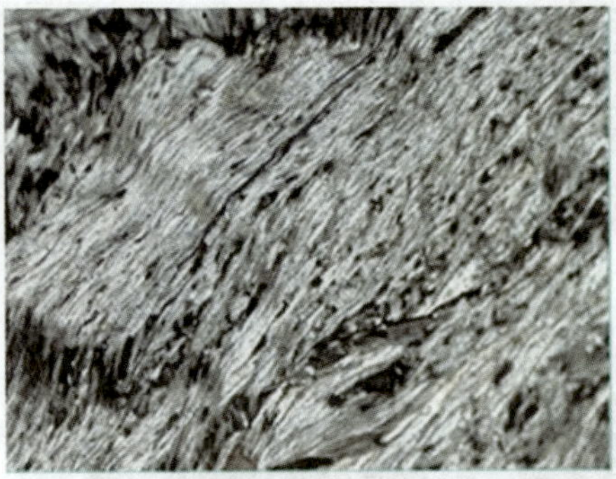

(b) 鳞片状变晶结构

(c) 柱状变晶结构

(d) 纤维状变晶结构

图 1-8-3　按矿物形状划分的变晶结构

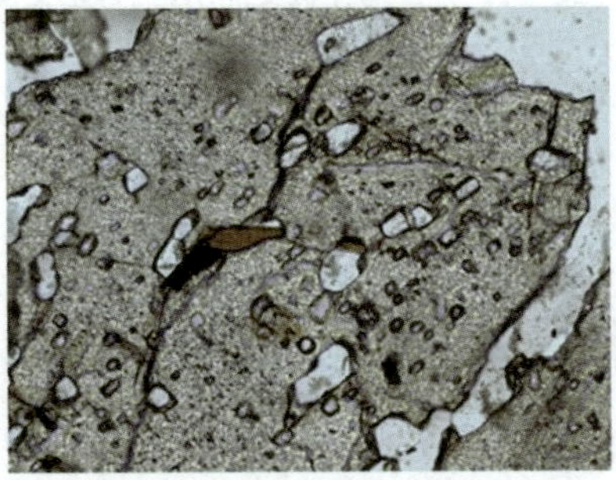

(a) 包含变晶结构

(b) 残缕结构

图 1-8-4　包含变晶结构、残缕结构

(三)碎裂结构

1. 碎裂结构的概念

碎裂结构是动力变质岩的一种结构,主要出现在构造破碎带。是指在应力作用下,岩石本身及组成岩石的矿物颗粒发生破碎、错动或磨损、变形现象所形成的结构特征。因压碎和裂开的强度不同,矿物颗粒常可分为大小两类——碎斑和碎基。碎斑呈不规则的破碎边缘、较多的裂隙、波状消光及边缘颗粒化。碎基粒度很小,甚至可以是超显微的矿物粉末状。

2. 碎裂结构的分类

按照碎裂程度的不同,碎裂结构可分为以下三种类型:

碎裂结构　狭义的碎裂结构是指岩石受到应力作用后,岩石中的大多数矿物或细粒岩石产生裂纹或遭受到破碎，但仍保留矿物原形，只在矿物颗粒接触处和裂开处被错裂成小颗粒，并使矿物破碎成外形不规则的带棱角的颗粒。颗粒边缘经常呈齿状，矿物颗粒常发生扭曲变形。碎块之间一般没有较大的相对位移（见图 1-8-5(a)）。

碎斑结构　当岩石破碎剧烈时，在粉碎的极细颗粒（碎基）中，还残留有部分粗大的矿物或岩石碎粒（碎斑），与岩浆岩中的斑状结构极为相似，称为碎斑结构（见图 1-8-5(b)）。

糜棱结构　指岩石在强烈应力下，矿物颗粒几乎全部破碎呈微粒状（粒径 <0.5 mm），破碎的微粒呈明显的定向排列，表现出似流动的定向构造，其中可残留少量稍大的矿物碎片（如石英、长石等），如图 1-8-5(c) 所示。当碎粒直径 <0.05 mm时，则称为超糜棱结构。

(a) 碎裂结构

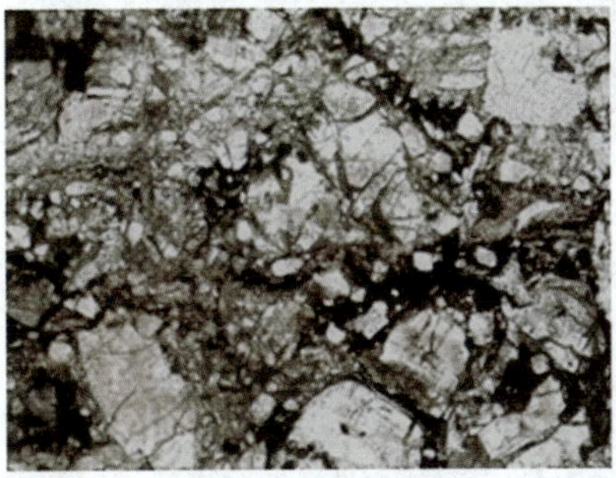

(b) 碎斑结构

(c) 糜棱结构

图 1-8-5　碎裂结构

（四）交代结构

在变质岩的结构中，由交代作用所形成的结构称为交代结构。因形成过程中有物质成分的带入和带出，岩石中的原有矿物分解和新矿物的形成是同时进行的。交代结构形成的矿物颗粒形态复杂多样，边缘多为港湾状等不规则形状，矿物粒度变化大，同种矿物的不同颗粒或同一矿物颗粒的不同部分，其成分、光性等性质变化明显，且变化多是渐变的。

常见的交代结构有交代假象结构、交代斑状结构、交代残留结构、交代穿孔结构、交代蠕虫结构、交代条纹结构等。

交代假象结构　指原有矿物被新矿物交代，但仍保留原有矿物的晶形，有时甚至还保留原有矿物的解理等内部特点。如蛇纹石交代橄榄石或斜方辉石后呈橄榄石或斜方辉石的假象，绿泥石交代黑云母或角闪石后呈黑云母或角闪石的假象，绢云母与石英集合体呈长石板

状晶形假象(见图1-8-6(a))。

交代斑状结构　指交代成因的矿物呈较大的自形、眼球状或不规则状斑晶出现,一般以长石斑晶最普遍。这种交代成因的斑晶中常有交代残留的基质矿物,且这种斑晶常切割变质岩的片理。

交代残留结构　指由于交代作用的增强,岩石中被交代的矿物呈零星孤岛状残留体被包在新生矿物之中(见图1-8-6(b))。

交代穿孔结构　指由交代作用形成的新矿物在被交代矿物的晶体中呈浑圆形或乳滴状零星分布,形如穿孔(见图1-8-6(c))。如由交代作用形成的石英,呈浑圆形或乳滴状在长石或其他矿物中出现。

交代蠕虫结构　指交代作用过程中形成的新矿物在原来矿物的晶体中或边缘附近呈很小的蠕虫状嵌晶出现(见图1-8-6(d))。常见的有,斜长石与钾长石接触时,在接触带附近的斜长石中,石英呈蠕虫状嵌晶出现,它们有时具有相同的消光位,因此也有人称为蠕英结构。

(a) 交代假象结构

(b) 交代残留结构

(c) 交代穿孔结构

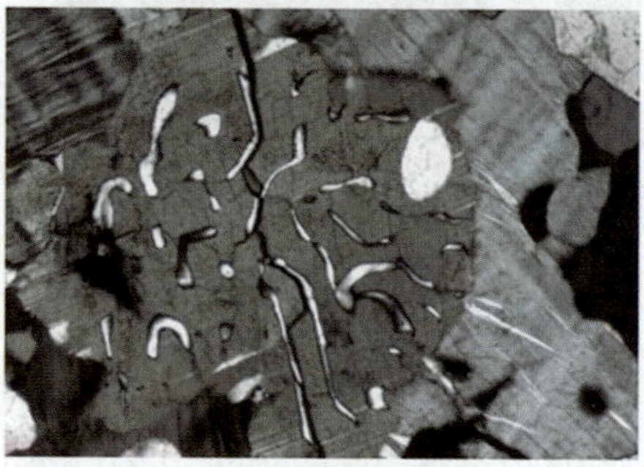

(d) 交代蠕虫结构

图1-8-6　交代结构

三、变质岩构造的基本类型及其特征

变质岩的构造主要有变余构造、变成构造和混合岩化构造三大类(见表1-8-3)。

表 1-8-3 变质岩常见构造类型

构造分类	常见构造类型
变余构造	与正变质岩有关构造:变余气孔构造、变余杏仁构造、变余流纹构造、变余枕状构造、变余斑杂构造等 与副变质岩有关构造:变余层理构造、变余泥裂构造、变余波痕构造等
变成构造	斑点状构造、板状构造、千枚状构造、片状构造、片麻状构造、眼球状构造、块状构造等
混合岩化构造	角砾状构造、树枝状构造、网脉状构造、眼球状构造、串珠状构造、条带状构造、肠状－褶皱构造、阴影状构造(雾迷状构造)等

(一)变余构造

变余构造是指岩石经过变质作用后,仍然保留有原岩部分的构造特征。变余构造常见于变质不彻底的浅变质岩中,是恢复原岩的重要依据。正变质岩中常见变余构造有变余气孔构造、变余杏仁构造、变余流纹构造、变余枕状构造、变余斑杂构造等;副变质岩中常见变余构造有变余层理构造、变余泥裂构造、变余波痕构造等。

在变余构造命名时,通常在原岩构造前面加上“变余”二字。

(二)变成构造

变成构造是在变质作用过程中,主要由重结晶、变质结晶作用所形成的构造。常见的类型有以下几种:

斑点状构造 为接触变质初期形成的斑点板岩所特有。其特点是岩石中分布着一些形状不一、大小不等的斑点,斑点由碳质、铁质或红柱石、堇青石、云母等矿物的雏晶聚集而成(见图 1-8-7)。当温度升高后,这些斑点可重结晶形成变斑晶。

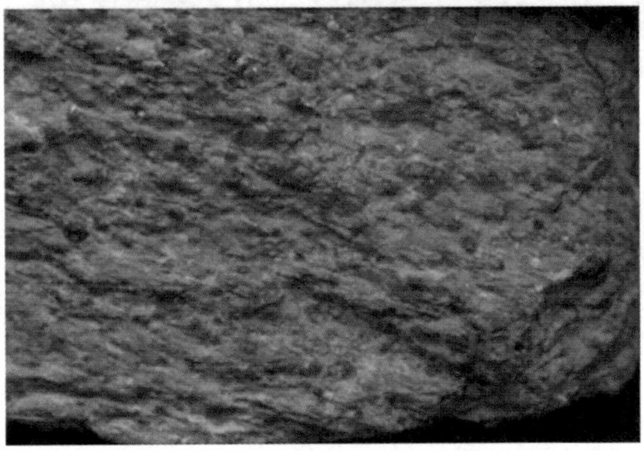

图 1-8-7 斑点状构造

板状构造 又称板劈理,是板岩特有的构造。泥岩或页岩等岩石受应力作用,岩石中出现一组互相平行的劈理面,沿劈理面岩石容易裂开形成板状(见图 1-8-8)。主要是由低级区域变质作用形成的。劈理面与原岩层理平行或斜交,常平整、光滑,但光泽暗淡,有时劈理面上有少量微晶绢云母、绿泥石等,显微弱的丝绢光泽,但岩石基本没有重结晶,新生矿物很

少。

(a) 露头

(b) 手标本

图 1-8-8 板状构造

千枚状构造 是一种低级定向构造，是千枚岩的典型构造。千枚状构造的变质程度比板状构造略强，劈理面是由细小片状、鳞片状矿物呈定向排列而成的，岩石呈薄片状，片理面常具有强丝绢光泽（是绢云母、绿泥石等矿物的细微鳞片密集排列所致），并有微褶皱状（见图 1-8-9）。岩石沿面理裂开形成的劈理面不如板状构造的劈理面平整。由于岩石重结晶程度不高，矿物颗粒肉眼极为难辨（粒径 <0.1 mm），镜下可见较多新生矿物，如绢云母、绿泥石、微粒石英等。

(a) 手标本

(b) 镜下观察

图 1-8-9 千枚状构造

片状构造 又称片理，岩石中含较多的片状、柱状、板状矿物，如云母、绿泥石、滑石、角闪石等呈连续定向排列，形成岩石的片理面（见图 1-8-10（a））。片理面可以是较平直的面，也可以是呈波状的曲面（见图 1-8-10（b））。由于岩石重结晶和变质结晶程度较高，一般粒度较粗，肉眼能分辨矿物颗粒。

片麻状构造 又称片麻理，岩石主要由浅色粒状变晶矿物（长石、石英）组成，一定数量呈定向排列的深色片状或柱状矿物（黑云母、角闪石）在粒状矿物中呈不均匀的断续分布（见图 1-8-11）。

眼球状构造 是区域变质岩（片麻岩）、动力变质岩（糜棱岩）常见的构造。一般在具有定向构造的岩石中，刚性矿物颗粒（如长石、石英）呈透镜状、扁豆状单晶或颗粒集合体在基质中定向排列，形似眼球（见图 1-8-12）。

(a) 正交偏光　　(b) 手标本

图 1-8-10　片状构造

图 1-8-11　片麻状构造，手标本

(a) 露头　　(b) 眼球状片麻岩，手标本

图 1-8-12　眼球状构造

块状构造　岩石中以粒状矿物为主，矿物分布均匀、结构均一、无定向排列。变质岩的块状构造与岩浆岩的块状构造相似，但成因不同，矿物成分也不相同。

（三）混合岩化构造

混合岩化作用所形成的混合岩是由基体和脉体两个基本部分组成的。基体暗色矿物较多，代表混合原岩，被称为暗色体；脉体是在混合岩化作用过程中，由注入、交代、重熔等作用而新生成的，主要由浅色矿物组成，为长英质或花岗质物质，故称浅色体。混合岩化构造主要是指混合岩中基体和脉体的空间分布特征及其相互关系，常常构建出以下几种构造形式：

角砾状构造　岩石中的浅色脉体将暗色基体分割包围，基体呈大小不等的角砾状（见图 1-8-13（a））。角砾状构造也可以是原有变质岩受构造变动后成角砾岩，再经混合岩化作用，花岗质成分沿其破碎裂隙贯入形成的。

树枝状构造　岩石中长英质脉体呈树枝状分布在基体中。

网脉状构造　长英质脉体不规则地穿切基体，呈网脉状分布于基体中。脉体数量较少，宽窄不定，有时尖灭，有时一端变成大小不等的透镜体状连续排列。

眼球状构造　混合岩化过程中，外来物质沿着片状、片麻状岩石注入时，形成大小不一的长英质（主要是碱性长石和石英）眼球状或透镜状晶体和集合体，断续分布于暗色基体中，常有定向排列（见图 1-8-13（b））。当眼球含量增多时，可成串珠状断续连接，即形成串珠状构造。

条带状构造　串珠状构造逐渐过渡可形成条带状构造，即基体与脉体呈条带状相间分布。表现为各种矿物成分分布不均匀，宽窄不等的浅色条带（以石英、长石、方解石等粒状矿物为主）和暗色条带（以黑云母、角闪石、磁铁矿等为主）呈互层分布（见图 1-8-13（c））。若条带的宽度变化较大，呈不连续分布，则称为条痕状构造。

肠状－褶皱构造　浅色脉体呈肠状褶曲分布于暗色基体之中为肠状构造（见图 1-8-13（d）），浅色脉体与暗色基体一起揉皱则形成褶皱构造。

阴影状构造（雾迷状构造）　也称星云状构造，基体与脉体界线完全不清，有时隐约可见被交代的基体的残留轮廓，呈斑杂状或阴影状分布于脉体中（见图 1-8-13（e））。

(a) 角砾状构造，手标本

(b) 眼球状构造，手标本

(c) 条带状构造，手标本

(d) 肠状构造，露头

(e) 阴影状构造，手标本

图 1-8-13　混合岩化构造

【小贴士】

（1）变晶结构与岩浆岩的结晶结构有些相似，但又有许多不同之处。同一世代的变晶矿物没有明显的结晶顺序，晶体自形程度的差别取决于结晶势，岩浆岩中矿物的自形程度随结晶顺序依次变化。变晶结构中柱状、片状及放射状矿物比较发育，柱状、片状矿物的延展性比岩浆岩中的大，且多为定向排列。

(2)一般认为热接触变质角岩的角岩结构是细粒粒状变晶结构，矿物颗粒常呈多边形，彼此紧密镶嵌，一般不呈定向排列，岩石常呈块状构造。

(3)交代斑晶与岩浆岩的斑晶不同：交代斑晶中常有交代残留的基质矿物；斑晶常切割围岩的片理或其他早期构造，而片理又可在斑晶中断续通过。交代斑晶在岩石中分布不均匀，大小不等；斑晶推开变质岩片理的现象也不显著。

(4)交代残留结构与包含变晶结构的区别：交代残留结构中残留体的外形通常很不规则，有时这些残留体彼此间在光性和双晶等方面显示出它们原来为同一晶体，可具有相同的消光位。

(5)对交代蠕虫结构中，如果是由其他矿物而不是石英构成的蠕虫结构，则称为似蠕英状结构，以便和蠕英结构区分开来。

单元四 变质岩的分类与命名

一、变质岩的分类

对于变质岩的分类，因划分的原则和依据不同，分类侧重点各有不同。通常，分类时主要考虑三个要素，即变质岩的物质成分、矿物成分和成因类型。目前，国内习惯上按变质岩成因（变质作用类型）把变质岩分为接触变质岩、气液变质岩、动力变质岩、区域变质岩、混合岩五大类，如表1-8-4所示（本书采用此种分类方法）。国外岩石学教科书多按照岩石结构和矿物成分对其进行分类，路凤香等（2002）在Best（1982）和Raymond（1995）的基础上对变质岩进行了岩相学的分类（见表1-8-5）。

表1-8-4 变质岩分类简表

接触变质岩类	气液变质岩类	动力变质岩类	区域变质岩类	混合岩类
接触变质岩类：	蛇纹岩	碎裂岩	具有面理构造的区域变质岩：	注入混合岩
角岩	青磐岩	构造角砾岩	板岩	混合片麻岩
大理岩	云英岩	压碎岩	千枚岩	混合花岗岩
石英岩		糜棱岩	片岩	
接触交代变质岩类：			片麻岩	
矽卡岩			无面理构造的区域变质岩：	
			变粒岩	
			角闪岩	
			麻粒岩	
			大理岩	
			石英岩	

表 1-8-5　变质岩岩相学分类

<table>
<tr><th colspan="3">岩类</th><th>岩石特征</th></tr>
<tr><td rowspan="9">面理化变质岩</td><td colspan="2">糜棱岩</td><td>具糜棱结构的动力变质岩</td></tr>
<tr><td colspan="2">板岩</td><td>具板状结构的变质岩,如钙质板岩、铁质板岩</td></tr>
<tr><td colspan="2">千枚岩</td><td>具千枚状构造的变质岩,如绢云石英千枚岩</td></tr>
<tr><td rowspan="3">片岩</td><td>绿片岩</td><td>具片状构造的变质岩,片岩常见种类,主要由钠长石、绿帘石和阳起石、绿泥石组成</td></tr>
<tr><td>蓝片岩</td><td>具片状构造的变质岩,片岩常见种类,含蓝闪石的片岩总称</td></tr>
<tr><td>白片岩</td><td>具片状构造的变质岩,片岩常见种类,主要由滑石、蓝晶石组成的浅色片岩</td></tr>
<tr><td colspan="2">片麻岩</td><td>具片麻状构造的变质岩,如石榴黑云斜长片麻岩</td></tr>
<tr><td colspan="2">眼球状混合岩</td><td>具眼球状构造的混合岩,眼球状新成体(脉体)分布在古成体(基体)中</td></tr>
<tr><td colspan="2">层状(条带状)混合岩</td><td>具层状(条带)状构造的混合岩,新成体(脉体)与古成体(基体)互层</td></tr>
<tr><td rowspan="16">无面理至弱面理化变质岩</td><td colspan="2">构造角砾岩</td><td>具碎裂结构、角砾状构造,碎块呈棱角状、无定向的动力变质岩</td></tr>
<tr><td colspan="2">构造砾岩</td><td>具碎裂结构、角砾状构造,角砾圆化,无定向或弱定向的动力变质岩</td></tr>
<tr><td colspan="2">碎裂岩</td><td>具碎裂结构、块状构造的动力变质岩</td></tr>
<tr><td colspan="2">假玄武玻璃</td><td>具玻璃质碎屑结构的动力变质岩</td></tr>
<tr><td colspan="2">大理岩</td><td>主要由碳酸盐矿物组成的块状岩石,如透闪透辉石大理岩</td></tr>
<tr><td colspan="2">石英岩</td><td>主要由石英组成的块状变质岩,如白云母石英岩</td></tr>
<tr><td colspan="2">蛇纹岩</td><td>主要由蛇纹石组成的块状变质岩,如滑石蛇纹岩</td></tr>
<tr><td colspan="2">绿岩</td><td>主要由钠长石、绿帘石和阳起石、绿泥石组成的绿色块状区域变质岩</td></tr>
<tr><td colspan="2">角闪岩</td><td>主要由斜长石和普通角闪石组成的区域变质岩,如石榴子石角闪岩。常见种类有绿帘角闪岩,主要由钠长石、绿帘石和普通角闪石组成</td></tr>
<tr><td colspan="2">麻粒岩</td><td>具花岗变晶结构和麻粒岩相矿物组合的长英质和斜长石－辉石质(基性)区域变质岩</td></tr>
<tr><td colspan="2">榴辉岩</td><td>主要由石榴子石和绿辉石组成的区域变质岩</td></tr>
<tr><td colspan="2">粒岩或××岩</td><td>具花岗变晶结构的无定向、块状变质岩,通常具花岗变晶结构者称××粒岩,如长英质粒岩;其余称××岩,如黑云母角闪石岩。常见种类有钙硅酸盐粒岩,是由钙硅酸盐矿物组成的粒岩的总称,如钙铝榴石透辉石粒岩</td></tr>
<tr><td rowspan="4">角岩</td><td>钙硅酸盐角岩</td><td>无定向、块状接触变质岩,主要由钙硅酸盐矿物组成的角岩总称,如钙铝榴石透辉石角岩</td></tr>
<tr><td>钠长绿帘角岩</td><td>无定向、块状接触变质岩,主要由钠长石、绿帘石和阳起石、绿泥石组成的基性角岩</td></tr>
<tr><td>普通角闪石角岩</td><td>无定向、块状接触变质岩,主要由斜长石和普通角闪石组成的基性角岩</td></tr>
<tr><td>辉石角岩</td><td>无定向、块状接触变质岩,主要由斜长石和辉石组成的基性角岩</td></tr>
</table>

续表 1-8-5

岩类		岩石特征
无面理至弱面理化变质岩	角砾状混合岩	具角砾状构造的混合岩，角砾状暗色基体分布于浅色脉体中
	阴影状混合岩	具阴影状（雾迷状）构造的混合岩
	矽卡岩	主要由钙、铁、镁（铝）硅酸盐矿物组成的接触交代变质岩
	云英岩	主要由石英、白云母和萤石、黄玉、电气石等组成的气成热液变质岩
	黄铁绢英岩	主要由石英、绢云母、黄铁矿及碳酸盐组成的气成热液变质岩
	次生石英岩	主要由石英、绢云母、叶蜡石、高岭石、红柱石、明矾石组成的气成热液变质岩
	滑石菱镁岩	主要由石英、铁菱镁矿、铬云母、黄铁矿、绿泥石、滑石、蛇纹石和铬铁矿组成的气成热液变质岩
	青磐岩	主要由钠长石、阳起石、绿泥石及碳酸盐组成的气成热液变质岩

注：引自路凤香等，2002，略有修改。

二、变质岩的命名

在变质岩的命名过程中，通常考虑岩石的结构、构造、矿物组合及含量、产地，以及特殊成因几个方面。变质岩的名称构成为“附加修饰词 + 基本名称 ”，基本名称反映岩石的基本特征，具有一定的矿物组成、含量及结构、构造特征。附加修饰词是用以说明岩石的某些重要附加特征的修饰词。可作为附加修饰词的有次要矿物、特征变质矿物、结构、构造及颜色等。

（一）变质岩基本名称的命名原则

（1）以构造命名。如具有千枚状构造的岩石称千枚岩，具有板状构造的岩石称板岩，具有片麻状构造的岩石称片麻岩，具有碎裂构造的岩石称碎裂岩等（有些岩石具有片麻状构造，如斜长角闪岩、麻粒岩等，但它们的基本名称不是根据构造，而是根据矿物成分及含量来命名的）。

（2）以矿物成分及含量命名。大多数变质岩的命名以矿物成分来确定，如以角闪石为主要成分，其含量大于 85% 时，可定名为角闪石岩，石英的含量大于 90% 时，可定名为纯石英岩，含有 50% 以上的碳酸盐矿物时，可定名为大理岩。还有些变质岩的名称是以矿物成分及含量组合来确定的，如以斜长石和角闪石为主，且角闪石含量为 50% ~85% 时，通常定名为斜长角闪岩。

（3）特定成因命名。仍按传统习惯沿用，如矽卡岩等。

（4）当变质岩的变余结构构造非常发育，岩石轻微变质，原岩十分清楚时，则以“变质 × × 岩” 命名为原则。其中 × × 岩是原岩名称。例如，变质长石砂岩、变质砾岩、变质玄武岩、变质流纹岩等。

（二）附加修饰词

为了进一步划分变质岩的种属，反映变质岩的重要特征，在基本名称之前冠以附加词。通常有以下几方面的考虑。

1. 主要矿物与次要矿物成分

在岩石的基本名称确定后，根据主要矿物成分进一步对岩石命名：次要矿物 + 主要矿物+基本名称。

若岩石中含有数种矿物同时参与命名,应遵守含量少前多后的原则。如主要矿物是黑云母,基本名称是片岩,则该岩石的命名为黑云母片岩,此外当含有少量的石榴子石时,则称石榴黑云母片岩。

若次要矿物含量为5%~10%,命名时加"含"字前缀。含量大于10%的直接参加命名。当数种矿物含量都大于10%时,为简化名称,命名时只保留相对较多的矿物2~3种,按含量增加的顺序(少前多后)排列。

2. 特征变质矿物

特征变质矿物的命名:特征变质矿物+主要矿物+基本名称。

变质岩中常出现的特征变质矿物有蓝晶石、红柱石、堇青石、阳起石、绿泥石、矽线石、十字石等。当特征变质矿物含量小于5%时,则在特征矿物前加"含"字前缀,如含红柱石二云母片岩。当特征变质矿物含量为5%~25%时,直接作为附加修饰词,如红柱石云母角岩。岩石中含有两种以上的特征变质矿物时,应以少前多后的顺序排列,如十字石榴二云母片岩。

(三)叠加变质和蚀变岩石

名称结构为"××化+原来变质岩石名称",如糜棱岩化斜长角闪岩、绿泥石化黑云母片岩。

【小贴士】

参加岩石命名的矿物名称简化的要求:

(1)在不会引起误解的情况下,参加岩石命名的矿物名称,可以简化为两个汉字或一个汉字。如斜长石——"斜长",微斜长石——"微斜",黑云母——"黑云",十字石——"十字",石榴子石——"石榴"或"榴",绢云母——"绢云"或"绢",电气石——"电气"或"电",紫苏辉石——"紫苏"或"苏"等。

(2)简化后容易引起误解的矿物名称不能简化。如白云母、白云石等矿物名称不能简化。

(3)岩石名称前附加修饰词的字数以偶数为宜。因此,有时由两个汉字组成的矿物名称不宜简化。如滑石片岩、云母片岩、辉石麻粒岩等岩石名称中的矿物名称不宜简化。

(4)附加修饰词"含"字后矿物名称应用全名,不要简化。

项目小结

1. 变质作用是由温度、压力、具化学活动性的流体等影响因素引起岩石在成分、结构、构造及岩石组合特征方面发生变化。变质作用过程中,岩石基本保持固态。

2. 变质作用主要通过重结晶作用、变质结晶作用、交代作用、变质分异作用和变形碎裂作用等方式导致岩石发生变化。

3. 根据变质作用产生的地质背景,热流和应力作用之间的相互关系,变质作用可分为区域变质作用、接触变质作用、气液变质作用、动力变质作用、混合岩化作用以及其他类型的变质作用。

4. 接触变质作用是由于岩浆活动,在侵入体和围岩的接触带产生的变质作用。接触变质作用中,围岩距离侵入体越近,变质程度越高;距离越远,变质程度越低,并逐渐过渡到不变质的岩石。

5. 热接触变质作用是侵入体放出的热能使接触带附近围岩的矿物成分和结构、构造发生变化的一种变质作用,岩石变质前后总的化学成分基本没有变化。

6. 接触交代作用是通过交代作用使接触带附近的侵入体、围岩的岩性和化学成分均发生变化,代表性岩石为矽卡岩。

7. 气液变质作用是指由具有化学性质比较活泼的气体或溶液,与固体岩石发生交代作用而使岩石发生变质的一种作用。

8. 动力变质作用的特点是低温、高应变速率,其典型岩石如碎裂岩、糜棱岩等。

9. 区域变质作用是岩石圈大规模范围内发生的多种因素综合起作用的复杂的变质作用。

10. 特征变质矿物仅稳定存在于很小的温度和压力范围内,能较好地反映特定的温压条件。

11. 同一种矿物在不同的变质条件下稳定性不同。

12. 变质岩的结构按成因可分为变余结构、变晶结构、碎裂结构和交代结构四类。

13. 变质岩的构造主要有变余构造(变余气孔构造、变余杏仁构造、变余流纹构造、变余枕状构造、变余斑杂构造等)、变成构造(斑点状构造、板状构造、千枚状构造、片状构造、片麻状构造、眼球状构造、块状构造等)和混合岩化构造(角砾状构造、树枝状构造、网脉状构造、眼球状构造、串珠状构造、条带状构造、肠状－褶皱构造、阴影状构造等)三大类。

14. 根据变质岩成因(变质作用类型)把变质岩分为接触变质岩、气液变质岩、动力变质岩、区域变质岩、混合岩五大类。

技能训练

1. 变质岩、岩浆岩、沉积岩在矿物成分、结构、构造方面有什么异同?
2. 简述变质岩结构的分类依据、主要类型、命名方法。
3. 常见变晶结构有哪些? 其特点、区别及命名原则是什么?
4. 特征变质矿物的鉴定特征及标定的变质条件有哪些?
5. 如何区分变斑晶、变余斑晶、碎斑?
6. 简述变质岩构造的分类依据及主要类型。
7. 简述变质岩命名时的名称构成及要求。

项目九　变质岩各论

学习目标

本项目主要介绍主要变质岩类型及其特征、分类、命名等，要求掌握常见变质岩类型的主要特征，能够对手标本进行观察描述，区分变质岩大类。

【项目导入】

在建筑业中，人们常会看到汉白玉、大理石等作为建筑及装饰材料而被大量使用；同时还有与生活、生产离不开的各种金属和非金属矿产，如金、铁、铬、镍、铜、铅、锌等，它们无不与变质岩关系密切。本项目中，我们就来学习各种不同类型的变质岩。

单元一　区域变质岩

一、概述

区域变质岩是由区域变质作用形成的岩石。区域变质岩以分布范围广、变质环境多样和变质因素复杂为特征，从太古代早期至新生代都有出露，常见于前寒武纪结晶基底及显生宙造山带，由区域变质岩构成。

根据岩石有无面理构造，将区域变质岩分为具面理构造的区域变质岩和无（弱）面理构造的区域变质岩两类。

二、主要的区域变质岩岩石类型

（一）具面理构造的区域变质岩

1. 板岩

板岩是泥质岩、粉砂质岩及中酸性凝灰岩受轻微变质作用形成的区域变质岩。原岩的矿物成分只有少部分发生轻微重结晶，肉眼无法分辨颗粒成分，主要表现为脱水使岩石硬度增高，使岩石致密脆硬。板岩的颜色多样，所含杂质不同则颜色不同，如含铁为红色或黄色，含碳质为黑色或灰色。隐晶质结构，变余结构，典型的板状构造，板岩易于沿其劈理裂开成密集的薄板（见图 1-9-1（a）），板理面平滑整齐，光泽暗淡（见图 1-9-1（b））。

根据板岩的颜色、杂质、成分对其命名，一般以“新生变质矿物 + 原岩成分 + 板岩”构成其名称，如钙质板岩、空晶石板岩。以其颜色命名分类时为“颜色 + 板岩基本名称”，如灰绿色板岩、红色板岩、黑色碳质板岩等。

(a) 板岩，露头

(b) 板岩，手标本

图 1-9-1 板岩

2. 千枚岩

千枚岩是具有千枚状构造的浅变质岩，也是由泥质岩石（或含硅质、钙质、碳质的泥质岩）、粉砂岩及中、酸性凝灰岩等，经低级区域变质作用形成的。

千枚岩颜色多为黄褐色、灰绿色、深灰色、灰红色等，具细粒鳞片变晶结构，粒度小于 0.1 mm，肉眼难以辨认。在片理面上常有小褶皱，片理发育面上呈明显的丝绢光泽（见图 1-9-2(a)）。千枚岩变质程度比板岩稍高，原岩已基本发生了重结晶，原岩类型不同形成的千枚岩矿物组合也不同，主要矿物为绢云母、绿泥石和石英，可含少量长石及碳质、铁质等物质（见图 1-9-2(b)），有时还可出现少量方解石、雏晶黑云母、黑硬绿泥石或锰铝榴石等变斑晶。

(a) 千枚岩，手标本

(b) 千枚岩，正交偏光

图 1-9-2 千枚岩

千枚岩可按颜色、特征矿物、杂质组分及主要鳞片状矿物进一步命名，如银灰色绢云母千枚岩、灰黑色碳质千枚岩及灰绿色硬绿泥石千枚岩等。

千枚岩与其他变质岩之间还存在不同过渡类型岩石，如千枚状板岩是千枚岩和板岩之间的过渡类型岩石，岩石变质程度不高，原岩特征部分被保留或外观为板状构造，但矿物成分已具有绢云母、石英、绿泥石等；千枚状片岩是千枚岩和片岩之间的过渡类型，岩石中出现中级变质矿物，构造仍为千枚状构造。

3. 片岩

片岩是由原岩为泥质岩、碎屑岩及中酸性岩浆岩石，经变质作用形成的具有片状构造的岩石，是最重要的一类变质岩。片岩的片理面一般不平整，不易剥开，片状、柱状矿物呈连续定向排列，具鳞片变晶结构、纤维状变晶结构、鳞片粒状变晶结构、斑状变晶结构。岩石主要由片状和柱状矿物（黑云母、绿泥石、滑石、透闪石、阳起石、普通角闪石等）以及较多的粒状矿物（长石、石英等）所组成。其中，片状及柱状矿物含量超过 30%，常呈定向平行排列，粒状矿物含量一般为 50% ~70%，其中长石含量小于 25%，它们充填于片理之间。矿物颗粒粒度大于 0.1 mm，肉眼能够辨认，据此可与千枚岩相区别。常见片岩类型有以下几种。

1）云母片岩

云母片岩（见图 1-9-3（a））原岩为泥质岩、中酸性岩，分布广泛，由低 - 中级变质作用形成。岩石具斑状变晶结构，基质具粒状鳞片变晶结构（见图 1-9-3（b））。主要由白云母、黑云母矿物组成，其次为石英和中酸性斜长石，粒状矿物含量较低，有时可出现铁铝榴石、堇青石、红柱石、十字石等特征变质矿物，可指示不同的变质程度。

(a) 云母片岩，手标本　　(b) 云母片岩，正交偏光

图 1-9-3　云母片岩

云母片岩根据云母的含量进行命名，如果某种云母含量大于 75%，直接根据其名称命名，如白云母片岩；当两种云母含量为 25% ~75% 时，称为二云母片岩；含有石榴子石、十字石、蓝晶石等特征变质矿物时，直接参与命名，如石榴子石白云母片岩。

2）绿（色）片岩

绿（色）片岩是原岩多数为铁质白云质泥灰岩、基性杂砂岩和基性岩浆岩，由低级变质作用形成。岩石具鳞片、粒状变晶结构，片状至千枚状构造（见图 1-9-4）。主要由绿泥石、绿帘石、阳起石、白云母、钠长石、榍石等矿物组成，以绿色矿物为主，其含量一般大于 40%。因其外貌常为绿色而名为绿（色）片岩。常见的绿片岩有绿帘钠长绿泥片岩、阳起绿帘绿泥片岩等。

(a) 绿片岩，手标本　　(b) 绿片岩，单偏光

图 1-9-4　绿片岩

3）蓝闪石片岩（蓝片岩）

蓝闪石片岩的原岩为基性岩、杂砂岩石，为高温、高压变质条件的产物。板块相撞后，俯冲带形成高压低温环境，在蛇绿岩中形成，如雅鲁藏布江一带，蓝片岩的存在可表示板块边界——缝合线。

岩石常呈黄绿色、蓝绿色，具鳞片粒状变晶结构，片状构造。主要由黑硬绿泥石、绿泥石、绿帘石、石榴子石、白云母、钠长石、石英等矿物组成。含特征变质矿物蓝闪石、硬柱石等。

4）角闪片岩

角闪片岩是原岩为泥灰岩、中基性岩石经中级变质作用形成的。岩石具柱（针）状、粒状变晶结构，片状构造。主要由普通角闪石、石英、少量斜长石等组成。由于原岩成分的差异，岩石常出现明显的暗色矿物与浅色矿物相间的条带状。

5）滑石片岩、蛇纹石片岩

滑石片岩、蛇纹石片岩是原岩为超基性岩浆岩、富镁的碳酸盐岩石在温度较低的浅变质条件下形成的。岩石具鳞状、粒状变晶结构，片状构造。主要由蛇纹石、滑石、石英、长石及阳起石、绿泥石等矿物组成。滑石片岩（见图 1-9-5（a））常呈灰白、黄白、淡绿等色，主要成分为滑石。蛇纹石片岩（见图 1-9-5（b））常呈灰绿等色，主要成分为蛇纹石。

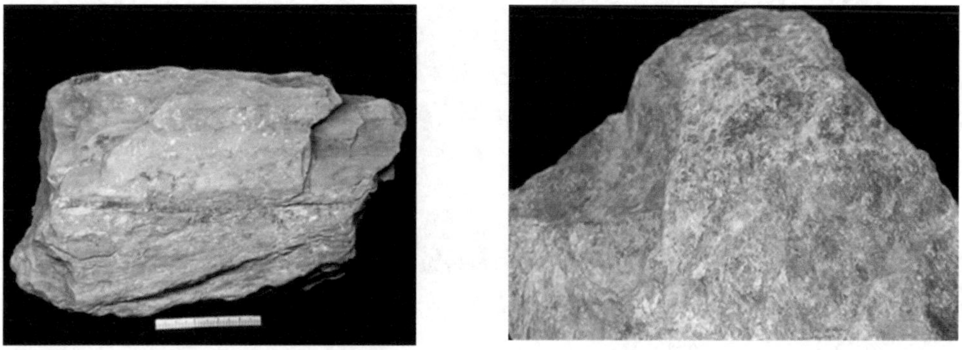

(a) 滑石片岩，手标本　　(b) 蛇纹石片岩，手标本

图 1-9-5　滑石片岩、蛇纹石片岩

4. 片麻岩

片麻岩由中－高级变质作用形成，变质程度较高，具中粗粒变晶结构和片麻状或条带状构造（见图 1-9-6（a））。主要由长石、石英和各种暗色矿物（云母、角闪石、辉石等）组成，一般长石和石英含量大于 70%，其中长石含量大于 25%，片、柱状矿物为云母、角闪石、辉石等，含量小于 30%。此外，还可含有少量的矽线石、蓝晶石、石榴子石、堇青石等特征变质矿物。

片麻岩原岩可以是正常沉积岩，如黏土岩、粉砂岩等，也可以是火山岩、火山碎屑岩或各种侵入岩。片麻岩首先根据所含长石种类分为斜长片麻岩、钾长片麻岩，命名原则为“片柱状矿物＋长石＋片麻岩”，有特征变质矿物应参与命名，如黑云母斜长片麻岩。常见的片麻岩类型有以下几种。

1）富铝片麻岩

富铝片麻岩又称云母片麻岩，是富铝黏土岩经高级变质作用形成的，含有富铝变质矿物

(a) 片麻岩，镜下观察

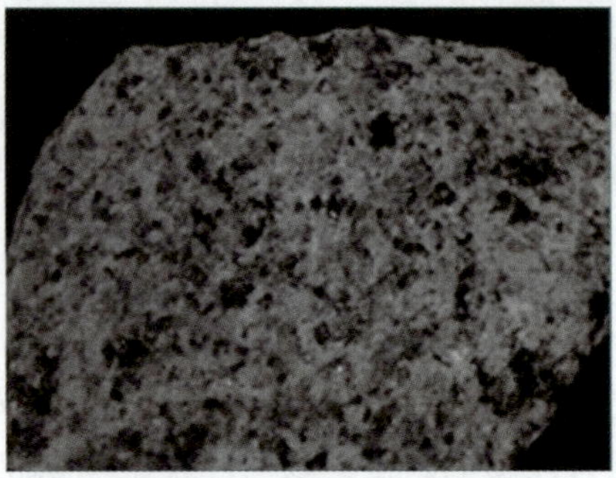

(b) 黑云母片麻岩，手标本

(c) 黑云母斜长片麻岩，手标本

(d) 花岗片麻岩，手标本

图 1-9-6　片麻岩

矽线石、红柱石、石榴子石、堇青石等，并含钾长石。岩石具中粗粒鳞片粒状变晶结构或斑状变晶结构（见图 1-9-6（b））。主要由钾长石、酸性斜长石、石英、黑云母和白云母等矿物组成，常含有富铝变质矿物，有时可含有刚玉和石墨。

2）斜长片麻岩

斜长片麻岩是片麻岩中最常见的岩石类型，主要由基性岩浆岩、中性岩浆岩或铁质白云质泥灰岩等原岩经高级区域变质作用而形成。岩石主要由中酸性斜长石、石英及数量不等的黑云母、普通角闪石、辉石等组成，可含有石榴子石等特征变质矿物。岩石变晶颗粒变化较大，条带状构造，片麻状构造有时不明显。该类岩石常见类型主要有黑云母斜长片麻岩（见图 1-9-6（c））、角闪斜长片麻岩等。

3）钾长（二长）片麻岩

钾长（二长）片麻岩又称碱长片麻岩，是由中酸性岩浆岩、长石砂岩、泥质岩经高级变质作用形成的。岩石具鳞片粒状变晶结构，片麻状构造不明显。主要由钾长石、酸性斜长石、石英及少量黑云母或角闪石组成，特征变质矿物有石榴子石、矽线石和刚玉等。因其主要矿物与岩浆成因的花岗岩相似,故又称花岗片麻岩(见图1-9-6(d)),其区别在于钾长(二长)片麻岩中暗色矿物作断续定向排列,且存在特征变质矿物。

4)钙质片麻岩

钙质片麻岩又称钙硅酸盐片麻岩,是含有一定数量钙镁(铁)硅酸盐矿物和碳酸盐矿物的片麻岩,是泥灰岩、钙质页岩经中高级变质作用形成的产物。岩石主要由斜长石、石英、云母、普通角闪石、透辉石、方柱石、钙铝榴石等矿物组成,其中可含碳酸盐矿物(方解石),但含量不大于50%。钙质片麻岩可根据其中的矿物成分详细命名,如角闪透辉斜长片麻岩、透辉方柱斜长片麻岩等。

(二)无(弱)面理构造的区域变质岩

1.长英质粒岩

长英质粒岩主要由长石、石英等粒状矿物组成,一般占矿物总量的70%以上,且长石多于石英,黑云母、白云母、角闪石等片状及柱状矿物含量小于30%。岩石具粒状变晶结构,定向构造不发育。原岩主要为粉砂岩、硅质页岩、多种类型砂岩以及中酸性火山岩。依据长石、石英的比例及暗色矿物的数量可分为以下四种类型。

1)变粒岩

变粒岩是由半黏土质岩或中酸性火山岩经变质作用形成的,岩石中长英质粒状矿物含量大于70%,且长石(以中酸性长石为主)含量大于25%,片、柱状矿物含量为10%~30%,暗色矿物含量一般小于15%。

变粒岩和片麻岩的区别在于,除片柱状矿物较少外,主要是具有细粒的他形粒状变晶结构,粒度小于0.5 mm,大小均匀,片麻理不明显,多为块状构造,有时具片麻状、条带状构造(见图1-9-7(a))。变粒岩的命名方式和片麻岩相同。

2)浅粒岩

浅粒岩是长石砂岩、酸性火山岩、火山碎屑岩经变质作用形成的产物。岩石基本特征和变粒岩相同,但暗色矿物含量小于10%,浅色矿物中长石含量大于25%(见图1-9-7(b))。

(a)黑云母石榴变粒岩,手标本

(b)浅粒岩,手标本

图1-9-7 长英质粒岩

3)长石石英岩

长石石英岩是由长石石英砂岩变质形成的,岩石中长石和石英占矿物总量的70%以上,但长石含量小于25%,可含少量其他副矿物。一般具粒状变晶结构,粒度变化较大,块状构造。

4)石英岩

石英岩是由沉积石英岩、石英砂岩、杂砂岩变质形成的,且石英总量大于85%,可含少量长石(含量在10%以下)和黑云母、绢云母、绿帘石、角闪石、榍石等。一般具等粒粒状变晶结构,块状构造。

进一步命名时可将其出现的其他矿物写在名称之前,如白云母石英岩、磁铁石英岩等。当石英含量大于90%时,称为纯石英。

2. 角闪石岩类

角闪石岩类是由超基性岩、基性岩、基性火山碎屑岩经中－高级变质作用形成的。岩石颜色较深,具细至粗粒粒状变晶结构,块状构造、片状构造。主要由角闪石、斜长石和石英等矿物组成,还含有少量的铁铝榴石、绿帘石、辉石、榍石等。当角闪石含量大于85%时,则称为角闪岩;当角闪石含量为85%～50%,斜长石含量小于50%时,则称为斜长角闪岩。

角闪石岩类命名时,一般名称结构为"特征变质矿物＋基本名称",如石榴子石斜长角闪岩。

3. 麻粒岩

麻粒岩是一种变质程度较高的岩石,是麻粒岩相变质作用的典型岩石。具粗粒等粒或不等粒变晶结构,具不明显的片麻状构造或块状构造(见图1-9-8)。麻粒岩的矿物成分主要为长石、石英、辉石(紫苏辉石、透辉石等),以紫苏辉石为特征,有时含石榴子石、矽线石、蓝晶石等。角闪石、黑云母等含水暗色矿物较少或者不出现。

(a) 麻粒岩,手标本

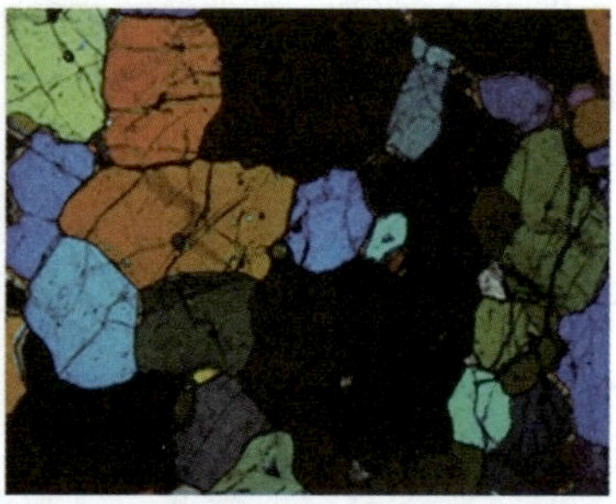

(b) 麻粒岩,正交偏光

图1-9-8　麻粒岩

根据矿物成分不同,麻粒岩可有以下类型:

长英麻粒岩　浅色麻粒岩也称酸性麻粒岩,暗色矿物含量小于30%,岩石颜色较浅,具等粒变晶结构,矿物成分以斜长石、微斜长石、条纹长石和石英为主,含少量紫苏辉石、石榴子石、矽线石、堇青石等矿物。可由粉砂岩、硅质页岩、中酸性岩浆岩等变质而成。

辉石麻粒岩　暗色麻粒岩简称麻粒岩,也称基性麻粒岩,暗色矿物含量为40%～85%,以紫苏辉石、透辉石为主。岩石颜色较深,具中细粒粒状变晶结构、块状构造。浅色矿物以中基性斜长石为主,可含少量角闪石、黑云母、石英、石榴子石、锆石、磷灰石等。

4. 榴辉岩

榴辉岩为基性、超基性岩浆岩在地壳深部经高压环境变质形成。岩石颜色以暗绿色、褐绿色为主,相对密度较大。具细至粗粒不等粒变晶结构、块状构造。矿物成分主要由铁镁铝榴石和绿辉石组成,二者含量大于80%。可含少量柯石英、刚玉、金刚石、斜方辉石、多硅白云母、蓝晶石、绿帘石、斜黝帘石、蓝闪石、角闪石、金红石等(见图1-9-9)。

榴辉岩可呈包裹体产于金伯利岩和层状超基性岩中,也可呈夹层状、透镜体产于角闪岩

(a) 榴辉岩，手标本

(b) 榴辉岩，镜下观察

图 1-9-9 榴辉岩

相和麻粒岩相的岩石中，或者呈夹层或透镜体产于蓝闪石－硬柱石片岩相岩石中。通常认为它是在极高压条件下形成的岩石，但温度变化范围较大。

榴辉岩常以“特征矿物＋基本名称”命名，如蓝晶石榴辉岩等。

5. 大理岩

大理岩是由碳酸盐岩经区域变质作用或接触变质作用形成的。岩石颜色通常为白色和灰色。具粒状变晶结构，块状（有时为条带状）构造。主要由方解石和白云石组成，方解石和白云石的含量一般大于50%，有的可达99%，除少数纯大理岩外，在一般大理岩中往往含有少量的其他特征变质矿物。通常因原岩中所含杂质种类的不同，如硅质、泥质、碳质、铁质、火山碎屑物质等，以及温度、压力和水溶液含量等变质条件的差异，大理岩中伴生的矿物种类也不同，如含泥质白云质灰岩变质的大理岩中可出现斜长石、钙铝榴石、金云母和石英等矿物。

【小贴士】

（1）含钙的板岩遇盐酸会起泡。

（2）千枚岩比板岩（一般为变余结构）变质程度高，比片岩（变晶结构）低，比片麻岩（粒状变晶结构）更低。

（3）片岩矿物颗粒比千枚岩粗，肉眼可鉴别主要矿物成分。

（4）片麻岩与片岩的主要区别在于：片麻岩具典型的片麻状构造，粒度较粗，长石（包括钾长石和斜长石）含量超过25%，片状矿物和柱状矿物含量小于30%；片岩具片状构造，粒度较细，长石（一般为无钾长石）含量小于25%，片状矿物和柱状矿物含量超过30%。

单元二 混合岩

一、概述

混合岩是由混合岩化作用形成的岩石，是高级区域变质作用的进一步发展，随着温度和压力的增高，必然导致岩石发生部分熔融。那些成分上与花岗岩相近而且富含水的低熔组分首先熔融，残留下富含铁镁质的难熔组分，于是形成由浅色花岗质物质和暗色铁镁质变质岩共同组成的宏观上不均匀的复合岩石，称为混合岩。

混合岩的矿物大多有不同程度的定向排列，其中含有不同比例的基体和脉体。基体是指混合过程中残留的暗色难熔的铁镁质变质岩，主要是片麻岩、斜长角闪岩、变粒岩等区域变质岩，其颜色一般较深。脉体是指混合过程中由流体相贯入基体中结晶形成的长英质或花岗质的部分，主要有花岗质、伟晶质、细晶质等，其颜色较浅。在形成过程的初级阶段，岩石中的基体和脉体的界线往往比较清楚，但随着混合岩化程度加深，混合岩的组成和结构向着均匀化方向发展，岩石外貌逐渐呈厚层状和块状。混合岩中交代现象较普遍。

二、主要的混合岩岩石类型

混合岩分类的依据主要有基体与脉体的含量比例、基体中交代作用的强度、混合岩构造特征、基体和脉体的物质成分，通常可将混合岩分为四类。

（一）混合岩化变质岩

混合岩化变质岩是混合岩化程度最轻微的岩石，原岩特征基本被保留。岩石中脉体含量小于15%，以基体为主，基体与脉体界线清晰。原岩组分变化不大，交代作用不明显。命名时以原岩（基体岩石）作为基本名称，即按“脉体性质 + 混合岩化 + 原岩”名称来进行，如细晶质细脉混合岩化角闪片麻岩等。

（二）混合岩

混合岩是混合岩化作用较强烈的岩石，原岩特征仅有局部残留，大部分已发生明显变化。岩石中脉体含量为15% ~50%，交代作用不太强烈，基体与脉体界线一般清晰。此类岩石多用构造形态命名，即“脉体 + 构造 + 混合岩”，如花岗质网状混合岩等。常见的混合岩类型有：

条带状混合岩　条带状混合岩是指脉体呈条带状，平行于基体的片理分布的混合岩。通常岩石的颜色和矿物组成差别明显具条带状构造。脉体厚度有时较均匀，且延伸较远，有时脉体宽窄变化较大，脉体含量在50%左右。基体一般为片理发育的黑云母片麻岩或斜长角闪岩。

眼球状混合岩　眼球状混合岩是指具有典型眼球状构造，由岩浆注入交代作用形成的混合岩。基体片理发育，脉体呈眼球状或透镜状沿基体片理分布，基体通常为片理较好的富含黑云母或角闪石的片岩或片麻岩，眼球状脉体常为碱性长石或长石石英集合体，眼球粒度大小及分布疏密不等，密集排列时常呈串珠状，并可逐渐过渡到条带状。

角砾状混合岩　角砾状混合岩是指具有角砾状构造的混合岩。岩石中深色基体被不规则浅色长英质或花岗质脉状体穿切成大小不等的角砾状，角砾多为棱角状，大小悬殊，从几厘米到几米均可出现。脉体在角砾之间呈胶结物状态出现，基体与脉体的界线明显。岩石中的基体角砾通常为片理不好且富含铁镁矿物的块状变质岩，如斜长角闪岩、角闪石岩、辉石岩等，有时也可为暗色的黑云片麻岩类。

肠状混合岩　肠状混合岩是指浅色花岗质或伟晶质脉体呈复杂肠状弯曲分布在暗色基体中的混合岩。岩石基体具有较好的片理，如片岩、片麻岩类。脉体含量小于50%，呈肠状褶皱分布于基体的片理中，基体与脉体间可以是整合接触，也可以是不整合接触。脉体厚度变化较大，肠状褶皱的规模变化也较大，一般为数厘米至数十厘米，不超过几米。一般认为，脉体注入基体也处于塑性状态，因受彼此挤压变形而成褶曲状。

（三）混合片麻岩

混合片麻岩指由强烈混合岩化作用形成的具有明显片麻状构造的混合岩。基体岩石主要为片麻岩或麻粒岩等，因交代强烈，基体与脉体的界线很不清楚，残留基体含量较少，为15% ~50%，脉体含量为50% ~85%，岩石也可有条带－条痕状或眼球状构造。岩石命名以“暗色矿物＋构造＋混合片麻岩”为原则，如黑云母条带状混合片麻岩。

（四）混合花岗岩

混合花岗岩是由混合岩化作用和花岗岩化作用形成且混合岩化最强烈的岩石，基体与脉体已完全消失，无法分辨（见图1-9-10）。其岩性与岩浆成因的花岗岩类极为相似，但亦有不同，混合花岗岩岩性不如花岗岩均匀，结构变化较大，有时可见变质特征矿物，如堇青石、石榴子石等。岩石局部出现暗色矿物较集中的斑点、条带、团块和阴影，常具阴影状构造。岩石命名以“构造形态＋深色矿物＋混合花岗岩”为原则，如阴影状黑云母混合花岗岩。

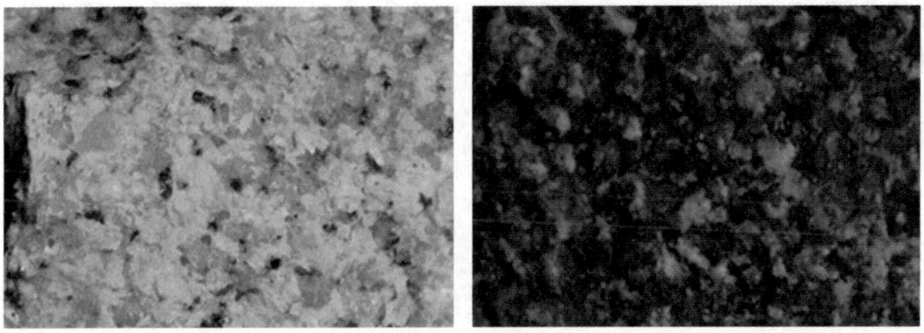

图1-9-10　混合花岗岩，手标本

【小贴士】

混合花岗岩和正常岩浆花岗岩相比有以下不同之处：混合花岗岩往往向四周渐变为其他类型的混合岩，因而没有明显的侵入接触关系；混合花岗岩常具有片麻状构造，且与周围的变质岩具一致的片理方向；混合花岗岩中常有大理岩、磁铁石英岩、角闪岩及暗色矿物的残留体；混合花岗岩中交代结构普遍发育，没有明显的相带。

单元三　接触变质岩

一、概述

（一）概念及基本特征

接触变质岩是当岩浆侵入围岩时，围岩受岩浆所散发的热量及挥发分的影响，发生变质结晶、重结晶和交代作用，形成一系列具有新的矿物组合及组构的岩石。

接触变质作用的主要影响因素是温度和挥发分。温度的变化来自于岩浆的热影响，使围岩产生重结晶或变质结晶；岩浆的挥发分在开放条件下以流体势差（压力差、浓度差）影响围岩的化学成分变化，产生交代作用。接触变质岩主要分布于岩浆侵入体与围岩接触带附近，与岩浆直接接触的那部分围岩，温度最高、热变质作用最强，随着远离侵入体，温度逐渐降低，变质程度逐渐变弱，使接触变质岩围绕侵入体呈同心圈状分布，即形成接触变质晕（圈）。接触变质圈的宽窄，取决于侵入体的成分、规模，以及围岩的成分、产状等。

接触变质岩的特征变质矿物多为指示低压的红柱石、堇青石、硅灰石、石榴子石等。接触变质岩定向构造不发育,变质程度较强时,形成变晶结构和变成构造,远离侵入体则可能发育变余结构和构造。

(二)类型划分

根据变质过程中是否发生交代作用,接触变质岩可进一步划分为由热接触变质作用形成的热接触变质岩和由接触交代变质作用形成的接触交代变质岩。

在热接触变质作用中,围岩仅受岩浆温度的影响而产生重结晶和变质结晶。在该作用过程中,挥发分仅起到溶剂、催化剂作用,围岩在变质过程中化学成分基本不变,故形成的变质岩与原岩为等化学系列。发生热接触变质的原岩主要有泥质岩、碳酸盐岩、碎屑岩等。最常见的热接触变质岩是角岩、石英岩、大理岩等。

在接触交代变质作用过程中,受岩浆温度、挥发分的影响,接触带附近的岩浆体与围岩之间产生交代作用,发生化学成分改变和重新组合。这种接触变质作用最显著的特点是成分的重组,形成与岩浆体或围岩不同的成分组合,以变质结晶、交代和充填结晶形成新的岩石。接触交代变质岩主要是中酸性及酸性侵入体在与碳酸盐岩的接触带上发生了组分的交换,形成了新的岩石——矽卡岩。

二、主要的接触变质岩岩石类型

根据上述分类,接触变质岩主要分为热接触变质岩和接触交代变质岩两大类。

(一)热接触变质岩的主要岩石类型

1. 角岩

角岩是泥质岩经热接触变质作用形成的,变质程度较低。岩石多为暗灰色至黑色,致密坚硬,常为块状构造,有时具有变余层理构造。经过变质过程,原岩结构基本消失,矿物为细粒至微粒紧密镶嵌做无定向分布,所含少量的云母也不显定向性,组成典型的角岩结构,基质具角岩结构的斑状变晶结构。除变斑晶外,一般肉眼很难辨认基质的矿物成分。变斑晶常为红柱石、堇青石、石榴子石等。角岩命名时可根据变斑晶进一步命名,如红柱石角岩、堇青石角岩(见图 1-9-11)。

(a) 红柱石角岩,手标本　　(b) 堇青石角岩,手标本

图 1-9-11　角岩

2. 大理岩

碳酸盐岩(石灰岩、白云岩)在热接触变质作用过程中,发生重结晶使矿物粒度变粗,并形成一些新的矿物。纯石灰岩在热变质时仅发生重结晶,颗粒变粗,形成大理岩。白云岩或

白云质灰岩在低或中级变质中也仅发生重结晶形成白云石大理岩。在高级变质时，白云石发生分解形成方镁石大理岩，经水化则形成水镁石大理岩。

大理岩一般为白色、灰白色或灰绿色，具粒状变晶结构，块状（有时为条带状，见图 1-9-12(a)）构造。主要由方解石和白云石组成，此外含有硅灰石、滑石、透闪石、透辉石、斜长石、石英、方镁石等。通常，可以根据特征变质矿物对大理岩进一步分类，如透辉石大理岩、硅灰石大理岩、蛇纹石大理岩（见图 1-9-12(b)）、透闪石大理岩（见图 1-9-12(c)）等。

(a) 条带状大理岩，手标本（中国数字地质博物馆）　**(b) 蛇纹石大理岩，手标本（中国数字地质博物馆）**　**(c) 透闪石大理岩，手标本**

图 1-9-12　**大理岩**

一般认为，大理岩形成的主要变质作用为重结晶作用，不同种类的大理岩形成于不同的温压条件下。如透闪石大理岩形成于低－中温条件下，透辉石大理岩、镁橄榄石大理岩则形成于中高温变质条件下，具体为原岩含有 Fe、Al、Si 等杂质时，在低级变质条件下形成蛇纹石、滑石、绿泥石、透闪石、阳起石，中级变质条件下形成符山石、钙铝榴石，高级变质条件下形成镁橄榄石、透辉石、硅灰石等。

3. *石英岩*

石英岩是石英砂岩或硅质岩经岩浆热作用而形成的热变质岩。

铁质胶结物可重结晶形成赤铁矿或磁铁矿；钙质胶结物形成方解石、绿帘石、角闪石、石榴子石等；泥质杂基则重结晶生成绢云母、绿泥石、红柱石、堇青石、黑云母、白云母等。

岩石常为白色或灰白色（见图 1-9-13），具隐晶质或中细粒变晶结构，块状构造，主要矿物成分为石英。可根据特征变质矿物对石英岩进一步命名，如黑云母石英岩。

(a) 石英岩，手标本　**(b) 石英岩，正交偏光**

图 1-9-13　**石英岩**

(二)接触交代变质岩的主要岩石类型

1. 矽卡岩的一般特征

矽卡岩是在中、酸性侵入体与碳酸盐岩的接触带，在热接触变质作用的基础上和高温气化热液影响下，发生交代作用而形成的，由富钙或富镁的硅酸盐矿物组成的接触交代变质岩。因岩石中的矿物成分含量变化和粒度差异，颜色常为红褐、暗绿、暗棕和浅灰等色，具细粒至中、粗粒不等粒结构，条带状构造、斑杂状构造和块状构造，还常有一些大小不等的空洞或空隙，呈疏松多孔状，空洞常被一些不规则状、被膜状或晶簇状的次生矿物所充填。矿物成分主要为石榴子石类、辉石类和其他硅酸盐矿物。岩石比重较大。

2. 矽卡岩的主要类型

根据矿物成分，矽卡岩可分为钙质矽卡岩和镁质矽卡岩两类。

1）钙质矽卡岩

钙质矽卡岩（简称矽卡岩）是酸性或中酸性岩浆侵入石灰岩交代形成的。主要矿物有石榴子石（钙铝榴石－钙铁榴石系列）和辉石（透辉石－钙铁辉石系列）（见图 1-9-14），有时含有符山石、硅灰石、方柱石、绿帘石、磁铁矿、碳酸盐类矿物和石英等。钙质矽卡岩主要根据其矿物成分进行命名，如石榴子石矽卡岩。

(a) 手标本　　(b) 镜下观察（据江秀敏等，2014）

图 1-9-14　石榴子石矽卡岩

2）镁质矽卡岩

镁质矽卡岩是中酸性岩浆侵入白云岩或白云质灰岩交代形成的。矿物成分主要有透辉石、镁橄榄石、尖晶石、金云母、硅镁石、蛇纹石、韭闪石、硼镁铁矿、磁铁矿和白云石。镁质矽卡岩按主要矿物成分命名，如透辉石矽卡岩（见图 1-9-15）、镁橄榄石矽卡岩。

图 1-9-15　透辉石矽卡岩，手标本

与矽卡岩有关的矿产最主要为铁和多金属，其次为铂、钨、钴、金、锡、铋、铍等，它们主要形成于较低温的硫化物阶段。不同矽卡岩类型所含矿种也不同，如钙铁榴石矽卡岩常与 Fe、Pb、Zn 及 Cu、Be 等矿种有关；含钙铝石榴子石、符山石矽卡岩则与白钨矿有关；成分介于二者之间的矽卡岩则主要与铜矿及部分钨矿共生。矽卡岩型矿床的分布也非常广泛，如我国湖北大冶、长江中下游、山东金岭镇等地的铁矿，安徽铜官山、湖北阳新、吉林天宝山、河北寿王坟等地的铜矿，湖南水口山的铅锌矿，湖南瑶岗仙的白钨矿，云南个旧的锡矿等。

【小贴士】

大理岩分布广泛，我国的云南、山东、北京房山等地均产大理岩。许多有色金属、稀有金属、贵金属和非金属矿产，在成因上都与大理岩有关。大理岩本身也是优良的建筑材料和美术工艺品原料，汉白玉就是指质地均匀、细粒、白色的大理岩。

石英岩与大理岩的主要区别：大理岩硬度较低，加稀盐酸会有不同程度反应，石英岩不会有此反应。

单元四 气液变质岩

一、概述

气液变质岩由气液变质作用形成，主要是热的气体和溶液（气水热液）对已形成岩石（火成岩、沉积岩和变质岩）的交代作用，使原岩的化学成分、矿物成分、结构、构造发生变化形成新的岩石。由于这一类岩石形成时有交代作用发生，故也称为交代变质岩。

气液变质岩常产于侵入体和围岩的内外接触带、矿脉两侧、断裂带、韧性剪切带等热液易于集中和活动的地带，形态呈脉状、透镜状、囊状及不规则状等。矿物成分多为低温含挥发分的矿物组合，常含金属矿物，并有原岩残留矿物。岩石多为不等粒变晶结构、交代结构，也见变余结构。常见块状、条带状、斑杂状、角砾状构造及变余构造。气液活动中心附近原岩特征保留较少，矿物组合简单，有时甚至可出现单矿物岩，远离热液活动中心，原岩特征保留渐多，矿物组合复杂。

在热液矿床形成过程中，围岩受到气水热液交代蚀变作用，称为围岩蚀变，气液变质岩又称蚀变岩。遭受蚀变的围岩称为蚀变围岩。气液变质岩与成矿条件密切联系，是良好的找矿标志。

二、主要的气液变质岩岩石类型

（一）蛇纹岩

超基性（富镁质）岩浆岩经气液交代作用，其中的橄榄石和部分辉石转变成蛇纹石，形成蛇纹岩。常把形成这种岩石的蚀变作用称为蛇纹石化。

岩石常呈暗绿、黄绿等色，颜色随所含杂质的不同而不同，含绿泥石时色绿，含磁铁矿、铬铁矿时色黑，含褐铁矿时色褐红。有时具斑驳状斑纹，风化后颜色变浅，呈灰白或黑白相间的网纹状，质地较软，略有滑感，裂隙发育。

蛇纹岩常为隐晶质结构，镜下观察，呈微纤维或微鳞片状变晶结构（见图 1-9-16（a））及变余全自形粒状结构等。岩石构造则多为块状、带状、片状、眼球状（见图 1-9-16（b））及角砾状构造等。

蛇纹岩主要由各种蛇纹石组成，如叶蛇纹石、纤维蛇纹石、胶蛇纹石等，含有磁铁矿、铬铁矿、钛铁矿等。此外，还可形成石棉、滑石、菱镁矿等非金属矿产，而蛇纹岩本身也是玉石材料和化肥原料之一。

（二）青磐岩

青磐岩是中基性火山岩及火山碎屑岩，在含 H_2S、CO_2 的气成热水溶液的作用下，经交代

(a) 蛇纹岩，镜下观察

(b) 蛇纹岩，手标本

图 1-9-16　蛇纹岩

作用使原岩中的矿物转变为钠长石、绿帘石、阳起石、透闪石、石英、碳酸盐矿物及黄铁矿等，形成外貌为绿色的块状岩石。我们称这一过程为青磐岩化。岩石多呈灰绿、黄绿、暗绿至黑绿等色（见图 1-9-17（a）），隐晶质结构或中细粒变晶结构，有时为纤维状变晶结构或变余斑状结构（见图 1-9-17（b））、变余火山碎屑结构等。其构造主要为块状、斑杂状及角砾状等。

青磐岩化过程中的矿物共生组合有阳起石 - 绿帘石 - 钠长石组合，绿帘石 - 绿泥石 - 钠长石组合，钠长石 - 绿泥石 - 碳酸盐组合，石英 - 绢云母 - 碳酸盐组合。

青磐岩常与低温的金属矿脉伴生，与青磐岩有关的矿产有铜、铅、锌等多金属硫化物，在金、银矿脉旁最为常见。青磐岩也是重要的找矿标志。

(a) 青磐岩，手标本

(b) 青磐岩，镜下观察

图 1-9-17　青磐岩

（三）云英岩

云英岩是酸性侵入岩（主要是花岗质岩石）受高温气体及热液交代作用形成的岩石，有时在侵入体的顶板围岩中可见。

云英岩一般为浅色（见图 1-9-18），灰、浅灰绿或浅粉红等色，具中粗粒粒状变晶结构、鳞片花岗变晶结构，块状构造。矿物成分以石英、云母（白云母、锂云母、铁锂云母）为主，石英含量一般大于 50%，云母含量可达 40%。其次，含有萤石、黄玉及电气石等。常见的金属矿物有锡石、钨锰铁矿、辉铜矿、辉铋矿、毒砂、白钨矿及磁铁矿等。

云英岩主要发育在花岗岩体的顶部或边缘，常伴生大量的稀有金属矿物，包括钨、锡、铋、钼、砷、铍、铌、钽等。云英岩是钨锡矿床的主要找矿标志。我国南岭地区是云英岩的重要产地。

（四）黄铁绢英岩

黄铁绢英岩又称黄铁细晶岩，是由酸性或中性脉岩经中低温热液交代作用所形成的变

图 1-9-18 云英岩,手标本

质岩石,离脉越近,蚀变越强烈。

岩石一般为黄绿色至浅灰色、白色,具中细粒至显微粒状鳞片变晶结构和块状构造,有时可见变余斑状结构。矿物成分主要由绢云母、石英、黄铁矿及少量碳酸盐矿物(铁白云石、方解石)等组成。按岩性特征和形成环境划分,黄铁绢英岩属于云英岩和次生石英岩之间的过渡类型岩石。它们是寻找含金矿脉的主要标志之一,有时也是锡、钼及多金属矿床的蚀变围岩。

(五)次生石英岩

次生石英岩是由中酸性火山岩或次火山岩近地表的部分,受火山硫质喷气和中低温热液的影响,经交代蚀变作用所形成的一种高度硅化的变质岩石。岩石一般为浅灰色、暗灰色或灰绿色,具隐晶质结构、细粒至显微粒状变晶结构和块状构造,有时可见变余斑状结构和变余流纹构造。矿物成分以石英为主,含量可达 70% ~75%,有时含有绢云母、明矾石、高岭石、红柱石、水铝石和叶蜡石,其次为刚玉、黄玉、电气石、蓝线石、氯黄晶等。

次生石英岩可根据其主要矿物详细命名,如明矾石次生石英岩、刚玉红柱石次生石英岩等。次生石英岩主要与明矾石、高岭石、叶蜡石、水铝石、刚玉、红柱石等非金属矿床有密切关系,是寻找这些矿床的主要标志,有时也与铜、铁、金、银及多金属矿床伴生。

【小贴士】

蛇纹岩的分布,一般不超过超基性岩体的范围,通常情况下,超基性岩体均不同程度地遭受蛇纹石化作用。因此,在地表很难见到新鲜的超基性岩,只在较新岩体深部有可能保留有新鲜的超基性岩石。蛇纹岩的分布很广,我国的内蒙古、祁连山、秦岭、西藏、云南、四川西部及其他各地均有分布。蛇纹岩玉是我国著名的玉石之一,因产地不同而名称不同,岫玉就是其中之一,产自辽宁岫岩县。

单元五 动力变质岩

一、概述

动力变质岩是动力变质作用形成的具有各种变形组构的岩石,也称断层岩或构造岩。由于地壳构造运动的影响,在动力变质作用中的岩石发生变形、破碎、粒化、糜棱化等。在断裂带应力集中的局部地段，因岩石强烈的错动产生的较高温度或伴随溶液的活动会促使碎裂的岩石部分或全部重结晶。其中分布于地壳较浅处(0～15 km)及构造带，0～4 km 为脆性变形，以破碎为主；4～10 km 为过渡带，以破碎、劈理化为主，可有少量重结晶或变质结晶；>10 km 以韧性变形为主，常伴有重结晶－变质结晶的发育。

动力变质岩展布与区域构造线一致，与大断裂带平行间杂分布。

二、主要的动力变质岩岩石类型

根据岩石的碎裂特征，动力变质岩可分为构造角砾岩、碎裂岩、糜棱岩、千糜岩等常见类型。

(一)构造角砾岩

构造角砾岩指由构造运动使原岩发生破碎成角砾状(中等碎裂)，并被破碎细屑充填胶结或有部分被外来物质胶结而形成的岩石(见图 1-9-19)，广泛分布在地壳浅部的断层破碎带。

图 1-9-19　构造角砾岩，手标本

构造角砾岩具碎裂结构，角砾状构造或块状构造。岩石主要有大小不等的角砾(粒径大于 2 mm)，角砾呈棱角状，大小混杂，排列无定向、紊乱，基质含量一般 <1/3，由来自原岩的粉砂及泥级的碎基和铁质、硅质、钙质及外来的溶解物质等胶结形成。

根据角砾形态，构造角砾岩可分为角砾岩(碎块呈尖棱角状)、圆化角砾岩(碎块圆化)和压扁角砾岩(碎块被压扁拉长)。其中，压扁角砾岩含有的新生矿物如绿泥石、绢云母等，呈定向分布。

(二)碎裂岩

在应力作用下，原岩受挤压、破碎而成不规则的碎块，碎块彼此位移不大，砂、粉砂、泥及硅质等充填在碎块之间。碎裂岩是以脆性变形为主的一类动力变质岩，破碎程度高于构造角砾岩，碎裂物无明显位移。碎裂岩的原岩可以是各种岩石，但主要在刚性岩石中发育，在长英质岩石中较为常见。

碎裂岩多见于地壳浅部(<4 km)断裂带中，岩石具碎裂结构(狭义的)或碎斑结构，块状构造。岩石中的矿物主要发生破碎－粒化；晶面、解理面、双晶结合面等常发生破裂和错位；片柱状矿物常发生弯曲变扭折；重结晶不明显，可见少量新生矿物。

根据破碎程度和形态特征，碎裂岩可分为碎裂岩、碎斑岩、碎粒岩和碎粉岩。

碎裂岩　岩石中具有大量方向不一的裂隙。它们将岩石分割成不规则碎块，但彼此位移不大，仍可大致拼接，具碎裂结构，块状、角砾状构造。碎块之间充填了碎基及次生的泥质、硅质或铁锰质物质，一般含量小于50%，因原岩裂隙化轻微，其类型易于辨认（见图1-9-20），可称为碎裂××岩，如碎裂花岗岩。若碎基的含量大于50%，原岩性质难以推断，可以直接称为碎裂岩；若原岩性质可以恢复，则可称××碎裂岩，如闪长碎裂岩。

图1-9-20　方铅矿、黄铁矿化石英质碎裂岩，手标本

碎斑岩　当原岩的碎裂程度加强，残留的岩石或矿物碎块粒度降到0.5～2 mm，含量也减少时，出现碎斑结构。这些碎斑大多经移动和转动，碎斑含量<10%，碎基大都为细－显微粒级，可有少量结晶，其总含量一般<50%，这种岩石可称为碎斑岩。原岩性质呈不同程度的保留，若原岩性质难以推断，可以直接称为碎斑岩或“主要矿物＋碎斑岩”，若原岩性质可以恢复，则可用“碎斑××岩”进行命名，如碎斑花岗岩。

碎粒岩　岩石中的矿物多被碾碎成细小的颗粒，部分呈粉末状，具碎粒结构，块状、带状构造；基本不含碎斑，碎基为微－显微晶质（相当于砂级粒度），可有结晶。原岩特征很少被保留下来，其性质难以判断，命名时采用“主要矿物＋碎粒岩”。

碎粉岩　在少数情况下，岩石完全粉碎，几乎全部成粉末状，基本无碎斑，碎基显微晶质－隐晶质（相当于粉砂级的粒度），可有结晶。具碎粉结构，块状、纹状构造；原岩性质难以判断，矿物成分肉眼难以区别，命名时直接称为碎粉岩，它和碎粒岩常统称超碎裂岩。

（三）糜棱岩

糜棱岩是在强构造应力作用下发生强烈破碎而成的一类动力变质岩。比碎裂岩受力破碎更强烈，以韧性变形为主，伴有普遍重结晶、变质结晶。

岩石具糜棱结构、变晶糜棱结构，粒度极其细小，比较均匀，需借助于显微镜才能分辨颗粒轮廓。破碎的微粒中可残留少量较大的颗粒，呈眼球体状（碎斑），长轴平行断裂错动方向（见图1-9-21（a））。常具条带状、纹层状构造，致密坚硬，面理发育，可有线理（见图1-9-21（b））。

糜棱岩主要由花岗岩、石英砂岩形成，主要矿物为石英、长石，伴生部分新生矿物，如绿泥石、绢云母、蛇纹石等，这些矿物常做定向排列。

(a) 糜棱岩，正交偏光

(b) 糜棱岩矿物呈线理状

图 1-9-21　糜棱岩

根据结构类型、粒化颗粒(碎基)及新生矿物含量,糜棱岩可进一步分为三种:初糜棱岩(碎斑为主,碎基少)、糜棱岩(碎基为主,粒径为 0.5 ~0.2 mm)、超糜棱岩(碎基为主,粒径 <0.2 mm)。

(四)千糜岩

千糜岩又称千枚糜棱岩,是一种原岩遭受强烈挤压破碎形成的动力变质岩石。岩石的矿物成分和结构构造与千枚岩很相似,但成因产状不同,千糜岩产于糜棱岩化带内,与糜棱岩相间出现。

千糜岩具有细粒结构和千枚状构造、片状构造或皱纹片状构造。岩石明显重结晶,含有大量新生矿物,如绢云母、绿泥石、绿帘石、钠长石等,这一点与糜棱岩不同。千糜岩主要矿物也是石英和长石。

【小贴士】

千糜岩手标本具有千枚状构造,沿新生片理面可见强烈丝绢光泽。

单元六　变质岩的肉眼鉴定与描述

一、变质岩肉眼观察与描述

变质岩肉眼观察与描述的内容和方法与沉积岩、岩浆岩大体相似,包括以下内容。

(一)岩石的颜色

变质岩颜色的变化既与原岩有关,又与变质岩矿物成分有关。变质岩的颜色常不均一,应注意观察岩石总体的颜色,如灰色、浅绿色等,描述时注意将新鲜面与风化面的颜色分开。

(二)矿物成分

描述肉眼及放大镜能观察到的矿物成分,若有变斑晶,则先描述变斑晶,再描述基质部分;若无变斑晶,则按矿物百分含量多少的顺序加以描述。其中,特征变质矿物是描述的重点。

(三)结构构造

观察与描述变质岩的结构构造时,应力求全面准确,具体如下。

1. 岩石结构

变质岩的结构描述包括矿物颗粒大小、形态、自形程度等。首先观察比较矿物颗粒的相对大小，看其是否具有斑状变晶结构，其次观察并度量矿物颗粒的绝对大小，然后观察变晶矿物的形态特征，最后对岩石的结构进行综合描述，确定岩石的结构类型。在观察中需注意，当一种变质岩同时具有多种结构时，应分清其主次，明确其相互关系，并进行综合描述。如某一岩石按颗粒的相对大小为斑状变晶结构，基质部分具有鳞片变晶结构，则此岩石的结构应描述为基质具鳞片变晶结构的斑状变晶结构；若岩石由大部分的鳞片变晶和部分的纤维变晶所组成，则此岩石的结构应称为纤维鳞片变晶结构。

2. 岩石构造

描述变质岩构造时，要注意观察片柱状矿物和纤维状矿物的排列方式，看有无定向排列，定向排列是连续的还是断续的，最后确定岩石的构造类型。当岩石同时具有多种不同构造时，描述方法与岩石结构的综合描述法相似。若岩石为混合岩，应注意基体与脉体总体反映的构造特征、基体与脉体的结构构造。

（四）岩石其他特征及次生变化

除描述上述特征外，还应观察与描述岩石的断口、光泽、产状分布、风化程度，有无次生变化等。

（五）岩石的命名

一般命名原则可概括为：颜色 + 矿物成分 + 基本名称，如蓝灰色蓝晶石片岩、灰色板岩、角闪石斜长片麻岩等。

二、变质岩描述实例

石榴子石白云母片岩：银灰色，片状构造，变基质具鳞片变晶结构的斑状变晶结构。变斑晶为石榴子石，暗紫红色，等轴粒状，粒度 4 ~5 mm，大小近似相等，略突出于岩石表面，含量约 5%；变基质主要由白云母和石英组成，白云母为银白色，鳞片状，平行连续定向排列，具较强的丝绢光泽，含量约 70%，石英为灰白色，颗粒细小，他形粒状，夹于平行排列的白云母之间，含量约 25%。

项目小结

1. 热接触变质岩常见岩石类型有角岩、大理岩、石英岩。接触交代变质岩典型岩石类型为矽卡岩。

2. 接触变质岩特征变质矿物主要有红柱石、堇青石、硅灰石、石榴子石等。

3. 大理岩是由碳酸盐岩（石灰岩、白云岩）经区域变质作用或接触变质作用形成的，主要由方解石和白云石组成。

4. 气液变质岩形成时有交代作用发生，故又称为交代变质岩，主要有蛇纹岩、青磐岩、云英岩、黄铁绢英岩、次生石英岩、矽卡岩等。

5. 动力变质岩碎裂程度由构造角砾岩、碎裂岩至糜棱岩逐渐加深。

6. 具面理构造的区域变质岩从低级到高级变质的典型岩石类型依次为板岩、千枚岩、片岩、片麻岩。无（弱）面理构造的区域变质岩主要有长英质粒岩、角闪石岩、麻粒岩、榴辉岩等。

7. 混合岩随着混合岩化程度加深,混合岩的组成和结构向均匀化方向发展,岩石外貌逐渐呈厚层状和块状。根据基体与脉体的比例及构造特征,混合岩分为混合岩化变质岩、混合岩、混合片麻岩和混合花岗岩四类,反映混合岩化程度逐渐深化。

8. 变质岩肉眼观察与描述的内容主要有颜色、矿物成分、结构构造、其他特征及次生变化。

9. 变质岩肉眼鉴定命名一般原则为:颜色+矿物成分+基本名称。

技能训练

1. 矽卡岩的主要分类与特征是什么?
2. 如何区别鉴定糜棱岩、千糜岩与千枚岩?
3. 如何区别斜长角闪岩、角闪斜长片麻岩、角闪石岩?
4. 简述片岩与片麻岩的主要区别。
5. 简述混合花岗岩与花岗岩的区别。

第二部分 实训内容

实训一 晶体的对称要素

一、实训目的与要求

(1)在晶体模型上寻找对称要素,加深对晶体对称概念的理解。

(2)根据晶体的对称要素及其组合的相互关系,确定对称型和所属晶系。

二、实训内容

(一)对称要素

1. 对称轴(L^n)

在晶体模型上,通过晶体中心旋转一定角度后使晶体发生重复的假想直线称为对称轴。晶体中出现的对称轴只有 L^1、L^2、L^3、L^4、L^6。

L^n 中 n 代表轴次,意指旋转 360°相同部分重复的次数。旋转一次的角度为基转角 α,关系为:$n=360°/\alpha$。如此反复寻找,将晶体中所有对称轴找出。晶体中可以没有 $n\geqslant 2$ 的对称轴,也可以有一个或几个对称轴,并且几种对称轴可以在一个晶体上同时存在。同一对称轴不能重复计数。

根据上述对称轴的分布规律,找出模型中所有的对称轴。

注意:L^1 无实际意义,可以省略。

2. 对称面(P)

在晶体模型上,任意选取某一平面,将晶体平分为两个相等的部分,再观察这两个相等部分是否互为镜像反映,若为镜像反映,则该面为对称面;反之,则不为对称面。

同一个晶体上可以没有对称面,也可以有一个或几个对称面。

注意:在寻找对称面时,晶体模型尽量不要转动,以免遗漏或重复计数。

3. 对称中心(C)

在晶体中可没有对称中心,若有则只能有 1 个,位于晶体几何中心。具有对称中心的晶体,其所有晶面必定两两平行、大小相等且晶面方向相反,这可作为判断晶体有无对称中心的依据。

4. 旋转反伸轴(L_i^n)

假设通过晶体中心的直线,晶体围绕该直线旋转一定角度后再通过晶体中心的反伸使晶体上相同部分重复。晶体上常用的旋转反伸轴为 L_i^4、L_i^6。

(1)L_i^4:由于 L_i^4 中包含着 L^2,当晶体中有 L^2 而无对称中心时,将晶体围绕 L^2 旋转 90°后,看与旋转前的图形之间,其面、棱、角相对于晶体中心是否呈反对称关系,若无反对称关系,则 L^2 为 L_i^4。

(2)L_i^6:因 $L_i^6 = L^3 + P$,当有对称面 P 与 L^3 垂直时,此 L^3 应为 L_i^6。

注意:在旋转反伸轴 L_i^4 或 L_i^6 中所包含的 L^2 或 L^3 及与之垂直的 P 不再单独计数。

晶体的对称要素见图 2-1-1。

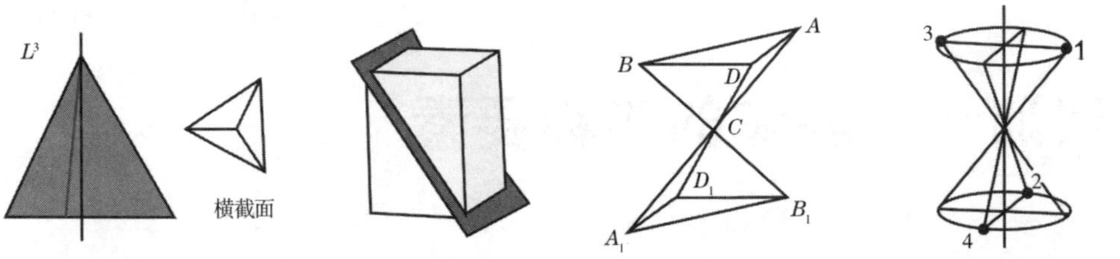

(a) 对称轴 (L^n)　(b) 对称面 (P)　(c) 对称中心 (C)　(d) 旋转反伸轴 (L_i^n)

图 2-1-1　晶体的对称要素

(二)晶体对称要素的找寻规律

(1)当有 n 个对称面相交时,其交线必然为 n 次对称轴。

(2)一个晶体中的偶次对称轴垂直通过对称面的交点,此交点必然为对称中心。

(3)一个晶体若有对称中心存在,其偶次轴的数目等于对称面的数目。

(4)一个晶体若存在偶次对称轴而无对称面,则该晶体必无对称中心。

(三)晶体的对称要素及其组合的记录方法

按上述方法在晶体模型中依次寻找对称轴、对称面、对称中心,然后将每个晶体模型的全部对称要素记录下来。书写时,首先写对称轴和旋转反伸轴,其次是对称面,最后是对称中心。在对称轴和旋转反伸轴中,轴次高者写在前,低者写在后。在单个晶体中,全部对称要素的组合,称为该晶体的对称型。

(四)晶族、晶系的划分

晶体上相同部分重复出现的次数越多,晶体的对称程度就越高。根据对称程度将晶体划分成三个晶族、七个晶系。

1. 低级晶族(三斜晶系、单斜晶系、斜方晶系)

模型上无高次轴,对称要素简单,对称型易确定,易确定晶系。

2. 中级晶族

(1)四方晶系:只有一个高次轴 L^4。

(2)三方晶系与六方晶系:有一个 L^3(L_i^3)或 L^6(L_i^6),它是通过角顶或面中心的一条假想直线。

3. 高级晶族

当高次轴 L^n 多于一个时,应属高级晶族的等轴晶系。

三、实训报告

根据模型找出八面体、菱形十二面体、四面体、四方双锥、六方柱、斜方柱、菱面体等晶体模型的全部对称要素，并将结果填入实训报告中（见表 2-1-1）。

表 2-1-1 矿物的晶体对称实训报告表

实训内容：晶体对称

模型号码	对称轴（旋转反伸轴）				对称面	对称中心	对称型	晶系	晶族
	$L^6(L_i^6)$	$L^4(L_i^4)$	L^3	L^2	P	C			

四、思考题

（1）如何在晶体中寻找对称要素？如何记录晶体对称要素组合？

（2）一个晶体的对称型是 $3L^4L^6L^29PC$，另一个是 L^2PC，这两个晶体有何不同？

实训二　单形与双晶的认识

一、实训目的与要求

(1)认识与掌握常见的18种几何单形的特征、命名。

(2)掌握不同单形在各晶系、晶族中的分布特点。

(3)认识几个常见双晶,了解双晶类型和双晶律。

二、实训内容

掌握单形的命名及单形符号的写法,掌握单形的推导方法,熟悉47种几何单形的特征。

(一)单形的认识

(1)观察下面常见的18种单形模型,找出各单形的对称型及所属的晶族和晶系。

立方体、八面体、菱形十二面体、四角三八面体、五角十二面体、四面体,六方柱、六方双锥,四方柱、四方双锥,三方柱、复三方柱,菱面体、复三方偏三角面体、三方偏方面体,斜方柱、斜方双锥,平行双面。

在分析模型的对称要素时,还要注意单形的晶面形状和横切面形状。

(2)注意下列相似单形之间的区别。

斜方柱与四方柱,斜方双锥、四方双锥与八面体,菱面体、三方偏方面体与三方双锥,六方双锥与复三方偏三角面体,菱形十二面体与五角十二面体。

(3)观察下列矿物的晶形,并与其他单形模型进行对照。

磁铁矿的八面体,萤石和石盐的立方体,白榴石的四角三八面体,石榴子石的菱形十二面体,黄铁矿的五角十二面体,方解石的复三方偏三角面体。

(二)双晶的认识

1. 识别双晶

根据双晶凹入角、双晶缝合线或双晶纹(聚片双晶)来识别。

2. 确定双晶类型

通常按照双晶接合面的特点来确定双晶类型。双晶接合面呈简单规则的平面,是接触双晶;接合面曲折复杂的则为穿插双晶。

3. 分析双晶要素(包括双晶面、双晶轴)

(1)分析双晶中某一单晶体的对称型及晶系,进行晶体定向。

(2)找出双晶面并确定其方向。在双晶中相邻两个单体之间,假想有一平面,若通过这个假想平面进行操作后,能使双晶的两个单体重合或平行,该平面就是双晶面。

(3)找出双晶轴并确定其方向。在双晶中相邻两单体之间,假想一条直线,若双晶中的一个单体围绕它旋转180°后可与另一个单体位向重合、平行或连成一个完整的单晶体,则该直线就是双晶轴。

4. 观察具有双晶的矿物标本

如方解石、斜长石、石膏、正长石、石英和十字石等，了解双晶凹入角、双晶纹、双晶缝合线，并分析其双晶类型和双晶律。方解石——接触双晶(聚片双晶)，斜长石——接触双晶(聚片双晶)，石膏——接触双晶(燕尾双晶)，正长石——接触双晶(卡尔斯巴双晶)，石英——穿插双晶(道芬双晶)，十字石——穿插双晶。

三、实训报告

实训报告见表 2-2-1、表 2-2-2。

表 2-2-1 单形实训报告表

实训内容:单形的认识

模型号码	对称型	晶系	晶族	单形晶面数	横切面形状	单形名称

表 2-2-2 双晶的认识与分析实训报告表

实训内容:双晶的认识与分析

模型号码	双晶类型	单晶分析		
		对称型	晶系	单形名称

实训三　矿物的形态

一、实训目的与要求

(1)通过同种晶体的理想形态与实际晶体形态的对比,认识其在几何形态上的异同点。

(2)通过实训熟悉矿物常见的单体形态与集合体形态,初步掌握正确的描述方法。

(3)了解矿物的形态与形成条件的关系。

二、实训内容

(一)矿物个体分辨:要从不同方向来观察个体

在观察矿物集合体形态时,首先确定集合体中的矿物是显晶质还是隐晶质或胶状的,然后按各自特点进行观察,描述其形态。

显晶质集合体中矿物个体之间的界线通常是单体的晶面或单体之间的邻界面。若单体比较集中,注意同种矿物单体在不同方位的断面可呈现不同的几何形态,因此要多观察、分析、统计后才能确定单体形态,进而才能描述集合体的特征。

(二)结晶习性及集合体形态

1. 结晶习性

一向延长:主要为针状、柱状矿物。例如石英、辉锑矿、电气石等。

二向延展:主要为片状、板状、板柱状矿物。例如石膏、镜铁矿、石墨等。

三向等长:主要为粒状。例如黄铁矿、石榴子石等。

2. 矿物集合体形态

(1)显晶质集合体形态(按单晶习性划分):柱状集合体(红柱石),放射状集合体(阳起石),板状集合体(重晶石),粒状集合体(橄榄石),晶簇状集合体(石英晶簇、方解石晶簇)。

(2)隐晶质和胶状集合体。

隐晶质和胶状集合体中是不存在矿物的单个晶体的,常表现出:

结核体:结核状(磷灰石)、鲕状(赤铁矿)、豆状(铝土矿)。

分泌体:晶腺(玛瑙)、杏仁状(沸石)、钟乳状(方解石)、葡萄状(孔雀石)。

钟乳状集合体(钟乳石)、被膜状集合体(孔雀石)、肉冻状集合体(蛋白石)、土状集合体(高岭石)、皮壳状(绿松石)。

3. 晶面花纹

观察石英(横纹)、电气石(纵纹)、黄铁矿(三组相互垂直的条纹)的聚形条纹。

三、实训任务

观察下列矿物标本的形态:石英、辉锑矿、电气石、黄铁矿、黄铜矿、孔雀石、绿柱石、高岭土、橄榄石、蛋白石、石膏、赤铁矿、石墨、石榴子石、自然硫、蛇纹石、黑云母、蛭石、滑石、石膏、方解石。

四、思考题

(1)聚形条纹与方解石、斜长石的聚片双晶条纹有何区别?

(2)鲕状集合体中的鲕粒能否描述为球状单体?为什么?

实训四　矿物的物理性质

一、实训目的与要求

(1)熟悉矿物的各种颜色和条痕色。

(2)认识矿物不同等级的光泽和透明度,初步学会用术语描述矿物光学性质。

(3)初步学会观察识别解理的等级,掌握全面描述解理的内容和方法,初步认识裂理与断口的特征。

(4)熟悉摩氏硬度计的硬度分级标准,掌握测试矿物相对硬度的方法。

二、实训内容

(一)矿物的颜色

识别矿物颜色不易准确,会因人和矿物的厚度、透明度的不同有一些影响,习惯用三种方法:

(1)标准色谱法:用标准色谱(红、橙、黄、绿、蓝、紫及白、灰、黑)描述矿物颜色,再根据实际加形容词。

(2)类比法:与常见的生物或其他自然物体的颜色相类比。例如橄榄绿色、柠檬黄色等。

(3)二名法:以两种色谱的颜色来命名,主要颜色写在后,次要颜色写在前。例如黄绿色。

注意:金属矿物一定要用“金属色”类比描述,如铜黄色、铅灰色、锡白色等。

(二)矿物的光泽

光泽为矿物表面的反光能力,与矿物表面的光滑程度及颜色有关。它可分为单晶体光泽与集合体光泽。

1. 矿物单晶体光泽

(1)金属光泽:反光强,透光差,条痕色为黑色或金属色。例如方铅矿、黄铁矿、自然金等。

(2)半金属光泽:反光较强,半透明,条痕色为深彩色、褐色或深棕色。例如黑钨矿、赤铁矿、铬铁矿、磁铁矿等。

(3)金刚光泽:反光强,透光强,条痕色为浅彩色或无色。例如金刚石、辰砂、闪锌矿(解理面)、锆石等。

(4)玻璃光泽:反光弱,透光极强,条痕色为白色或无色。例如石英、方解石、角闪石、辉石、重晶石等。

2. 矿物集合体光泽

(1)丝绢光泽:发丝状反光,透明度差。

(2)珍珠光泽:表面具有彩虹色。

(3)油脂光泽:表面有脂肪状反光。

(4)沥青光泽:表面油光发亮。

(5)土状光泽:表面粗糙、暗淡无光。

注意:通过典型光泽矿物的反复比较,掌握不同光泽的特征,矿物集合体的光泽有时是可变的。

(三)矿物的条痕

矿物粉末的颜色,将矿物在无釉的瓷板上刻划后观察其颜色。矿物条痕色可与矿物原色相同,也可不相同。

(四)矿物的透明度

矿物的透明度是相对的,透明度可分为三级:透明、半透明、不透明。影响透明度的因素有杂质、裂隙、包裹体、矿物颜色、表面风化程度等。

(五)矿物的解理

解理指晶体在受到应力作用而超过弹性极限时,能沿着晶体中特定方向的面网发生破裂的固有特性。沿解理裂成的平面称为解理面。

(六)矿物的裂理

晶体在受应力作用时,有时沿晶格中除解理外的特定方向的面网发生破裂的非固有特性。裂理可沿机械双晶面或出溶页片面破裂而形成。裂开只在同一种矿物的某些矿物个体上存在,不是矿物种的内在固有性质。例如磁铁矿{111}方向的裂理。

(七)矿物的断口

无解理的破裂面,矿物受外力作用后在任意方向破裂并呈各种凹凸不平的断面。如石英为贝壳状断口。

(八)矿物的硬度

测试矿物硬度时,应尽量选择在颗粒大的矿物单晶体新鲜面上进行。避免在矿物的风化面或细粒状、土状、粉末状、纤维状集合体上测试硬度。在肉眼鉴定中,一般采用一种已知硬度的矿物与另一种矿物相互刻划来确定其相对硬度等级。

(九)矿物的比重

矿物相对比重分成三级:轻矿物,<2.5;中矿物,$2.5\sim4$;重矿物,>4。用手掂量标准矿物相比较,要注意矿物的块度、大小及纯净度。

(十)矿物的磁性

矿物的磁性是指在外磁场作用下,矿物被磁化时所表现的性质,包括矿物被外磁场吸引、排斥及被磁化的矿物对外界产生磁场等。

矿物磁性分为三级:强磁性,磁铁矿;弱磁性,铬铁矿;无磁性,石英。

常用马蹄形磁铁测试。

三、技能指导

(1)观察矿物的颜色时,一定要注意矿物新鲜面的颜色与风化面的颜色,矿物以新鲜面的颜色为准。同种颜色其色调也会存在差异,必须通过对比和细心观察,找出其间的差异。

(2)划矿物条痕时要对准需鉴定的矿物颗粒,也可用小刀刮下矿物粉末于白纸上观察其颜色。颗粒细小的矿物，其条痕色容易失真，需用瓷板的棱角去刻划矿物的颗粒来观察其条痕色。

(3)矿物透明度的肉眼鉴定一定要在矿物的边缘(最好边缘的厚度为 1 cm)。

解理的识别——在同一个个体上观察，在光线下晃动标本，可见一系列平行的光滑平面反光、闪亮。

(4)矿物硬度的观察：

①在个体新鲜面上刻划(风化面或隐晶、胶态集合体不能测硬度)；

②要区别刻痕和粉痕(低硬度矿物的粉末条痕可擦去)；

③对脆性或薄片状矿物刻划时用力要轻、缓、均匀；

④注意矿物硬度的异向性；

⑤硬度大于小刀时，刻划后会出现一条亮痕，应该是小刀留下的金属粉末。

(5)观察矿物的解理时要注意解理面与晶面的差异。

解理面与晶面的区别见表 2-4-1。

表 2-4-1　解理面与晶面的区别

晶面	解理面
为晶体最外面的一层面，受力作用破裂后立即消失	为晶体结构中联结力比较弱的方向上的面，受力作用后可连续出现一系列的平面
晶面一般比较黯淡	解理面一般比较光亮
晶面一般不平整，仔细观察可发现其常见有凹凸不平的痕迹或晶面花纹	解理面一般比较平整，但可出现规则的阶梯状解理面或解理纹

四、实训报告

实训报告见表 2-4-2、表 2-4-3。

表 2-4-2　矿物的光学性质实训报告表

实训内容：矿物的光学性质

矿物名称	颜色	条痕色	光泽	透明度

表 2-4-3　矿物的力学性质及其他物理性质实训报告表

实训内容：矿物的力学性质及其他物理性质

矿物名称	解理级别	解理组数	解理夹角	断口	硬度	比重	磁性

五、思考题

(1)为什么矿物的条痕色要比矿物的颜色稳定?

(2)如何区别解理面和晶面?

实训五　硅酸盐矿物——岛状、环状和链状硅酸盐亚类常见矿物

一、实训目的与要求

(1)通过实训,加深理解硅酸盐矿物中岛状、环状、链状结构的结构特征对矿物外部形态与物理性质的影响。

(2)掌握常见岛状、环状、链状结构硅酸盐矿物的主要鉴定特征。

(3)熟悉本类矿物与其他相似矿物区别的主要特征。

二、实训内容

(一)橄榄石

晶体呈近三向等长粒状、短柱状,橄榄绿色,玻璃光泽,透明至半透明,硬度大,比重中等。

(二)锆石

晶体常呈四方双锥状、柱状及板状;颜色为无色、黄色、紫红色、蓝色、绿色、褐色等;玻璃至金刚光泽,断面油脂光泽;透明至半透明;硬度大;比重大;熔点高。

(三)石榴子石

晶体呈菱形十二面体、四角三八面体或二者聚形,晶面上有平行四边形长对角线的晶面条纹;颜色多样,与其成分中含的色素离子有关;玻璃光泽,无解理,硬度较大;比重大。

(四)蓝晶石

晶体呈长而扁平的刀片状或柱状晶形,集合体有时呈放射状;天蓝色,颜色的加深与Ti、Fe的含量有关;玻璃光泽,解理{100}完全,{010}中等,{001}裂开;硬度明显随方向而异,硬度平行 *C* 轴小,垂直 *C* 轴大;比重中等。

(五)红柱石

晶体呈假四方柱状,横断面为近正方形;常呈放射状集合体,形似菊花,称为菊花石;某些红柱石晶体在生长过程中俘获杂质呈定向排列,致使其横断面呈黑十字形,这种红柱石称空晶石;常为肉红色、灰色等;玻璃光泽;解理平行{110};中等硬度;比重小。

(六)绿柱石

晶体常呈六方柱状,柱面常有纵纹,集合体呈晶簇状;常呈无色,含 Cr 呈翠绿色者称祖母绿,含 Fe 呈蔚蓝色者称海蓝宝石,含 Cs 呈玫瑰色者称铯绿柱石,含 U 呈黄色者称黄透绿柱石;玻璃光泽;硬度大;比重小。

(七)电气石

晶体呈柱状;柱面上有纵纹,横断面呈球面三角形,集合体呈放射状或纤维状;颜色多变,含 Cr 者呈深绿色,含 Li、Mn、Cs 者呈粉红玫瑰色,含 Mg 者呈黄色,含 Fe 者呈黑色等;垂

直 C 轴常形成水平色带或 C 轴两端颜色不同；硬度大；比重小；具热电性与压电性。

（八）普通辉石

晶体呈短柱状，横切面呈八边形；绿黑色或黑色；平行柱面解理中等至完全，两组解理夹角分别为 87°和 93°；普通辉石易蚀变成绿泥石、纤闪石、绿帘石等。

（九）霓石与霓辉石

单斜晶系；常呈柱状；暗绿色至黑色、绿色、黄绿褐色，条痕无色；玻璃光泽；解理{110}完全，硬度 6。霓石与霓辉石构成连续的化学系列；在霓辉石中钙代替了钠，镁和铝代替了铁。

（十）硬玉

单斜晶系，常呈柱状、纤维状、毡状致密集合体，原料呈块状，次生料为砾石状。纯净者无色或白色，硬度 6.5 ~7，油脂光泽至玻璃光泽，高档品皆为玻璃光泽。细粒集合体无解理，粗大颗粒在断面上可见闪闪发亮的"苍蝇翅"。

（十一）普通角闪石

晶体呈较长的柱状，横切面呈假六边形或菱形；颜色浅绿色、深绿色至黑绿色；玻璃光泽；解理平行柱面完全，解理夹角 56°或 124°；硬度 5 ~6。

（十二）透闪石

晶体常呈细柱状、纤维状，集合体常呈柱状或放射状；两组完全解理，夹角为 56°，有时可见{100}裂理，集合体不显示解理。

（十三）阳起石

晶体为长柱状、针状或毛发样。颜色由带浅绿色的灰色至暗绿色；玻璃光泽；透明至不透明；晶体的集合体为不规则块状、扁长条状或短柱状。

三、技能指导

（1）硅酸盐矿物通常为无色或浅色透明矿物。肉眼鉴定时，条痕色可不做测试，一般为白色。主要从晶体形态、柱面特征和解理等性质入手，并辅以颜色特征。

（2）相似矿物的对比鉴定。

普通辉石 – 普通角闪石：通过短柱状和长柱状或板状、条痕色和颜色来确定；透闪石 – 阳起石：呈纤维状、细长柱状者一般为透闪石，都可呈放射状，但阳起石颜色较深，呈深浅不同的绿色。致密的阳起石变种为软玉。软玉 – 硬玉：软玉是隐晶的透闪石和阳起石形成的矿物集合体，硬玉是翡翠，是一种以硬玉为主的纤维状、致密块状的矿物集合体。

四、实训任务

描述下列矿物的主要形态、物理化学性质和共生组合等特征：橄榄石、石榴子石、蓝晶石、红柱石、绿柱石、电气石、普通辉石、普通角闪石、透闪石等。

五、思考题

普通辉石与普通角闪石晶体的解理夹角是多少？其横截面有何区别？

实训六　硅酸盐矿物——层状及架状硅酸盐亚类矿物

一、实训目的与要求

(1)掌握层状、架状硅酸盐亚类矿物的形态、物性特征与晶体化学特征间的关系。

(2)掌握各类矿物的主要鉴定特征及其与相似矿物的区别。

二、实训内容

(一)滑石

集合体常呈致密块状、片状或鳞片状,致密块状者称块滑石。颜色呈白色或微带浅黄、粉红、浅绿、浅褐等色;解理面为珍珠光泽;解理{001}极完全;薄片具有挠性;硬度小;比重低;不导电;不溶酸碱;绝缘性强,耐火度高;富有滑腻感和滑润性;具有良好的吸附性和覆盖性。

(二)叶蜡石

集合体常呈叶片状、鳞片状或隐晶质致密块体及放射叶片状,颜色呈白、浅黄、浅绿等色;加热可变成雪白色、半透明;致密块状者呈油脂光泽;解理平行{001}完全;硬度特别小;比重低;贝壳状断口;薄片具有挠性;块体柔软有滑感;耐高温,耐酸碱。

(三)黑云母

晶体常呈假六方板状或锥形短柱状;也可呈片状或鳞片状,集合体颜色呈黑色、深褐色,含 Ti 高者呈浅褐红色;透明至半透明;解理面具有珍珠光泽或晕彩;解理平行{001}极完全;解理片具有弹性;硬度小;比重较小;绝缘性差。

(四)白云母

晶体呈假六方片状、板状,可见巨大的晶体,呈细鳞片状的白云母称作绢云母。颜色呈无色(白色),含杂质者呈浅红、浅黄、浅绿等色,透明;解理面珍珠光泽,绢云母呈丝绢光泽;{001}解理极完全;薄片具弹性;硬度小;比重小;绝缘性能极好;耐酸抗碱、防水、防潮性;抗各种射线辐射。

(五)蒙脱石

单晶体尚未发现;常呈土状、块状集合体;白色或灰白色,因含杂质而染有黄、浅玫瑰红、蓝或浅绿等色;土状者光泽暗淡;硬度 1 ~2;比重 2 ~3;具有膨胀性和吸附性。

(六)高岭石

单晶细小;集合体呈隐晶质致密块状或土状,质纯者颜色呈白色,常因含杂质呈不同颜色;致密块体呈土状光泽或蜡状光泽;{001}解理极完全;硬度小;比重小;土块体粗糙,干燥时具有粘舌感,湿态具有可塑性;具有良好的烧结性;耐火度高;绝缘性好;化学稳定性好。

（七）蛇纹石

单晶呈叶片状或鳞片状，少见；集合体为致密块状和胶状，表面具波状揉皱；具纤维状蛇纹石称温石棉。颜色常呈黄绿、黑绿、深绿等色，并呈青、绿斑状如蛇皮；蜡状－油脂光泽；{001}解理完全；硬度低；比重小；不导电；隔热绝缘；耐酸性差。高温下蛇纹石石棉抗拉强度比角闪石石棉要高。

（八）蛭石

晶体多由云母转化而来，保持云母的片状、鳞片状特征。颜色呈带绿色调的褐色、黄褐色等；呈油脂光泽或珍珠光泽；{001}解理完全；解理片具挠性；比重小；硬度特别小；灼烧时体积膨胀并弯曲如水蛭，显浅金黄或银白色，似金属光泽，相对比重迅速变小。

（九）绿泥石

晶体常呈假六方片状或板状，较少见；集合体常为鳞片状、土状及球状，颜色呈灰绿色至暗绿色，也可呈橘红色或玫瑰色，条痕无色；解理面珍珠光泽；解理平行{001}完全；硬度低；比重较小；薄片柔软具挠性；强酸能溶解。

（十）透长石

晶体呈短柱状或厚板状；常见卡斯巴律双晶；颜色呈白色或无色；透明；玻璃光泽；解理{001}、{010}完全；硬度中等；比重低。

（十一）正长石

晶体呈短柱状或平行{010}的厚板状；{110}特别发育的特殊形态者称冰长石；常见卡斯巴律双晶；颜色呈肉红色、褐黄色、浅黄色、灰白色及浅绿色；透明－半透明；解理{001}、{010}完全；硬度中等；比重低。

（十二）斜长石

晶体沿{010}呈板状；呈叶片状产出的称为叶钠长石；晶体多具有聚片双晶，多数为钠长石律或肖钠长石律；卡斯巴律双晶常见；颜色呈无色、白色、灰色；解理平行{010}完全；硬度中等；比重小。

（十三）霞石

晶体常呈六方柱状、短柱状、厚板状；貌似单晶的双晶常见；集合体为粒状或致密块状；颜色为无色或白色，也可呈浅红、浅褐、浅黄等色；断面油脂光泽的块状体称为“脂光石”；无解理；贝壳状断口；硬度中等；比重低。

（十四）白榴石

晶体常见四角三八面体晶形假象，晶面可见双晶纹。颜色呈白色，灰色带浅黄色调，断口油脂光泽；无解理；硬度中等；比重较小；遇 HCl 能分解。

三、技能指导

（1）硝酸钴法可区别叶蜡石与滑石：将矿物小碎片放在氧化焰中灼烧，然后加 1～2 滴硝酸钴溶液，再灼烧，若为滑石可见碎片边缘呈现肉红色，而叶蜡石则呈现蓝色。

（2）灼烧蛭石：用火柴将蛭石灼烧，体积急剧膨胀，并弯曲成蛭虫状。灼烧后的蛭石呈银灰色或古铜色，具似金属光泽，以此可与黑云母、绿泥石等相似矿物区别。

（3）用研磨法区别蛇纹石石棉和角闪石石棉：取纤维状石棉少许，放在研钵中研磨，角闪石石棉性脆，可被研成粉末状；而蛇纹石石棉性柔，则研成饼状薄片。

(4)酸溶法区别霞石与石英:将霞石粉末置于试管中,加浓盐酸煮沸数分钟后,则在残渣中出现胶状物;而石英则无此现象。

(5)染色法区别正长石与斜长石:将小块正长石放入氢氟酸中浸蚀 1 ~ 3 min,取出用水冲洗干净,然后将正长石放到 60% 的亚硝酸钴钠溶液中浸蚀 3 ~ 5 min,再取出用水冲洗干净,矿物表面被染成明显的柠檬色(干后,颜色更清楚,长期保存其色不变);使用相同方法,斜长石不染色或呈浅灰色。

四、实训任务

描述下列矿物的主要形态、物理化学性质和共生组合等特征:蛇纹石、滑石、白云母、黑云母、透长石、正长石、斜长石、霞石。

五、思考题

(1)如何区分下列各组矿物?

黑云母与蛭石;霞石与石英;滑石与叶蜡石;白榴石与石榴子石。

(2)正长石和斜长石在晶形、颜色、解理、双晶、成因等方面有何异同。

实训七 碳酸盐和硫酸盐类矿物

一、实训目的与要求

(1)了解碳酸盐、硫酸盐矿物的结构及形态与物理性质。

(2)掌握主要的碳酸盐矿物的鉴定特征。

(3)了解碳酸盐矿物的成因与用途。

二、实训内容

(一)碳酸盐类矿物

1. *方解石*

晶体为柱状、板状、菱面体形状;常见接触双晶和聚片双晶。集合体形态常为粒状、片状、钟乳状、土状、多孔状、鲕状、豆状、结核状、葡萄状、被膜状及晶簇状等。片状呈平行或近于平行的连生体称层解石;具有纤维状集合体称纤维方解石。颜色常呈白色;透明无色的方解石称为冰洲石,硬度较小;完全菱面体解理;比重小;具有发光性。

2. *菱镁矿*

晶体呈菱面体形态;常为晶粒状或致密块状集合体;风化带中隐晶质者为胶瓷状块体。颜色呈白色,有时带浅灰色,陶瓷状呈雪白色;菱面体解理完全;陶瓷状者具有贝壳状断口;硬度较低;比重小。

3. *菱铁矿*

晶体呈菱面体状、短柱状或扁三角面体状;集合体呈致密块状、粒状、结核状、球状、土状、葡萄状等。在沉积地层中结核状的呈球形或近似球形的隐晶质偏胶状的菱铁矿称为球菱铁矿;在沼泽沉积形成的非晶质或隐晶质凝胶状者称胶菱铁矿。颜色呈灰白色、浅黄色,风化后呈深褐色、棕红色、黑色;玻璃光泽;硬度低;菱面体解理完全。

4. *菱锰矿*

晶体呈菱面体块,晶面弯曲,集合体呈块状、粒状、柱状、鲕状、肾状、皮壳状等。颜色呈淡玫瑰红色,氧化后呈褐黑色;菱面体解理完全;硬度较小;比重较大。

5. *白云石*

晶体常呈弯曲马鞍状的菱面体形态。双晶纹平行于菱面体解理块的长短对角线;集合体为粒状、致密块状、层状、肾状、多孔状等。颜色呈无色,含 Fe 呈黄褐色,含 Mn 呈浅红色;硬度较小;菱面体解理完全,解理面常弯曲;比重小。

6. *文石(霰石)*

晶体呈柱状、针状或矛头状,常依(110)构成三连晶呈假六方柱状;集合体为纤维状、柱状、结核状、珊瑚状、钟乳状、豆状、鲕状、球状、皮壳状或晶簇状等。颜色呈白色、黄白色、浅绿色;断口油脂光泽;解理平行{010}中等;硬度中等;比重小。

7. 孔雀石

常沿 C 轴呈柱状、针状或纤维状；集合体呈晶簇状、肾状、葡萄状或皮壳状、脉状、粉末状，内部呈同心层状或放射状；土状者称铜绿（石绿）；颜色呈浅绿－翠绿－暗绿；条痕色为淡绿色；玻璃－金刚光泽，纤维状者呈丝绢光泽；解理{010}完全；硬度较低；比重较大。

8. 蓝铜矿（石青）

单晶体常呈短柱状、柱状或厚板状；集合体呈土状、放射状、纤维状、钟乳状和晶簇状；颜色为深蓝色，土状者呈浅蓝色；条痕色为浅蓝色；玻璃光泽，土状者呈土状光泽；透明至半透明；解理完全或中等，贝壳状断口；硬度 3.5～4；中等比重。

（二）硫酸盐类矿物

1. 石膏

低硬度，一组极完全解理，以及各种特征、形态可以鉴别。致密块状的石膏，以其低硬度和遇酸不起泡可与碳酸盐区别。

2. 硬石膏

常呈致密块状或粒状集合体。无色或白色，含杂质者呈暗灰色；玻璃光泽，解理面呈珍珠光泽。发育三组平行板面解理，三组解理互相垂直。常与石膏共生。

3. 重晶石

晶体常呈厚板状。纯净的重晶石显白色、有光泽，由于杂质及混入物的影响也常呈灰色、浅红色、浅黄色等，玻璃光泽，解理面呈珍珠光泽。具 3 个方向的完全和中等解理，硬度 3～3.5，比重 4.5。

三、技能指导

碳酸盐矿物遇稀盐酸都会或多或少有起泡现象，起泡的激烈程度各有差别。

（1）方解石、文石加冷盐酸剧烈起泡。

（2）白云石加冷稀盐酸微弱起泡，加热稀盐酸剧烈起泡。

（3）菱镁矿粉末加冷盐酸后，缓慢起泡，或者不起泡，加热稀盐酸剧烈起泡。

（4）菱铁矿加热稀盐酸起泡，并产生黄绿色 $FeCl_3$ 沉淀。

（5）菱锰矿加热稀盐酸起泡，并产生黑色氧化膜。

四、实训任务

描述下列矿物的形态、主要化学性质和物理性质、共生组合和次生变化：重晶石、石膏、方解石、菱铁矿、白云石、孔雀石、磷灰石。

实训八 氧化物和氢氧化物大类矿物

一、实训目的与要求

(1)掌握主要氧化物及氢氧化物矿物的鉴定特征,并能准确地描述。

(2)了解主要氧化物及氢氧化物矿物形成的地质环境条件及其主要用途。

二、实训内容

(一)刚玉

晶体常呈腰鼓状或短柱状,在柱面和底面上有晶面条纹。常为蓝色或黄色,含 Cr 时呈红色,称红宝石,含 Fe 和 Ti 时呈蓝色,称蓝宝石,无色称白色蓝石,含 Co、Ni、V 时呈绿色,称绿色蓝宝石,含 Ni 时呈黄色,称黄色蓝宝石;{0001}面上含定向排列金红石包裹体呈六射星光者称星光宝石;玻璃-金刚光泽;硬度大;无解理;比重较大;抗风化、抗腐蚀性强。

(二)赤铁矿

集合体呈鳞片状、片状;具有金属光泽称镜铁矿;由胶体而形成的呈鲕状、肾状、豆状等集合体形态。结晶质呈铁黑色至钢灰色,隐晶质呈暗红色,条痕色为樱红色。金属至半金属光泽或土状光泽;硬度较大;比重大;抗风化性强。

(三)金红石

单晶体常呈针状、纤维状、柱状以及四方柱和四方双锥的聚形;集合体呈不规则粒状或有时呈致密块状;颜色常见暗红色、褐红色,黄色、橘黄色者较少见,富铁者黑色;条痕色为浅黄色至浅褐色;金刚光泽至半金属光泽;半透明至不透明;解理中等;硬度 6~6.5;比重 4.2~4.3。

(四)锡石

单晶体常呈双锥状、双锥柱状,有时呈针状。柱面上有细的纵纹;常见膝状双晶。集合体呈不规则粒状,也有致密块状;颜色常为黄棕色至深褐色,纯净者无色,但极少见;条痕色为淡黄褐色;透明度随颜色的深浅而异,多为半透明至不透明;金刚光泽,断口油脂光泽;解理平行{110}不完全,具{111}裂开;贝壳状断口;硬度 6~7;比重 6.8~7.0。

(五)石英

常呈柱状晶体,柱面有横纹。形态可发生变化。石英双晶发育,常见有道芬双晶,巴氏双晶集合体常呈致密块状、粒状、晶簇状;隐晶者呈结核状、晶腺状、皮壳状等。常为无色透明,颜色变化大;玻璃光泽,断口油脂光泽;无解理;贝壳状断口;硬度大;比重小;具有压电性和焦电性;抗风化性强;亲水、亲油性强。

(六)磁铁矿

晶体常呈八面体与菱形十二面体形态,在菱形十二面体晶面上有平行于长对角线方向的条纹;依(111)形成尖晶石律双晶;铁黑色;半金属光泽至金属光泽;不透明;无解理;有沿

{111}方向的裂理;硬度中等;比重大;具强磁性。

(七)铬铁矿

晶体呈八面体形状;常为致密块状集合体;暗棕色至铁黑色,条痕色为褐色;半金属光泽;无解理;硬度中等;比重较大;具弱磁性。

(八)铝土矿

通常具有鲕状或豆状构造,豆体常具同心圆状,有的呈致密块状。外表颜色为白色、灰白色、灰褐色、黑灰色及砖红色,手摸之具有粗糙感,无可塑性;用口呵气湿润后有强烈土臭味。硬度及比重均比页岩大。小块铝土矿在氧化焰中灼烧,加一滴 $Co(NO_3)_2$ 溶液加热,冷却后有蓝色出现。

(九)褐铁矿

成分不固定(是以针铁矿或纤铁矿为主要成分的混合物)。常呈致密块状、蜂窝状、结核状或土状,还可见褐铁矿呈黄铁矿的立方体、五角十二面体等晶形的假象。黄色、褐色或褐红色至褐黑色;条痕色为黄褐色、土黄色;硬度变化较大(1~4)。

(十)硬锰矿

集合体常呈葡萄状、肾状、皮壳状、钟乳状、土状及致密块状、树皮状。黑色至暗钢灰色,条痕色为褐色至黑色;半金属光泽或土状光泽;硬度中等;比重较大。

三、技能指导

(一)锡石的锡膜反应(锡镜反应)

将锡石的小颗粒置放在锌板上,加浓盐酸数滴,几分钟后,锡石表面还原出金属锡,用绒布擦之,在矿物颗粒表面见到一层淡灰色的金属薄膜者,即为锡石。

(二)石英亚种

水晶:无色透明。

紫晶:呈紫色的水晶。

黄水晶:呈金黄色或柠檬黄色的水晶。

烟水晶:呈烟黄色、暗褐-黑色(黑色者又称黑晶)的水晶。

发晶:含细小针状金红石包裹体的水晶。

蔷薇石英:呈淡红色至蔷薇红色,透明度略差的石英。

蓝石英:呈蓝色调(含 Ti)的石英。

乳石英:呈乳白色(含气、液体包裹体),具油脂光泽的块体石英。

砂金石:含云母或赤铁矿细鳞片包裹体的石英。

虎睛石、鹰睛石:石英交代纤维石棉呈丝绢光泽者。

玉髓(石髓):具蜡状光泽、钟乳状外貌的隐晶质石英。

玛瑙:具有不同颜色条带并呈同心状产出的玉髓。

碧玉:呈暗红色、褐色、绿色的隐晶质石英。

燧石:暗色,坚韧,极致密的结核状玉髓。

四、实训任务

实训记录的要求要特别注意氧化物矿物的颜色、比重、磁性,观察要细致、细心,记录要准确。

赤铁矿、锡石、软锰矿、石英、磁铁矿、黑钨矿、萤石。

五、思考题

(1)显晶质石英与隐晶质石英有什么不同?

(2)紫色萤石与紫水晶如何区别?

实训九　硫化物、卤化物和自然元素大类矿物

一、实训目的与要求

(1)熟悉硫化物、卤化物和自然元素大类矿物的主要鉴定特征。

(2)学会鉴别重点矿物的化学成分和主要物理性质。

二、实训内容

(一)硫化物大类矿物

1. 辉铜矿

呈假六方形的短柱状或厚板状;常见块状或粉末状;铅灰色;金属光泽;硬度小;比重大;电的良导体。

2. 闪锌矿

单晶呈正、负四面体聚形,也为菱形十二面体晶形;集合体为粒状;光泽由松脂光泽至半金属光泽;平行{110}解理完全;硬度较小;比重中等;不导电。

3. 斑铜矿

集合体通常呈致密块状或不规则粒状;新鲜面呈暗铜红色,因其表面易氧化常呈暗紫或蓝色斑状锖色,并因而得名;条痕色为灰黑色;金属光泽;不透明;无解理;硬度3;比重4.9～5.3;性脆;具导电性。

4. 方铅矿

常呈立方体晶形,集合体致密块状;铅灰色;金属光泽;平行{100}解理完全;比重大;硬度小;具弱导电性和良检波性。

5. 辰砂

晶体呈菱面体或厚板状;集合体常呈粒状、块状、粉末状等;鲜红色、猩红色条痕;金刚光泽;半透明;解理平行{$10\bar{1}0$}完全;硬度小;比重大;不导电。

6. 黄铜矿

单晶体呈四方四面体、四方偏三角面体;晶面常出现条纹铜黄色;条痕色为绿黑色;金属光泽;硬度较小;性脆;比重较大;能导电。

7. 磁黄铁矿

单晶体呈六方板状或柱状,常呈致密块状或浸染状集合体;暗青铜黄色;灰黑色条痕;金属光泽;硬度较小;比重较大;导电性强;具有强磁性。

8. 雄黄

单晶体呈细小针状,柱状体,常为致密状集合体;橘红色;晶面金刚光泽,断口树脂光泽;透明－半透明;硬度小;解理平行{010}完全;比重中等;性脆;日照后变为红黄色。

9. 雌黄

晶体呈板状或短柱状，集合体呈片状、梳状、土状；柠檬黄色；条痕色为鲜黄色；油脂光泽至金刚光泽；硬度小；解理平行{010}完全；比重中等。

10. 辉锑矿

单晶体呈柱状、针状；柱面有明显纵纹，集合体为放射状；钢灰色；金属光泽；解理平行{010}完全；解理面有横纹；硬度小；比重较大。

11. 辉钼矿

晶体为六方板状、层状；底面上有条纹；集合体为鳞片状；铅灰色；条痕色为黄绿色；金属光泽；解理平行{0001}极完全；硬度小；比重大；薄片有挠性，具滑感。

12. 黄铁矿

晶体为立方体、五角十二面体，立方体晶面上有条纹；浅铜黄色，条痕色为绿黑色；强金属光泽；无解理；硬度大；比重大。

13. 毒砂

晶体常呈柱状，柱面上有平行 C 轴条纹；锡白色，条痕色为灰黑色；金属光泽；无解理；性脆；硬度大；比重大；灼烧后具磁性；锤击有蒜臭味。

(二)卤化物大类矿物

1. 萤石

晶体呈立方体(碱性)、八面体(中性)、菱形十二面体(酸性)的单形与聚形；常见有两个立方体依{111}成相互穿插的双晶；呈绿、紫、黄等色，有呈无色透明；玻璃光泽；解理平行{111}完全；硬度较小；比重小；性脆；具有发光性。

2. 石盐

晶体常呈立方体；外形如珍珠的粒状集合体者称珍珠盐；无色；含杂质时呈各种颜色，透明；玻璃光泽；风化面为油脂光泽；解理{100}完全；硬度小；比重小；易溶于水；味咸。

(三)自然元素大类矿物

1. 自然金

多呈不规则粒状等形态；金黄色；强金属光泽；硬度低；无解理；延展性强；热和电的良导体；熔点高；比重大。

2. 自然铜

完好晶体少见，多为树枝状、致密块状等；铜红色；金属光泽；无解理；硬度小；相对比重大；具延展性；电、热的良导体；熔点高。

3. 金刚石

晶形呈八面体、菱形十二面体及其聚形；常为浑圆状形态；常因微量杂质的混入而呈蓝、黄、褐、黑等色；金刚光泽，断口油脂光泽；中等解理；硬度 10；比重 3.52；具有磷光；良好的半导体性能；金刚石表面具亲油性。

4. 石墨

晶体呈六方片状，常为鳞片状或块状；钢灰色；半金属光泽；硬度小；解理{0001}极完全；比重小；有滑感；易污手；良好的导电性。

5. 自然硫

单晶体呈厚板状，常为块状或粉末状集合体；颜色呈黄色；金刚光泽，断口油脂光泽；硬度小;性脆;比重低;具有可燃性。

三、技能指导

(1)试验自然硫的易燃性。将自然硫放在酒精灯上灼烧,自然硫即刻燃烧,发出蓝色火焰,并放出二氧化硫气体。

(2)用染色法区别黄铁矿与黄铜矿。将黄铜矿或黄铁矿颗粒置于锌板上加 HCl,黄铜矿表面可染成褐黑色,而黄铁矿则不染色。

四、实训任务

描述下列矿物的化学式、形态、主要化学性质和物理性质、共生组合和次生变化:

自然铜、自然硫、石墨、方铅矿、闪锌矿、黄铜矿、毒砂、雌黄、雄黄、萤石、辉锑矿、辉钼矿、磁黄铁矿。

五、思考题

(1)金刚石与石墨在化学成分、晶体结构、物理性质上有何异同?

(2)区别下列各组矿物:黄铜矿—黄铁矿,方铅矿—闪锌矿,毒砂—黄铁矿,辉锑矿—辉铜矿。

实训十 偏光显微镜的使用及观察

一、实训目的与要求

(1)了解偏光显微镜的构造、装置、调试与使用方法。

(2)了解使用偏光显微镜观察岩石薄片的主要内容。

二、实训内容

(一)偏光显微镜的构造

偏光显微镜的构造见图2-10-1。

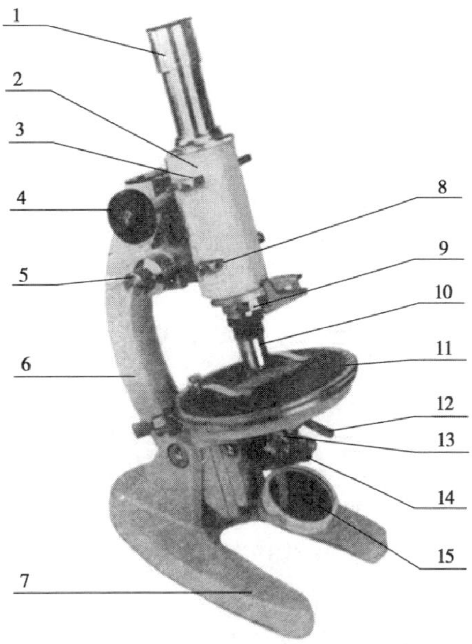

1—目镜;2—镜筒;3—勃氏镜;4—粗动螺旋;5—微调螺旋;6— 镜臂;7—镜座;8—上偏光镜;9—试板孔;10—物镜;11—载物台;12—聚光镜;13—锁光圈;14—下偏光镜;15—反光镜

图2-10-1 偏光显微镜的构造

(二)偏光显微镜的调节

1. 装卸镜头的方法

(1)装卸目镜。将选用的目镜插入镜筒上端,使十字丝处于东西、南北方向上即可。

(2)装卸物镜。不同型号的偏光显微镜,物镜装法不一,装卸时将镜头推进(旋进)或拉出(旋出)即可,但要注意安装时一定要将物镜旋至最尽头夹紧,以免掉落。

2. 调节照明

(1)装上低倍或中倍物镜,插入目镜,打开锁光圈轻轻推出上偏光镜、勃氏镜,下降或推出聚光镜。

(2)下降镜筒到适当位置(离载物台约0.5 cm)。

(3)转动反光镜至视域最亮,而且光线最均匀。光源可用灯光或自然光(切忌把反光镜正对太阳或采用强烈的灯光,以免刺伤眼睛或损坏偏光镜)。

3. 调节焦距

(1)在完成上述操作之后,将薄片置于载物台之上(注意:一定要把盖玻璃朝上),用弹簧夹夹住。

(2)从侧面看着物镜镜头,然后转动粗动螺旋,使镜筒下降到最低位置(注意:物镜靠近薄片,但切勿使其接触)。

(3)从目镜中观察,同时转动粗动螺旋,使镜筒上升(动作不宜过快),直到看清楚薄片中的目的物,如果物像不太清晰,则改用微动螺旋调节,至最清晰为止。

(4)换用高倍物镜时,用同样方法调节焦距,但这时必须特别小心,因为高倍物镜的焦距很短,几乎与薄片接触,如稍不注意,就可能压碎薄片,损坏镜头。

4. 校正中心

(1)检查物镜位置是否安装正确,如果物镜没有装到位,则无法校正中心,而且容易损坏校正螺丝和镜头。

(2)在薄片中选一矿物小颗粒 a,移至十字丝中心 O 点。转动载物台 360°,找出其运动轨迹,至离中心最远处时停止转动。

(3)调整物镜(或载物台),校正螺丝,使颗粒 a 沿 aO 方向移动至约 $aO/2$ 位置处。

(4)移动薄片,将矿物颗粒 a 再移至视域中心。转动载物台,此时若 a 点仍偏离中心移动,再重复上述操作方法直至 a 点不离开中心,在原地转动为止。

5. 偏光镜方位的检查

偏光显微镜是装有偏光镜的显微镜。装在显微镜载物台之下或垂直照明器之中的偏光镜称为下偏光镜或前偏光镜,装在物镜与目镜之间的偏光镜称为上偏光镜或分析镜。若单独使用下偏光镜,简称单偏光。若上、下偏光镜同时使用,并使二者振动方向垂直,简称正交偏光。

(1)下偏光镜振动方向的确定。选一组解理纹发育的黑云母岩石薄片,把黑云母移到视域中心,使一组解理纹与目镜中的横丝平行,旋转下偏光镜,使黑云母的颜色变得最暗时,此时黑云母解理纹所处的方向,就是下偏光镜的振动方向(随显微镜而异,应呈东西向或南北向)。

(2)上下偏光是否正交的检查。下偏光镜振动方向确定之后,取下薄片,推入上偏光镜。此时,若视域完全黑暗,表明上下偏光的振动方向完全正交;若不完全黑暗,则需调节上(或下)偏光镜位置,使之全黑。

(三)偏光显微镜的鉴定方法

1. 鉴定主要有色矿物

(1)在单偏光镜下认识有色矿物:

①移动视域,弄清有几种主要有色矿物;

②测定每一种有色矿物在单偏光镜下所显示的颜色或多色性、突起特征(正负高低或闪突起)、解理及解理夹角(有两组及两组以上解理的矿物)。

(2)进一步在正交偏光下确定有色矿物的名称:

①确定有色矿物中有没有不透明矿物;

②对有色透明矿物,逐一测定其干涉色级序、消光性质、双晶特征和延性;

③综合上述定性鉴定资料,利用矿物鉴定表,得到各种有色矿物的名称;

④利用已测定的视域直径数值,估计各种有色矿物的粒径;

⑤移动视域,估计各种有色矿物的百分含量。

2. 鉴定无色矿物

在单偏光下观察无色矿物:

(1)利用突起、解理等性质确定有几种无色矿物;

(2)测定每种主要无色矿物的突起特征(正负高低或闪突起)、解理及解理的夹角(有两组及两组以上解理的矿物);

(3)在正交偏光下,测定主要无色矿物的干涉色级序、消光性质、双晶特征和延性;

(4)确定无色矿物的名称、粒径和百分含量,与鉴定有色矿物相同。

(四)薄片的观察内容

1. 在单偏光系统下观察的主要内容

矿物的折射率($N_{矿}$)和突起:折射率是透明矿物最基本、最主要的光学常数,但在薄片中无法直接测出每个矿物的折射率值,而只能借助于直观的突起初步鉴定。矿物的突起取决于矿物本身的折射率和树胶折射率之差(加拿大树胶折射率为1.54)。长期以来,人们习惯将突起分为6~7个等级,以方便鉴定。矿物的突起等级和折射率见表2-10-1。

表2-10-1 矿物的突起等级和折射率

突起等级	折射率范围	主要矿物
负高或负中	<1.48	蛋白石、萤石
负低	1.48~1.54	钾长石、白榴石、钠长石
正低	1.54~1.60	石英、中-基性斜长石
正中	1.60~1.66	透长石、电气石、磷灰石
正高	1.66~1.78	辉石、橄榄石、十字石
正极高	>1.78	锆石、榍石

贝克线:矿物的折射率比树胶的折射率大很多时,在该矿物与树胶接触处还可看到一条比较明亮的细线。当提升镜筒时,贝克线向该矿物内部方向移动;当下降镜筒时,贝克线向树胶方向移动。在两个折射率不同的矿物接触处也可见到贝克线,提升镜筒,贝克线向折射率大的矿物移动;下降镜筒,贝克线向折射率小的矿物移动。

矿物的晶形:薄片中所见到的矿物形态,并不是其完整的晶形,而是矿物某一切面的轮廓;因此,要想判断某矿物的晶形,必须观察该矿物的各个切面,综合考虑。如角闪石常见到长方形轮廓,同时也能见到近六边形或菱形轮廓,综合后可认为角闪石为长柱状;又如长石常见的是近方形和长方形轮廓,可判断其为板状。

矿物的解理和裂理:在薄片中矿物的解理表现为沿一定结晶方向平行排列的细缝线,即解理缝。裂理(或称裂开、裂纹)是沿双晶面破裂或沿细微包裹体分布的缝线,一般不如解理缝线平直,多数表现弯曲,定向性不明显。

矿物的颜色:指单偏光镜下白光(七色光组成)透过晶体后呈现的颜色,它是未被晶体吸收的部分色光的混合色。如果各色光被矿物等量吸收,透过矿物后仍为白光,则该矿物不显示颜色,称无色矿物。此外,颜色还与矿物的其他性质有关,如所含色素离子种类和电价,如含Mn^{3+}呈红色,含Cr^{3+}呈绿色。

矿物的多色性和吸收性:对非均质体矿物的非垂直光轴(光轴面)切面而言,当转动载物台时,若见到颜色有变化,称为多色性;若见到颜色深浅有变化,称吸收性。

2. 在正交偏光系统下观察的主要内容

均质体矿物由于各向同性,所以它的任何切面在正交偏光间均表现为全消光(转动载物台没有变化),因此均质体矿物主要在单偏光系统下观察。对非均质体矿物,除单偏光系统外,还需在正交偏光甚至锥光系统下进行观察,以便将相似的矿物区分开。在正交偏光系统下,非均质体矿物的主要观察内容如下:

(1)消光类型。消光类型是指板状、柱状矿物处在消光位时,其解理缝(双晶缝)或晶体轮廓等与目镜十字丝(代表上下偏光振动方向)的相互关系。一般当矿物处于消光位时,若解理(双晶)或晶体轮廓与十字丝之一平行,称平行消光;若两组解理或晶体轮廓平分十字丝,称对称消光;若解理或晶体轮廓与十字丝之一斜交,称斜消光。

(2)消光角。对斜消光的矿物,要测定它们的消光角,即这些矿物的解理或晶体轮廓与十字丝之一相交的夹角。

(3)干涉色。是指非均质体、非垂直光轴或光轴面的切片,在正交偏光镜下,当白光不同波长的七色光通过矿物晶体时,由白光干涉而成的各种颜色。当用白光照射时,在正交偏光镜下将石英楔子(石英沿光轴方向由薄至厚磨成楔形)慢慢插入试板孔,可见干涉色由低到高的规律变化,先后出现四个级序。一级干涉色:暗灰—灰白—黄白—亮黄—橙—紫红;二级干涉色:蓝—绿—黄绿—黄—橙—紫红;三级干涉色:绿蓝—蓝绿—绿—绿黄—猩红—粉红;四级干涉色:紫灰—灰蓝—淡绿—高级白。

3. 在锥光系统下某些光学数据的确定

在岩石薄片鉴定中,一般不需使用锥光系统,若必须确定矿物的轴性、光性或光轴角($2V$),可选用适当切面在锥光下确定。在锥光下通常利用干涉图测定矿物晶体的轴性、光性、光轴角等。

干涉图是非均质矿物在锥光下呈现的、由干涉条带组成的图案。干涉图的形态因矿物晶体的光性和切片方向不同而不同。一轴晶垂直光轴切片的干涉图由一个黑十字与若干同心圆干涉色色圈组成;二轴晶垂直锐角等分线的干涉图由一个黑十字与若干“ ∞ ”字形干涉色色圈组成。

(1)确定轴性。旋转载物台时,一轴晶垂直光轴切面的干涉图中的黑十字保持不变。一轴晶斜交(小斜)光轴切面的干涉图中,黑十字的交点绕视域中心作圆周移动;当光轴方向与薄片法线夹角较大时,光轴出露点(黑十字交点)落在视域之外,视域内只能见到一条黑带及部分干涉色色圈。旋转载物台时,黑带作上下、左右平行移动。

(2)测定光性符号。一轴晶测定光性符号时首先确定象限和 N'_e、N_o 的方位,根据一轴晶矿物 $N_e > N_o$ 为正光性,$N_e < N_o$ 为负光性的原则确定。在确定象限后,插入石膏检板,检板长方向为短半径,注意观察黑十字附近干涉色(一级灰)的变化,若Ⅰ、Ⅲ象限变蓝(升高),Ⅱ、Ⅳ象限变黄(降低),该矿物为正光性;否则相反。

(3)在二轴晶垂直光轴切面的干涉图上目估光轴角($2V$)。在垂直一个光轴切片的干涉图中,当光轴面与上、下偏光镜振动方向呈45°夹角时,黑带弯曲程度与光轴角大小成反比。光轴角越大,黑带越直。当 $2V = 90°$ 时,黑带呈直带状;当 $2V = 0°$ 时,黑带弯曲成90°;当 $2V$ 介于0° ~90°时,黑带弯曲度介于90°与直带状之间。据此可以估计光轴角($2V$)的大小。

实训十一 超基性岩、基性岩的观察与描述

一、实训目的与要求

(1)掌握超基性岩类、基性岩类主要岩石类型的基本鉴定特征。

(2)学会观察和描述这两类岩石的内容和方法。

二、实训内容

(一)超基性岩类(橄榄岩-苦橄岩类)

观察和描述以下岩石标本:纯橄榄岩、橄榄岩、辉石岩、蛇纹石化橄榄岩、苦橄岩、金伯利岩。

1. 手标本特征

纯橄榄岩:黄绿色,几乎全由橄榄石组成。未蚀变的纯橄榄岩呈橄榄绿色、黄绿色及浅灰绿色,褐铁矿化或伊丁石化后呈棕褐色或灰褐色,蛇纹石化后呈暗绿色或灰黑色。他形粒状结构,致密块状构造。橄榄石为浅绿色,粒状,玻璃光泽,无解理。

橄榄岩:新鲜面为橄榄绿色、灰绿色,有时呈暗绿色及灰黑色,主要由橄榄石和辉石组成,粒状结构。

辉石岩:灰黑色,几乎全由辉石组成,中-粗粒状结构。

蛇纹石化橄榄岩:暗绿色,具油脂感,网格状构造,有粒状橄榄石的残核,有少量的磁铁矿。蛇纹石为橄榄岩的蚀变产物。

苦橄岩:黑绿色,以橄榄石和辉石为主,可有少量的角闪石、黑云母等。

金伯利岩:灰黑色,斑状结构,角砾状构造。组成矿物成分比较复杂,主要由橄榄石、铬透辉石、金云母等组成。

2. 镜下薄片特征

纯橄榄岩:橄榄石呈全自形或半自形粒状,正交偏光下显示二级蓝紫干涉色。

橄榄岩:辉石常呈较小颗粒分布在橄榄石周围,形成反应边结构,辉石的解理发育,橄榄石裂缝较多,辉石干涉色较低,橄榄石干涉色较高。

辉石岩:斜方辉石和单斜辉石均有。单偏光镜下观察,辉石呈淡黄色或淡褐色,解理发育。正交偏光下,辉石呈二级黄、红干涉色。

蛇纹石化橄榄岩:岩石裂隙或橄榄石粒间都发生了蛇纹石化,但蚀变不彻底,仍残留有小颗粒橄榄石(残留结构)。在蛇纹石化过程中,由析出的铁质所形成的磁铁矿呈不透明的黑色小微粒,不规则地分布在蛇纹石中。

金伯利岩:斑状结构,角砾状构造,角砾多为早期熔岩,斑晶为橄榄石,但已蛇纹石化,熔蚀后呈圆粒状。岩石碳酸盐化、金云母化、蛇纹石化、绿泥石化强烈。

(二)基性岩类(辉长岩 - 玄武岩类)

观察和描述以下标本:辉长岩、斜长岩、辉绿岩、辉绿玢岩、橄榄玄武岩、杏仁状玄武岩。

1. 手标本特征

辉长岩:灰黑色,中 - 粗粒辉长结构,主要由辉石和基性斜长石组成。

细晶辉长岩:成分与辉长岩相同,以只具细粒结构而不具其他结构为特征。

斜长岩:灰白色,中 - 粗粒状结构,几乎全由斜长石组成。

辉绿岩:灰黑色,主要由辉石和基性斜长石组成。具典型的辉绿结构(灰白色的细长条斜长石搭成三角格架,其间充填他形粒状的辉石)。

辉绿玢岩:褐色,斑状结构,斑晶是斜长石、角闪石和辉石,基质为隐晶质,为辉绿结构。

橄榄玄武岩:见橄榄石斑晶,常见于橄榄石的蚀变产物——伊丁石,基质为隐晶质。

杏仁状玄武岩:绿黑色,气孔构造,气孔中充填有白色的方解石、沸石等矿物。

2. 镜下薄片特征

辉长岩:辉石和基性斜长石的自形程度几乎一致,具典型的辉长结构。

辉绿岩:基性斜长石的自形程度比辉石的高,具典型的辉绿结构。

玄武岩:粗玄结构或间隐结构,有时具斑状结构。矿物成分以辉石和基性斜长石为主,这是与安山岩的主要区别。

三、技能指导

(一)手标本的观察与描述

1. 观察岩石颜色

颜色是构成岩石的矿物集合体颜色的总和,包括新鲜面颜色(能反映岩石的成分和形成环境)和风化面颜色(反映岩石的风化或氧化过程)。观察时应将标本置于适中位置,应尽量观察岩石的新鲜面颜色。

2. 岩石的结构、构造特征

(1)对于显晶质岩石,当其主要造岩矿物粒度大致相等时,一般要求写出粒度与结构名称即可,如中粒辉长结构、粗粒花岗结构、中粒二长结构、粗粒半自形结构等。

(2)对于具有斑状结构或似斑状结构的岩石,还应指明基质所具有的结构。

(3)隐晶质至玻璃质岩石,一般只需写明隐晶质结构、半晶质结构或玻璃质结构即可(因为对于具隐晶质、玻璃质等结构的岩石,肉眼很难看清岩石的结构,只有在显微镜下观察岩石薄片,才能确定具体结构)。

深成侵入岩一般多具块状构造、条带状构造,浅成、超浅成侵入岩多具斑杂状构造,喷出岩则多具气孔构造、杏仁构造、流纹构造等。

3. 矿物成分

矿物成分包括主要矿物、次要矿物和副矿物,进一步描述各自矿物的主要特征和目估体积含量。

对矿物成分的观察和描述主要有矿物名称、物性特征、粒度大小、百分含量等。

(1)对显晶质等粒结构岩石的描述时,一般要求描述主要矿物、次要矿物、副矿物、次生矿物。通常含量多的先描述,含量少的后描述,按"先多后少"的顺序进行。

(2)矿物特征的描述应包括矿物形态、风化或蚀变程度、光泽、肉眼及镜下鉴定特征(包括可反映岩石的结构、构造等特征）、粒度、目估百分含量等。

（3）对斑状结构或似斑状结构岩石描述应先指明斑晶矿物在整个岩石中的目估百分含量，然后以斑晶矿物含量“先多后少”的顺序描述其特征，再描述基质中矿物的特征。若基质中矿物粒度呈细粒或更粗粒，其描述方法和要求与描述斑晶矿物一致。若基质矿物粒度小于细粒，一般只要求指明主要矿物、次要矿物即可，不要求作详细描述。

4. 次生蚀变

若岩石发生次生变化（蛇纹石化、绿泥石化、碳酸盐化、金云母化），要描述出风化的产物和蚀变特征，以及其他的含矿性等。

5. 初步定名

对岩石手标本进行初步定名。

（二）偏光显微镜下的鉴定内容与顺序

矿物成分含量，矿物在偏光显微镜下的主要光学特征、结构、蚀变产物特征及特殊现象，岩石详细定名。

四、岩石鉴定描述实例

以辉橄岩为例。

（一）手标本鉴定

黑绿色，半自形晶中粒等粒结构，块状构造。

主要矿物为橄榄石，含量约为85%，颗粒呈黄绿色，圆粒状，粒径为2～3 mm，晶面具玻璃光泽，透明，无解理，贝壳状断口。

辉石含量约为15%。褐黑色，短柱状，粒径为1～2 mm，横断面近于八边形，柱面可见一组中等解理，解理面为玻璃光泽。

定名：黑绿中粒辉橄岩。

（二）镜下的鉴定

主要矿物成分及含量：橄榄石70%～75%，辉石20%～25%。尖晶石少量，黑云母、蛇纹石、磁铁矿微量。橄榄石：不规则粒状（或等轴状），无色，高正突起，糙面显著，裂纹发育，沿裂纹釉蛇纹石交代，干涉色二级蓝－二级黄；可见简单双晶。

详细定名：黑绿色中粒辉橄岩。

五、实训任务

在仔细观察的基础上，详细描述橄榄岩、辉石岩、蛇纹石化橄榄岩、金伯利岩和辉长岩、辉绿岩、玄武岩等标本。

观察和描述内容：

（1）岩石颜色：包括新鲜面颜色和风化面颜色，注意色率变化。

（2）结构特征：重点观察辉长结构、辉绿结构、粗玄结构的特征。

（3）构造特征：注意气孔的光滑程度、杏仁体的成分。

（4）主要矿物、次要矿物和副矿物的含量和鉴定特征。

（5）次生变化等。

（6）岩石命名。

六、思考题

(1)橄榄石在橄榄岩和玄武岩中的蚀变特征有何不同?

(2)辉长岩与辉绿岩的肉眼鉴定特征有什么区别?

实训十二 中、酸性岩浆岩的观察与描述

一、实训目的与要求

(1)掌握中性岩、酸性岩及其过渡性岩石的基本特征。

(2)掌握中性岩、酸性岩的侵入岩、浅成岩、喷出岩的鉴别特征。

二、实训内容

(一)中性岩(闪长岩-安山岩类,正长岩-粗面岩类)

观察以下标本:闪长岩、石英闪长岩、闪长玢岩、安山岩、正长岩、正长斑岩、二长岩、二长斑岩、粗面岩、石英粗面岩、角斑岩、粗安岩。

1. 手标本特征

闪长岩:浅灰色、灰绿色,中粒结构。主要由中性斜长石和角闪石(或黑云母)组成,斜长石含量大于角闪石(石英<5%,碱性长石<长石总量的10%)。

石英闪长岩:浅灰色,半自形粒状结构。主要矿物有石英、中性斜长石、角闪石、黑云母等(石英5%~20%,碱性长石<长石总量的10%)。

闪长玢岩:是与闪长岩成分相对应的浅成侵入岩。暗灰色至灰绿色,斑状结构。基质为微晶结构或显微隐晶质结构,斑晶为斜长石、角闪石、辉石、黑云母。其中,斜长石环带结构和熔蚀现象发育。

安山岩:紫红色,斑状结构。斑晶为斜长石、角闪石、辉石,基质为隐晶质。

正长岩:灰色或肉红色,以肉红色或浅土黄色的板状正长石为主,还有少量的斜长石和黑云母(石英<5%,斜长石占长石总量的10%~35%)。

正长斑岩:斑状结构,斑晶为碱性长石、角闪石、辉石和少量斜长石,石英<5%。

二长岩:由含量基本相同的钾长石、斜长石组成。具典型的二长结构(石英<5%,斜长石和碱性长石各占长石总量的35%~65%)。

二长斑岩:为二长岩的浅成相岩石,石英<5%。岩石为斑状结构,基质为隐晶质-微粒结构,斑晶由含量相近的碱性长石和斜长石及角闪石、辉石、黑云母等组成。

粗面岩:斑晶多为透长石、正长石,有少量斜长石,也可出现辉石或暗化的角闪石、黑云母,基质以透长石微晶为主,可有玻璃质。石英含量小于5%。详细命名时根据暗色和种类,如霓辉石粗面岩。

石英粗面岩:基本特点同粗面岩,但石英含量较多(5%~20%),石英多为基质,少数呈斑晶。可进一步按照暗色矿物命名:角闪粗面岩,辉石粗面岩。

角斑岩:致密角岩状,成分相当于粗面岩的海底喷发熔岩。多呈浅绿色或浅褐色,斑状结构,斑晶主要是钠长石,其次为歪长石、微斜条纹长石,偶见正长石;暗色矿物斑晶很少,偶见黑云母和辉石斑晶,多已蚀变为绿泥石、方解石及褐铁矿的集合体。基质主要由钠长石或

钠-奥长石组成,其次为正长石、绿泥石、绿帘石和沸石等,构成粗面结构、霏细结构。角斑岩总是同细碧岩共生构成海底火山作用的特殊岩石组合。

粗安岩:斑晶成分多为中长石,其次为辉石或具有暗化边的角闪石或黑云母。基质以透长石为主,还有斜长石、单斜辉石和磁铁矿,有时出现少量玻璃质。当同时出现两种长石的斑晶且构成正边结构(斜长石周边具有碱性长石环边)时,则可定为安粗岩。

2. 显微镜下特征

闪长岩:斜长石呈板状,具聚片双晶,环带结构发育。角闪石呈板状、柱状,多色性显著,具清晰的柱面解理或两组菱形解理。

安山岩:角闪石、黑云母斑晶具暗化边现象,基质为安山结构(或玻基交织结构,即基质中斜长石微晶杂乱排列,微晶间由玻璃质或隐晶质充填,是安山岩特有的结构)。

正长岩:以正长石为主,暗色矿物为黑云母。

粗面岩斑状结构,斑晶以透长石为主,并有少量黑云母、斜长石。基质为粗面结构(长条状的碱性长石微晶呈近于平行的排列)。

(二)中酸性岩-酸性岩(花岗闪长岩-流纹英安岩,花岗岩-流纹岩)

观察以下岩石标本:花岗岩、二长花岗岩、花岗闪长岩、花岗斑岩、花岗闪长斑岩、流纹岩、流纹英安岩、珍珠岩、黑曜岩、松脂岩。

1. 手标本特征

花岗岩:灰白色或肉红色,中-细粒花岗结构,块状构造。石英含量约30%,长石含量约60%,暗色矿物(黑云母、角闪石等)含量小于10%,钾长石含量大于斜长石。

二长花岗岩:呈浅肉红色,斑状结构,块状构造。主要由斜长石、钾长石、石英和少量角闪石、黑云母、铁钛氧化物组成。具有大致相等数量的碱性长石和斜长石,具有二长结构。

花岗闪长岩:是花岗岩类向闪长岩类过渡的中间类型岩石。含有较多的斜长石和暗色矿物(斜长石多于钾长石),呈灰绿色或暗灰色。斜长石占矿物总量的65%~90%,常具明显的环带构造。石英含量一般在25%左右。深色矿物以角闪石较多,副矿物有榍石、磷灰石、磁铁矿、锆石、褐帘石、独居石等。常见半自形粒状结构,似斑状结构。

花岗斑岩:与花岗岩成分相同,有斑状结构,斑晶以正长石和石英为主,角闪石、黑云母次之,基质多为隐晶质,致密状。

花岗闪长斑岩:成分与花岗闪长岩相同,具斑状结构。

流纹岩:其化学成分与花岗岩相同,SiO_2 含量大于69%,其斑晶主要为钾长石和石英,晶体形状为方形板状,有玻璃光泽。呈灰色、粉红色或砖红色,有斑状结构和流纹状结构。

流纹英安岩:成分与花岗闪长岩相同,斑晶为斜长石、角闪石、黑云母,可有少量石英和钾长石,基质为隐晶质或玻璃质。

珍珠岩:具珍珠裂缝的玻璃质岩石(珍珠构造),有时含有各色的珍珠球。

黑曜岩:黑色,玻璃光泽,贝壳状断口,有时含少量透长石斑晶。

松脂岩:树脂光泽或油脂光泽,贝壳状断口。

2. 显微镜下特征

花岗岩:花岗结构,即全晶质半自形粒状结构。一般暗色矿物自形程度比长石好,长石中斜长石自形程度比钾长石好,石英为他形晶。

珍珠岩:玻璃质结构。因沿裂纹常出现脱玻化现象,形成珍珠构造(镜下见圈环状的裂纹)。

三、实训任务

在仔细观察的基础上,详细描述闪长岩、闪长玢岩、安山岩、正长岩、正长斑岩、粗面岩、花岗岩、花岗斑岩、流纹岩、花岗闪长岩、花岗闪长斑岩等标本。

四、思考题

(1)闪长岩、花岗闪长岩、花岗岩三者在矿物成分上有何区别?

(2)安山岩、粗面岩、流纹岩在结构构造上有何异同?

(3)从超基性岩、基性岩到中性岩、酸性岩,矿物成分有什么变化规律?

实训十三　陆源碎屑岩的观察与描述

一、实训目的与要求

(1)学会识别碎屑颗粒与填隙物的相互关系,区分胶结物与杂基、矿物碎屑与岩屑的基本方法。

(2)学会用肉眼观察和描述碎屑结构(粒度、圆度、成熟度、胶结物、胶结类型)的方法。

(3)了解各种陆源碎屑结构所反映的形成条件,恢复沉积环境。

二、实训内容

(一)沉积岩岩石标本的构造类型观察

(1)水平层理:细层平直并与层面平行。

(2)波状层理:细层呈波状起伏。

(3)斜层理:细层与层系界面斜交。

(4)交错层理:相邻层系相互交错,各层系中的细层倾斜方向多变。

(5)波痕:风、水流和波浪在沉积物表面留下的波状痕迹。

(6)泥裂:未固结的沉积物被晒干脱水收缩,形成张开裂缝,后又被上覆沉积物充填。

(二)陆源碎屑岩的肉眼观察和描述

(1)碎屑颗粒成分及含量:首先观察碎屑颗粒占整个岩石的百分含量,之后认真比较砾岩、粗砂岩、砂岩、细砂岩等不同粒级间的差别,确定碎屑颗粒的类型,以及每种成分的碎屑颗粒占整个碎屑的百分含量。

(2)根据标本中碎屑颗粒的特点,进一步鉴定碎屑颗粒的磨圆程度(棱角状、次棱角状、次圆状、圆状)。

(3)观察胶结物的颜色、硬度以及胶结物与稀盐酸反应的情况,鉴别胶结物的成分及占整个岩石的百分含量。

硅质胶结物一般呈白色,致密状,硬度大于小刀,加 HCl 不起泡。

铁质胶结物一般呈紫红色,碳酸盐质胶结物(钙质胶结)一般呈浅灰 - 浅绿色,加 HCl 起泡。

海绿石质胶结物一般呈暗绿色,风化后使岩石带有绿色斑痕。

(4)根据碎屑与胶结物的分布状态,确定砾岩和砂岩的胶结类型是基底式胶结、孔隙式胶结还是接触式胶结。

(5)对泥岩、页岩和黏土岩的观察应根据层理发育情况和浸水变化情况来区分岩石类型。

页岩:页理构造发育;致密块状;浸水后不变软,不膨胀。

泥岩:没有明显的层理;致密或疏松土状,浸水后稍微变软,不膨胀,可塑性差。

黏土岩:疏松土状,浸水后变软,常吸水膨胀,可塑性强。

三、技能指导

(1)陆源碎屑岩的手标本观察与描述内容。主要是岩石颜色、结构、构造、碎屑颗粒的成分及其含量、光泽、断口(贝壳状、瓷状、阶梯状、参差状、不规则状)、有无砂感、是否均匀、固结程度(浸水后是很快、很慢或不泥化,可分为好、中、差)、胶结紧密程度(锤击后是否易破碎,可分为好或不好)。

(2)对泥状结构的岩石,其特征是手触摸有滑腻感,用小刀切刮时,切面光滑,常发育贝壳状断口或鱼鳞状断口。含粉砂的泥质结构和粉砂质泥状结构,手触摸有粗糙感,小刀切面不平整,断口粗糙。含砂泥状结构和砂质泥状结构,手触摸有颗粒感,肉眼可见砂粒,断口参差不齐。

四、岩石鉴定描述实例

(一)砂岩的描述

1. 手标本鉴定

岩石新鲜面为土黄色,碎屑结构,碎屑颗粒占整个岩石的 90%,填隙物占 10%。碎屑颗粒多为中细粒,粒度粗细均匀,分选性较好。填隙物以钙质胶结物为主,滴 5% 的稀盐酸有气泡生成。

碎屑颗粒成分主要是石英和长石。石英:无色透明,他形粒状,无解理;含量约 82%。长石:板状或粒状,颗粒粗大时可见两组解理和双晶,含量 18%。杂基主要为黏土矿物和细小碎屑颗粒,含量 5%。块状构造。

定名:中细粒钙质长石石英砂岩。

2. 镜下鉴定

此岩石为碎屑结构,碎屑颗粒占整个岩石的 87%,填隙物占 13%。碎屑颗粒粒度为 0.25 ~1 mm,其中以 0.4 ~0.5 mm 为主,颗粒多为次棱角,磨圆差,分选中等偏好。填隙物以钙质胶结物为主,有少量的杂基,钙质胶结物发育连生结构,并有方解石交代长石的现象。由于碎屑颗粒含量高,颗粒间堆积紧密,颗粒支撑,孔隙胶结,颗粒间接触关系以点接触为主。

碎屑颗粒成分为石英和长石。石英:在单偏光镜下无色透明,正低突起,正交偏光镜下干涉色为一级灰白,含量约 82%。长石有微斜长石,表面干净,格子双晶,斜长石具聚片双晶,表面绢云母化,长石含量约 18%。填隙物成分有钙质胶结物和杂基。钙质胶结物成分为方解石,高级白干涉色,两组菱形解理,含量 8%;杂基主要为黏土矿物和细小碎屑颗粒,含量 5%。

定名:中粒钙质长石石英砂岩。

(二)页岩的描述

手标本鉴定:岩石呈灰白色,泥质结构,主要由泥质(水云母)组成,硬度很小,指甲可剥落,且污手,具有页理构造。岩石较轻,不吸水。

岩石定名:灰白色泥质页岩。

五、实训任务

肉眼观察描述如下标本:砾岩(粗、细)、角砾岩、中粒石英砂岩、长石砂岩、岩屑砂岩、细砂岩、粉砂岩、泥岩、含粉砂黏土岩、钙质页岩、硅质页岩、铁质页岩、黑色页岩、碳质页岩、油页岩等。

六、思考题

(1)水平层理、波状层理、大型交错层理各代表什么沉积环境?

(2)基底式胶结、孔隙式胶结、接触式胶结的砂岩,哪一种岩石透水性最好?

(3)石英砂岩、长石砂岩、岩屑砂岩中的碎屑成分有何不同?

实训十四　碳酸盐岩及硅质岩的观察与描述

一、实训目的与要求

(1)了解碳酸盐岩主要结构组分的特征、鲕粒的成因、胶结物的特征，掌握其分类和命名原则。

(2)学会碳酸盐岩的鉴定方法和步骤描述。

二、实训内容

(一)碳酸盐岩观察和描述内容

1. *颜色*

总体上，碳酸盐岩颜色以灰色居多，有时呈白色、灰白色、浅灰色、深灰色、灰黑色、黑色、红色、紫红色、红褐色等。

2. *碳酸盐岩的矿物成分*

碳酸盐岩中最常见的矿物成分是方解石和白云石，常混入少量黏土、石英和长石等陆源物质。在野外或手标本观察时，首先用浓度为5%的稀盐酸检验方解石和白云石的相对含量，在岩石表面滴上稀盐酸，根据起泡程度不同，通常可以分出四个等级：

(1)强烈起泡。起泡迅速而剧烈，并伴有小水珠飞溅和嘶嘶声，应属石灰岩类，估计方解石的含量大于75%。

(2)中等起泡。起泡迅速，但无小水珠飞溅和嘶嘶声，应属白云质石灰岩类，估计方解石含量50%~75%，白云石含量25%~50%。

(3)弱起泡。气泡出现较慢较少，有的气泡可滞留在岩面上不动，应属灰质白云岩，估计白云石含量50%~75%，方解石含量25%~50%。

(4)不起泡。长时间都无气泡出现，或仅在放大镜下可见微弱的起泡现象，但粉末有中等强度的起泡，应为白云岩类，估计白云石含量大于75%，方解石含量小于25%。

用稀盐酸检验矿物成分时，应在岩面的不同部位进行，以便确定成分分布是否均匀。滴稀盐酸反应起泡后，岩石表面上会残留下泥质，可以大致估计泥质含量。

3. *结构组分及结构类型*

(1)颗粒结构：由颗粒和填隙物组成。要分别描述颗粒、填隙物的成分、结构以及颗粒与填隙物间的关系(胶结类型和支撑方式)，并估计颗粒和填隙物的百分含量以及每种颗粒占全部颗粒的百分含量。

颗粒：要观察和描述颗粒类型、大小、形状、分选性、磨蚀性、定向性及内部结构，如砾屑的内部结构和氧化圈(有无、厚薄)，鲕粒、核形石的核部及同心层的圈数等。

填隙物：主要是区分灰泥和亮晶胶结物。一般来说，灰泥致密、常含杂质，暗淡无光泽；亮晶胶结物晶粒粗，杂质很少者不易区分时，常呈白色或浅灰色，比较透明，有时可以看到晶体解理面。两者不易区分时,可将它们统称为填隙物。应描述岩石的胶结类型、支撑方式。

(2)泥晶结构:主要由灰泥组成,如同碎屑岩中的泥岩。细腻致密,无光泽,断口平滑。

(3)生物格架结构:由群体造礁生物格架组成。格架间孔洞内充填有较小的生物碎屑、砂屑颗粒,或泥晶、亮晶方解石。描述时需指出造礁生物类型、格架间的充填物类型。

(4)晶粒结构:岩石由彼此镶嵌的晶粒所组成,可将晶粒进一步划分为粗晶(>0.5 mm)、中晶(0.25 ~0.5 mm)、细晶(0.05 ~0.25 mm)和微晶(<0.05 mm)等结构。

4. 沉积构造

碳酸盐岩中出现的沉积构造类型多样,除在陆源碎屑岩中常见的类型外,还有一些特殊的构造,如叠层石构造、鸟眼构造、示顶底构造、缝合线构造等。

5. 孔、洞、缝

碳酸盐岩的孔、洞、缝是油气水的储集空间和运移通道。孔隙和洞穴根据孔径大小区分,通常孔隙的孔径小于1 mm,洞穴大于1 mm。裂缝包括构造裂缝、溶解缝、层间缝和缝合线等,应描述孔、洞、缝的规模、延伸方向、形态、连通情况、发育程度、充填物。

6. 手标本的定名

(1)按矿物成分定名。作为岩石的成分名称(如石灰岩、白云质石灰岩、灰质白云岩、白云岩),用50%、25%、10%三个界线便可。

(2)结构命名。包括结构组分和结构类型,依结构组分的类型及其相对含量进行命名。

(3)颜色、构造等作为岩石的附加名称,也要参加岩石命名。

命名原则:颜色+构造+结构+矿物成分。

如灰白色块状亮晶鲕粒灰岩、暗灰色水平层理泥晶球粒白云质灰岩、灰褐色鸟眼构造泥晶灰质白云岩、淡黄色块状粗晶白云岩、浅灰色珊瑚格架灰岩等。

(二)常见的碳酸盐岩

1. 泥晶灰岩

本类岩石几乎全由0.001 ~0.004 mm的灰泥(又称泥晶)组成,仅含少量异化粒(小于10%)。它在结构上相当于陆源黏土岩。常形成于低能环境,如潟湖、潮上带、浪基面以下的深水区。有些泥晶灰岩处在软泥阶段被生物扰动或遭受滑动变形,形成扰动泥晶灰岩。纯泥晶石灰岩常具光滑的贝壳状断口。因不均匀白云化,而显黄色、褐红色不规则斑纹,貌似“豹皮”,它又可称为豹皮状灰云岩。

2. 内碎屑白云岩

根据其中的碎屑大小又可分为砾屑、砂屑、粉屑白云岩。它们常以夹层的形态见于一般白云岩层中。形成于浅海上部或潮间带以上的环境中,其碎屑即由波浪或水流冲击而成。

3. 鲕状灰岩

鲕状灰岩又称鲕粒灰岩,是一种以鲕粒为主要组分的石灰岩,具有高孔隙度、高渗透率特征,是一种良好的储油岩,是原油和天然气的良好聚集场所,常常形成大型油气藏。主要组成成分为碳酸钙,同时还会含有燧石、磷酸盐、白云石、赤铁矿。其中白云岩和燧石鲕粒是造成其独特质地的主要原因。它是兼具化学和机械成因的石灰岩,形成于碳酸钙处于过饱和状态的海、湖波浪活动地带或潮汐通道水流活动地带。

4. 藻灰岩

藻灰岩是一种由钙藻堆积而成的石灰岩,或者由于藻类生命活动产生的石灰岩。可以分泌钙质或促使水介质沉淀出钙质构成坚硬钙质鞘或钙质骨骼，直接形成岩石。

5. 生物礁石灰岩

生物礁石灰岩主要指由造礁生物骨架及造礁生物黏结的灰泥沉积物等组成的石灰岩。根据生物礁石灰岩中生物骨架及其黏结物的相对含量等，生物礁石灰岩可进一步分为原地沉积的障积岩、骨架岩、黏结岩及与这三类岩石具有成因联系的异地沉积的漂砾岩和砾屑岩。

6. 泥质灰岩

泥质灰岩是指介于黏土岩与碳酸盐岩之间的过渡类型沉积岩，由黏土和碳酸盐微粒组成，呈微粒状或泥状结构，一般粒径小于0.01 mm。

7. 硅质岩

其矿物成分主要由沉积生成的 SiO_2 矿物组成，有非晶质的蛋白石、隐晶质的玉髓和显晶质的自生石英（多是重结晶的），以上矿物含量要大于50%。其余还有混入物黏土、碳酸盐和氧化铁矿物，少量海绿石、沸石、黄铁矿和有机质，但混入物和少量矿物总和要小于50%。

三、技能指导

灰岩类与白云岩类的区别：加盐酸剧烈起泡者为灰岩类，不起泡或粉末起泡者为白云岩类，灰质含量大于50%的泥灰岩或泥质灰岩，加盐酸后起泡，但有泥质残余。另外，白云岩的风化面上常见刀砍状构造，而灰岩很少见这种特征。

观察硅质岩时应注意以下几点：

(1)岩石颜色：一般是灰白色、灰色、灰黑色，有时呈红色、紫色、灰绿色等。

(2)岩石由硅质矿物组成，一般比较致密、坚硬（大于小刀），断口平滑或具贝壳状。棱角锋利，强烈敲击可生火花，因此又称火石，常见燧石岩、碧玉岩，但硅藻土和硅华则疏松、多孔。镜下应详细鉴定硅质矿物种类和混入物成分。

(3)岩石结构：观察内碎屑结构、鲕状结构（注意区分是原生的还是交代的），构成生物结构的生物种属，交代和残余结构特征。

(4)岩石构造：常见层理和结核，应注意观察结核与层理的关系，确定结核的形成阶段。

四、岩石鉴定描述实例

（一）粒屑灰岩的描述

1. 手标本鉴定

岩石颜色为深灰色。粒屑结构。粒屑占整个岩石的85%。粒屑的类型为砾屑，呈扁平的竹叶状，长2～3 cm，厚约0.5 cm，粒屑粗大，定向排列。填隙物主要为泥晶方解石，呈细小颗粒状，与粒屑边缘界线清晰。颗粒支撑，孔隙胶结。泥晶粒屑结构。岩石成分主要为方解石，滴稀盐酸到标本上反应强烈，有气泡生成。块状构造。

定名：深灰色泥晶粒屑灰岩。

2. 镜下鉴定

粒屑结构。粒屑占整个岩石的85%。粒屑的类型为砾屑，呈扁平的竹叶状，长2～3 cm，厚约0.5 cm，粒屑粗大，定向排列。填隙物主要为泥晶方解石，呈细小颗粒状，与粒屑边缘界线清晰。颗粒支撑,孔隙胶结。泥晶粒屑结构。岩石成分主要为方解石,高级白干涉色,散突起。发育溶蚀现象,形成缝合线构造。

定名:泥晶粒屑灰岩。

(二)结晶白云岩的描述

1. 手标本鉴定

岩石颜色为土黄色。

岩石成分:主要是白云石,在标本上用小刀刮出粉末,滴稀盐酸可见到气泡生成。

结构:中细粒结晶结构,晶体颗粒大小均匀。

构造:块状结构。

定名:土黄色细粒结晶白云岩。

2. 镜下鉴定

晶体颗粒在0.5 ~0.2 mm,晶体多数为半自形和他形晶,晶体颗粒之间界线多数为镶嵌状或凹凸状。中细粒半自形结晶结构。

岩石成分:主要是白云石,半自形晶体为主,高级白干涉色,散突起,两组菱形解理,双晶方向在菱形解理的短对角线方向上。

定名:中细粒半自形结晶白云岩。

五、实训任务

观察和描述以下岩石标本:砂屑灰岩、鲕状灰岩、介壳灰岩、泥灰岩、白云岩、硅藻土、燧石岩、碧玉岩。

六、思考题

(1)碳酸盐岩中的灰泥与亮晶胶结物有什么异同?各代表什么沉积环境?

(2)在石灰岩和白云岩的表面滴上稀盐酸,起泡程度相同吗?为什么?

(3)硅质岩主要由哪几种硅质矿物组成?

实训十五 火山碎屑岩类的观察与描述

一、实训目的与要求

(1)掌握火山碎屑岩类的分类及主要岩石类型的基本特征。
(2)学会识别火山碎屑物质,以及对火山碎屑岩的描述。

二、实训内容

(一)火山碎屑岩观察和描述内容

火山碎屑岩在物质组成上包括岩屑、晶屑、玻屑。

结构上分为集块结构(火山集块 >50%)、火山角砾结构(火山角砾 >75%)、凝灰结构(火山灰 >75%)。

构造上分为递变层理、斑杂构造、平行构造、假流纹构造、气孔 – 杏仁构造、火山泥球构造。

颜色上可见火山碎屑岩常具有特殊鲜艳的颜色,如浅红色、紫红色、嫩绿色、浅黄色、灰绿色等。

(二)常见的火山碎屑岩

熔结角砾岩:具熔结角砾结构,假流动构造。

集块岩:具集块结构,斑杂构造。

凝灰岩(晶屑凝灰岩、熔结凝灰岩):常为紫红色、灰绿色等,有时颜色分布不均匀。具典型的凝灰结构,晶屑呈棱角状,破碎及溶蚀现象明显,晶面有较多的撕裂纹。

火山角砾岩:褐红色至紫红色,火山角砾结构,块状构造。岩石中火山碎屑占 90% 以上,其中以粒径 10 ~5 mm 的熔岩角砾为主(约占 75%),此外含少量的长石和石英晶屑和玻屑。火山角砾外形不规则,呈尖棱状。胶结物主要由褐红色细小的火山灰、火山尘所组成。岩石次生变化不明显。

流纹质晶屑玻屑凝灰岩:白 – 灰白色、凝灰结构、块状构造。主要成分为极细小的火山灰,其中分布有含量约为 7% 的石英及长石晶屑。岩石具有粗糙感,有粘舌现象。

镜下观察:主要成分为玻璃碎屑,呈楔状,局部去玻化成石英、长石的微晶集合体。在玻屑中星散分布有酸性斜长石及少量透长石和石英的碎屑。长石和石英碎屑边缘有溶蚀现象。

三、实训任务

观察和描述以下岩石标本:火山角砾岩、集块岩、流纹质岩晶屑玻屑凝灰岩。

四、思考题

(1)火山碎屑岩结构的基本特征是什么?
(2)火山碎屑岩的“三屑”是什么? 如何区分?

实训十六　区域变质岩及混合岩的观察与描述

一、实训目的与要求

(1)认识区域变质岩和混合岩的代表性岩石类型,了解手标本上常见的矿物组合和主要的结构构造特征。

(2)掌握混合岩中基体与脉体的区分方法。

(3)学会对区域变质岩和混合岩主要岩石类型的观察与描述方法。

二、实训内容

(一)变质岩结构的观察和描述

1. 变质岩结构

变余结构:保留了原岩的一些外貌特点,而成分上则主要为特征变质矿物的特点。

变晶结构:原岩中的细粒矿物,经变质作用后,颗粒变大,形成新的矿物晶体。

纤维变晶结构:原岩中的矿物,经变质作用后形成纤维状、长柱状、针状矿物。

鳞片变晶结构:原岩中的矿物,经变质作用后形成片状、鳞片状矿物。

斑状变晶结构:原岩经变质作用后形成大小不同的两种变晶矿物,形如斑状结构。

2. 变质岩构造

板状构造:泥质岩石受应力作用后,形成一组组平行破裂面,如板岩。

千枚状构造:岩石呈薄片状,片理面上有许多小揉皱,具强丝绢光泽,如千枚岩。

片状构造:大量的片状、柱状、纤维状矿物平行排列,形成连续的面理,如片岩。

片麻状构造:少量片状、柱状矿物在粒状矿物中呈断续定向排列,如片麻岩。

条带状构造:浅色矿物与暗色矿物各自所形成的条带相间排列,如混合岩。

块状构造:岩石中的矿物分布比较均匀,如大理岩、石英岩。

(二)常见的区域变质岩

板岩:具有典型的板状构造,常保留有变余层理构造;常具有变余(粉砂)泥质结构和变余火山碎屑结构;主要矿物为隐晶质黏土矿物,次要矿物可以有绢云母、绿泥石、石英和长石。

千枚岩:比板岩的变质程度略高,主要为显微鳞片变晶结构,有特征变质矿物出现时为斑状变晶结构,基质结构主要为显微鳞片变晶结构。岩石具有典型的千枚状构造,变余构造也经常存在。

片岩:主要是低 - 中级变质的富铝变质岩,变质程度比千枚岩高;典型片状构造;矿物粒度比千枚岩的粗,常具斑状变晶结构,基质主要为细 - 中粗粒粒状鳞片变晶结构,有的为细 - 中粗粒鳞片粒状变晶结构;主要矿物为白云母、黑云母和石英;一般情况,白云母 + 黑云母 >

30%,长石<25%,石英>长石,次要矿物为长石;特征变质矿物为硬绿泥石、红柱石、蓝晶石、矽线石、十字石、石榴子石等,常以变斑晶形式出现。

片麻岩:属于富铝系列的高级变质岩;岩石具有片麻状构造;中细粒-粗粒鳞片粒状变晶结构,斑状变晶结构,反应边结构,包含变晶结构等。主要矿物为钾长石、石英和黑云母;长石>25%,黑云母<30%;次要矿物为斜长石;特征变质矿物为石榴子石、堇青石、矽线石和蓝晶石等。

角闪岩:绿黑色,中粗粒变晶结构,块状构造,角闪石含量大于95%,少量斜长石。

斜长角闪岩:灰色,中粒变晶结构,块状构造,由角闪石(>50%)和斜长石组成。

长英麻粒岩:长石,有少量的辉石,灰色,中粗粒不等粒变晶结构,片麻状或块状构造,主要矿物为斜长石、钾石、石榴子石等。

榴辉岩:肉红色,中粗粒不等粒变晶结构,块状或片麻状构造,主要矿物为辉石、石榴子石,有少量的石英、角闪石、蓝晶石等。

(三)常见的混合岩

眼球状混合岩:具有典型的眼球状构造。基体多为片理发育的岩石,眼球通常是碱性长石,最常见的是微斜长石,粒度几毫米至数厘米不等,常大致平行片理排列,有时晶形相当良好,成为交代斑晶,但多数情况为透镜状。眼球有时也可由长石、石英集合体组成。基体部分一般含黑云母或角闪石较多,具有较明显的片状或片麻状构造,通常为云母片岩、云母变粒岩、斜长角闪岩和角闪片岩等。

条带状混合岩:浅色的脉体物质与暗色的残留基体部分之间,呈条带状互层。基体通常为片理发育的各种片岩(特别是云母片岩)或暗色片麻岩类,脉体物质以粉红色或灰白色花岗质为主。本类岩石可出现复杂的形态变化,如出现形态多变的揉皱等。观察时应注意:基体和脉体的矿物成分、结构、不同条带的比例、宽窄、延长方向、基体和脉体的相互接触关系以及基体和脉体接触带的交代作用和基体本身的变化等。

混合片麻岩:岩石中脉体含量大于基体(脉体>50%),常见明显的变质岩残留体,在显微镜下可见到交代现象。基体、脉体之间界线很不清楚。具有典型的片麻状构造,有时也可见条带-条痕状或眼球状构造。较难区分原来变质岩的基体与新生成的脉体,但能见到暗色矿物分布不均匀和局部比较集中的现象。可见暗色矿物在岩石中呈定向排列。

混合花岗岩:其为混合岩化作用和花岗岩化作用的最终产物,这时基体与脉体已无法分辨,岩性与岩浆成因的花岗岩类极为相似。不同点:混合花岗岩往往向四周渐变为其他类型的混合岩,与围岩没有明显的侵入接触关系;岩性不均匀,结构变化较大,有时可见非岩浆成因的矿物,如堇青石、石榴子石等;交代结构普遍发育,没有明显的相带等。局部仍可见残留的阴影构造和不明显的片麻状构造(或线状构造),有时可见有变质岩的残留体,其片理产状与混合花岗岩的片麻理及围岩的产状基本一致。在显微镜下可见有各种交代结构。它是混合岩化作用最强烈时的产物,可以由渗透交代作用所形成,也可以由重熔作用所形成。

三、技能指导

观察变质岩结构、构造时应注意以下几点:

(1)观察变质岩结构、构造时,以手标本为主,适当结合薄片观察。首先按成因区分出变余结构、变晶结构(变晶矿物的绝对大小、交代结构、相对大小、变余构造、颗粒形状、变成构造等),然后按结构构造的具体特征相互关系等确定名称。

(2)当一种岩石同时具有几种不同的结构构造时,要分清主次,采用综合描述方法,把次要结构构造放在前,主要结构构造放在后,如纤维鳞片变晶结构、千枚板状构造等。

(3)对于斑状变晶结构的岩石,除观察变斑晶和基质的相互关系外,还应观察变斑晶和基质各自本身的结构特征。

(4)观察变质岩结构构造时,要注意区别变晶结构与结晶结构、斑状变晶结构与斑状结构、结晶片理与层理等的区别,从而加深对变质岩结构、构造特征及成因的理解。

(5)当观察混合岩构造时,注意区分基体和脉体。其中基体多为颜色较深的片岩、片麻岩、斜长角闪岩等,脉体则为颜色浅的长英质、伟晶质。对基体与脉体之间的界线是否清晰、脉体以何种方式进入基体及两者的相对百分含量等做详细观察,然后根据基体与脉体的交生关系,确定其构造。混合岩化程度强烈的脉体与基体界线模糊不清的混合岩,要与相应的岩石薄片相结合来观察。

四、岩石鉴定描述实例

(一)云母片岩的描述

1. 手标本鉴定

银灰色,斑状变晶结构,片状构造。变斑晶含量为10% ~15%,主要为红褐色,具油脂光泽,由粒状的石榴子石组成,偶见十字石,为不规则粒状,黑褐色。变基质由变晶粒状石英及鳞片状白云母和黑云母组成,含量为85% ~90%。

2. 显微镜下鉴定

主要矿物有变斑晶石榴子石和十字石,含量为10% ~15%,其中石榴子石为自形粒状,包裹物较多,主要是石英,其次是金属矿物;十字石为短柱状或不规则粒状,包裹有大量细小粒状石英,故形成筛状结构。变斑晶有明显推开周围的矿物,并捕获部分基质矿物成分的现象。

变基质主要由鳞片状黑云母及白云母35% ~40%、粒状变晶石英35% ~60%及微量钾长石组成。斑状变晶结构,基质具粒状鳞片变晶结构。云母鳞片状,且矿物呈连续定向排列,与变晶粒状石英构成片状构造。

岩石详细定名:十字石榴二云母片岩。

(二)混合岩的描述

岩石为灰绿色,条带状构造,条带(脉体)由长英质组成,为石英和长石,沿其原变质岩片理贯入形成连续性较好的条带,条带宽度不等,最窄处仅为1 mm左右,一般为0.7 cm,脉体含量40%;浅绿色部分为基体,含量60%,由暗色鳞片状黑云母及变晶粒状石英和长石等组成。偶见钾长石交代残留斑晶。

岩石定名:条带状混合岩。

五、实训任务

描述以下标本:板岩、千枚岩、云母片岩、角闪片麻岩、榴辉岩、构造角砾岩、碎裂岩、糜棱岩、千糜岩、条带状混合岩、眼球状混合岩、混合花岗岩。

六、思考题

(1)片岩中的片状构造与片麻岩中的片麻状构造有何区别?

(2)区域变质岩中的片理是如何形成的?

(3)碎裂岩与糜棱岩的区别何在?片麻岩和糜棱岩中的眼球状石英有何不同?

(4)混合岩在结构构造上有什么显著特征?

实训十七　接触变质岩、气液变质岩及动力变质岩的观察与描述

一、实训目的与要求

(1)认识接触变质岩、气液变质岩及动力变质岩的代表性岩石类型,了解手标本上常见的矿物共生组合和主要的结构、构造特征。

(2)掌握接触变质岩、气液变质岩及动力变质岩手标本的鉴定方法,正确给岩石定名并编写岩石鉴定报告。

二、实训内容

(一)变质岩的手标本观察与描述

1. 颜色

观察岩石全貌,描述总体颜色,并将岩石的风化面和新鲜面的颜色分开描述。

2. 结构、构造

变质岩的结构一般分为碎裂结构、变余结构和变晶结构三类。对于变晶结构的观察和描述,可根据粒度大小、颗粒形态、颗粒相互排列方式等,选择主要结构类型给予命名。如果存在过渡结构类型,应遵循“少前多后”的原则命名结构类型。

变质岩的构造分为变余构造(仍保留部分原岩的构造特征)和变成构造(变质作用后的构造)两类。

变质岩中常见的变余构造有变余气孔构造、变余杏仁构造、变余流纹构造等,副变质岩中常见的变余构造有变余层理构造、变余泥裂构造、变余波痕构造等。

常见的变成构造有板状构造、千枚状构造、片状构造、片麻状构造、条带状构造、块状构造等。

3. 矿物成分

按照主要矿物及其百分含量多少来分别描述其特征。对于斑状变晶结构的变质岩,分斑晶和基质两部分分别描述,并估计斑晶和基质的相对含量,如颜色、形态、光泽、透明度、硬度、颗粒大小等。

4. 命名

通常根据矿物成分、结构、构造对变质岩进行命名。

有些变质岩就是根据结构命名的,例如动力变质岩中的碎裂岩、碎斑岩、糜棱岩、千糜岩等;有些变质岩则是根据变质岩的构造命名的,例如区域变质岩和热变质岩中的板岩、千枚岩、片岩、片麻岩等。

特别要注意对具有指示意义的特征变质矿物的鉴别,如红柱石、绿泥石、绢云母多指示低级变质作用,蓝晶石、堇青石、角闪石、黑云母多指示中级变质作用,矽线石、石榴子石多指

示高级变质作用。

定名原则:颜色+特征变质矿物+构造(结构)+岩石基本名称。

(二)常见的接触变质岩

斑点板岩:其原岩为泥质、粉砂质沉积岩及部分中酸性凝灰岩、沉凝灰岩等;具有斑点状构造,新生矿物少,仍以隐晶质为主,显微镜下可见不均匀分布的石英、绢云母、绿泥石矿物。

红柱石角岩:斑状变晶结构,基质角岩结构,变斑晶红柱石(绢云母化)、致密的碳质基质;斑状变晶结构,变斑晶为红柱石。

堇青石角岩:变斑晶为堇青石,基质呈斑状变晶结构的角岩结构,局部具变余泥质结构。

大理岩:原岩为碳酸盐类沉积岩;具等粒变晶结构,块状或带状构造;质纯的大理岩,一般呈灰白色至白色,含杂质时则出现各种不同的颜色或花纹。主要由碳酸盐矿物方解石、白云石组成。其他岩类的接触变质作用不明显,常为变质××岩。

矽卡岩:矿物成分主要为石榴子石类、辉石类和其他硅酸盐矿物;细粒至中、粗粒不等粒结构,条带状、斑杂状和块状构造;常为暗绿色、暗棕色和浅灰色,比重较大。根据围岩成分可分为:

(1)钙质矽卡岩:由交代石灰岩形成。主要矿物有石榴子石(钙铝榴石–钙铁榴石系列)和辉石(透辉石–钙铁辉石系列),有时含有符山石、硅灰石、方柱石、绿帘石、磁铁矿、碳酸盐类矿物和石英。

(2)镁质矽卡岩:由交代白云岩或白云岩化灰岩形成。标型矿物有透辉石、镁橄榄石、尖晶石、金云母、硅镁石、蛇纹石、韭闪石、硼镁铁矿、磁铁矿和白云石。

(三)常见的气液变质岩

蛇纹岩:原岩为超基性岩,是原岩中的橄榄石和辉石发生蛇纹石化所形成的。呈暗灰绿色、黑绿色或黄绿色,色泽不均匀,质软、具滑感。常见为隐晶质结构,镜下见显微鳞片变晶或显微纤维变晶结构,致密块状或带状、交代角砾状等构造。矿物主要由各种蛇纹石组成。

云英岩:原岩为酸性侵入岩。呈灰白、灰绿、粉红等色,具细、中粒鳞片状变晶结构和块状构造。主要矿物成分为石英($>50\%$)、云母($<40\%$)、黄玉、电气石和萤石等,其次为绿柱石、石榴子石、金红石等。根据矿物的相对含量,可分为石英白云母云英岩、石英黄玉云英岩、电气石白云母云英岩、石英萤石云英岩等。多分布在侵入体边部、接触带及接触带附近的围岩中。

青磐岩:原岩为中基性火山岩、火山碎屑岩,其中在安山质火山岩中最为发育。呈灰绿色、暗绿色。隐晶质,但往往具变余斑状结构及变余火山碎屑结构。块状、斑块状、角砾状构造。矿物成分较复杂,主要有阳起石、绿帘石、绿泥石、钠长石、碳酸盐等,此外还常见有冰长石、沸石、葡萄石、明矾石、黄铁矿、黄铜矿、闪锌矿、方铅矿等。

次生石英岩:原岩为中酸性火山岩、火山碎屑岩,呈灰白色至深灰色,具细粒至显微粒状变晶结构和块状构造,有时可见变余斑状结构和变余流纹构造。主要矿物有石英,可有绢云母、明矾石、高岭石、红柱石、水铝石和叶蜡石,其次为刚玉、黄玉、电气石、蓝线石等。可根据其中的主要矿物详细命名,如明矾石次生石英岩、刚玉红柱石次生石英岩等。

(四)常见的动力变质岩

构造角砾岩:属于初级动力变质岩;岩石具有碎裂角砾状、砾状结构;破碎岩屑呈角砾状或砾状,部分碎斑及碎基;可见铁质、钙质、硅质胶结物;具有弱定向构造。

碎裂岩:比构造角砾岩的变质程度略高;岩石具有碎裂结构、碎斑结构;岩石以碎斑、碎基为主,有少量砾及角砾;少量变晶矿物,常见绢云母、绿泥石等;具有块状、弱定向及挤压片理构造。

糜棱岩:属于高级动力变质岩;岩石具有碎斑结构、糜棱结构,挤压片理构造、眼球状构造;岩石以碎基为主,有少量眼球状碎斑;沿片理常见变晶矿物。

千糜岩:属于高级动力变质岩;岩石具有糜棱结构,千枚状构造;岩石无或少见碎斑,变质结晶强烈。

三、技能指导

热变质岩与接触交代变质岩(矽卡岩)在结构、构造上的区别:热变质岩的矿物一般具有斑状变晶结构或等粒变晶结构,这主要是原岩成分及变质条件的制约所致。而矽卡岩的结构一般是不等粒变晶结构,构造变化也比较大,矿物组合非常复杂,且经常伴有各种金属矿物,如磁铁矿、黄铜矿、闪锌矿、辉钼矿等。

四、岩石鉴定描述实例

(一)板岩的描述

岩石呈灰色,破裂面上呈褐色,变余粉砂泥质结构,斑点构造,劈理清晰,岩石略具丝绢光泽。斑点由一些不易辨认的微小物质质点聚集而成,大小为0.5~1 mm。主要矿物成分为泥质(少量碳质),有少量重结晶形成的绢云母鳞片集合体及粉砂级石英岩等。

岩石定名:斑点板岩。

(二)蛇纹石的描述

1. 手标本鉴定

灰绿色－暗黄绿色。矿物呈细小鳞片状。稍具滑感,块状构造。矿物成分主要为蛇纹石,还有一定量的磁铁矿小颗粒分布其中。

2. 显微镜下鉴定

矿物成分全部由蛇纹石组成,含少量磁铁矿。

叶蛇纹石:叶片状,干涉色一级灰－一级黄,正延性。

纤维蛇纹石:脉状,干涉色一级亮黄。

胶蛇纹石:均质,微量。

绿泥石:干涉色呈异常蓝色,平行消光。

磁铁矿:不透明,少量。

纤维变晶结构。岩石主要由叶蛇纹石和纤维蛇纹石组成,它们均由交代橄榄石形成,原矿物的轮廓呈粒状,有的具六边形,其脉宽窄不等,穿插于叶蛇纹石之中。磁铁矿呈他形、半自形粒状,以断续的条带分布在蛇纹石中。

岩石定名:蛇纹石。

(三)碎裂花岗岩的描述

1. 手标本鉴定

灰黄－黄绿色,碎裂花岗结构,块状构造。碎斑大小不一,主要由钾长石和石英组成,含量占60%~70%,碎基除钾长石及石英外,还有少量黑云母,含量30%~40%。

2. 镜下鉴定

钾长石卡式双晶明显，略有弯曲现象。碎基物质中有的已重结晶形成绢云母和绿泥石，因而使岩石呈浅绿色，具丝绢光泽。

岩石定名：碎裂花岗岩。

五、实训任务

变质岩主要描述内容包括：

(1)岩石的颜色：风化面、新鲜面的颜色。

(2)主要组成矿物的特征及其含量：矿物的颜色、形状、大小（以 mm 计）、自形程度、解理及解理夹角、矿物含量、矿物之间的排列方式等。

(3)岩石的结构和构造特征：变余结构、变晶结构的描述，如果有斑晶，需要分别描述斑晶的种类、含量及主要特征，基质的主要矿物及结构特征。对于构造特征的观察描述，注重变质矿物形态和定向性排列的观察。

(4)确定岩石名称：颜色 + 特征变质矿物 + 构造（结构）+ 岩石基本名称。

请依据以上格式描述绢云母斑点板岩、大理岩、矽卡岩、蛇纹岩、碎裂辉长岩。

六、思考题

(1)钙质矽卡岩与镁质矽卡岩在岩性特征和成因上有什么区别？

(2)常见的气液变质岩有哪些岩石类型？什么岩石最容易蛇纹石化变成蛇纹岩？

参考文献

[1] 潘兆橹. 结晶学及矿物学[M]. 北京:地质出版社,1993.
[2] 姜尧发,孙宝玲,钱汉东. 矿物岩石学[M]. 北京:地质出版社,2009.
[3] 王永华,刘文荣. 矿物学[M]. 北京:地质出版社,1985.
[4] 王濮,潘兆橹,翁玲宝,等. 系统矿物学[M]. 北京:地质出版社,1982.
[5] 陈武,季寿元. 矿物学导论[M]. 北京:地质出版社,1985.
[6] 戈定夷,田慧新,曾若谷. 矿物学简明教程[M]. 北京:地质出版社 1989.
[7] 郭克毅,周正. 矿物珍品[M]. 北京:地质出版社,1996.
[8] 罗谷风. 基础结晶学与矿物学[M]. 南京:南京大学出版社,1993.
[9] 彭真万,刘青宪,徐明. 矿物学基础[M]. 北京:地质出版社,2007.
[10] 赵珊茸,边秋娟,凌其聪. 结晶学及矿物学[M]. 北京:高等教育出版社,2005.
[11] 南京地质学校. 矿物学[M]. 北京:地质出版社,1979.
[12] 李胜荣. 结晶学与矿物学[M]. 北京:地质出版社,2008.
[13] 张蓓莉. 系统宝石学[M]. 北京:地质出版社,2012.
[14] 唐洪明. 矿物岩石学[M]. 北京:石油工业出版社,2007.
[15] 黎彤,饶纪龙. 中国岩浆岩的平均化学成分[J]. 地质学报,1963,43(3):271-280.
[16] 卢良兆,许文良. 岩石学[M]. 北京:地质出版社,2011.
[17] 李昌年. 简明岩石学[M]. 武汉:中国地质大学出版社,2010.
[18] 国家质量技术监督局,GB/T 17412. 1—1998 岩石分类和命名方案 火成岩岩石分类和命名方案[S]. 北京:中国标准出版社,1998.
[19] 邱家骧. 岩浆岩岩石学[M]. 北京:地质出版社,1985.
[20] 路凤香,桑隆康. 岩石学[M]. 北京:地质出版社,2002.
[21] 常丽华,陈曼云,金巍,等. 透明矿物薄片鉴定手册[M]. 北京:地质出版社,2006.
[22] 朱筱敏. 沉积岩石学[M]. 北京:石油工业出版社,2008.
[23] 卫管一,张长俊. 岩石学简明教程[M]. 北京:地质出版社,1996.
[24] 蔚永宁,张德栋. 矿物岩石学[M]. 北京:煤炭工业出版社,2007.
[25] 徐耀鉴,徐汉南,任锡钢. 岩石学[M]. 北京:地质出版社,2007.
[26] 韩运宴,罗刚,徐永齐. 地质学基础[M]. 北京:地质出版社,2007.
[27] 彭万真,陈小勇. 岩石鉴定[M]. 北京:地质出版社,2014.
[28] 徐耀鉴,徐汉南,任锡刚. 岩石学实习指导[M]. 北京:地质出版社,2009.
[29] 王对兴,等. 岩石学实验教程[M]. 北京:地质出版社,2010.
[30] 卓越,等. 矿物岩石学[M]. 北京:煤炭工业出版社,1994.